## 어느 소방관의 기도

제가 부름을 받을 때에는 신이시여!

아무리 뜨거운 화염 속에서도

한 생명을 구할 수 있는 힘을 주소서!

너무 늦기 전에 어린아이를 감싸 안을 수 있게 하시고,

공포에 떠는 노인을 구하게 하소서!

내가 늘 깨어 살필 수 있게 하시어

가냘픈 외침까지도 들을 수 있게 하시고,

신속하고 효과적으로 화재를 진압하게 하소서!

그리고 신의 뜻에 따라 저의 목숨을 잃게 되면,

신의 은총으로 저의 아내와 가족을 돌보아 주소서!

# 소방심리학
(개정판)

도서출판 윤성사 222
## 소방심리학(개정판)

제1판 제1쇄  2020년 2월 15일
제2판 제1쇄  2024년 2월 29일

지 은 이  김상철
펴 낸 이  정재훈
꾸 민 이  (주)디자인뜰

펴 낸 곳  도서출판 윤성사
주    소  서울특별시 용산구 효창원로 64길 10 백오빌딩 지하 1층
전    화  대표번호_02)313-3814 / 영업부_02)313-3813 / 팩스_02)313-3812
전 자 우 편  yspublish@daum.net
등    록  2017. 1. 23

ISBN  979-11-93058-29-9  (93530)
값 24,000원

© 김상철, 2024

지은이와의 협의에 따라 인지를 생략합니다.

이 책의 전부 또는 일부 내용을 재사용하려면 반드시 사전에 저작권자와
도서출판 윤성사의 동의를 받아야 합니다.

잘못 만들어진 책은 구입하신 서점에서 교환 가능합니다.

Introduction to Psychology of Fire Service 개정판

# 소방심리학

김상철

## 개정판 머리말

어떻게 인간의 고통을 치유하고 그 고통으로부터 온전히 벗어날 수 있을까? 사람마다 부정적 사건을 경험하는 시기와 불행한 사건의 내용 및 심각도가 다를 수는 있지만, 대부분의 사람은 삶의 과정 속에서 고통스럽고 불행한 경험을 하게 된다. 상당수 사람들은 부정적인 사건을 경험하면서 지우기 힘든 마음의 상처를 입거나 심리적 고통과 갈등 속에서 불행한 삶을 살아가기도 한다. 이러한 심리적 상처와 갈등이 깊어 오래 지속될수록 비정상적 행동이나 부적응적인 심리장애를 나타낼 수 있다. 이상행동과 정신장애는 고통스럽고 불행한 과거 경험의 산물인 동시에 삶을 더욱 고통스럽고 불행하게 만드는 원인이 되기도 한다.

특히, 우리 사회는 이상행동과 정신장애로 인해 여러 가지 사회적 문제가 발생하기도 한다. 마약 중독, 약물 남용, 가정 폭력, 이혼, 청소년 비행, 각종 폭력과 범죄, 자살과 살인, 도박 및 다중채무, 대형사고와 같은 사회적 문제 중에는 심리적 장애에 기인하는 경우가 많다. 또한, 술(알코올)과 담배(니코틴), 향정신성의약품(프로포폴, 케타민 등), 마약류(대마 등)는 모두 중독성이 강한 '약물'이다. 현실적 판단력이 상실된 상태에서 자동차를 몰아 사람을 살상하는 교통사고, 망상과 환각 속에서 유치원생에게 칼부림을 한 살인사건, 우울감과 충동적인 분노감에 저지른 행동으로 수많은 생명을 앗아가는 우발적인 사건은 물론, 삼풍백화점 붕괴, 성수대교 붕괴, 씨랜드 청소년수련원 화재사건, 대구지하철 참사사건, 경주 마우나 오션리조트 붕괴사고, 세월호 참사, 이태원 참사 등은 대표적인 대형 사고의 예다.

심리학은 좀 더 도전하고 논박이 이뤄져야 한다. 일상적인 모든 도구로 모든 것을 해석할 수 있어서는 아니 된다. 심리학은 "인간의 행동과 정신 과정을 과학적으로 연구하는 학문"이다. 예술이나 종교, 인문학 등은 인간에 대해 직관적인 통찰을 통해 접근하며, 사회과학의 여러 분야는 문화 혹은 사회구조 등을 연구함으로써 인간을 이해하고자 한다. 그러나 심리학은 과학적 연구방법론을 사용해 인간의 마음을 직접 연구하고자 한다는 점에서 다른 학문과 구분된다. 그러므로 심리학은 인간의 심리와 행동을 설명하고, 예측하며, 통제하려는 학문적 목적과 이러한 결과물을 이용해 인간과 사회의 복지를 증진하고, 궁극적으로 인간과 사회의 진리와 선을 달성하고자 하는 이상적 목적을 갖는다.

인간은 누구나 고통을 피하고 싶어한다. 아무리 고통이 의미가 있다 해도 되도록 고통 없이 살고 싶어하고, 나아가 그것을 피하기 위해 여러 가지 행위를 한다. 그런 행위 중 가장 쉽게 하는 것이 타인에게 고통을 이야기하는 것이다. 인간의 고통에 대한 연구가 진행되면 될수록 사람들이 발견하는 것은 인간의 고통이 생물학적 현상일 뿐 아니라 동시에 심리적이며 사회적이고, 나아가서 정신적인 현상이란 사실이다. 놀랍게도 우리 삶에서 가장 심각한 문젯거리인 고통의 문제에 대해서는 다른 경험들과 비교해 볼 때 심리학과 철학은 이제까지 매우 인색했다고 할 수 있다.

인간은 고통의 경험을 분명하게 다른 어떤 경험으로 환원해서 설명할 수도 없고, 정확하게 언어로 표현할 수도 없지만, 모든 다른 경험과 구별되는 한 가지 분명한 특징은 그 경험을 일으키는 원인으로부터 도피하도록 행동을 유발하거나 그것이 가능하게 해 주기를 호소하는 것이다. 우리말에서뿐만 아니라 대부분의 서양 언어에서도 '괴로움'(고[苦], Suffering, Leid, Souffrance)과 '아픔'(통[痛], Pain, Schmerz, Douleur)을 구별한다. 그리고 일반적으로 괴로움은 정신적인 것이고, 아픔은 육체적인 것으로 이해한다.

'아픔'과 '괴로움'의 엄격한 구별은 몸과 마음을 엄격하게 구별하는 것과 관계가 있다고 할 수 있다. 오늘날 데카르트적 이원론은 철학에서뿐만 아니라 의학과 구체적인 진료행위에서도 받아들이지 않으므로 아픔과 괴로움을 엄격하게 구별하는 것은 구체적인 행위에서도 존중되지 않는다.

초판을 발행한 지 벌써 3년여가 지나간다. 그동안 많은 대학에서 소방심리학을 수업 교재로 채택해 주는 등 예상하지 못한 과분한 사랑을 받았다. 이번 개정판에서 저자는 그간 소방재난 분야에서 소방심리학은 매우 소중하게 연구돼야 한다고 생각해왔고, 소방재난관리 현업에 종사하며 연구자의 생활을 하면서 경험한 것을 토대로 시간적 한계와 그간의 학문적 관심 연구 성과가 나오도록 최선을 다했다. 특히, 소방공무원의 정신건강(제8장~제10장)에 대한 내용을 보강했다. 또한, 소방재난관리 분야 종사자에게도 실질적으로 필요한 각종 심리 유형별 특성과 현행 소방공무원의 보건·안전 관리의 정책 개선 및 체계를 폭넓게 보완했다.

저자는 여러분이 심리학에 입문하면서 활용 가능한 지침서가 되고, 심신의 고통을 겪은 내 자신과 이웃에게도 따뜻한 마음의 위로와 함께 심리학의 지식과 기술도 연마할 것을 부탁드린다. 이 책이 세상에 나오기까지 쏟은 정성과 인내는 오로지 저자의 몫이었다. 모든 독자에게 감사한다. 다시 한번 저자는 이 책이 여러분의 가장 큰 희망과 가치를 반영하고 있는 것이길 바란다. 특히, 마음의 상처 본능에 충실한 인간 본성에서 시작해서, 이런 본성이 우리 삶에 어떤 영향을 끼치며, 그 영향을 좀 더 의미 있는 삶으로 발전시킬 수 있는 여지가 있음을 말해 준다.

끝으로 도서출판 윤성사 정재훈 대표님의 소방공무원의 정신건강과 보건·안전 및 복지 증진에 관심과 헌신하는 모습에 감동을 받았다. 그것이 소방심리학 학습이론에 입문하는 학생 여러분에게 도움을 주고자 저자에게 집필을 의뢰한 계기가 됐다. 소방심리학 교재가 재난 현장에서 많은 도움이 됐으면 한다. 다시 한번 이 책의 출판이 가능토록 해 준 정재훈 대표님과 윤성사 편집부에 깊은 감사의 말씀을 드린다.

2024년 1월

김상철

## 초판 머리말

21세기를 흔히 '창의적 지식기반사회'라고 한다. 급변하는 사회의 문제에 대처하기 위해서는 무엇보다도 창의적 지식이 필요하다는 뜻일 것이다. 그러므로 창의적 지식과 세계시민적 교양을 갖춘 '창의적 인재를 양성하는 것'이 오늘날 대학의 시대적 임무가 됐다. 이러한 시대적 요구에 부응하기 위해서는 '글로컬(glocal) 창의 인재 양성'이라는 교양교육 목표를 좀 더 체계적으로 구현하기 위해 21세기 사회가 대학생들에게 요구하는 가장 중요한 덕목인 의사소통 능력과 인성을 갖춘 창의적 지성은 전공교육만으로는 제대로 키울 수가 없다.

인성과 창의적 지성을 갖춘 인재를 양성하기 위해 대학에서의 기초·교양교육이 어느 때보다 중요하게 부각되고 있다. 그러나 체계적이고 전문적인 교육이 이뤄지지 않는다면 그러한 요구와 기대는 허망한 것이 될 뿐이다. 21세기에 걸맞은 기초·교양교육을 제공하며, 대학생으로서의 필수 덕목과 교양을 체계적으로 교육할 채비를 갖춰야겠다. 우선, 기초·교양교육을 통해서는 글로컬 다문화 시대에 필수적인 인성과 자기계발 능력 및 세계시민적 의사소통 능력을 배양해야 한다. 그리고 지식 영역과 생활 영역의 다양한 선택교양교육을 통해서는 지식정보사회가 요구하는 창의적 지성을 마음껏 키워 나갈 수 있는 기회를 제공해야 한다.

특히 우리 사회는 이상행동과 정신장애로 인해 여러 가지 사회적 문제가 발생하기도 한다. 가정 폭력, 이혼, 청소년 비행, 각종 폭력과 범죄, 자살과 살인, 도박 및 다중 채무, 대형 사고와 같은 사회적 문제 중에는 심리적 장애에 기인하는 경우가 많다. 또한, 마약 중독으로 현실적 판단력이 상실된 상태에서 자동차를 몰아 사람을 살상하는 교통사고, 망상과 환각 속에서 유치원생에게 칼부림을 한 살인사건 등이 그 대표적인 예이며, 이 밖에도 정신장애로 인한 생산 인력의 기능 저하와 실직, 정신장애인의 치료와 보호를 위해 지출되는 막대한 의료비 등은 국가적인 부담이 되고 있다.

오늘날 심리학은 사회과학에 포함시키고 있으며, 그 대표적 이유가 과학적 방법(관찰, 통계법 등)을 이용하기 때문이다. 심리학은 좀 더 도전하고 논박이 이뤄져야 한다. 일상적인 모든 도구로 모든 것을 해석할 수 있어서는 아니 된다. 심리학은 "인간의 행동과 정신 과정을 과학적으로 연구하는 학문"이다.

저자는 다시 한번 강조해 말씀드리면, 여기에 있는 소방심리학을 이해하고 여러 가지 방법을 반복해서 듣고 따라 하기를 부탁드린다. 이 모든 것은 여러분이 소방심리학의 학습이론과 방법론을 배우면서 스스로 느낄 수 있으며, 여기서 배운 소방심리학의 학습이론은 인간 본성에 대한 이해에 바탕을 둔 심리학을 쉽고 친숙하게 이해할 수 있도록 도와줄 것이다. 또한, 소방심리학의 학습이론을 통해 지속적으로 마음으로 받아들이며 반복해서 심리학을 이해하고 교양과 마음의 철학을 쌓고 학습하기를 당부드린다.

학습자인 여러분에게 제일 중요한 것은 이론적인 학습에서 벗어나 직접 학습자의 입장에서 프로그램을 경험해 보는 것이다. 실제로 학습자들이 어려워하는 것은 지식의 습득이 아닌 지식의 활용이다. 이 책은 다음 사람들의 애정 어린 지지와 격려 덕택에 만들어졌으며, 소방심리학 학습이론에 입문하는 학생 여러분에게 도움을 주고자 저자에게 집필을 의뢰한 계기가 됐다.

재웅플러스 김영호 대표님과 편집부에도 깊은 감사의 말씀을 전하고 싶다. 특히 깊은 인내와 고민, 축적된 경험, 가치관, 자료 수집 등 소방공무원들을 위한, 소방공무원들에게 사랑을 주는 국민들에게, 소방공무원이 되고자 하는 여러분에게 이 결과물을 바치고자 한다. 여러분이 심리학에 입문하면서 활용 가능한 지침서가 되고, 심신의 고통을 겪은 내 자신과 이웃에게도 따뜻한 마음의 위로와 함께 심리학의 지식과 기술도 연마할 것을 부탁드린다. 따라서 학습자 여러분의 강의에서 즐겁고 액티비티(activity)한 교육이 실행되는 기쁨이 넘치기를 기대한다.

2019년
김상철

# 목차

개정판 머리말_ 7

초판 머리말_ 10

## 제1장 심리학의 이해 · · · · · · · · · · · · · · · · · · · · · · · · · · · · · · · · · 19

1. 심리학이란 무엇인가?_ 19
2. 심리학의 역사적 흐름_ 21
3. 심리학의 분야_ 40
4. 심리학의 연구 방법_ 47
5. 심리학의 한계_ 53

## 제2장 성격의 이해 · · · · · · · · · · · · · · · · · · · · · · · · · · · · · · · · · · 55

1. 성격이란 무엇인가?_ 55
2. 성격의 결정 요인_ 62
3. 성격이론_ 65
4. 성격검사_ 84

## 제3장 행동의 생물학적 기초 · · · · · · · · · · · · · · · · · · · · · · · · 90

1. 생물심리학이란 무엇인가?_ 90
2. 신경 전달의 기본 단위_ 91
3. 뉴런의 정보 처리 원리와 과정_ 92
4. 신경계의 구조와 기능_ 95

**제4장 기억과 지각** · · · · · · · · · · · · · · · · · · · · · · · · · · · · · · · · · · · · · · · 100

    1. 기억_ 100
    2. 지각_ 107

**제5장 학습과 행동** · · · · · · · · · · · · · · · · · · · · · · · · · · · · · · · · · · · · · · · 116

    1. 학습의 개념_ 116
    2. 학습이론_ 117

**제6장 동기와 정서** · · · · · · · · · · · · · · · · · · · · · · · · · · · · · · · · · · · · · · · 135

    1. 동기_ 135
    2. 정서_ 141

**제7장 귀인이론** · · · · · · · · · · · · · · · · · · · · · · · · · · · · · · · · · · · · · · · · · · 148

    1. 귀인의 이해_ 148
    2. 귀인의 원리_ 150
    3. 귀인의 결과_ 151

**제8장 이상심리** · · · · · · · · · · · · · · · · · · · · · · · · · · · · · · · · · · · · · · · · · · 154

    1. 이상심리학의 이해_ 154
    2. 이상심리학의 기준_ 157
    3. 이상심리 행동의 모형_ 160

4. 정신장애의 분류_ 165
5. 신경증, 정신증, 성격장애_ 169
6. 증상의 의미와 메커니즘_ 171

## 제9장 스트레스와 정신건강 · · · · · · · · · · · · · · · · · · · · · · · · · · · · · · · 177

1. 스트레스의 이론_ 177
2. 스트레스의 유발 요인_ 180
3. 스트레스에 대한 반응_ 192
4. 소방공무원의 직무 스트레스_ 205

## 제10장 소방공무원의 정신건강 · · · · · · · · · · · · · · · · · · · · · · · · · · · 218

1. 소방공무원의 직업병_ 218
2. 불안장애_ 220
3. 공황장애_ 226
4. 우울장애_ 233
5. 양극성 장애(조울증)_ 244
6. 소방공무원과 외상 후 스트레스 장애_ 253
7. 불면증(수면장애)과 알코올 관련 장애_ 266
8. 소방공무원의 자살과 과로사_ 277

## 제11장 소방공무원과 재난 · · · · · · · · · · · · · · · · · · · · · · · · · · · · · · 292

1. 재난의 정의_ 292
2. 소방공무원의 심리적·신체적 재난 사례 분석_ 299

3. 재난과 안전관리에 관련된 국가 등의 책무_ 316
4. 재난 현장에서 소방관의 의사결정과 선택_ 317

**참고 문헌_ 321**

**찾아보기_ 329**

Introduction to Psychology of Fire Service **개정판**

# 소방심리학

# 소방심리학
(개정판)

# 01장
# 심리학의 이해

| 학습 목표 |
|---|
| 1. 심리학이 발전한 역사를 이해하고 어떤 학문인지 알 수 있다.<br>2. 심리학의 연구 방법과 분야를 알고 과학으로서의 심리학을 이해한다 |

| 열쇠말 |
|---|
| 심리학의 역사, 심리학의 연구 방법, 심리학의 영역 |

## 1 심리학이란 무엇인가?

고대 시대부터 철학과 의학 분야에서 '마음의 메커니즘'을 이해하려는 탐구가 이뤄져 왔다. 예컨대 고대 그리스나 로마 시대에는 사람의 몸은 네 종류의 액체로 구성돼 있으며, 그 액체에 비율에 따라 선천적인 기질도 네 가지 패턴이 된다고 믿었다. 단, 이들의 이론은 철학자나 의사 개인의 경험이나 사고에 의해 만들어졌다. 한편 '심리학(psychology)'은 과학적인 방법인 방법을 사용해 사람의 인간 마음의 메커니즘을 파악하려는 학문이다. 하지만 마음은 측정할 수가 없기 때문에 눈에 보이는 형태로 나타나는 행동을 관찰·측정해서, 그 행동을 만들어 낸 배경에 있는 마음의 메커니즘을 추측한다.

행동의 관찰·측정은 실험실 같은 장소에 한정되지 않는다. 임상 현장에서도 심리 카운슬러가 '내담자(환자 또는 상담받는 사람)'의 이야기를 듣거나 카운슬러에 대한 태도를 관찰함으로써, 내담자의 성격이나 사고방식의 편향을 추측하면서 치료를 진행한다. 이처럼 관찰이나 측정으로 얻은 데이터를 바탕으로 가설을 세우고 검증을 하며, 통계 기술을 사용해 사람들에게 공통되는 성질이나 경향을 밝혀내거나, 개개인의 성격을 이해하는 것이 심리학이라고 볼 수 있다.

그러면 '마음(mind)'이란 무엇일까? '마음이 무엇인가?'를 한마디로 설명할 수는 없다. 그래서 심리학에서는 마음을 몇 가지 요소로 나눠 생각한다. 마음을 구성하는 요소에는 '지각(perception)', '기억(memory)', '학습(study)', '사고(thinking)', '감정(feeling)' 등이 있다. 마음의 메커니즘을 규명하기 위해서는, 각각의 요소가 나타나는 행동을 관찰·측정해서 요소마다 성질을 밝혀 나간다. 예컨대 숫자의 배열을 기억시킨 뒤 기억하고 있는 숫자를 답하게 하는 실험을 함으로써, 사람은 숫자의 배열을 일곱 개 정도까지밖에 기억하지 못한다는 기억의 성질을 알게 됐다.

사람들은 왜 저런 행동을 하는 걸까? 심리학을 전공하거나 관심을 가지고 있는 사람들은 인간에 대해 이해하고 싶어하며 저런 행동을 하게 되는 사람들에게 호기심을 가지고 깊이 들여다보고자 관심을 갖게 된다. 이러한 궁금증은 관련 서적을 뒤적거리거나 심리학을 체계적으로 배움으로써 보이지 않는 상대방의 심리를 예측하고자 노력한다.

최근 사람들의 관심으로 심리학이 자리 잡아 가면서 심리학 내용에 관해 오해하는 부분이 적지 않다. 개인의 운명이나 성격이 태어난 시점이나 별자리 모양, 위치에 따라서 성격이 좌우된다고 믿는 점성술(占星術, astrology), 초능력이나 심령과학, 최면 등을 심리학의 일부 또는 한 영역으로 여기는 사람들이 많으며 심리학을 독심술(讀心術, mind reading)이라고 오해하기도 한다. 그러나 여전히 심리학은 대중적 인지도와 함께 사람들의 관심과 대상이 되고 있다. 또한, 어렵고 복잡한 학문으로 인식되고 있던 심리학을 체계적으로 배우기를 원하는 학생들이 늘어나고 있는 것은 심리학을 흥미롭고 놀랍고 도전해 볼 만한 학문으로 끊임없이 변화시키며 발전시키고 있기 때문이다. 그러면 심리학이란 무엇일까?

심리학(psychology)의 어원을 살펴보면, 그리스어로 '마음' 또는 '영혼'의 여신을 의미하는 '프시케(Psyche)'라는 단어와 '지식' 또는 '연구'를 의미하는 'logos'라는 단어의 합성어로, 이는 '마음을 연구하는 학문'이라는 뜻이다. 그러나 마음이라는 연구 대상은 물질처럼 보이는 것도 만질 수 있는 것도 아니며 연구하기가 어려운 부분이기에 관찰 가능하고 검증 가능한 행동에 관심을 갖게 됐다. 심리학자들이 행동을 연구하는 이유는 "인간의 마음은 행동을 통해 외부로 표출된다"고 보기 때문이다.

긴장도가 높고 인간의 고통에 노출되는 상황에서 일하는 소방관은 직업적으로 늘 스트레스와 외상(外傷) 사건에 노출되는 고위험 직업군으로 외상 후 스트레스 장애(PTSD) 외에도 알코올장애, 수면장애, 우울, 불안장애 등 다양한 정신질환의 유병률이 높다(Heinrichs et al., 2005).

그렇다면 행동이 나타나는 간단한 원리를 살펴보자. 어떤 행동에는 그 원인이 되는 자극과 정보가 존재한다. 그 자극이나 정보를 받아들인 다음 그것을 판단하고 분석하는 정신적인 처리 과정이 존재하며 그 과정의 결과가 행동으로 표출됐던 것이다. 따라서 인간의 마음에 작용하는 정신 과정을 이해하지 못하면 행동을 이해할 수 없다는 말이 된다. 이처럼 인간 이해를 위해 정신 과정에 대한 연구가 먼저 선행돼야 한다는 주장이 등장했고, 오늘날 그 주장이 수용되면서 심리학에 대한 정의도 "심리학은 인간의 행동과 정신 과정을 연구하는 학문이다"라고 새롭게 수정됐다.

## 2 심리학의 역사적 흐름

심리학을 공부하면 무엇을 알게 될까? 사람들은 왜 인간 심리에 관심을 가질까? 많은 사람이 심리학에 관심을 가지고 있고, 최근에는 그 관심의 폭이 넓어지고 깊이가 더욱 깊어지고 있다. 사람의 마음과 행동에 관해 생각할 수 있는 모든 내용이 심리학에 포함된 것이다. 사랑, 미움, 질투, 부부 관계, 자녀 교육, 학업 성취, 청소년 반항, 집단 따돌림, 치매, 이혼, 가출, 갈등, 경쟁, 협상, 외상 후 증후군, 기억, 감각, 착시, 동기, 성격, 지능, 복종 등 그것이 개인의 관심 사항이든 심리학의 본질이든 이 모든 것이 상관없이 심리학의 영역에 들어 있다.

그렇지만 심리학이 무엇인지 정의하는 것은 결코 쉽지 않은 일이며, 심리학(心理學,

psychology)은 이름 그대로 마음(心)의 이치(理)를 다루는 학문이며, 마음(mind)에 관한 학문이다. 그런데 마음은 무엇일까? 마음은 외부 사물이나 기억의 흔적이 각자의 내부에서 재현된 것을 자각하는 것과 관련이 있다.

다시 말해, 마음은 각자의 내부에서 일어나므로 철저히 주관적인 것으로서 남에게 직접 전달될 수 없으며, 말이나 손짓 발짓으로 표현할 수는 있지만 얼마나 정확히 전해지는지는 확인하기 힘들다. 이렇게 주관적인 마음의 문제를 어떻게 객관적인 과학의 영역으로 끌어들일 수 있는가가 문제가 되는 것이다. 이 때문에 심리학의 태동 초기에는 심리학의 정의와 연구 방법에 관한 여러 혼란이 있어 왔던 것도 사실이다.

심리학의 정의가 어려운 문제였던 것만큼 또 다른 혼란은 심리학의 목적 또는 기능에 관한 것이다. 즉, 심리학으로 무엇을 할 수 있는가, 내가 심리학을 배우면 어떤 능력을 가지게 되는가에 대한 것으로서 일반인이 심리학을 대할 때 빠져들 수 있는 유혹이다. 많은 사람에게 '마음에 손을 얹어 보세요' 그러면 대부분 가슴에 손을 댄다. 마음이란 무엇이고 어디에 있는 것일까?

심리학의 철학적 기원은 고대 그리스 시대로, 히포크라테스(Hippocrates, B. C. 460경~B. C. 377경)는 "우리에게 뇌라는 것이 있기 때문에 사물을 생각할 수 있으며, 마음이 머무는 곳" 그곳을 뇌로 추정했다. 이렇듯 18세기 후반까지 심리학은 독립적 학문이 아닌 철학의 한 범주에 있었다.

흔히들 심리학이란 "남의 마음을 꿰뚫어 보거나, 얼굴만 보면 그 사람의 성격과 운명을 예측하거나, 다른 사람을 자기 마음대로 조종하거나" 할 수 있게 하는 학문으로 오해하는 사람도 있다. 또는 "마음으로 사물을 투시해 보거나, 움직이거나, 꿈을 해석해 미래를 예언하거나, 심령의 힘을 빌려 신비로운 일이 일어나게 하거나"는 것을 다루는 학문이 심리학이라고 잘못 알고 있는 경우도 있다.

이러한 독심술, 관상술, 심리조종술, 초능력, 심령학 등의 기법 또는 사이비 학문은 심리학을 연구함으로써 간접적으로 익히게 되거나, 부분적으로 연구 내용이 될 수는 있지만 심리학의 주 연구 대상은 아니다. 천문학이 점성술과는 거리가 멀고, 화학이 연금술과 거리가 멀 듯이 심리학은 독심술이나 관상술과는 거리가 먼 학문이다. 그렇지만 현대 천체물리학은 고대 점성술사들이 발견한 많은 사실을 기초로 발전해 왔고, 연금술사들이 일반 물질을 금으로 바꾸려고 노력하는 과정에서 현대 화학의 여러 가지 기초적인 사실과 연구 방법이 발전했다는 사실을 상기할 필요가 있다.

마찬가지로 독심술이나 관상술, 마술 등은 현대 심리학의 태동과 발전에 기여했다고 할 수 있다. 심리학이란 인간의 마음의 구조와 과정을 과학적으로 밝히기 위해 여러 실험적 방법을 사용해서 인간의 행동을 관찰하는 과학의 한 분야이며, 예를 들어 형태나 색을 지각하는 과정이 어떤 절차를 통해 일어나는지를 밝히기 위해 여러 가지 자극을 제시함으로써 반응을 측정하고 분석해 정신 과정에 대한 이론을 세워서 검증하기도 하고, 어떤 과정을 통해 지식을 습득하고 망각하는지를 연구하기도 한다. 즉, 물체의 구조와 미립자의 운동에 관해 물리학이 연구하는 것과 같은 이치로, 심리학은 정신의 구조와 과정에 대해 과학적으로 연구하는 학문이다. 사실 우리 인간 개개인은 모두 심리학자다. 모든 사람은 자신의 마음을 들여다보고 왜 그런 생각을 하는지, 왜 그런 행동을 하게 됐는지를 생각하면서 스스로를 이해하기도 하고, 남을 이해하려고 애쓰기도 한다. 그러나 한 개인이 이런 몇 가지 경험을 통해 정확하고 과학적인 마음의 이론을 만들 수는 없다.

왜냐하면 각 개인의 일상에는 너무 많은 요인이 관여하고 있고, 비슷한 상황에서도 사람마다 다르게 행동하며, 동일한 사람이라도 다양한 상황에서 다르게 행동하기 때문이다. 우리는 일상적으로 일어나는 대부분의 자신의 정신 상태에 대해 당연하게 생각하기 쉽지만, 좀 더 곰곰이 생각해 보면 참으로 이해하기 어려운 것이 타인의 마음은 고사하고 자신의 마음이다. 어떤 사람을 그렇게 미워하면서 동시에 그리워하고, 그렇게도 하기 싫거나 하지 않아야 하는 일인데도 자신도 모르게 그렇게 행동하는 자신을 발견하게 되는 수가 많다. 결국 사람은 남의 마음은 고사하고 자신의 마음도 잘 모른다고 할 수 있으므로, 우리는 마음에 대해 매우 무지하고 일종의 미신을 갖고 있다고 볼 수 있다.

그러면 어떻게 해야 우리 마음에 대해 더 잘 이해할 수 있을까? 바로 심리학을 공부함으로써 가능하다. 심리학은 지각, 인지, 발달, 학습, 기억, 성격, 정신병리, 사회심리 등 여러 분야에서 과학적으로 연구된 결과를 체계적으로 집대성한 것이다. 심리학을 공부하면 자신이 평소에 궁금해하던 많은 문제가 과학적으로 연구되고 설명됨을 볼 수 있게 되고, 아무리 노력해도 이해되지 않는 다른 사람의 행동을 이해할 수 있게 된다. 그뿐만 아니라, 자신이 사물을 보는 것이 그리 정확하지 않다는 것도, 공부한 것도 잘 잊어버린다는 사실을 알게 됨으로써, 어떻게 하면 사물을 잘 관찰하는지, 덜 잊어버려서 시험을 잘 치를 수 있는지도 알게 될 것이다.

결국 심리학을 공부하는 일반인의 가장 중요한 목적은 자신과 남의 마음을 잘 이해하는 것이라고 할 수 있다. 여러분 중에는 '혹시 내가 미친 사람이 아닐까? 정신과에 가 볼까?'라고 생각하는 사람이 있을지도 모른다. 이는 지극히 정상적인 것으로서, '나는 절대로 미치지 않았다'고 믿는 사람이 더 미친 사람일 가능성이 많다. 인간의 정신은 아주 다양하고, 대부분의 사람은 약간의 비정상적인 점을 가지고 있으며, 정상과 비정상은 백지장만큼이나 가까운 것이라는 것을 심리학을 공부함으로써 알게 될 것이다.

그렇다면 심리학은 어떻게 공부하는 것이 좋을까? 책을 열심히 읽어서 이론이나 내용을 외우는 것은 진정한 심리학 공부가 아니다. 책을 읽고, 그 내용을 바탕으로 자신의 마음을 들여다보고, 다른 사람이나 사물의 변화를 관찰하고 이해하는 삼위일체가 돼야 진정한 심리학 공부이며, 심리학을 공부하다 보면, 홈페이지는 어떻게 만드는 것이 좋겠다든지, 인터넷 서핑은 어떻게 해야 하는지, 중요하고 좋은 정보는 어떻게 판단하는지, 오디오나 텔레비전, 스마트폰을 어떻게 디자인해야 사용하기 편리한지, 자식은 어떻게 가르쳐야 하는지, 자기 부모에 대한 응어리진 마음은 어떻게 풀어야 하는지 길이 보이게 된다.

심리학은 어려운 학문이며, 이유는 여러분이 초·중등 교과과정에서 별로 배우지 않았다는 점 때문이기도 하고, 심리학이 아직도 잘 정립되지 못해 숱한 이론이 난립하고 있다는 점 때문이기도 하다. 무엇보다 인간의 마음이 전체 우주보다도 복잡하다는 점이 주된 이유일 것이다. 그렇지만 심리학은 어려운 만큼 재미있는 학문으로서, 상식적으로 이해되지 않는 부분도 있지만, 대부분 자신의 경험에 비춰 보면 이해될 것이다. 결국 심리학을 공부하고 나면 세상을 보는 눈이 달라질 것이다.

정신병, 미로를 달리는 쥐, 굶주림의 생리학, 사랑의 신비, 창조성과 편견과 같은 주제를 단일 범주로 묶어 주는 것은 무엇일까? 심리학은 어떻게 해서 이렇게 다양한 주제를 다루게 됐을까? 심리학에서 다루고 있는 영역이 일반인들의 기대와 다른 이유는 무엇일까? 심리학이 뇌의 해부학적 구조와 화학적 과정을 연구하는 까닭은 무엇일까? 이러한 의문을 해결하기 위해서는 먼저 심리학이 태동하게 된 역사적 배경과 그 학문적 성격의 변화 과정을 알아봐야 한다. 심리학이라는 용어가 보편적으로 사용된 것은 16세기 초이고 그 당시 심리학은 문자 그대로 '마음에 대한 연구'를 의미했다. 그러나 과학으로서 심리학의 태동은 100여 년의 역사밖에 되지 않지만 실제 심리학의 역사는 인류의 역사만큼이나 길다. 마음의 신비에 대한 관심은 인류의 시작과 더불어 나타났기 때문이다.

19세기에 심리학이 과학으로서 태동하기 전에 새로운 학문적 태도와 방법이 필요해졌다. 19세기 말 괄목할 만한 발전을 이룬 핵물리학과 화학 덕분에, 사람들은 자연세계의 물리적 사상과 마찬가지로 마음의 신비도 객관적인 연구와 이해가 가능하다는 태도를 가지게 됐다. 다시 말하면, 화학자나 물리학자가 자연세계를 이해하기 위해 과학적 방법을 사용하듯이 마음의 신비를 이해하기 위해서도 그러한 방법을 적용할 수 있다고 생각했다.

이러한 필요 조건을 충족시킨 것이 철학과 생리학이고 여기에서 심리학의 기원을 찾아볼 수 있다. 철학은 인간 마음에 관한 제반 주제와 기초적 생각을 제공했고, 생리학은 그 문제들에 접근하는 과학적 방법을 제공했다고 볼 수 있다. 철학(哲學)은 '지혜에 대한 사랑'이라는 의미를 갖고 있다. 역사적으로 철학자들은 인간의 지식과 실재의 본질을 추구하고 있었다. 비록 중세에는 철학이 주로 신학의 하위 영역에 속해 있었지만 17세기가 되면서 철학은 독자적인 중요한 연구 분야를 개척했다.

그래서 철학은 비종교적이고 새로운 형식으로 마음에 관한 수많은 의문점을 제기했다. 어떻게 해서 물리적 자극이 유발한 신체 감각이 외부 세계에 대한 정신적인 인식으로 바뀌게 되는가? 이는 '심-신 문제(mind-body problem)'라고 하는 것으로서, 물리적 사상과 정신적 사상 간의 관계에 대한 담론이다. 세상에 대한 우리의 지각은 실제 세계를 정확하게 반영하고 있는가?

이는 실재론(realism)의 문제로서, 우리가 지각하는 외부 세계가 실제로 존재하는가, 또는 존재한다는 것을 어떻게 증명할 수 있는가에 관한 담론이다. 참 어려운 질문이며, 사람들은 자신의 행동을 자유의지로 선택하는가? 인간의 행동은 발견 가능한 어떤 원인에 따라 결정되는 것인가? 이러한 물음을 묻는 것이 철학이다. 이러한 주제에 가장 큰 영향을 미친 현대 철학의 선구자는 데카르트(René Descartes, 1596~1650)다. 그는 특히 정신과 육체의 관계에 관심이 많았고, 정신과 육체는 기본적으로 서로 분리된 실재라고 보는 이원론적 견해를 피력했다.

그는 육체는 물리적인 세계의 한 부분으로 물리적 법칙에 따르고 정신이나 관념의 세계와는 완전히 다르다고 봤다. 데카르트 이후 수많은 철학자가 심리학적 주제에 대해 관심을 가지게 됨에 따라 그러한 주제를 해결하는 더 좋은 방법이 필요했다. 이전까지만 해도 주로 직관(直觀, intuition)과 논리(logic)가 유일한 해결 방법이었다.

흔히 철학자들은 자신이 지지하는 가정에 근거를 두고 추론의 과정을 거쳐서 어떤 결론에 도달하는 방법을 택하고 있었다. 그런데 이런 추론 과정으로는 잘못된 결론에 도달하기 쉽다. 예컨대, 정신과 육체가 송과선(松科腺, pineal gland)에서 상호 작용한다는 데카르트의 주장은 이전까지만 해도 정확하다고 생각했던 "마음은 머리가 아닌 심장에 있다"는 아리스토텔레스(Aristoteles)의 결론만큼이나 부정확한 것이었기 때문이다.

심리학적 주제에 대한 철학적 접근에서 간과했던 요소를 생리학이 보충해 줬다. 19세기 초 유기체의 신경 기능에 대한 관심이 크게 증가함에 따라 많은 생리학자가 철학자들이 다루고 있던 많은 영역을 연구하기 시작했다. 특히, 감각적인 정보가 어떻게 정신적 사상을 일으키는지에 대해 관심을 기울였다. 이러한 주제를 연구하기 위해 생리학자들은 뇌 해부학이나 신경 측정과 같은 다양한 과학적 방법을 사용했다. 즉, 전적으로 추론에 의존하기보다는 가설을 설정하고 검증하기 위해 관찰하는 과학적 접근을 추구했다.

사실 선사시대 유골을 보면 정신병을 치료하기 위해 머리에 구멍을 뚫기도 했고(이렇게 해도 상당 기간 살아 있었다는 흔적이 있다), 전쟁에서 머리를 다친 병사들이 특정한 행동 이상을 보이는 것을 관찰하면서 뇌의 신경 과정이 마음과 행동에 깊은 연관이 있음을 알게 됐다. 심리학적 의문점을 해결하기 위해 생리학자들이 과학적 접근을 시도한 결과 19세기 중반까지 상당한 진전이 있었다.

예컨대, 뮐러(Johannes Peter Müller)는 신체 내에서 신호들이 신경을 따라 전달되는 과정을 기술하면서, 특정한 감각 경험은 물리적 자극과는 무관하게 특정 감각기관의 흥분 여부를 따른다는 '특정 신경 에너지설'을 제창했고, 1870년대에 독일의 심리학자 분트(Wilhelm M. Wundt, 1832~1920)가 '심리학 실험실'을 창설함으로써 '실험심리학(experimental psychology)'이 탄생했다고 한다. 19세기에는 사람의 감각이나 신경의 메커니즘을 규명하는 '생리학(physiology)'이 발전했다. 분트는 생리학에서 이뤄지던 실험 방법을 응용해 '의식(consciousness)'을 측정하려고 시도했다.

실험은 어떤 자극이 가해진 실험 참가자가 자신의 의식 속에서 일어나는 과정을 보고하는 '내관법(內觀法, introspection method)'이라는 방법을 사용해 이뤄졌다. 분트의 실험은 눈에 보이지 않는 마음을 관측할 수 있는 형태로 나타내려 한 최초의 시도로 평가된다. 그러나 자신의 마음을 자신이 파악하는 데는 한계가 있다. 또 내관 훈련을 거친 일부의 사람만 실험에 참가할 수 있다는 문제점도 있었다.

페히너(Gustav Theodor Fechner, 1801~1887)는 지각과 같은 정신적 사상을 정확하게 측정하기 위한 정신물리학의 기초를 마련했다. 이러한 진전으로 말미암아 많은 심리학적인 의문을 과학적 방법으로 해결할 수 있다는 확신을 가지게 됐다.

플라톤(Platon, B. C. 428/427년 또는 B. C. 424/423년)은 인간의 의식이 육체와 분리돼 있으며, 마음과 몸은 실체가 전혀 다른 것으로서 뚜렷이 구분될 수 있다는 심신이원론(心身二元論, mind-body dualism)을 주장했다. 아리스토텔레스(Aristoteles, B. C. 384~B. C. 322)는 인간의 의식이 육체와 분리될 수 없어 의식과 육체는 하나이며 몸과 마음이 명확하게 나눠질 수 없다는 심신일원론(心身一元論, mind-body monism)을 주장했다.

20세기에 접어들자, 미국에서는 누구에 대해서든 측정할 수 있는 일만 대상으로 연구를 하자는 움직임이 강해져 '행동주의(行動主義, behaviorism)'가 탄생했다. 여기에서 말하는 '행동주의'란 사람이 받는 '자극'을 '원인', 자극에 대해 겉으로 드러난 '반응'을 '결과'로 해서 '자극과 반응의 관계성'을 조사하자는 것이었다. 이에 따라 학습의 기본원리 등이 밝혀졌다. 그러나 사람의 모든 행동은 자극과 반응의 조합으로 설명이 되고, 반응이 일어나기까지 그 사이에 사람의 내부에서 의식되는 내용에 대해서는 고려하지 않는다고 생각하는 극단적인 자세에 대한 비판이 나왔다.

그 무렵 독일에서는 '게슈탈트 심리학(Gestalt psychology)'이 발전했다. '게슈탈트 심리학'은 자극과 반응은 1:1 관계에 있는 것이 아니라, 사람의 반응은 주위의 환경 전체에 의해 정해진다는 생각이었다. 여기서부터 사람은 혼자일 때와 집단 속에 있을 때 행동이 다른 것 등이 밝혀졌으며, 이를 계기로 '사회심리학(social psychology)'이 발전하는 계기가 됐다.

## 1) 구성주의

'현대 심리학의 아버지'라 불리는 분트는 1879년 독일의 라이프치히(Leipzig)대학에서 최초로 실험실을 열어 인간의 의식을 연구 대상으로 과학적인 접근을 시도했다. 그는 눈으로 볼 수 없는 마음을 과학적으로 파악하려고 했으며, 인간의 의식 과정도 화학에서 분자구조로 설명하는 것처럼 가능하다고 했다.

[그림 1-1] 분트(Wilhelm M. Wundt, 1832~1920)

내성심리학이라고도 말하는 구성주의(structuralism) 심리학은 인간을 이해하기 위해 자신의 의식 과정에 무엇이 일어나고 있는지 자신의 심리적 상태, 즉 스스로 자신을 잘 탐색하고 말로 표현해야 된다고 생각했다. 이러한 관찰 방법을 내성법(內省法, introspection)이라고 한다. 내성법은 자신의 의식 작용을 재해석하고 구성하는 과정으로 생각이나 감정, 느낌 등을 자기 스스로 들여다보고 언어로 보고하는 방법을 말한다. 또한 지속적인 탐색 훈련을 통해 내성법이 좋아진다고 했다.

구성주의 심리학은 분트의 제자인 티츠너(Edward Bradford Titchener, 1867~1927)가 이름을 붙였으며 소개됐다. 그는 미국 코넬대학교의 심리학 교수로 있으면서 미국에 구성주의를 소개했고, 마음의 구조를 묘사하는 심리학을 연구하면서 인간의 마음을 의식(consciousness)의 구조를 자연과학적 연구 방법으로 파헤치려는 시도를 했다.

티츠너의 도식에 따르면, 우리가 바나나를 인식할 때 물리적 감각(우리가 보는 것)과 느낌(바나나를 좋아함 혹은 싫어함)과 심상들(다른 바나나에 대한 기억)을 결합하게 된다. 그에 따르면, 복잡한 사고와 느낌들조차도 이렇게 간단한 요소들로 감소될 수 있다. 이와 같이 심리학의 역할은 이러한 요소들을 밝히고 그들이 결합하는 방식을 보여 주는 것이다. 구성주의 심리학파는 바로 이와 같이 경험의 기본 단위와 그 기본 단위 간의 결합을 강조하고 있다.

[그림 1-2] 티츠너(Edward B. Titchener, 1867~1927)

소방관들은 다양한 자극에 대한 반응을 스스로 관찰해 말로 표현할 수 있도록 내성법을 사용할 필요가 있다. 분트의 제자들은 사건에 대한 자신의 생각, 감정, 감각 등을 면밀히 검토하고 기록하는 훈련은 사고로부터 지각을 분리함으로써 감정을 관찰하고 기록하는 객관적 내성법의 필요성을 제기했다.

## 2) 기능주의

기능주의(functionalism)는 의식을 연구 대상으로 했지만 구성주의와는 다르게 의식이 어떻게 기능하는가를 보고자 했다.

기능주의의 대표자라 할 수 있는 제임스(William James, 1842~1910)도 분트와 티츠너처럼 인간의 의식에 관심을 가지고 연구를 했으나 그의 의식에 대한 관점은 이들과 차이가 있었다. 제임스는 인간의 행동을 기능적인 것으로 보고 유기체가 지각 능력을 가지고 어떻게 환경에 기능하는가에 관심을 가졌다. 그는 의식이 어떤 요소로 구성돼 있는지 안다고 하더라도 인간을 올바르게 이해할 수 있는 것이 아니며 의식이나 정신

[그림 1-3] 제임스(William James, 1842~1910)

과정을 여러 개의 조각으로 나눌 수 없는 하나의 것으로 봤기 때문에 구성주의를 비판했다.

우리가 바나나를 볼 때 길고 노란 물체를 보는 것이 아니라 바나나 전체를 보는 것처럼 연속적인 흐름인 지각과 연합으로 본다는 것이다. 따라서 무엇을 봤는가(느꼈는가, 생각하는가?) 하는 의식의 내용 분석이 아니라 어떻게 봤는가(느꼈는가, 생각하는가? 등) 하는 심리적 기능을 연구 대상으로 삼았다. 구성주의 심리학자들은 의식이 변화하는 환경에서 어떤 적응적(행동) 기능이 있는가를 고찰하려고 하는 노력이 필요하며, 이것은 내성법만으로는 부족하고 실제적 행동 관찰을 병행해야 한다는 주장했다.

구성주의 학자들의 입장에서 본다면 소방관들이 외상 후 스트레스 장애(post-traumatic stress disorder: PTSD)로 인해 우울과 불안, 위협감을 가지고 있을 때 이러한 심리적 현상이 소방관의 행동에 어떻게 나타나고 있는지 살펴볼 필요가 있다.

### 3) 형태주의

전체적으로 잘 조직화된 형태나 모양을 독일어로 게슈탈트(Gestalt)라고 부르며, 영어로는 형태(form)와 전체(whole)의 의미를 모두 포함하고 있다. 우리말로는 '형태'라는 의미가 가장 가까워서 그렇게 번역하기도 한다. 형태주의 심리학의 대표적인 학자는 독일의 베르트하이머(Max Wertheimer, 1880~1943)와 독일 심리학자 코프카(Kurt Koffka, 1886~1941) 및 쾰러(Wolfgang Köhler, 1887~1967)가 있다.

[그림 1-4] 베르트하이머(Max Wertheimer, 1880~1943)

형태주의는 분트의 구성주의인 쪼개고 나누는 것을 부정하면서 인간을 올바르게 이해하기 위해서는 의식이 단순한 구성 요소의 합이 아닌 그 이상의 것이라고 했다.

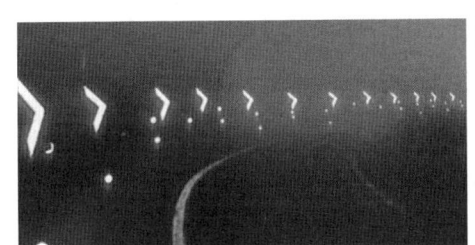 

[그림 1-5] 부분과 전체의 관계

[그림 1-5]처럼 삼각형과 원의 실선이 모두 없어도 우리는 완벽하게 삼각형과 원으로 인지한다. 스케치에서 모든 선을 그리지 않아도 사람들은 나타나지 않은 선을 통해 상상하고 연결해서 그림을 해석한다. 그림뿐만이 아니다. 어떤 정보를 처리할 때도 사람들은 단순히 입력되는 자극만 처리하는 것이 아니라 그 자극에 상상을 더해서 생각한다. 예를 들면, 트럭과 자동차가 정면 충돌했다는 이야기를 듣기만 해도 소방관들은 두 차에 탄 사람의 부상이 심할 거라고 상상하고 출동하게 된다. 입력되는 낱개의 정보를 종합하고 자신이 경험했던 기존 지식으로 다른 것들과 상상해서 붙이고 뺀다. 형태주의 심리학자들은 단순히 자극에 반응하는 수동적인 면보다 적극적인 면을, 분석적 접근보다 전체적·역동적 접근이 필요함을 강조했다.

## 4) 행동주의

[그림 1-6] 왓슨(John B. Watson, 1878~1950)

미국의 심리학자 왓슨(John Broadus Watson, 1878~1950)은 행동주의 모델에 많은 영향을 끼친 인물로 알려져 있다. 그는 실험심리학의 창시자인 분트의 내성법(의식 경험의 심적 과정을 관찰, 분석)을 비판하며 자극과 반응에서의 계통화를 강조했다. 따라서 심리학에서의 자연과학적 방법의 철저를 강조했고, 측정될 수 없는 막연한 개념을 토대로 하는 과학이란 있을 수 없다며 심리학이 과학이 되기 위해서는 누구든지 관찰할 수 있는 행동을 연구 대상으로 삼을 것을 강조했다.

행동주의자들은 어떤 상황에서 어떤 행동이 연결되는지에 관심을 갖고 인간을 둘러싼 환경을 바꾸면 행동이 변화될 수 있다고 주장한다(서혜석 외, 2017).

파블로프(Ivan Petrovich Pavlov, 1849~1936)의 조건반사 개념을 받아들인 왓슨은 모든 현상을 자극(S)과 반응(R)의 관계로 설명하려 했다. 개가 침을 흘리는 것(R)은 고기(S) 때문인 것처럼 인간의 복잡한 행동도 자극과 반응의 관계로 접근할 수 있음을 주장했다. 그래서 그의 심리학은 '자극과 반응의 심리학'이라 불리기도 했다.

[그림 1-7]의 고전적 조건 형성(古典的條件形成)은 파블로프가 한 널리 알려진 실험으로, '파블로프의 개'를 통해 알려진 학습의 일종이다.

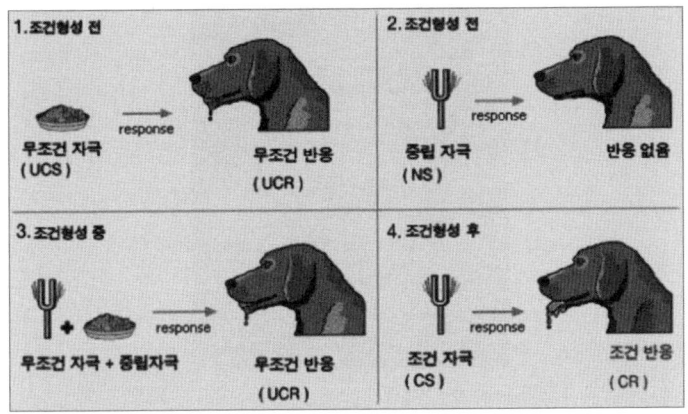

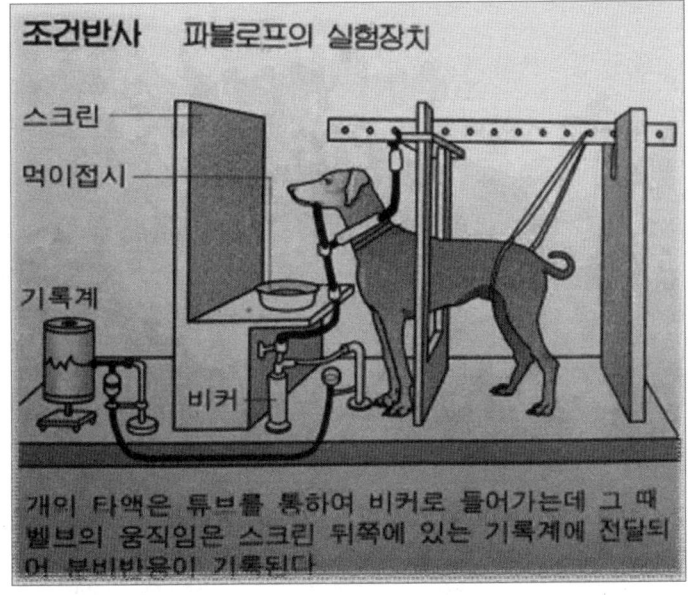

출처: 나무위키(https://namu.wiki/), 검색일: 2023.10.21.

[그림 1-7] 고전적 조건 형성(위)과 조건반사와 무조건반사에 대한 파블로프의 개 실험장치(아래)

행동주의에 꽃을 피운 대표적인 학자 스키너(Burrhus F. Skinner, 1904~1990)는 행동주의를 더욱 발전시키는 핵심적 역할을 했다. 그는 인간의 내면적 요소는 그리 중요하지 않고 주변 환경에 의해 결정된다고 주장했으며, 예로 자신에게 어떤 아이를 보내면 그 아이를 원하는 방향(도둑·학자·변호사·유능한 사업가 등)으로 성장하도록 하는 것이 가능하다고 주장했다. 그는 또한 강화의 개념을 도입해 실험자가 원하는 행동을

[그림 1-8] 스키너(Burrhus F. Skinner, 1904~1990)

했을 때 보상(강화)을 줌으로써 행동을 변화시켰다.

  1960년대 후반에는 스키너의 입장을 취하는 조작적 행동에 대한 연구가 붐을 일으켜 다양한 교수법, 자녀 지도 등 광범위한 분야로 행동 수정 과정이 개설되기도 했다. 이는 자극과 반응으로 인간의 행동을 설명하려는 단순함에도 불구하고 행동주의는 인간의 행동을 설명하고 통제하고 이해하는 데 많이 활용되고 있다(정미경 외, 2018).

출처: 중앙일보(https://m.news.zum.com/), 검색일: 2023.10.21.

[그림 1-9] 강화를 이용한 돌고래 훈련

### 5) 정신분석학

  정신분석이란 인간의 의식세계 밑에 내면세계인 무의식의 세계를 가정하고 인간 이해를 위해 이곳을 분석하는 학문으로 볼 수 있다. 이론 전반에 걸쳐 있는 기본 가정은 정신결정론(psychic determinism)과 무의식적 동기(unconscious motivation)로 인간이 행하거나 생각하고 느끼는 모든 것에는 심리적 요인이 복잡하게 깔려 있다고 봤다. 그리고 거기에는 정신이라는 에너지가 결정적으로 작용하고 있다고 했다(송대영 외, 2008).

심리학자 중 가장 잘 알려져 있는 프로이트(Sigmund Freud, 1856~1939)는 의식세계보다 무의식세계가 인간의 행동과 사고를 지배한다고 주장했다. 그는 무의식을 빙산의 일각으로 보고 인간의 행동을 분석하면 방대한 무의식의 세계를 알 수 있다고 했다.

[그림 1-10] 프로이트(Sigmund Freud, 1856~1939)

의식이 작동되는 깨어 있는 시간에는 무의식이 나타나지 않도록 억압해서 무의식을 볼 수 없지만 잠을 자는 무의식에서는 의식 활동이 미미해서 무의식의 세계를 알 수 있기 때문에 꿈을 해석하거나 어떤 사람의 행동의 실수를 통해 무의식을 분석하면 인간의 내면세계를 이해할 수 있다고 생각했다. 이러한 이론은 당시 상당한 저항을 불러일으켰다. 인간의 합리적인 이성을 중시했던 당시 인간은 자기 마음의 주인이 아니며, 자신이 의식하지 못하는 무의식이라는 비합리적인 힘이 주인이라는 주장 때문이다.

프로이트의 정신분석이론에 따르면, 인간 행동은 내적으로 강한 심리적 힘에 의해 움직이고 동기화된다. 그 행동 기저에 있는 심리적 힘이란 선천적인 본능(instinct)이나 욕구 등을 의미하며, 프로이트는 이것을 체계적으로 연구하면서 사람의 성격이나 사고(思考) 등의 행동을 설명했다. 이렇듯 정신분석은 인간의 행동이나 사고는 무의식의 지배를 받고 본능적인 욕구의 표현을 금지당할 때 억압돼 무의식적 행동인 꿈이나 신경증적 증상, 실수, 실언, 망각 등으로 나타난다고 봤다. 꿈은 인간의 무의식적 욕구나 소망, 갈등 등이 상징적으로 표현되기도 하고, 꿈의 무의식적 소망이 최근 사건 뿐만 아니라 어린 시절에도 뿌리를 두고 있다는 것을 알게 됐다. 또한 특정한 공격적 욕구가 무의식으로 억압되다가 실수의 형태를 빌려 나올 수도 있고, 망각은 자신이 원하지 않는 고통과 관련된 기억을 떠올리고 싶지 않은 무의식적 동기가 행동으로 나타나게 된 것으로 봤다

그는 본인이 의식하지 못하는 무의식이 인간 행동에 큰 영향을 미친다는 가설하에 자유연상법을 통해 억압된 기억들을 끌어냄으로써 히스테리 치료에 효과를 거뒀다. 프로이트의 주요 저서로는 『히스테리 연구』(1895), 『꿈의 분석』(1900) (꿈은 억압된 원망[願望]의 충족을 목적으로 하는 잠재의식이 시각상화, 왜곡, 상징화돼 나타난 대리물이라 규정), 『정신분석입문』(1917) (정신분석학의 체계, 신경증 이론을 다룸) 등이 있다.

이러한 기여와 공헌한 점에도 불구하고 특히 성적 충동을 지나치게 강조한 점에서 동료들로부터 비판을 받았다. 프로이트에게 영향은 나중에 스위스의 정신과 의사 융(Carl Gustav Jung, 1875~1961)과 오스트리아의 정신과 의사 아들러(Alfred Adler, 1870~1937)에게까지 미쳤다.

융은 '무의식'을 '개인적 무의식'과 '보편적 무의식'으로 나눠서 생각했다. '개인적 무의식'은 의식 내용이 강도를 잃고 망각된 것이나, 의식에 의해 억압된 내용 등 개인적 색채가 강하다. '보편적 무의식'은 그보다 깊어서 모든 인류에게 공통된 보편적인 층이다. 프로이트의 무의식 개념이 오로지 '개인적 무의식'의 특징을 강조하는 것이었기 때문에, 융의 주장은 받아들여지지 않았다. 융은 신경증보다 더 증세가 심한 조현병 환자와 접촉하다가 환각·망상의 내용이 전 세계에 보편적인 신화적 이미지와 매우 높은 유사성을 가진다는 사실을 발견했다.

여기에서 '보편적 무의식'의 존재를 주장하게 된 것이다. 조현병 환자에게는 일반 사람에게는 망상이나 엉뚱한 이야기로 여겨지는 그런 이야기를 하는 특징이 있다. 융은 그들의 이야기 가운데 '세계의 신화'나 '전승'과 공통된 요소를 찾아내고, 그런 증상은 '보편적 무의식'이 나타난 것이라고 생각했다. 융의 생각은 치료뿐 아니라, 문화나 사회의 성립에도 깊은 통찰을 줬다. 아들러는 유소년기 때 부모와의 관계성이나 거기서 생긴 갈등을 계속 중시했지만, 프로이트가 주장했던 '무의식'의 존재는 상정하지 않

았다. 유소년기의 갈등은 '열등 콤플렉스(inferiority complex)'로 남으며, 그것이 사회에 적응하는 방향으로 작용하면 건전해지고, 적응하지 못하는 방향으로 작용하면 '신경증' 등이 된다고 생각했다. 예컨대 얼굴 모습이 '열등 콤플렉스'가 된 사람이 화술(話術)을 익히거나 평소부터 명랑하게 지내는 그런 기술을 익혀 얼굴의 약점을 보완하려는 경우는 건전하다.

그러나 '열등 콤플렉스'가 사람을 원망하는 방향으로 발달하면 사회에 적응하지 못하게 된다. 아들러는 '열등 콤플렉스'의 적응하지 못하는 방향을 적응 방향으로 수정함으로써, 신경증을 치료하거나 생활 방식을 개선할 수 있다고 생각했다. 이런 생각에 영향을 받아 인간의 발달과 애착 등에 관한 여러 가지 이론이 제창됐다. 임상 세계에서 제창되는 이론이 반드시 실험적인 접근으로 그 올바름이 증명되는 것은 아니다. 하지만 인종을 불문하고 보편적인 점이나, 환자 하나하나의 증상을 완화하는 효과가 있는 점 등에서 지지를 받는다. 현재 임상의 경우, 이처럼 발전해 온 이론을 바탕으로 환자 각 개인에게 적합한 치료법이 제공되고 있다. 이후 신경정신분석학파(neo-psychoanalysis)를 결성하게 만든 계기가 됐으며, 무의식적 동기와 유아기의 중요성은 인정하되 성적 요소보다 사회문화적 요소(인간관계, 문화적 영향 등)를 더 강조했다.

## 6) 인본주의

인본주의 심리학은 건전한 인간 자체를 대상으로 삼아 인간을 능동적인 성장 가능의 잠재력을 가지고 있는 주체로 봤다. 또한 인간은 좀 더 자기 조절적이고 자기 통제적이며 자기 선택적이기 때문에 강요와 통제를 지양하고 그보다는 자발성과 자율성을 더욱 강조해야 한다고 했다.

매슬로(Abraham H. Maslow, 1908~1970)와 로저스(Carl R. Rogers, 1902~1987)는 유명한 인본주의 심리학자들로서 인간의 마음과 행동을 객관적인 연구 대상으로 다루는 것을 반대했다. 이들은 인간의 존엄성과 가치에 관심을 갖고 접근했으며, 인간은 무한한 가능성을 가지고 있다고 주장했다. 특히 인간은 독특하고 특별한 존재로 자기를 발달시킬 수 있는 잠재력을 가지고 있다고 보고 스스로 문제를 해결해 나갈 수 있는 능력이 있다고 믿었다.

[그림 1-11] 로저스(Carl R. Rogers, 1902~1987)

로저스는 이해받는다는 감정과 경험 그 자체가 성장과 변화에 긍정적 영향을 미친다고 봤다. 이것을 성장과 변화, 즉 심리적으로 건강한 사람 '충분히 기능하는 사람(fully functioning person)'이라는 용어로 설명했다. 로저스는 지시하는 상담이 아닌 경청하고 지지하는 것이 더 중요하다고 했다. 이것에 더 나아가 진솔성(일치성), 무조건

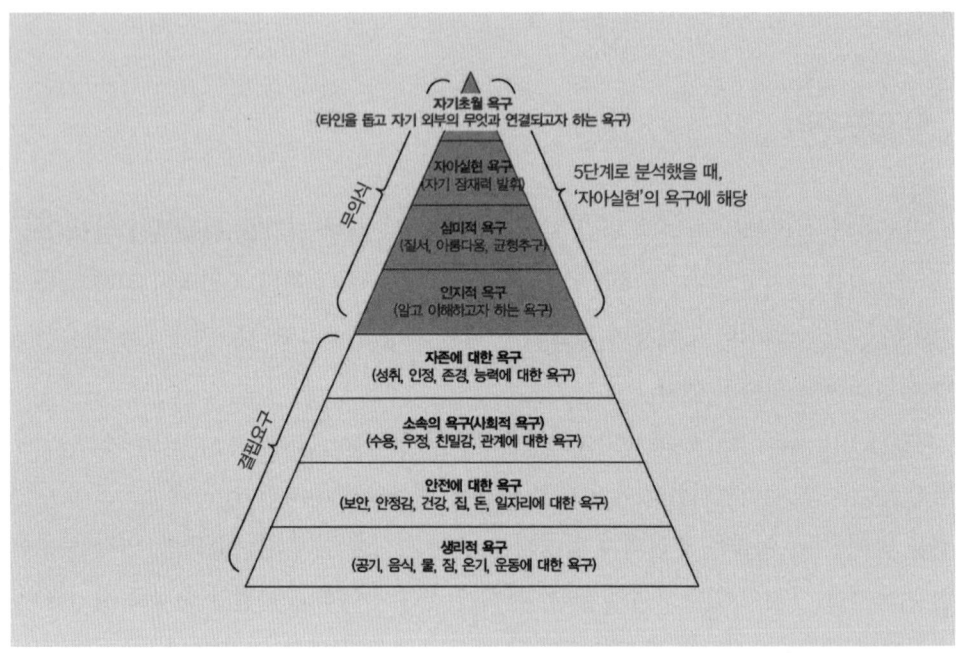

출처: 위키백과(https://ko.wikipedia.org/), 검색일: 2023.10.22.

[그림 1-12] 매슬로의 욕구 8단계

적 긍정적 존중, 공감적 이해를 가지고 내담자의 입장에서 아무런 조건 없이 솔직하게 자신의 경험과 접촉할 수 있도록 할 때 내담자가 스스로 기능할 수 있고 성장할 수 있는 사람이 된다고 말했다.

또한, 인본주의는 인간의 잠재 능력을 신뢰하고 인간의 기본적인 동기로서 성장 동기를 강조한다. 인간은 선천적으로 내적 욕구를 갖고 태어나며, 이러한 욕구를 만족시키기 위해 노력하게 되는데, 노력의 궁극적인 지향점은 단순히 생물학적 만족이나 긴장의 감소가 아닌 자아실현의 추구다. 매슬로는 이것을 결핍 욕구와 성장 욕구인 8단계로 구분했고, 인간은 생득적으로 자신의 잠재력을 발달·성장시키려는 본능적 경향을 갖는다고 봤다. 따라서 결핍 욕구인 생리적 욕구가 성취돼야 그다음 단계로 나아가고자 하는 욕구가 일어나며, 결국 가장 높은 단계인 자아실현으로 나아가고자 하는 욕구가 생기기 때문에 단계의 중요성을 강조했다.

## 7) 인지주의

행동주의 심리학자들이 자극과 반응의 모델로 인간의 모든 것을 설명하려 했다면 쾰러(Wolfgang Köhler, 1887~1967)의 통찰학습(insight learning)과 톨만(Edward Chace Tolman, 1886~1959)의 장소학습(place learning)의 주장은 인지심리학이 발전하는 데 초석의 역할을 했다. 인지심리학이란 인간이 동일한 자극에도 다른 반응을 보이는 것은 각자 사고(思考)의 과정이 다르기 때문인 것으로 보고 상대의 행동을 이해하기 위해서는 인지구조의 연구가 선행돼야 함을 강조했다. 이것은 행동주의이론이 본격적으로 거론되던 1960년대 인간 이해를 위해서는 인지활동에 초점을 둬야 한다는 주장이 자리 잡게 됐다(김남일 외, 2015).

지금까지 살펴본 심리학의 흐름으로 본 대표적인 심리학자들은 〈표 1-1〉과 같다.

〈표 1-1〉 심리학의 흐름으로 본 대표적인 심리학자들

| 대표적 사상가 | 분트 | 왓슨 | 베르트하이머 | 프로이트 | 제임스 | 매슬로, 로저스 |
|---|---|---|---|---|---|---|
| 심리학 사조 | 구성주의 | 행동주의 | 형태주의 | 정신분석 | 기능주의 | 인본주의 |

## ❸ 심리학의 분야

심리학은 이미 다양한 분야에서 세분화되고 전문화돼 있다. 우리 생활과 밀접하게 연관돼 있으며, 생활 전 영역에 걸쳐 계속 확대되고 있는 추세다. 최근 드라마나 영화, 광고 모델 등의 내용을 보면 심리적인 요소가 많은 부분 들어가 있으며, 더욱 광범위하게 그 위세를 생활 속에서 펼치고 있는 것을 본다.

심리학의 영역은 다양하게 세분화되고 있음에도 불구하고 심리학 분야는 목적에 따라 기초심리학(basic psychology: 연구 자체를 위한 이론 연구에 관심을 가지고 기술, 설명, 예측에 더욱 중점을 두고 이를 이론심리학이라고도 표현함)과 응용심리학(applied psychology)으로 나눈다.

기초심리학은 인간 행동에 관한 원리, 이론을 추출하는 것이 목적이다(예: 발달심리학, 사회심리학, 성격심리학, 인지심리학, 학습심리학, 생리심리학 등). 이 책에서는 생물심리학(3장), 기억과 지각(4장), 학습과 행동(5장), 동기와 정서(6장) 분야가 기초심리학에 속한다고 할 수 있다.

한편, 응용심리학(임상심리학, 상담심리학, 교육심리학, 소방심리학, 산업 및 조직심리학, 광고심리학, 범죄심리학, 환경심리학, 건강심리학, 학교심리학 등)은 기초심리학에서 추출된 행동이나 심리 현상에 관련된 원리나 이론, 법칙 등을 실생활 장면에 이용하는 것이 그 목적이라 할 수 있다(정미경 외, 2017). 이 책에서는 스트레스와 정신건강(9장), 소방공무원의 정신건강(10장)이 여기에 속한다고 할 수 있다.

### 1) 기초심리학 분야

#### (1) 발달심리학

발달심리학(developmental psychology)은 인간의 전 생애에 걸친 모든 발달적 변화 과정을 연구 대상으로 하는 학문이다. 생명의 시작에서부터 죽음에 이르기까지 일생을 통해 이뤄지는 발달을 우리는 인생에서 어느 한 단계도 다른 단계보다 더 중요하거나 덜 중요하지는 않다는 사실을 알 수 있다. 오늘날 대부분의 심리학자는 발달이 어느 한 부분에서만 일어나는 것이 아닌 일생을 통해 진행된다는 견해를 받아들이고 있다.

발달심리학 초기에는 영유아기와 아동심리학 주축으로 연구 분야를 이뤘지만 연구 분야가 넓어지면서 교육적 목적과 필요에 따라 전 생애에 관한 연구로 바뀌었다. 인간 발달이 전 생애를 포괄해 생명의 시작에서부터 죽음에 이르기까지 지속된다면 전 생애 접근법은 우리에게 중요한 시사점을 던져 주고 있다.

각 발달 단계는 나름대로의 독특한 가치와 특성이 있다. 따라서 청소년기에 대한 연구나 인간의 수명 연장과 함께 노인층이 증가함에 따라 노인에 관한 연구가 활발하게 진행되고 있는 추세다.

### (2) 사회심리학

사회심리학(social psychology)은 어떤 상황에서 어떤 행동이 유발되는지에 관심이 있다. 최근 유튜브(You Tube)에서 "한국은 얼마나 안전할까?"라는 영상으로 외국인들이 우리나라에 대한 치안 수준을 실험하는 영상들이 많이 올라오고 있다.

출처: 유튜브(https://www.youtube.com/), 검색일: 2023.10.22.

[그림 1-13] 카페에 가방을 두고 잠시 자리를 비우는 실험

상황에 따라 인간은 행동이나 태도가 변화한다는 기본 전제를 가지고 시작된 이 실험을 보면서 한국 국민들의 타인에 대한 시선 의식이 다른 나라 사람들에 비해 크게 작용하는 것을 보면서 긍정적인 부분으로 작용하기도 하지만 이 일이 사회의 전반적으로 어떤 영향을 미치고 있는지를 볼 수 있는 계기이기도 하다.

출처: 유튜브(https://www.youtube.com/), 검색일: 2023.10.22.
[그림1-14] 사회적 약자를 사람들은 도울까?

사회심리학은 사회적인 장면에서 인간의 행동, 집단 내에서의 상호 관계와 심리적 특성(집단심리, 도움행동, 명령과 복종, 선전과 설득, 동조, 집단 간 갈등, 태도 변화 등) 등을 연구한다(정미경 외, 2017). 또한, 도움행동, 사회적 편견, 폭력 등도 사회심리학에서 다루고 있는데, 이 또한 잘 활용할 경우 약자(弱者)에 대한 배려나 편견을 배제하는 원만한 대인 관계를 형성하는 데 기여할 수 있다. "당신은 이 아이를 돕겠습니까?"라는 멘트가 가슴을 울리면서 사회심리학의 한 주제가 건강한 사회에 기여하게 될 것을 기대한다.

### (3) 성격심리학

성격심리학(personality psychology)은 성격을 형성하는 것에 관한 이론, 성격을 평가하는 방법 등에 대한 주제를 다룬다. 각양각색의 모습을 하고 있는 사람들의 개인차에 관심을 갖고 사람들의 성격 형성에 개인차가 있다고 이해하며, 인간들이 비슷한 것 같으면서도 조금씩 다른 이유는 생물학적·환경적·경험적인 차이로 접근한다. 주로 성격검사를 통해 자신이 어떤 사람인가 알고 싶어한다.

### (4) 인지심리학

인지심리학(cognitive psychology)은 인간의 여러 활동 혹은 작업을 관찰하고 이것이 마음에 어떤 인지 능력에서 비롯되는 것인가를 연구하는 학문이다. 인간의 감정이란 사고가 산출해 내는 것으로 객관적 세계나 자기 자신에 대한 정보, 가치관, 사고(思考) 등 인지적 영역에 중점을 두고 많은 정보를 수용하고 처리하며, 정보를 수용하는 과정에서 일어나는 현상, 정보를 처리하는 과정, 정보가 기억으로 넘어가는 현상들이 인지심리학의 연구 대상이다.

### (5) 학습심리학

학습심리학(learning psychology)은 인간의 마음과 행동이 학습의 결과라고 보고 학습의 원리, 학습 과정, 학습의 종류, 동기와 학습, 기억 과정 등을 다루고 있다. 인간의 행동은 대부분 학습된 행동이므로 학습의 연구가 심리학의 가장 중요한 연구 영역이다. 따라서 학습심리학의 중심 과제는 학습 행동에 대한 실험과 가설 검증, 학습의 조건과 이론의 탐색 등이다.

### (6) 생리심리학

생리심리학(physiological psychology)은 인간의 마음과 행동을 설명하는 것을 연구하는 학문이며, 사람의 마음과 행동을 설명할 수 있는 뇌와 호르몬 유전자 등을 연구하는 심리학이다. 과거부터 사람들은 인간의 영혼이 신체 어디에 있는가에 대한 궁금증을 가지고 살아왔다. 초반에는 사람의 마음이 심장에 있다고 여겼으나 후에 과학이 발달함에 따라 인간의 마음은 뇌에 있음이 밝혀졌다. 인간의 마음뿐 아니라 이성과 합리, 직관, 감정도 동일하게 뇌에서 다룬다. 성격 및 기억 지식 또한 뇌에 있다. 그만큼 뇌는 매우 중요한 작용을 한다. 그러한 뇌와 호르몬 유전자 등을 연구하는 분야가 바로 생리심리학이다.

## 2) 응용심리학 분야

응용심리학은 기초심리학을 바탕으로 그 이론과 연구 결과가 현장에서 어떻게 도움이 될 수 있는지에 관한 연구다. 심리학의 실재 현장 장면의 적용을 목표로 적용 방법과 원리를 연구하고 연구 결과를 가지고 사람의 심리와 행동을 이해하며 통제하는 데 중점을 두고 있다.

### (1) 임상심리학

임상심리학(clinical psychology)은 정신질환 등 중증의 정신적 문제가 있는 사람을 대상으로 하는 심리학이며, 주로 병원에서 정신과 의사와 협조하에 이상행동의 진단, 원인, 치료 등에 관심을 갖고 일을 하며, 면접을 통해 환자의 상태와 문제를 진단하고 심리검사를 통해 채점 및 채점 해석 등을 한다. 또한, 임상심리학자들은 우울·수면장애·불안·성격장애·중독·조현병·주의력 결핍·섭식장애·발달장애·강박·학습장애 등으로 고통받고 있는 사람들을 도와준다.

〈표 1-2〉 한국심리학회 분과위원회(2024년)

| | |
|---|---|
| 제1분과 임상심리학회 | 제 9분과 여성심리학회 |
| 제2분과 상담심리학회 | 제10분과 소비자광고심리학회 |
| 제3분과 산업 및 조직심리학회 | 제11분과 학교심리학회 |
| 제4분과 사회 및 성격심리학회 | 제12분과 법심리학회 |
| 제5분과 발달심리학회 | 제13분과 중독심리학회 |
| 제6분과 인지 및 생물심리학회 | 제14분과 코칭심리학회 |
| 제7분과 문화 및 사회문제심리학회 | 제15분과 심리측정평가학회 |
| 제8분과 건강심리학회 | |

| 분류 | 심리학 분야 |
|---|---|
| 기초 분야 | 실험심리학(experimental psychology) |
| | 성격심리학(personality psychology) |
| | 사회심리학(social psychology) |
| | 발달심리학(developmental psychology) |
| | 임상심리학(clinical psychology) |
| 생물학적인 관점에서 마음을 탐구하는 분야 | 생리심리학(physiological psychology) |
| | 신경심리학(neuropsychology) |
| | 진화심리학(evolutionary psychology) |
| 특정 상황에 놓인 사람의 마음을 탐구하는 분야 | 범죄심리학(criminal psychology) |
| | 산업심리학(industrial psychology) |
| | 교육심리학(educational psychology) |
| | 환경심리학(environmental Psychology) |

이 밖에도 심리학의 분야는 매우 광범위하다. 〈표 1-2〉는 한국심리학회 홈페이지(https://www.koreanpsychology.or.kr/)에 소개하고 있는 분과위원회(2023년) 현황을 제시한 것이다. 심리학과의 궁금한 정보, 심리학 전공이나 취업 등을 소개하고 있다(김상철, 2019).

### (2) 상담심리학

상담심리학(counseling psychology)은 심각한 정신질환자보다 비교적 심각성이 덜한 정신적·행동적 문제, 직업 및 진로 상담, 학업문제, 인간관계 문제 등을 다루며, 주로 일상생활에서 경미한 문제를 갖고 있는 사람을 돕는 데 그 목적이 있다. 필요에 따라 면접, 심리검사, 관찰 등을 통해 문제를 진단하고 소속 집단에 적응하도록 도와주며 문제 행동을 수정하는 데 주력한다.

### (3) 교육심리학

교육심리학(educational psychology)은 학습자의 이해를 높이기 위해 심리학적 지식을 적용해 교육 현장에서 학습자의 발달, 개인차, 교수법, 생활지도 등을 연구하고 실제 교육 현장에 활용한다. 학습과 교수 전문가로서 교육 현장에서 학습의 적절한 평가를 개발하고 장기적으로는 발달 과정에 따른 합당한 교과과정 개발을 위해 연구한다(김남일 외, 2015).

### (4) 소방심리학

소방심리학(fire psychology)은 소방과 관련된 여러 영역에서 인간의 행동과 마음을 연구하는 소방 안전교육에서 가장 기본이 되는 학문이다. 그래서 예방을 위한 안전교육은 무엇보다 중요하며 실제 상황이나 위급 상황에서 바로 행동으로 옮겨 실용적으로 활용할 수 있도록 하는 것이 필요하다.

특히, 각종 재난 현장에서 소방공무원들이 겪는 직무 스트레스 및 외상 후 스트레스 장애(PTSD) 등 다양한 정신건강과 심리적 위험을 인식하게 하고, 이를 극복 및 치유할 수 있도록 연구하는 분야다(김상철, 2019).

### (5) 산업 및 조직심리학

산업 및 조직심리학(industrial organizational psychology)은 산업 및 조직 현장에 심리학을 적용해 개인의 행복과 조직의 효과성을 증진시키는 것을 목적으로 하는 연구 분야다. 주로 기업 조직에 대한 연구가 주축을 이루지만 조직구성원들의 작업 능률과 직무 만족을 향상시키고 최근에는 인성 및 적성검사를 통해 적재적소의 인사 선발에 산업심리학이 활용되기도 한다(김남일 외, 2015).

### (6) 광고심리학

광고심리학(advertising psychology)은 광고 현상과 관련해 작용하는 사람들의 심리를 연구하는 분야다. 광고의 전문성이 요구되면서 많은 메시지 중에서 특정 메시지를 기억해 그 목적상 의도한 메시지를 노출시킴으로써 구매행위를 유도하는 소비자 심리와 결부돼 있다. 광고심리학자는 소비자들이 구매 동기를 포함해 소비자 행동에 관한 연구, 시장조사, 상품의 디자인, 소비자 심리, 광고 효과 조사 등을 통해 상품정보를 효과적으로 제시하는 방법 등을 연구한다(정미경 외, 2017).

### (7) 건강심리학

건강심리학(health psychology)은 건강의 유지와 증진, 질병의 예방과 치료를 위해 심리학적 지식과 기법을 적용하는 학문이다. 건강의 회복이나 질병의 치료와 함께 건강심리학이 급성장하는 배경에는 현대인이 경험하고 있는 주요 질병(스트레스)이나 사망 원인에서 심리사회적 요인의 중요성을 볼 수 있다. 따라서 건강심리학은 이러한 대처 전략을 마련하기 위한 연구를 수행해 건강정책의 개선을 도모하기 위한 심리학 분야다.

미국의 치료전문가인 레빈(Peter A. Levine, 1942~ )은 "우리가 갖고 있는 습관적인 패턴을 바꾸려면 그 사람의 감각, 생각, 기억 그리고 행동을 연결하는 신체적 회로를 변화시키는 것이 필요하다"고 말한다.

## 4 심리학의 연구 방법

행동의 원리를 밝히려는 심리학 연구에서는 연구하려는 행동을 비롯한 모든 과학적 현상은 관찰될 수 있는(observable) 것이어야 하고, 검증할 수 있는(testable) 것이어야 하며, 동일한 상황에서 반복될 수 있는(repeatable) 것이어야 한다. 이는 곧 심리학이 과학적 방법을 이용하고 있다는 의미다. 심리학에서는 특정한 행동을 달라지게 만드는 어떤 영향력 또는 그 행동이나 어떤 대상이 특정 치에 영향을 끼치게 되는 인자(因子) 혹은 원인을 '요인(factor)'이라는 용어로 표현한다. 그 요인의 세부적인 내용을 수량화해 표현할 경우에는 '변인(variables, 또는 변수)'이라고 부른다(윤가현 외, 2013).

예를 들어, 소방관이 한 팀으로 움직일 때 어떤 사람은 다른 사람보다 더 민첩하고, 어떤 사람은 기계 쪽에 더 관심이 많으며, 어떤 사람은 다른 사람보다 더 친화적이다. 연구에서는 이와 같은 특성을 변인이라고 한다(Carl et al., 2013). 연구에서 변인은 관찰되거나 조작되고, 자료에 대해 관찰한 것을 구조화하는 방법을 구성한다. 이때 연구의 핵심은 변인의 설정을 고려하는 것이다. 심리학에서는 행동을 통해 겉으로 나오는 데이터를 모아, 그것을 바탕으로 마음에 관한 가설을 세운다.

심리학에서 사용되는 '데이터 수집 방법' 가운데서도 흔히 사용되는 것은 '실험법,' '질문지법,' '관찰법,' '면접법'의 네 가지 방법을 꼽을 수 있다. 연구 목적에 따라 이들 방법을 나눠 사용하며, 가설을 세우거나 가설을 검증하면서 연구를 진행해 간다. 구체적으로 심리학 연구에서는 다양한 연구 방법이 사용되며, 심리학자, 연구 방법, 연구 대상에 따라 선호하는 연구 방법은 다양하며, 주로 상담학에서 사용하고 심리학 연구에서 많이 사용되고 있는 것에 대해 살펴보고자 한다.

### 1) 자연관찰법

자연관찰법(naturalistic observation)은 인위적인 방법으로 조작하거나 통제를 하지 않는, 또는 할 수 없는 자연 상태에서 일상적으로 발생하는 사건이나 행동을 관찰하는 것이다. 예를 들면, 유아의 사회성을 측정하기 위해 유치원 생활을 하고 있는 동안 계속해서 관찰해 기록지에 사회성과 관련 있는 유아의 행동을 기록할 때 관찰 대상자는 자신이 관찰받고 있다는 사실을 모르고 있기 때문에 자연스럽고 자발적이며 꾸밈이 전혀 없어 알지 못했던 현상이나 행동을 찾아낼 수 있는 장점이 있다. 반면 관찰 대상의 통제와 반복 관찰이 어렵다는 단점도 있다(이것을 보완하기 위해 체계적 관찰과 통제된 관찰도 있음).

즉, '관찰법'에서는 학교나 직장 등 사람들의 일상에 밀착하거나 정해진 실험 환경 속에서 사람들의 모습을 관찰한다. 주로 특정 상황에서 사람들이 움직이는 특징 등에 대해 새로운 가설을 세우고자 할 때 사용되는 방법이다. 관찰을 하는 연구자들은 '음성 녹음'이나 '비디오 녹화'를 하면서 현장에서 데이터를 수집하고, 행동이나 이야기된 말 등을 바탕으로 분석한다. 연구자 자신이 집단활동에 참가하는 경우도 있는가 하면 제3자의 시점(視點)에서 관찰을 하는 경우도 있다. 연구자의 주관을 배제하고 상황을 객관적으로 분석해야 한다.

## 2) 실험법

실험법(experimental methods)은 변인의 관계를 인과적으로 설명하는 모형으로 원인이 되는 독립변수(independent variables)와 결과가 되는 종속변수(dependent variables)가 있다. 독립변수란 어느 것에도 영향을 받지 않고 변하는 요인을 말하며, 종속변수란 독립변수 때문에 나타나는 결과변수를 말한다. 따라서 실험법이란 실험자가 독립변수에 조작을 가해서 변화를 줄 때 결과가 되는 종속 변인에서 어떤 변화(인과관계)가 나타나는가를 살펴보는 것이다. 이럴 경우 가장 간단한 실험설계는 독립 변인을 두 개의 상황으로 조작해 실험집단(experimental grow: 독립 변인의 조작에 노출된 집단)과 통제집단(control group: 실험 효과를 비교하기 위한 집단)으로 구분하는 것이다.

실험집단이란 독립 변인의 조작, 즉 독립변수의 효과를 보기 위해 실험 처치를 해서 그에 따른 반응의 변화를 관찰하고자 하는 대상이 되는 집단이며, 통제집단은 실험집단과 같은 조건하에 두지만 실험 처치를 하지 않는 집단으로 실험집단의 처치 효과를 비교하기 위한 집단이다. 예를 들어, 운동이 기억력에 미치는 효과를 연구한다고 하면, 먼저 실험집단에게는 매일같이 75분의 운동을 시키고, 통제집단은 운동을 하지 않게 하는 것이다. 그리고 두 집단 간의 차이를 비교하는 것이다.

이때 반드시 준수해야 될 것이 가외변수의 통제(control)다. 통제란 독립변수 외에 다른 어떤 변인도 결과변수에 영향을 미치지 못하게 막는 것이며, 실험에 앞서 존재할 수도 있는 두 집단 간의 차이를 최소화하기 위해 참가자들을 두 집단 또는 조건에 무선할당(random assignment)한다. 난수표나 동전던지기를 이용하든 무선할당은 두 집단을 효과적으로 동등한 것으로 만들어 준다(Myers et al., 2016).

실험설계를 정확하게 했음에도 불구하고 연구자의 기대가 실험 참가자에게 전달되면서 또는 연구자가 기대하지 않았더라도 실험 참가자가 연구자의 속마음을 기대하면서 실험 결과가 실제 모습과 다르게 변질되는 경우도 생기는데 이를 기대 효과(expectancy effect)라고 부른다. 이러한 기대 효과는 기대로 인해 실험 결과가 왜곡되는 현상을 체계적으로 연구한 심리학자의 이름을 따서 로젠탈 효과(Rosenthal effect)라고도 부른다. 즉, 타인의 기대나 관심, 격려 및 칭찬으로 인해 능률이 오르거나 결과가 좋아진 현상을 교육적으로 증명한 것을 말한다. 교육 현장에 적용되는 피그말리온 효과(Pygmalion effect)[1]라고도 한다.

한편 실험 조작이나 처치가 없었음에도 불구하고 실험 참가자들의 행동 변화가 마치 실험 효과처럼 나타나는 경우가 있는데, 이를 위약 효과(placebo effect)라고 부른다. 다시 말해서 '실험법'에서는 '특정 요인'이 '결과'에 영향을 미쳤는지를 조사하기 위해 '특정 요인'을 조작하고 '결과'의 변화를 관찰한다. 예컨대 '특정 요인'에 해당하는 '글자의 색'이, '결과'에 해당하는 '반응에 걸리는 시간'의 변화를 관찰하는 것이다.

이 방법은 주로 사람들에게 공통되는 반응을 조사할 때 사용된다. 실험은 영향을 조사하고자 하는 요인 이외의 요인이 실험 참가자들 사이에 모두 같게 한 환경에서 이뤄진다. 또 실험 참가자의 개인차나 편향이 없도록, 실험에서 얻은 데이터는 통계적인 처리를 받는다. 이렇게 해서 '특정 요인'과 '결과'의 인과관계를 밝혀낸다.

다음 그림은 '스트룹 테스트(Stroop Test)'의 실험 예다. 실험 참가자에게 왼쪽에서부터 차례로 글자의 색을 답하게 하고, 그 반응 시간을 측정한다. '초록, 보라, 노랑, 빨강'이 정답이지만, 글자의 색과 글자의 내용이 일치하는 셋째 이외의 것은 적혀 있는

---

[1] 교육심리학에서 심리적 행동의 하나로 교사의 기대에 따라 학습자의 성적이 향상되는 것을 말한다. 교사 기대 효과, 로젠탈 효과, 실험자 효과라고도 한다. 한편 교사가 기대하지 않는 학습자의 성적이 떨어지는 것은 골렘 효과(Golem effect)라고 한다.

글자에 영향을 받아 반응이 느려진다. 눈에 동시에 보이는 두 정보가 일치하지 않으면 혼란을 일으켜 반응이 느려지는 것이다. 이처럼 고정관념의 자동적 주의력이 의식적으로 인지하려는 것에 영향을 미치는 현상을 '스트룹 효과(Stroop effect)'라고 한다.

출처: 티 스토리(https://surpriser.tistory.com/), 검색일: 2023.10.27.
[그림1-15] 스트룹 테스트(Stroop Test)

### 3) 질문지법

질문지법(questionnaire)은 연구 주제와 관련해 구체적인 질문을 미리 작성해서 사실에 대한 정보 수집이나 그 답변을 수치화해 자료를 수집하는 방법이다. 질문지를 구성할 때는 한 문항에서 한 가지만 물어야 하고, 특정 정답을 유도하지 않으며 질문을 명료하게 만들어 응답에 혼란을 주면 안 된다. 또한, 답지를 구성할 때 응답 내용을 모두 포괄할 수 있어야 하고, 답지 상호 간에 서로 중복되거나 포함되지 않도록 배타적으로 구성해야 한다. '질문지 조사법'에서는 조사하고자 하는 항목에 대해 질문지를 사용해 참가자에게 직접 질문한다. 주로 사람들의 생각이나 느낌을 직접 질문하고자 할 때 사용하는 방법이다.

질문지에 대한 회답은 우송이나 인터넷 경유로 이뤄지는 경우와 참가자와 직접 대면해 이뤄지는 경우가 있다. 또 질문지는 '자유롭게 기술하는 형식'과 '주어진 선택지 중에서 회답을 고르는 형식'이 있다. '질문지 조사법'은 조사가 쉽게 이뤄진다는 장점이 있지만, 참가자가 의도적으로 회답을 조작하거나 질문 방식에 따라 특정 회답이 유도되는 일에 주의해야 한다.

질문지법을 활용하면 비교적 많은 자료를 쉽게 수집할 수 있고, 연구자의 가치 개입을 줄일 수 있다. 또 비교적 짧은 시간에 적은 비용으로 대량의 자료를 수집할 수 있으며, 익명성이 보장될 경우 비교적 심층적인 정보를 얻을 수 있다는 점에서 널리 사용된다. 하지만 질문지 회수율이 낮거나 응답자가 질문 내용을 잘못 이해한 경우 자료의 신뢰도가 떨어질 수 있고, 문맹자에게는 적용하기 어려운 한계가 있다. 따라서 자료 수집 방법으로 질문지가 널리 이용되고 있지만 질문지가 가장 좋은 방법은 아니며, 가능하면 질문지의 신뢰도를 높이기 위해 제한적으로나마 다른 자료 수집 방법을 병행하는 것이 바람직하다(권순달, 2000).

## 4) 검사법

검사법(test method)은 표준화된 기준에서 표준화 절차를 거쳐 만들어진 것으로 인간의 지적 특성, 정의적 특성, 학업 성취 등을 검사를 이용해 측정하는 방법이다. 분류 기준에 따라 개인용 검사와 집단용 검사, 속도검사와 역량검사, 언어검사와 비언어검사, 표준화검사, 투사적 검사 등으로 구분한다. 우리나라에서는 지능검사, 진로·적성검사, 성격검사, 흥미검사 등의 다양한 영역의 검사를 개발해 활용하고 있는데, 무엇을 선택할 것인지는 연구 목적, 연구 대상, 실용성 등을 고려해 결정한다(정미경 외, 2018).

## 5) 면접법

면접법(interview method)은 연구자와 피면접관이 일대일로 만나서 일차 자료를 수집하는 상호 작용의 형식이다. 그 목적에 따라 조사면접과 상담면접으로 구분할 수 있다. 또한, 그 형식에 따라서는 미리 선정된 질문 내용을 가지고 면접자 누구에게나 동일한 형식으로 면접을 하게 되는 구조화 면접과 사전에 결정된 질문 내용 없이 자유롭게 면접의 형식과 내용을 조절하게 되는 비구조화 면접으로 구분할 수 있다. 면접법에서는 연구자와 참가자가 1:1 또는 집단이 돼 서로 이야기를 주고받는다. 연구자가 사람들의 생각이나 행동 이면에 있는 이유를 찾고자 할 때나, 같은 문제를 안고 있는 참가자끼리 서로 이야기함으로써 마음의 문제를 풀어 나가는 수단으로 사용되는 방법이다.

연구자가 미리 정한 내용에 대해서만 이야기를 듣는 경우와, 사전에 테마를 좁히지 않고 참가자끼리 자유롭게 이야기를 주고받는 경우가 있다. 면접법은 '질문지 조사법'이나 '관찰법'보다 사람들의 진심에 가까운 의견이 나오기 쉬운 특징이 있다. 단, 면접법에서 이야기된 내용을 연구에서 사용할 경우는 두 명의 연구자가 분석하는 등 데이터의 신뢰성을 높이는 노력이 필요하다.

### 6) 사례연구법

사례연구(case study)는 가장 오래된 방법 중의 하나로 개인이나 집단을 심층적으로 살펴보는 것이다. 특정 개인을 대상으로 하기 때문에 연구 대상이 제한적이며 사례연구 자체를 일반화하는 데 제한점을 가지고 있다. 그러나 특히 개인의 성격이나 문제행동을 중심으로 개인에 대한 이해와 문제의 진단과 지도를 위해 개인 생활의 전 과정이나 특정 측면에 대한 자료를 집중적으로 수집하고 분석함으로써 그 문제의 발생 요인이나 조건을 진단하고, 그러한 성격이나 행동문제를 교육적으로 해결·치료하려고 하는 임상적 방법으로 많이 사용되고 있다(권순달, 2000).

### 7) 투사법

투사법(投射法, projective technique)은 피검자에게 모호한 자극을 주고 이에 반응하도록 하는 검사법이다. 자극의 모호성(잉크반점, 모호한 그림, 불완전한 문장) 때문에 사람들은 자극에 단순히 반응하기보다는 자극을 해석하는 과정에서 자기 자신의 욕구, 감정, 정서, 동기 등을 드러내게 되는 경향이 있다.

또한, 피검자는 자신의 성격을 자극에 '투사'한다(김계현 외, 2004). 보편적인 투사 기법으로는 단서 자극에 대한 연상을 알아보는 연상기법(association technique: 로르샤흐 잉크반점 검사, 홀츠만 잉크반점 기법), 구성기법(construction technique: 주제통각 검사[TAT], 아동통각 검사, 인물화 검사, 벤더-게슈탈트 검사), 완성기법(cmpletion technique: 문장완성 검사[SCT]) 등이 있다(정용부 외, 2001).

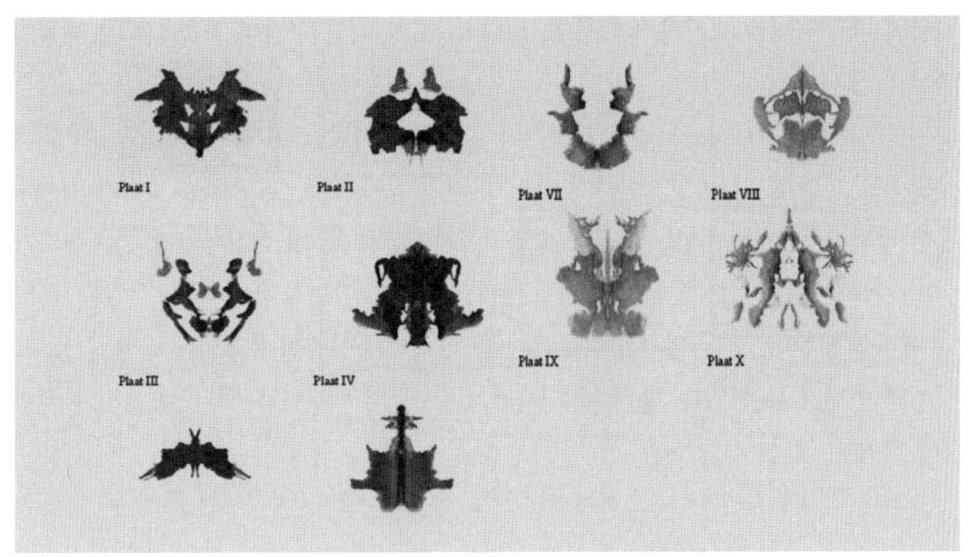

출처: 위키백과(https://ko.wikipedia.org/), 검색일: 202.10.27.

[그림 1-16] 로르샤흐(Hermann Rorschach, 1884~1922)의 잉크반점 검사

## 5 심리학의 한계

'심리학'이라고 하면 '사람의 마음을 읽을 수 있다'거나 '상대방이 생각하는 것을 알아맞힐 수 있다'고 생각하는 사람들도 있을 것이다. 심리학을 사용하면 정말 사람의 마음을 모두 알 수 있을까? 또 인터넷 같은 곳에서 하는 '심리 테스트'는 신뢰할 수 있는 것일까? 심리학 연구로 알 수 있는 내용은 많은 사람에게 공통되는 성질이나 경향이다. 많은 사람에게 적용된다고 해서 어떤 특정한 사람에게도 적용되는 것은 아니다.

또한, 사람의 마음은 경험이나 환경에 영향을 받으면서 변한다. 또 경험이나 환경으로부터 정보를 어떻게 잘라 내어 해석하는지도 개인마다 다르다. 심리학 전문가가 '임상 현장'이나 '교육 현장'에서 환자나 어린이 등 내담자 하나하나의 마음의 특징을 이해하려고 할 때는 대화를 하거나 '심리검사'라는 테스트를 해서 그 사람의 마음의 특징을 평가한다. 전문가가 대화 내용이나 테스트 결과를 분석할 때는 과거의 여러 사례 데이터를 참고한다. 그 결과를 종합적으로 판단해 내담자가 가진 마음의 성질에 대한 가설을 세우면서 카운슬링 등의 치료를 진행하며, 필요에 따라 가설을 수정해 나간다.

사람의 마음은 매우 복잡하기 때문에, 심리학 전문가라도 사람의 마음을 모두 꿰뚫어 볼 수는 없다.

'대화'나 '심리검사' 등 심리학 전문가가 상담받는 사람을 이해하는 데 도움이 되는 수단에는 '타당성', '신뢰성', '반증성'의 세 가지 특징이 있다. '타당성'은 측정하려는 내용을 정확히 측정할 수 있는 특징을 말하고, '신뢰성'은 몇 번 측정하든지 같은 결과가 나오는 특징을 말하며, '반증성'은 측정 방법에 잘못이 있는지를 제3자가 점검할 수 있는 특징을 말한다. 이들 특징을 갖춘 수단은 심리학 분야에서 유효하다고 할 수 있다. 하지만 인터넷 등에 있는 '심리 테스트'나 '점술' 등의 대부분은 위의 세 가지 특징이 갖춰져 있지 않다.

그러나 '제대로 맞혔다'고 느끼는 테스트도 있을 수 있다. 여기에는 주로 두 가지 이유가 있다. 하나는 사람에게는 자신에게 어울리는 내용이나 믿고 싶은 내용만 강하게 기억해 두려는 경향이 있기 때문이다. 예컨대 '장래에 좋은 일이 일어난다'고 했을 경우, 좋지 않은 일이 많았는데도 불구하고 좋은 일만 인상에 남아 '점이 맞았다'고 생각하는 경우다. 다른 하나는 테스트나 점을 친 결과가 다수의 누구에게나 적용될 만한 모호한 내용이기 때문이다. 사람들은 누구에게나 맞을 만한 그런 내용을 자신에게만 맞는다고 생각하는 경향이 있기 때문에 '점이 맞았다'고 생각하는 경우다.

# 02장

# 성격의 이해

---

### 학습 목표
1. 성격의 정의와 결정 요인에 대해 학습한다.
2. 성격이론의 종류를 알 수 있다.
3. 성격검사에 대해 학습한다.

### 열쇠말
성격 요인, 행동주의, 인본주의, 미네소타 다면적 인성검사, 로르샤흐검사

---

## 1 성격이란 무엇인가?

성격(性格, personality)이란 한 개인의 특징적인 사고, 감정 및 행동 방식의 총체를 말한다. 사람들은 자신이 어떤 사람인지, 어떻게 해서 이렇게 됐으며, 남들과 공통적인 점과 자신만의 고유하고 독특한 것이 무엇인지 알고 싶어한다(Daniel et al., 2013). 대부분의 사람이 나름대로의 성격에 대한 정의를 가지고 있지만 일반 사람들과 심리학자들의 차이점은 일상에서 무엇에 초점을 두는가 하는 것이다.

일반적으로 많은 사람은 어떤 성격이 바람직한지 알고 있지만 다른 한편으로는 본

인이 가지고 있는 성격과 가치관에 따라서 대다수의 사람이 싫어하는 성격을 본인의 매력이라고 생각하는 경우도 있다. 성격이란 일관성과 개인차를 보이는 행동을 가져

### 생각해 보기

최근 소방공무원에 대한 높은 인지도만큼 국민들의 관심도 높아지고 있다. 여러 분야의 현장 업무로 인해 극심한 스트레스를 겪고 있는 소방공무원들은 화재 진압뿐만 아니라 인명 구조활동, 생활구조, 구급활동 등 다양한 직무 스트레스로 인해 수면장애 및 우울증은 악화되고 최근 들어 자살에 이르게 되는 참변이 심심치 않게 일어나고 있다. 이것은 제9장 스트레스와 정신건강에서 다루겠지만 개인 성격의 문제일까? 환경의 문제일까? 인간 본성에 대한 이해가 좀 더 절실한 시점이 아닌가 싶다.

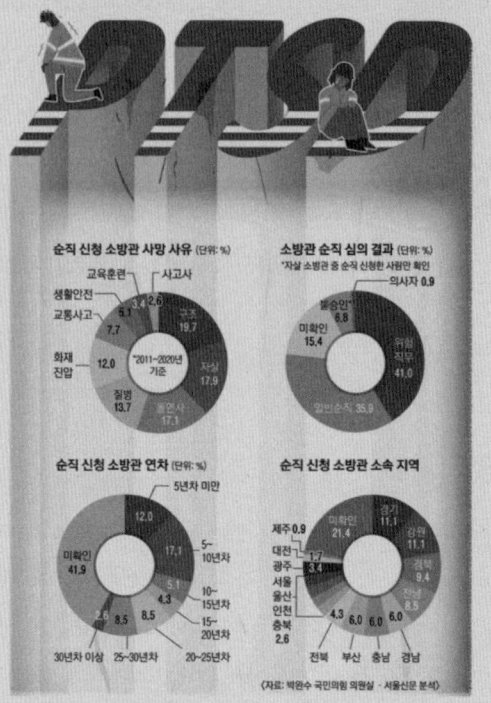

출처: 서울신문(https://www.seoul.co.kr/), 2021-08-17 5면, 검색일: 2023.10.27.

[그림 2-1] [구조받지 못한 사람들-2021 소방관 생존 리포트]
지난 10년간의 사망 기록 전수조사

오는 안정적인 내적 요인(정미경 외, 2017)과 성격과 함께 내면적 요인으로 볼 수 있는 지적 능력, 신체적 능력, 사회적 능력과 같은 능력도 대인(對人) 매력을 규정하는 것이라 볼 수 있다(송대영, 2009).

사람들은 평소 자신의 성격을 만들어 가지는 않으며, 의식적으로 때로는 무의식적으로 성격의 변화를 시도하기도 한다(서혜석 외, 2017). 성격은 일생을 통해 인생의 여정 속에서 자연스럽게 발달하는 것으로 보인다. 심리학자들은 성격의 발달 과정을 이해하려고 노력하는 가운데 성격에 관한 기술(사람들은 어떤 방식으로 서로 다른가?)과 설명(왜 사람들은 서로 다른가?) 및 계량적 측정(성격은 어떻게 측정될 수 있는가?)에 관한 문제에 대해 깊이 숙고해 왔다(Daniel et al., 2013).

대표적으로 프로이트의 정신분석이론은 아동기의 성적 특징과 무의식적 동기가 성격에 영향을 미친다고 제안했고, 인본주의적 접근은 성장과 자기 성취에 대한 내적 능력에 초점을 맞췄다(Myers, 2008).

당신은 이 사람들 각각에 대해 어떤 성격이라고 말할 것인가?

출처: 휴비스(https://blog.huvis.com/), 검색일: 2023.10.27.

[그림 2-2] 각 사람들에 대한 성격

성격(personality)의 어원은 그리스어의 '페르소나(Persona: Per-: ···Through(무엇을 통해, Sonare: Speak(말하다)'로 고대 그리스의 연극무대에서 배우들이 쓰던 가면(mask)을 일컫는 말이다. 페르소나는 연극배우들이 무대에서 가면을 쓰고 연극을 하는 것처럼 사회 속에서 나타내는 사회적 이미지다. 사회적 이미지(social image)는 개인의 본질과 현상이 대인 관계에서 상대적 교류로 나타나고 형성되는 관계적인 이미지를 의미한다(김경호, 2015).

따라서 성격의 어원을 종합해 보면, 성격은 타인이 생각하는 자신의 모습을 외현적으로 볼 수 있는 특징이며, 개인이 가지고 있는 선천적인 요인과 타인이나 환경과의 상호 작용을 통해 개인이 형성하는 독특하고 일관성 있는 안정적인 행동 양식이라고 할 수 있다(정미경 외, 2017).

사람은 평상시 남을 평가할 때 상대의 피상적 이미지에 의존한다. 이를테면 자신에게 잘해 줄 경우 괜찮은 사람, 반대일 경우 부정적인 사람으로 단정지어 버린다. 이런 식의 인간 이해는 편견을 필연적으로 동반하기 때문에 상대를 이해할 때는 행동의 지속성, 항상성을 검증할 필요가 있다(김남일 외, 2015).

---

**바넘 효과(Barnum effect)**

보편적으로 적용되는 성격 특성을 자신의 성격과 일치한다고 믿으려는 것, 즉 사람들이 보편적으로 가지고 있는 성격이나 심리적인 특성을 자신에게만 해당되는 특성이라고 믿고 받아들이는 현상을 의미한다. 여기에는 점쟁이의 말이나 혈액형별 성격 특성이 해당된다. 이것은 누구나 보편적으로 가지고 있는 일반화된 진술을 자세한 탐색 없이 자신의 성격에 대한 독특하고 의미 있는 특징을 기술하는 것으로 기꺼이 받아들이는 현상을 의미한다.

---

〈표 2-1〉 재미로 보는 혈액형별 성격 특성

| A형:<br>- 원리원칙주의자이며, 소심한 편<br>- 싫은 소리는 잘 못하지만 은근히 할 말은 다함.<br>- 남을 잘 챙겨 주며 배려심이 많음.<br>- 부드러운 이미지며, 남에게 피해 주는 걸 싫어함. | O형:<br>- 오글거리는 건 딱 질색<br>- 리더십이 강한 편으로 어떤 조직의 리더 역할을 자주 함.<br>- 끼가 있음.<br>- 의리파이고 솔직함. |
|---|---|
| B형:<br>- 맺고 끊음이 확실함.<br>- 어딜 데려다 놔도 잘 사는 편<br>- 아이디어도 많고 자기 의견이 뚜렷함.<br>- 질투가 많은 성격으로 토라지기도 잘 함. | AB형:<br>- 비관적이고 비판적임.<br>- 냉정하고 쿨한 성격<br>- 정리정돈 잘 안 됨.<br>- 이성적이고 머리가 좋은 편 |

〈표 2-2〉는 여러 가지 성격 특성을 측정하는 자기 보고 검사의 문항 10개를 보여

준다(Gosling, Rentfrow, & Swann, 2003). 이 경우에 보면 응답자는 각각 성격의 특성이 자신에게 맞는 것인지 아니면 틀린 것인지를 표시하도록 돼 있다. 채점하는 방법은 이 표의 맨 밑에 나와 있는 5개의 특성 각각에 해당하는 두 문항에 대한 응답을 단순히 합하면 된다.

〈표 2-2〉 10문항 성격 측정 질문지(TIPI)

아래에 10개의 성격 특성이 나와 있는데, 이들은 귀하가 갖고 있는 것일 수도 있고 그렇지 않은 것일 수도 있습니다. 각 문항이 귀하에게 맞는 것인지에 대해 긍정 또는 부정의 정도를 각 문항 옆에 있는 빈칸에 숫자로 표시해 주시기 바랍니다. 각 문항이 귀하를 잘 표현하는 정도가 서로 다르므로 그 정도를 숫자로 평가해 주시기 바랍니다.

1. 절대 아니다
2. 아니다
3. 아닌 것 같다
4. 그런 것 같기도 하고 아닌 것 같기도 하다
5. 그런 것 같다
6. 그렇다
7. 정말 그렇다

내가 보기에 나 자신은 :
1. _____ 외향적, 내향적
2. _____ 비판적, 논쟁적
3. _____ 의존적, 자제하는
4. _____ 불안, 마음이 쉽게 흔들림
5. _____ 새로운 경험에 개방적, 단순하지 않음
6. _____ 내성적, 조용한
7. _____ 공감적, 온정적
8. _____ 무질서, 부주의
9. _____ 조용, 정서적으로 안정적
10. _____ 관습적, 비창조적

※ 채점[R]자가 붙은 문항은 점수를 역전시켜서 채점하시오(1점은 7점, 2점은 6점, .... 7점은 1점으로).
외향성(1, 6R), 동의성(2R, 7), 성실성(3, 8R), 정서안정성(4R, 9), 경험 외 개방성(5, 10R)
출처: Gosling, Rentfrow., & Swann, Jr.(2003).

〈표 2-3〉 성격 5요인 검사

| 번호 | 문항 | 전혀 그렇지 않다 | 별로 그렇지 않다 | 보통이다 | 약간 그렇다 | 매우 그렇다 |
|---|---|---|---|---|---|---|
| 1 | 거의 언제나 느긋한 편이다. | | | | | |
| 2 | 나는 모임에서 분위기를 주도하는 인물이다. | | | | | |

| | | | | | | |
|---|---|---|---|---|---|---|
| 3 | 우울함을 거의 느끼지 않는다. | | | | | |
| 4 | 쉽게 불안해진다. | | | | | |
| 5 | 상식이나 어휘를 많이 아는 편이다. | | | | | |
| 6 | 다른 사람들에게 관심이 많다. | | | | | |
| 7 | 항상 무엇이든 할 준비가 되어 있다. | | | | | |
| 8 | 여러 사람 사이에서도 위축되지 않는다. | | | | | |
| 9 | 상상력이 풍부하다. | | | | | |
| 10 | 다른 사람의 기분을 잘 이해하는 편이다. | | | | | |
| 11 | 세밀한 부분에도 주의를 기울인다. | | | | | |
| 12 | 걱정을 많이 하는 편이다. | | | | | |
| 13 | 대화를 먼저 시작하는 편이다. | | | | | |
| 14 | 훌륭한 아이디어를 낼 때가 많다. | | | | | |
| 15 | 따뜻하고 부드러운 마음을 가지고 있다. | | | | | |
| 16 | 만약 내가 먼저 상대방을 제압하지 않는다면 상대방이 나를 무시할 것이다. | | | | | |
| 17 | 사교모임에서 여러 다른 사람과 얘기를 나눈다. | | | | | |
| 18 | 이해가 빠른 편이다. | | | | | |
| 19 | 다른 사람들을 위해 시간을 잘 낸다. | | | | | |
| 20 | 질서정연한 것을 좋아한다. | | | | | |
| 21 | 마음이 쉽게 심란해진다. | | | | | |
| 22 | 다른 사람의 시선이 나에게 집중되는 것을 꺼려하지 않는다. | | | | | |
| 23 | 어려운 단어를 많이 사용한다. | | | | | |
| 24 | 다른 사람의 감정을 내 것처럼 느낀다. | | | | | |
| 25 | 계획한 것을 그대로 실행한다. | | | | | |
| 26 | 말을 많이 하지 않는 편이다. | | | | | |
| 27 | 깊은 생각에 잠길 때가 많다. | | | | | |
| 28 | 화를 잘 내는 편이다. | | | | | |
| 29 | 사람들을 편안하게 해 준다. | | | | | |

| 30 | 일에 대해서는 가혹하리만큼 열심히 한다. | | | | | |
|---|---|---|---|---|---|---|
| 31 | 기분의 변화가 심하다. | | | | | |
| 32 | 모임에서 나를 잘 드러내지 않는다. | | | | | |
| 33 | 여러 아이디어로 가득 차 있다. | | | | | |
| 34 | 다른 사람들에게 별로 관심이 없다. | | | | | |
| 35 | 내 물건들을 잘 정돈하지 않는다. | | | | | |
| 36 | 사람들과 별로 할 이야기가 없다. | | | | | |
| 37 | 감정의 기복이 심한 편이다. | | | | | |
| 38 | 쉽게 짜증이 난다. | | | | | |
| 39 | 추상적인 개념을 이해하기 어려울 때가 많다. | | | | | |
| 40 | 다른 사람들의 기분을 상하게 행동할 때가 있다. | | | | | |
| 41 | 자주 우울해진다. | | | | | |
| 42 | 일을 엉망으로 만들 때가 많다. | | | | | |
| 43 | 추상적인 관념에는 별 관심이 없다. | | | | | |
| 44 | 나에게 주의가 집중되는 것이 싫다. | | | | | |
| 45 | 물건들을 사용한 후에 제자리에 두는 것을 잘 잊는다. | | | | | |
| 46 | 다른 사람들의 문제에 별로 관심이 없다. | | | | | |
| 47 | 상상력이 풍부하지 못하다. | | | | | |
| 48 | 다른 사람의 일에 대해 별로 걱정하지 않는다. | | | | | |
| 49 | 모르는 사람들과 있을 때는 과묵해진다. | | | | | |
| 50 | 해야 할 일을 태만히 한다. | | | | | |

- 신경증 요인: 1, 3, 4, 12, 21, 28, 31, 37, 38, 41
- 외향성 요인: 2, 8, 13, 17, 22, 26, 32, 36, 44, 49
- 개방성 요인: 5, 9, 14, 18, 23, 27, 33, 39, 43, 47
- 친화성 요인: 6, 10, 15, 19, 24, 29, 34, 40, 46, 48
- 성실성 요인: 7, 11, 16, 20, 25, 30, 35, 42, 45, 50

출처: Goldberg(1999), IPIP(International Personality Item Pool).

## 2 성격의 결정 요인

성격의 구성 요소가 다양한 것처럼 성격을 결정하는 요소도 다양하다. 성격은 선천적으로 어느 정도 결정되지만 사회라는 테두리 안에서 어떤 환경을 경험하느냐에 따라 후천적으로 성격을 형성해 나가기도 한다.

### 1) 환경적 요인

성격을 결정하는 주요 요인은 개인적인 특성과 환경으로 나눠 볼 수 있다. 개인적인 특성에는 타고난 체형이나 유전적 특성 등 생물학적인 요인이 중요하게 고려된다. 환경적 측면에서는 개인이 속한 가정과 사회, 개인의 성별 등에 따라 경험하게 되는 타인과 가지는 관계가 중요하며, 이러한 환경적 측면은 경험이나 자극의 양에 따라 유전

#### 게이지 사례

한 철도공사 조직의 감독관이었던 그는 구멍에 폭발물을 넣고 철 막대기로 작업하던 중 실수로 주변 바위를 쳐 다이너마이트가 폭발했고, 그 폭발의 충격으로 철 막대기가 게이지의 왼쪽 뺨에서 오른쪽 머리 윗부분으로 뚫고 지나가 버렸다. 그 결과 두개골의 상당 부분과 왼쪽 전두엽 부분이 극심한 손상을 입게 됐고 사고 전의 성격과는 완전히 다른 행동으로 마치 다른 사람인 것처럼 행동하는 그를 친구들도 게이지가 아닌 다른 사람으로 착각할 정도로 바뀌었음을 보게 됐다. 게이지의 이 사건은 뇌의 특정 부위의 손상이 성격과 행동에 영향을 준다는 것을 처음으로 제시한 사건이 됐다.

 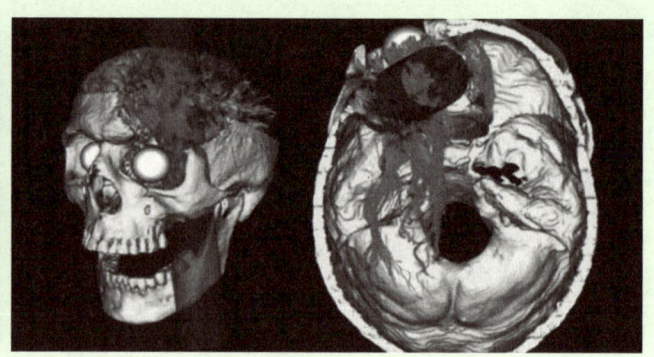

적 소인(素因)이 수정될 가능성이 많기 때문이다. 환경적 측면이란 다양한 사회문화적 영향, 가정환경, 부모의 성격 및 양육 태도, 교육 등이다. 동일한 유전적 소인을 가지고 태어났더라도 주어지는 환경이나 심리적 자극에 따라 소인의 표현 양상이 달라질 수 있다.

게이지(Phineas Gage)의 사례를 통해 알 수 있듯이 뇌 손상은 확실히 성격의 변화를 가져올 수 있음을 보여 준다. 이처럼 인간이 유전과 환경에 의해 결정되는 것처럼 성격도 이와 비슷한 방식으로 결정된다.

## 2) 유전적 요인

성격 특성이 잘 변하지 않고 안정성을 갖는 이유가 무엇인지 우리는 설명할 수 있는가? 태어나면서부터 자신이 원하는 것을 잘 표현하는 아이가 있는가 하면 그 반대 경우의 아이들도 있다. 이렇게 출생 시부터 아이의 요구나 행동에 차이가 난다는 것은 성격이 뇌의 작용으로 인한 선천적인 기질과 유전적인 요인의 영향을 받는다는 것을 의미한다.

올포트(Gordon Allport, 1897~1967)와 아이젠크(Hans Jürgen Eysenck, 1916~1997)는 성격의 개인차를 뇌의 작용과 관련해 연구했다. 올포트는 환경에 대해 반응하는 방식에 뇌가 영향을 준다고 봤고, 아이젠크는 성격 특성과 뇌의 작용에서의 특정한 개인차 간의 관계를 연관시켜 연구했다(윤가현 외, 2013).

유전적 요인이 성격에 영향을 준다는 것을 가장 잘 증명할 수 있는 연구는 쌍생아의 연구다. 동일한 유전자를 갖는 일란성 쌍생아의 특성과 이란성 쌍생아의 특성을 24,000쌍 이상을 대상으로 연구한 결과 이란성 쌍생아에 비해 일란성 쌍생아의 성격의 유사성이 훨씬 높은 것으로 나타났다(Loehlin, 1992). 다시 말하면, 두 사람의 유전인자가 비슷할수록 서로의 성격이 비슷할 가능성은 더 높아지며, 이는 일란성 쌍생아는 한 개의 수정란을 공유해 발달하므로 유전적 정보가 가장 유사하다고 볼 수 있기 때문이다(정미경 외, 2017).

미국 일간지를 떠들썩하게 했던 "어느 일란성 세쌍둥이의 재회(Three Identical Strangers)"라는 실화 다큐멘터리가 미국 전역에서 방송됐다. 입양돼 자랐던 두 명의 쌍

올포트(Gordon Willard Allport, 1897~1967)　　아이젠크(Hans Jürgen Eysenck, 1916~1997)

둥이가 19년 만에 우연히 같은 대학에서 만나게 됐고 이 사실이 방송되면서 다른 한 명이 연락을 취하게 됐고, 이들의 사연은 토크쇼에 출연하면서 더욱 화제의 주인공이 됐다. 이들은 서로 다른 가정으로 입양됐지만 취미, 취향까지 비슷했음을 알 수 있다.

출처: 구글(https://www.google.co.kr/), 검색일: 2023.10.27.

[그림 2-4] 어느 일란성 세쌍둥이의 재회(실화 다큐멘터리)

## 3 성격이론

### 1) 프로이트의 정신분석이론

정신분석 이론의 창시자인 프로이트(Sigmund Freud)는 인간의 의식 수준 아래의 무의식을 주장하면서 누구도 들여다볼 수 없었던 부분을 설명했다. 인간은 의식하지 못하고 있어도 어떤 설명할 수 없는 것이 인간의 생각·감정·행동을 만들고 있다는 점을 인식하게 됐다. 또한 성격이 주로 의식 밖의 영역에서 작용하는 요구, 갈망, 욕망에 의해 형성되며, 이러한 동기가 정서장애를 불러일으킬 수 있다고 봤다. 이것은 인간의 무의식적 동기와 내면적인 힘, 그리고 그 힘의 갈등을 중시하기 때문에 정신역동(psycho dynamic)이론이라고도 하며, 과정이론은 크게 정신역동이론, 행동주의이론, 인본주의이론 등이 있으나 여기에서는 크게 프로이트, 융, 아들러의 이론을 중심으로 설명하고자 한다(정미경 외, 2017).

프로이트 이론의 전반에 퍼져 있는 기본 가정은 정신결정론(psychic determinism)과 무의식적 동기(unconscious motivation)다. 그는 이것이 행하거나 생각하거나 느끼는 모든 것에는 심리적 요인이 복잡하게 깔려 있을 뿐만 아니라 거기에는 정신이라는 에너지가 결정적으로 작용하며, 정신결정론이란 사람들이 생각하거나 느끼는 모든 것에는 의미와 목적이 있으며, 개인의 경험에 의해 이미 결정돼 있다는 가정이다. 무의식적 동기란 프로이트가 마음의 구조를 빙산으로 비유하면서 지형학적으로 분석한 데에서 나온 개념으로 빙산의 윗부분은 의식으로, 보이지 않는 물 아래에 있는 빙산은 무의식으로 설명했다.

### (1) 인식의 수준

정신분석학 초기에 프로이트 학설의 가장 중심 과제는 무의식이었다. 인간의 의식은 극히 표층부에 있는 얇은 부분에 불과하고 대부분은 무의식으로 구성돼 있다고 생각했다.

인간의 마음 중 더 많은 부분을 차지하고 있는 것이 무의식이며 무의식을 더 중요하다고 본 이유는 인간의 생각·감정·행동을 실제로 지배하고 있는 것이 무의식이라고 믿었고, 인간의 정신세계를 의식, 전의식, 무의식으로 구분하는 지형학적 모델(topographical mode)을 제시했다.

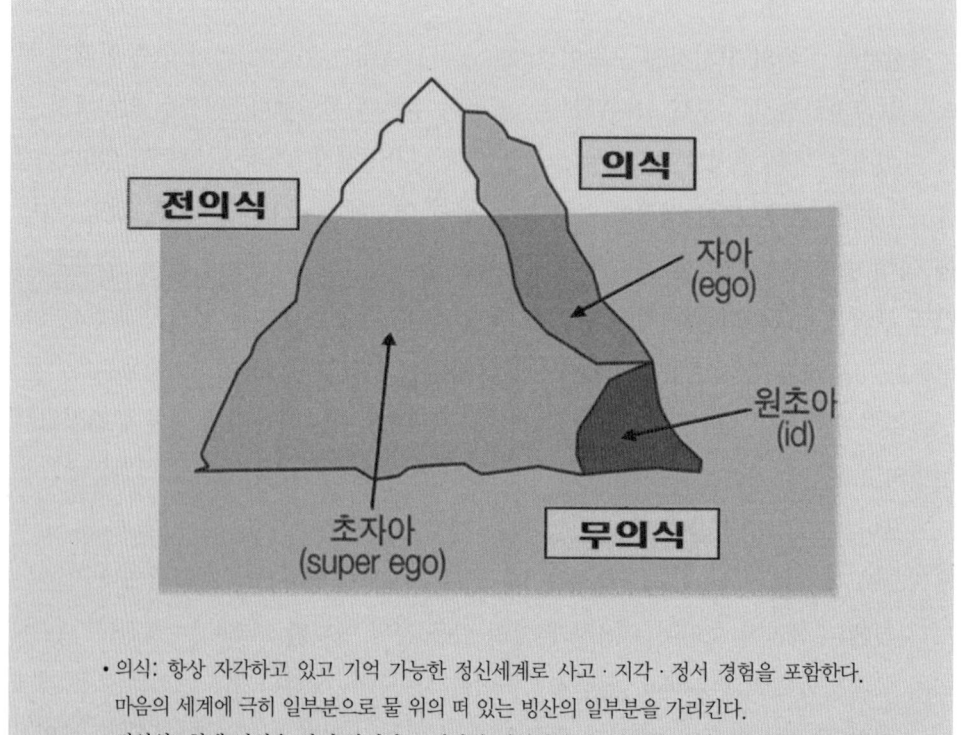

- 의식: 항상 자각하고 있고 기억 가능한 정신세계로 사고·지각·정서 경험을 포함한다. 마음의 세계에 극히 일부분으로 물 위의 떠 있는 빙산의 일부분을 가리킨다.
- 전의식: 현재 기억은 나지 않지만 노력하면 의식화할 수 있으며 의식과 무의식의 교량 역할을 한다. 예를 들면, 며칠 전 일을 까마득하게 잊어버렸지만 잘 생각하면 떠오른다.
- 무의식: 경험된 일이지만 아무리 노력해도 떠오르지 않는 세계. 대부분 고통, 불안, 죄책감, 공포, 끔찍함 등 자아가 감당하기 어려운 것으로부터 자아를 보호하기 위해 억압됐던 것들이다.

출처: 구글(https://www.google.co.kr/), 검색일: 2023.10.27.

[그림 2-5] 프로이트의 성격 구조(마음의 3중 구조)

### (2) 성격 구조

프로이트는 성격 구조를 원초아(id), 자아(ego), 초자아(superego)로 나눠 인간 행동을 이 세 구성 요소 간의 상호 작용으로 봤다. 원초아(id)는 인간의 본능적인 모습으로 태어날 때부터 존재한다. 인간의 가장 기본적인 욕구인 배고픔, 배설, 성적·공격적 욕구 등이 여기에 속한다. 즉, 삶의 본능 리비도(libido)와 죽음의 본능 타나토스(thanatos)다. 원초아의 쾌락 추구는 즉각적이고 맹목적이어서 만족을 위해서는 어떤 대가를 지불해야 하는지에 상관없이 지금 당장의 욕구를 충족하고자 한다.

원초아는 쾌락의 원리(pleasure principle)에 따라 작동한다. 즉, 현실에 의해 구속받지 않는다면, 원초아는 즉각적 만족을 추구한다. 갓 태어난 아이는 욕구를 느끼는 순간 외부세계의 조건에 관계없이 만족시켜 달라고 울어대며, 지금 당장의 행복을 위해 약물과 쾌락을 좇는 사람들을 생각해 볼 수 있다. 자아(ego)가 발달함에 따라서 환경에 순응하고 성장하면서 현실에 대처하는 방법을 학습한다. 현실 원리(reality principle)에 따라서 작동하는 자아는 고통이나 파괴보다는 원초아와 초자아의 욕구를 조절하고 현실적인 방법으로 원초아의 충동을 만족시킨다. 자아는 지각, 사고, 판단 그리고 기억을 포함하고 있기에 너무나 배가 고픈 아이가 빵을 먹고 싶어 훔치려고 했으나 이후의 결과를 생각하며 훔치려던 생각을 멈추게 된다.

아동이 4~5세경이 되면 초자아(superego)의 요구를 인식하게 된다고 프로이트는 말한다. 초자아란 자아로 하여금 현실적인 것과 이상적(理想的)인 것을 통해 어떻게 행동해야 할 것인가에만 초점을 맞추는 양심의 소리이며, 완벽을 추구하고, 행위를 판단하며, 자신감이라는 긍정적 감정이나 죄책감이라는 부정적 감정을 만들어 낸다(Myers, 2008). 지나치게 강력한 초자아를 가지고 있는 사람은 도덕적이기는 하지만 역설적으로 죄책감에 휩싸여 있을 수가 있다. 이는 사회적 규범과 부모의 가치관을 자신의 심리적 세계에 내재화하면서 벌을 받을 행동은 억제하고 상이나 칭찬받을 행동을 한다. 초자아가 형성되면 주변에 상이나 벌을 줄 사람이 없더라도 스스로 자신의 행동을 조절하며 도덕의 원리에 따라 기능한다(윤가현 외, 2013).

**(3) 심리성적 발달 단계**

프로이트는 생후 5~6년 동안의 경험이 성격 형성에 중요한 영향을 준다고 주장했다. 이때가 결정적 시기(critical period)이며, 성격의 기본적인 틀이 이때 형성된다고 했다. 아동은 발달하면서 성적 쾌감의 부위가 달라지며 각 단계는 질적으로 다른 의미를 갖는데 아동기 초기에 해소되지 않은 갈등에 뿌리를 두고 있는 것처럼 보였다. 그는 아동이 일련의 심리성적 단계(psychosexual stage)를 거치는데, 각 단계에서 원초아의 쾌락 추구 에너지가 성감대라고 부르는 쾌감에 민감한 신체의 특정 부위에 초점을 맞춘다고 결론내렸다(Myers, 2008).

이러한 그의 발달이론은 인간의 성적 만족 부위가 입으로부터 시작해 항문에서 성기로 이동하며, 이 같은 단계적 이동은 단계마다 억제를 받지 않아야 하지만 과다하게 충족돼도 안 된다고 했다. 그리고 억제와 충족 정도에 따라 고착이 나타나고, 많은 스트레스를 겪으면 고착된 단계로 돌아가는 퇴행이 일어나기도 한다. 고착이 지속돼 성격 유형으로 굳어지기도 하며, 이러한 발달 단계를 성적 만족 부위에 따라 구강기, 항문기, 남근기, 잠복기, 생식기 등으로 구분했고, 프로이트는 성(性)의 발달이 특정 단계에 멈춰 버리는 심리 현상을 '고착(固着, fixation)'이라고 불렀다.

〈표 2-4〉 프로이트의 심리성적 단계

| 단계 | 초점 |
|---|---|
| 구강기(0~18개월) | 입에 집중되는 시기(빨기, 깨물기, 씹기) |
| 항문기(18~36개월) | 방광과 대장에 방출되는 시기(통제 요구에 대처해야 함) |
| 남근기(3~6세) | 성기에 집중되는 시기(근친상간의 성적 감정에 대처해야 함) |
| 잠복기(6~12세) | 성적 감정의 잠복 |
| 생식기(사춘기 이후) | 성적 감정의 성숙 |

① **구강기(0~18개월)**

구강기(oral stage)는 출생부터 18개월까지로 입술이나 구강에서 쾌락을 얻고 입으로 하는 활동이 중심이 되는 시기다. 주로 빨기, 깨물기 등의 행동을 통해 만족을 얻게 된다. 만일 구강기 전반에 지나친 좌절이나 혹은 방임을 경험하면 구강기적 성격을 형성해 지나치게 의존적인 사람이 되고 낙천적이며, 과도한 의타심을 보이고 잘 속는 경향을 보이며, 타인과 신뢰 의존적인 관계를 가지는 구강 수동적 성격이 된다. 이에 비해 구강기 후반기에 고착되는 구강 공격적 혹은 구강 가학적 성격의 특징은 논쟁적이고 비꼬기를 잘하며, 타인을 이용하거나 흡연, 과음, 과식, 손톱 깨물기 등의 특징을 보인다(송대영 외, 2008).

### ② 항문기(18개월~3세)

항문기(anal stage)란 성적 만족 부위가 입에서 항문으로 옮겨가는 시기다. 대변 훈련이 시작되는 1세에서 3세까지가 여기에 속하며 변을 참거나 배출을 통해 긴장을 완화하고 만족을 얻는다. 이 시기에 배변 훈련에서 성공을 거두면 유아는 사회적 승인을 얻는 쾌감을 경험하게 된다. 만일 항문기에 지나친 욕구 좌절을 경험하면 지나치게 무질서하거나 지저분하고 잔인하고 파괴적이며 난폭한 성격을 가질 수 있다. 반대로 지나친 욕구 충족을 경험하면 지나치게 깔끔한 결벽 증세나 질서정연하고 고집이 세며, 시간을 엄수하고, 인색한 성격을 소유하기 쉽다(윤가현 외, 2013).

### ③ 남근기(3~6세)

남근기(phallic stage)는 긴장을 느끼고 쾌감을 얻는 리비도가 성기에 집중되는 시기다. 주로 3세에서 6세까지가 여기에 해당되며, 자신의 성기를 만지거나 성적 공상을 통해 만족을 느낀다. 이 시기에는 자신과 유사한 사람의 특성, 보통 자신과 성별이 같은 부모와의 관계에서 동일시가 나타나며 성적 애착을 발전시킨다.

그리하여 남자아이는 남자답게 굴고 여자아이는 여자답게 행동하려고 애쓴다는 것이다. 또한 이 시기의 아이는 자기와 다른 성을 가진 부모의 사랑을 갈망하고 같은 성을 가진 부모를 싫어하는 경향을 보인다고 했다. 남아의 이런 현상을 프로이트는 그리스의 신화에서 따와 오이디푸스 콤플렉스(Oedipus complex)라 하고, 여아에게 나타나는 현상은 엘렉트라 콤플렉스(Electra complex)라고 했다.

이 단계에서 갈등을 어떻게 해결하는가는 매우 중요하다. 오이디푸스 콤플렉스는 자신을 아버지와 동일시하고 어머니를 애정 대상으로 유지함으로써 해결되며, 여자아이는 어머니와 동일시함으로써 아버지를 얻을 수 있을 것으로 생각하고 갈등을 해소한다. 결국 이들은 이성 부모에 대한 성적 소망과 동성 부모에 대한 적대감을 포기하는 것으로 이 시기의 위기를 해결한다(김득란 외, 2010).

남근기에 고착된 남자는 경솔하고 과장이 심하며 야심이 강하고, 여자는 난잡하고 유혹적이며 경박하게 된다는 것이다. 반면 이 시기를 무난히 통과한 아동은 성 정체감의 기초가 든든해지고, 건전한 의미의 호기심을 갖게 되며, 학업이나 성취에도 큰 도움을 준다고 한다(송대영 외, 2008).

### ④ 잠복기(6~12세)

잠복기(latent stage)는 성적 만족의 부위가 특정한 곳에 한정되지 않고 성적인 힘도 잠재되는 시기다. 이 같은 잠복기는 남근기가 격정적이고 고통스러웠기 때문에 성적 충동 자체는 억압되고, 자신의 내부보다 오히려 지적인 부분, 운동, 우정 쌓기 등 사회적으로 용납되는 행동에, 즉 주위 환경에 관심을 가진다. 이 시기는 이성보다는 동성에게 관심이 많으며 동일시 대상도 친구가 된다.

이 때문에 잠복기에 고착이 되면 성인이 돼서도 이성에 대한 정상적인 친밀감을 갖지 못한다. 즉, 이성과의 성적 관계를 회피하거나 정서적인 감정 없이 성행위를 하거나 공격적인 방식으로 성적 행동을 하게 된다. 그러나 이 시기를 성공적으로 보내면 적응력도 높아지고 학업이나 대인 관계도 원만해진다.

### ⑤ 생식기(12세~사춘기 이후)

생식기(genital stage)는 12세부터 성인기 이전까지의 시기로 잠복했던 성적 에너지가 무의식에서 의식의 세계로 나오는 시기로 그동안 억압됐던 성적 감정이 크게 강화되면서 성적·공격적 충동이 자아와 자아의 방어를 압도할 정도로 강해진다. 이때는 이성 부모에 대한 사랑이 선생님과 같은 다른 대상으로 전위되기도 한다. 지금까지는 성적 만족의 대상이 자기의 신체 부위였지만, 이 시기는 이성이 되는 것이 특징이다.

또한, 급속한 신체적 발달과 함께 생식기가 시작되는데 남근기처럼 성기에 리비도가 집중되고 공상보다 성행위를 통해 만족을 추구하는 점이 남근기와 차이가 있다. 따라서 동물적인 쾌락 추구에 몰두해 사춘기 특유의 공격성, 야수성, 범죄행동이 왕성해지며, 반대로 자아가 너무 표면화되면 불안이 심해지고 금욕주의, 지성화(知性化, intellectualization)의 경향이 강해져서 원초아를 억제하고 자아를 방어하려고 애쓰게 된다. 그러나 이성에 대한 성적 욕구는 독서, 운동, 자원봉사 등과 같은 대체활동으로 승화되기도 한다. 만약 아동기 초기에 경험한 심각한 외상(外傷, trauma) 때문에 성적 에너지의 고착이 나타나면 생식기의 적응이 어렵다(송대영 외, 2008).

프로이트의 이론은 성격 형성 기간을 6세 이전으로 극히 제한했으며, 모든 설명이 성과 관련돼 있다는 점에서 비판을 받았다. 그의 이론은 이후 융(Carl Gustav Jung)과 아들러(Alfred Adler)에 의해 새로운 이론으로 수정되는데, 이를 정신분석학파라고 한다(윤가현 외, 2013).

### (4) 불안과 방어 기제

#### ① 불안

프로이트는 성격 구조 간의 갈등으로 생기는 불안에 관심을 가졌고 세 가지 불안을 제시했다. 신경증적 불안(neurotic anxiety)은 자아가 본능으로부터 공격받을 때 형성되는 불안으로 본능적 충동이 자신의 통제를 벗어나서 처벌받을 수 있는 행동을 일으킬까 두려워하는 것이다. 즉, 부모 또는 권위를 가진 인물들로부터 받을 처벌을 두려워하는 것이다(김남일 외, 2015).

현실 불안(realistic anxiety)은 외부로부터 실제적 위협과 위험에 대처 혹은 적응하기 위해 작동되는 유기체의 기본 반응이다. 불안과 두려움의 심리적 감정과 함께 신체 변화, 인지적 대비, 주의집중, 대비책 강구 등 긴장 상태를 유지하고 위험 상황에 대처함으로써 생존을 위한 조치를 목적으로, 일종의 '경계경보'다(강진령, 2013).

도덕적 불안(moral anxiety)은 주로 양심의 가책이나 죄책감과 관련된 불안으로 자아가 초자아로부터 공격받을 때 형성되는 불안이다. 개인의 행동이나 생활에서 받아들일 수 없다고 느끼는 것들에 관한 양심의 가책이나 죄책감과 관련된 불안이다(김남일 외, 2015).

#### ② 방어 기제

인간은 누구나 어느 정도의 방어 기제를 사용한다. 방어 기제란 현실을 무시한 채 무리한 성적·공격적 욕구를 충족시키려 할 때 자아는 불안해지면서 전체 유기체의 안전을 위협받지 않는 한도 내에서 그 시도를 들어 주려는 자아의 시도를 말한다. 적당한 방어 기제는 고통에서 자신을 보호하지만 지나친 방어 기제 사용은 병리적이 될 수 있다.

억압(repression)이란 내면세계의 아래로 유발하는 불안을 밀어내는 것을 말한다. 프로이트에 따르면, 만나기 싫은 친구와 한 약속을 깜빡 잊어버리는 것, 중요한 프로젝트 설명회 때 실수로 자료를 가져오지 않는 것도 억압의 일종으로 본다(김남일 외, 2015). 또한, 소방공무원이 끔찍한 현장에서 아무렇지도 않게 사고 현장을 수습하는 것 또한 자신의 감정을 억압하는 것으로 볼 수 있다.

반동 형성(reaction formation)이란 "미운 자식 떡 하나 더 준다"라는 속담이 대표적인 예로 자신의 실제 감정이 현실에서 용납받을 수 없을 때 그와 정반대의 방식으로 행동하는 것, 즉 욕구와 대립되는 과장된 감정과 행동을 취함으로써 그 욕구로부터 벗어나려는 시도를 말한다(김득란 외, 2010).

이성에 대한 사랑이 허용되지 않을 때 반대의 감정, 즉 미움으로 대하는 경우, 어릴 적 남자아이들이 좋아하는 여자애들의 고무줄놀이를 일부러 방해하는 행동, 불편한 시어머니에게 오히려 더 부드럽고 잘 이야기하는 것 등이 포함될 수 있다. 프로이트는 지나치게 얌전한 사람, 온화한 사람, 예의 바른 사람의 내면에는 강한 분노, 적대감, 공격 등이 내포돼 있다고 말한다. 이런 적대감이 그대로 표현되면 불안을 유발할 수 있기 때문에 이와 상반되는 감정이나 표정을 지음으로써 자신을 도피시킬 수 있기 때문이다(김남일 외, 2015).

투사(投射, projection)란 내면 속에서 유발하는 불안을 다른 사람에게로 무의식적으로 문제의 원인을 돌리는 것을 말한다. 예를 들어, 누군가에게 성욕을 느끼고 그것에 대한 죄책감을 느끼면 상대방이 자신을 유혹하기 때문이라고 상대방 탓으로 돌리는 경우가 해당될 수 있다.

퇴행(退行, regression)이란 만족을 느꼈던 자신의 특정 시기로 돌아감으로써 불안에서 벗어나는 것이다. 다 큰 아이가 갑자기 갓난아이처럼 손을 빠는 행위나, 동창회에서 지긋한 아저씨들이 서로 욕하고 장난치는 것, 사랑하는 여자 친구가 남자 친구에게 애교 있는 말투로 응석을 부리는 것 등을 들 수 있다. 일반적으로 퇴행이 길어지면 정신병으로 볼 수도 있다(김남일 외, 2015).

주지화(主知化, intellectualization)란 지성에서 감정을 격리시키는 좀 더 고차원적인 방어 형태에 붙이는 이름이다. 감정에 관해 이야기를 하지만 메말라 있어 도무지 표정이나 말에서 감정을 느낄 수 없을 때를 말하는데, 이 기제는 지능이 높은 사람이나 교육 수준이 높은 사람들이 더 많이 사용해 지능화(知能化)라고도 한다.

전치(轉置, displacement)란 억압된 욕구를 제3자에게 해소하는 것(엉뚱한 곳에 가서 감정털기)을 말한다. 속담으로는 "종로에서 뺨 맞고 한강에서 화풀이한다", 부모에게 야단맞고 강아지에게 화풀이하는 것 등이 여기에 해당된다(Myers, 2012).

합리화(合理化, rationalization)란 자신의 옳지 못한 행동이나 실패를 그럴듯한 핑계를 사용해 정당화하는 기제다. 이솝 우화의 '여우와 신 포도'가 대표적인 예라 할 수 있다. 여우가 신 포도를 딸 수 없었던 것이 아니라 시어서 먹지 않은 것이라고 하는 것이다(오세진 외, 2010).

승화(昇華, sublimation)란 성적·공격적인 충동을 간접적·사회적으로 허용될 수 있는 출구로 표현하는 것으로, 불안을 성숙하게 처리하는 것으로는 사회적으로 공인된 방식으로 해소하는 것을 말한다. 예를 들어, 운동선수들은 대부분 자신의 강한 공격성을 운동을 통해 해소한다. 성적 충동은 미술작품이나 댄싱, 음악 작곡과 같은 창작활동을 통해 승화될 수 있다. 공격적 충동은 축구나 레슬링과 같은 운동으로 승화될 수 있다. 자신의 공격성을 어떤 방어 기제를 어느 정도로 사용하느냐에 따라 개인의 독특성을 결정짓기도 한다(김득란 외, 2010).

## 2) 아들러의 정신분석이론

아들러(Alfred Adler)는 프로이트의 인간의 중심 에너지가 성욕(libido)이 아닌 '우월을 위한 노력'이라는 자신의 성격이론인 개인심리학을 발전시켰다. 그는 인간의 본성으로 인간 종족의 타고난 유대감이나 소속감인 사회적 관심을 강조하고, 이러한 사회적 관심은 공동의 선(善)을 위한 협동심의 원천이라고 했다(김득란 외, 2010). 또한, 태어나면서 갖춰져 있다고 보는 능력이나 성질이 프로이트는 성(性)을, 융은 사고 양식을, 그리고 아들러는 사회적 관심으로 강조했다.

아들러의 성격이론은 어린 시절 작고 약했던 자신에 비해 강하고 건강했던 형들의 영향으로 아동기의 독특한 경험에 따라 성격을 형성하는 한 요인으로 출생 순위의 중요성을 강조하기도 했다. 자신이 형들과의 관계에서 경험했듯이 어린 아동은 좀 더 큰 아동이나 성인들과 비교해 자신은 약하고 무력하다고 느끼는데 이것은 열등감의 근원

출처: 구글(https://www.google.co.kr/), 검색일: 2023.10.27.
[그림 2-6] 아들러(Alfred Adler, 1870~1937)

이 된다. 이 열등감은 개인으로 하여금 새로운 기술을 습득하고, 새로운 능력을 발전시키도록 동기화하며 개인을 발전시키는 데 중요한 정신 에너지가 된다.

열등감의 보상은 자신의 능력을 발전시킴으로써 상상의, 또는 실제의 열등감을 극복하려는 노력이다. 아들러는 부모의 과잉 보호나 방임 또는 신체적 결함이 열등감의 문제를 일으킬 수 있다고 생각했고, 과도한 열등감은 열등 콤플렉스를 일으켜 우월성의 추구에 대한 정상적 과정을 왜곡시키거나 과잉 보상돼 성격장애의 원인이 될 수 있다고 했다(김득란 외, 2010).

물론 모든 열등감이 극복되는 것은 아니다. 보호자의 잘못된 양육 태도나 신체의 결함, 스스로의 노력이나 힘으로 그 열등감을 극복할 수 없는 경우 좌절을 경험하게 되고, 이 역시 그 사람의 성격 형성에 중요한 영향을 미치게 된다(윤가현 외, 2013).

열등 콤플렉스를 가진 사람들의 특징은 인생에 도전을 하는 대신 지위를 획득하고, 권력을 얻으며, 성공이나 자랑할 수 있는 물건, 좋은 옷, 좋은 차 등의 구매를 중요하게 생각한다. 그들은 열등감을 감추기 위해 성공을 과시하려는 경향이 있다.

## 3) 융의 분석심리

융(Carl Gustav Jung)의 분석심리는 콤플렉스를 무의식 속의 감정, 사고, 기억의 연합군으로 무의식의 정서라고 정의하며 '콤플렉스 심리학(complex psychology)'이라고 불렀다. 그는 의과대학 시절 신비한 현상을 많이 경험하면서 심령 현상에 사로잡히기도 했으며, 그의 사촌인 프라이스베르크(Helene Preiswerk)를 영매(靈媒)로 하는 강신술 모임에 친척들과 함께 참여하기도 했다. 이때부터 융은 심령에 대해 더 큰 관심을 가지게 됐고, 이러한 경험들은 분석심리학의 내용이 형성되는 기초가 됐다(김춘경 외, 2018).

출처: 구글(https://www.google.co.kr/), 검색일: 2023.10.27.

[그림 2-7] 융(Carl Gustav Jung, 1875~1961)

융은 프로이트의 『꿈의 해석(Die Traumdeutung, The Interpretation of Dreams)』을 읽고 정신분석학에 관심을 갖게 됐고, 프로이트와 논문과 편지를 주고받으며 교류하게 됐다. 프로이트는 학문적 아들로 생각했던 융을 1911년에 국제정신분석학회 회장으로 임명하면서 성욕설을 포기하지 말고 하나의 도그마(dogma)로 만들어 지켜야 한다고 말했는데 융은 이러한 프로이트의 권력욕과 이론의 일방성과 협소성을 느끼게 됐다. 1912년에 『무의식의 심리학(Psychology of the Unconscious)』을 발표하면서 자신은 프로이트와는 다르다는 사실을 공식적으로 발표했고, 마침내 두 사람은 헤어졌다.

프로이트와의 결별에 매우 큰 충격을 받은 융은 세상과 결별하고 자신의 내면세계를 탐색하는 작업에 몰두하면서 무의식과 상징에 대한 탐구를 평생의 과업으로 여기며 자신의 남은 일생의 과업으로 여겼다. 계속해서 꿈과 환상을 탐색했고, 여러 문화의 신화와 예술을 폭넓게 연구하면서 이들 속에 감춰져 있는 보편적인 무의식적인 갈망과 긴장의 표현을 발견하고자 노력했다. 또한 이 시기에 각국을 다니며 원초적 삶을 살고 있는 원주민들의 심리를 통해 원형적 세계를 경험할 수 있었다. 그 여정은 융이 자아와 무의식의 관계를 정립하는 데 도움이 됐다(김춘경 외, 2018).

융은 언어 연상 테스트(Word Association Test)를 통해 피험자가 반응을 나타내는 데에 긴 시간을 소용하는 단어가 있음을 관찰하고, 이는 무의식적 정서가 반응을 저해하는 것으로 생각했다. 여기서 무의식적 정서가 바로 한 개인의 콤플렉스로 무언가에 골몰해 있는 상태다(윤가현 외, 2013).

### (1) 성격의 구조

성격의 구조를 보면, 인간의 정신은 세 개의 하위 체계, 즉 자아, 개인무의식, 집단무의식으로 구성돼 있다고 설명했다.

#### ① 자아

자아는 사람이 경험하고 있는 지각, 기억, 사고, 느낌, 관념, 감정 등 의식 영역의 중심으로 그 의식을 지배하는 중심 부위를 말한다. 자아는 살면서 경험하는 자극을 선별하는 역할을 하는데 주변에서 들어오는 모든 자극을 의식하지 않고 위험하거나 해로운 자극, 무의미하거나 무가치한 자극을 걸러 내거나 억압시키는 역할을 한다(김춘경 외, 2018).

#### ② 개인무의식

의식 영역에 들어가지 못하고 개인의 삶의 과정 속에서 억압되거나 억제된 것들이 개인무의식에 저장된다. 이미 개인의 삶에서 한 번은 의식됐던 것이지만 중요하지 않아서 의식에 도달할 수 없는 무가치한 기억들, 의식하기에 너무 해롭거나 위협적인 것들(억제된 기억, 환상, 소망, 욕구, 외상 들)로 채워져 있다. 융의 그림자(shadow)는 의식되지 않은 인격의 어두운 면을 말하는데 이 또한 개인 무의식의 영역에 들어 있다. 융의 중요한 개념인 콤플렉스(complex) 역시 개인무의식의 영역에 있다(김춘경 외, 2018).

③ 집단무의식

집단무의식에는 인류의 보편적인 종교적·심령적·신화적 상징과 경험이 저장돼 있으며, 사람들이 역사와 문화를 통해 공유해 온 모든 정신적 자료가 저장돼 있다. 이것은 문화적·정신적 유산뿐만 아니라 선조로부터 물려받은 긴 역사적 산물로 역사를 따라 전수해 온 인류공동체의 집단적 경험이 집단무의식에 저장돼 있다.

융의 집단무의식의 개념은 분석심리학의 핵심이며, 개인의 경험과 관련된 그림자의 영역이 개인무의식이라면, 집단무의식은 원형의 영역이다(김춘경 외, 2018).

(2) 원형

융은 사람들의 꿈속에 종종 나타나는 상(像)들(images)을 원형(原型, archetypes)이라고 정의했다. 원형은 사람들과의 관계를 맺기 위해(어머니, 아버지, 부부로서의 부모, 형제자매와 친구들, 자녀) 선천적으로 타고난 심리적 준비다. 원형은 인간의 심리 발달을 위한 DNA와 같은 것으로 개별적 인간 경험의 근간이며, 성격 발달에 중요한 역할을 하는 원형으로는 페르소나(persona), 그림자(shadow), 아니무스(animus), 아니마(anima), 자기(self) 등이 있다(김춘경 외, 2018).

① 페르소나

페르소나(persona)는 그리스 시대에 연극배우가 자신이 맡은 역할을 표현하기 위해 가면을 쓴 데에서 유래했다. 이것은 외부 세계와 관계를 맺고 개인이 사회생활을 하면서 2차적으로 맺게 되는 인간관계 속에서 나타나는 다양한 얼굴들이다. 우리는 관계 속에서 여러 역할을 맡고 있을 뿐만 아니라, 상황마다 요구되는 역할과 우리에게 기대되는 역할이 다르다.

학교에서는 학생으로, 친구 사이에서는 친구로, 가정에서는 부모 또는 자녀로, 또는 공동체에서는 한 일원으로서 다양한 역할을 하며 살아가고 있다. 또한, 동성 친구를 만났을 때 하는 행동과 이성 친구를 만났을 때 하는 행동은 다르며, 친구 사이에서나 직장, 이웃, 어른을 만났을 때 하는 행동이 다른 경우가 많다. 상황에 따라 주어진 역할을 제대로 수행하지 못하면 사회생활에 적응하는 데 어려움을 겪을 것이다. 이처럼 페르소나는 주어진 역할과 현실 세계에 적응해서 사는 데 필요하고 유용한 것이다. 그러나 경우에 따라서는 해롭게 작용할 수도 있다.

배우가 주어진 역할을 하기 위해 혼신의 힘을 다하고 그 역할을 소화하기 위해 몰입하는 과정에서 동일시하는 경우를 종종 볼 수 있다. 기대하는 역할에 너무 몰입해 본래 자신의 본성을 잃고 자기에게 주어진 역할에 지나치게 자신을 동일시하게 되면 진정한 자기로부터 멀어지게 되고, 자신을 잃게 되는 경우가 생기며, 페르소나는 진정한 자아가 아니기에 상황에 따라 맞는 역할처럼 상황에 따라 바꿔 쓸 수 있는 유연함이 필요하다.

② **그림자**

그림자(shadow)는 자아에 알려져 있지 않은 부정적인 자기상(自己像)의 속성이다. 자기 모습으로 인정하고 싶지 않아 회피하고 숨기고 싶어하는 나의 어두운 면이다. 그림자를 설명하는 가장 대표적인 예는 지킬 박사와 하이드의 관계, 파우스트와 메피스토펠레스의 관계에서 알 수 있다. 이들은 같은 사람의 두 얼굴인데, 서로 반대편을 향하고 있어 상대편을 인식하지 못하고 같은 사람의 양면을 대변하는 인물이다.

의식화할 기회를 박탈당하고 무의식 영역에 남아 있는 원시적 심리 상태로 사람들 중에는 가끔 자신의 그림자의 존재를 부인하고 자신이 '인격자'임을 자처하는 사람들이 있다. 이런 사람들을 이중인격자 또는 각종 신경증을 일으킬 조건을 갖춘 자라고 했다(김춘경 외, 2018). 그러나 적절한 돌파구를 찾은 경우는 억누를 수 없는 끼로 인해 사회적으로 성공한 시향의 유능한 연주자가 몇 년 후 패션 코디네이터(fashion coordinator)로 변신한 후 행복감을 느끼는 경우다. 반대로 그림자를 지나치게 억압당해 그 탈출구를 찾지 못할 경우 엽기적인 살인이나 상상을 초월하는 사이코패스의 사건들을 발생하는 결과를 초래하기도 한다(정미경 외, 2018).

③ **아니마/아니무스**

융은 중세에 있었던 "모든 남자는 자기 내부에 여자 하나를 데리고 다닌다"라는 말을 인용하면서 아니마(anima)는 모든 남성 내부에 있는 여성적 요소이며, 아니무스

(animus)는 모든 여성 내부에 있는 남성적 요소라고 했다(Jung, 1968).

우리가 일상에서 이성에게 매력을 느끼는 일차적 이유는 무의식 속의 아니마와 아니무스가 서로 일치하기 때문이다(정미경 외, 2018).

페르소나가 사회에 적응하기 위해 작동되는 외적 인격이라면 아니마와 아니무스는 의식과 무의식을 연결하는 내적 인격이다(박종수, 2013).

④ 자기

정신의 중심 위치에 있는 원형이 자기(自己, self)이며, 의식과 무의식 전체의 중심이자 의식과 무의식 과정을 하나로 통합시키는 역할을 한다. 자기는 개인무의식의 차원과 집단무의식의 차원을 모두 포함한다. 또한 자기는 모든 것이 둘러싸고 있는 중심축으로 전적으로 의식적이지도 무의식적이지도 않는 정신 전체를 위한 생명의 원천이다.

자기는 우리 자신의 가장 깊은 영역에 있을 뿐만 아니라 우리 자신을 훨씬 초월하는 그 무엇, 우리 자신 너머의 실제의 중심을 가리키며 이것은 정신의 중심이고 정신을 통합시키는 내적 지도 요인이다. 융은 정신적인 영역을 초월하는 것을 자기라고 했고, 프로이트와 결별하고 힘들었던 1916~1918년 2년 동안 심한 스트레스 상황에서 정신이 분열되는 것을 막아 주고 정신을 초월해 그 너머까지 도달하는 경험을 했고, 융은 그러한 경험을 가능케 한 것을 자기라고 불렀다(김춘경 외, 2018).

## 4) 에릭슨의 성격이론

에릭슨(Erik Homburger Erikson, 1902~1994)은 독일의 학자이며, 심리사회적 발달이론을 제안한 발달심리학자다. 그는 프로이트의 영향을 받아 자아의 개념을 사용해 성격 형성 과정을 설명한다. 발달 단계에서 위기를 긍정적인 관점으로 해결하면 좋은 인격을 가지고 성장할 수 있다고 설명했다. 즉, 자아를 스스로 제어할 수 있고, 정확한 자아를 인식하는 능력을 기르게 된다. 반면에 부정적인 측면으로 문제를 해결할 경우 인격 형성에 좋지 않은 영향을 미친다고 설명했다.

그의 이론은 인간의 심리적 발달과 사회 속 인격체로서의 발달에 관심을 반영하고 있다. 따라서 심리사회적 이론이라고 부른다. 즉, 인간이 사회심리적으로 어떤 특징을 가지고 성장하는지, 긍정적인 부분과 부정적인 부분이 어떤 비율로 나타나고 있는지 관심을 가졌다. 에릭슨은 인간은 일반적으로 유사한 기본 욕구를 지니고 있다고 생각했으며, 유사한 발달 단계를 거쳐 성장한다고 주장했다.

그는 인간의 발달 과정을 총 여덟 가지로 나눴고, 각 단계에서 겪을 수 있는 긍정적인 부분과 부정적인 부분을 정의했다. 각 시기에 어떤 경험을 통해 문제를 해결하는지에 따라 인격 형성에 많은 영향을 준다는 것이 그의 주장이다. 에릭슨의 이론은 어렵다고 하지만 인간이 심리사회적으로 성장하는 과정에서 어떤 감정을 느낄 수 있는지, 감정에 따라 어떤 차이를 나타낼 수 있는지 이해하는 데 도움을 준다.

에릭슨의 심리사회적 발달 8단계는 인간의 탄생에서 죽음까지 시기별로 경험하는 긍정적·부정적인 경향성을 설명한다. 수명이 늘어나고 있는 만큼 6~8단계의 나이 기준은 지금과 다를 수 있다. 하지만 자아 정체감을 발달시키기 위해 어떤 부분에 초점을 맞춰야 하는지 전체적인 흐름을 이해할 수 있다. 자아 정체감은 중요하다. 성장기 아동들에게 에릭슨이 주장하는 자아 정체감과 발달 단계는 매우 중요하다. 글을 통해 심리사회적 발달 과정을 이해하고 교육 현장에 긍정적으로 적용됐으면 좋겠다.

〈표 2-5〉 에릭슨의 심리사회적 발달 8단계

| 발달 단계 및 시기 | 심리사회적 위기 | 심리사회적 능력 |
| --- | --- | --- |
| 1단계 - 유아기(구강기) | 신뢰 대 불신 | 희망 |
| 2단계 - 아동기 초기(항문기) | 자율성 대 수치 | 의지력 |
| 3단계 - 아동기 중기(오이디푸스기) | 주도성 대 죄의식 | 목적 |
| 4단계 - 학동기(잠복기) | 근면성 대 열등감 | 능력 |
| 5단계 - 청년기(생식기) | 정체성 대 역할 혼미 | 충성심 |
| 6단계 - 성인 초기 | 친밀감 대 고립감 | 사랑 |
| 7단계 - 성인 중기 | 생산성 대 침체 | 배려 |
| 8단계 - 노년기 | 자기 통합 대 절망 | 지혜 |

출처: 구글(https://www.google.co.kr/), 검색일 : 2023. 10. 27.

아래 내용을 통해 그의 이론을 이해한다면 교육환경에서 아이들이 올바른 인격을 형성할 수 있도록 긍정적인 방향성을 제공할 수 있다. 인간은 평생 동안 발달하며, 각 단계마다 경험하는 사회적 질이 성격 발달의 주요 인자로 작용한다는 전제하에 프로이트의 이론을 확대했던 에릭슨은 심리사회적 발달이론(psycho social developmental theory)을 주장했다. 에릭슨의 발달 단계는 평생 동안 8단계의 과정을 거친다. 매 단계마다 심리사회적 위기가 오고, 이것을 어떻게 극복하느냐에 따라 성격 발달이 이뤄진다.

### (1) 유아기: 신뢰감 대 불신감(0~1세경)

에릭슨은 태어나서 1세까지는 기본적 불신감(sense of basic trust vs. distrust)이 발달하는 시기로 봤다. 프로이트 이론의 구강기에 해당되며, 이때는 철저하게 수동적 상태로 생존을 위해 주변 환경, 특히 엄마에게 의존한다. 이 시기의 아기는 주로 돌봐 주는 어머니와 사회적 관계를 맺게 되는데, 인생의 초기 단계에서 처음으로 맺어지는 사회적 관계는 그의 후기 인생의 기초가 된다고 했다. 아이에게 엄마는 욕구 충족의 유일하고 절대적 존재다. 부모가 일관성 있는 사랑을 베풀 때 아이는 욕구 충족과 함께 내적 확신감(inner cerainty)을 갖게 되고, 이것은 주변 세상을 긍정하는 신뢰가 발달하지만 부모의 비일관된 모습은 내적 불확실감(inner uncertainty)과 함께 불신감을 심어 준다(김남일 외, 2015).

### (2) 아동기 초기: 자율성 대 수치감(2~3세경)

프로이트의 성격발달이론에서 항문기에 속하는 2세에서 약 3세까지를 에릭슨은 자율성 대 수치감(sense of autonomy vs. shame or doubt)이 발달하는 시기로 봤다. 이때부터 아이는 주변에 대한 능동적·적극적 탐색이 가능해지나 중요한 것은 부모가 아이의 자율성을 보장하는 환경이다. 유아는 여러 상반되는 충동에서 스스로 선택하려 하고, 이러한 과정에서 자신의 의지를 나타내고자 하는 자율성을 키우게 된다.

유아가 사회적 기대에 부응하며 적절한 행동을 수행하면 자율성이 발달하지만, 배변 시 실수를 하거나 자조 기능(self help skills) 부족으로 적절한 행동을 잘 수행하지 못하면 수치감과 회의감을 느끼게 된다(김혜선·유안진, 2007).

### (3) 아동기 중기: 주도성 대 죄의식(4~5세경)

프로이트는 약 4세에서 5세까지를 남근기로 봤으나 에릭슨은 자발성 대 죄책감(sense of initiative vs. guilt feeling)이 발달하는 시기로 봤다. 에릭슨은 이 시기의 아동은 스스로 어떤 목표나 계획을 세워 실행하고자 하며, 모든 일을 자기 스스로 하고자 한다. 이때 부모는 아이의 이런 자세를 비난하거나 간섭하는 일을 자제해야 한다. 만일 부모의 경험이 부정적일 경우, 아이는 자신의 능력에 대한 죄책감을 가지게 되기 때문에 최대한 성취감을 경험할 수 있도록 해야 한다(김남일 외, 2015).

### (4) 학동기: 근면성 대 열등감(6~12세경)

프로이트는 이 시기를 잠복기로 봤으나 에릭슨은 이 시기야말로 자아 성장의 결정적 시기라고 했다. 아이의 사회환경이 가족이라는 좁은 세계를 벗어나 넓은 사회에서 통용되는 유익한 여러 가지 기능을 열심히 배우고 이를 숙달한다. 이 과정에서 근면성과 열등감(sense of industry vs. inferiority)이 발달하게 된다.

"나는 무엇이든지 열심히만 하면 잘 할 수 있다"는 긍정적 생각은 근면성 혹은 자신감을 형성시키지만, "역시 나는 안 돼!", "내가 하는 일이 그렇지 뭐!"라는 부정적인 생각과 경험이 누적될 경우 열등감이 형성된다. 또한, 실패나 실수의 부적절감이나 열등감은 앞 단계의 발달 과업을 성공적으로 이루지 못했을 때나 학교나 사회가 아동에게 편견으로 대할 때 형성된다고 한다(김혜선·유안진, 2007).

### (5) 청년기: 정체감 대 역할 혼미(13~19세경)

프로이트 이론의 사춘기, 생식기에 해당하는 이 시기에는 급격한 신체적 변화가 나타나고, 새로운 사회적 압력이나 요구에 대응하는 시기로 신체적·정신적 성숙과 함께 부모로부터 독립이 이뤄지는 시기다. 에릭슨은 이런 시기를 정체감 대 역할 혼미기(identity vs. role confusion)로 봤다. 몸은 어른인데 정신은 미성숙하고, 사회적으로는 아이와 어른의 중간 상태이며, 독립을 원하는데 그에 대한 경제력이 없는 매우 어중간하고 불안정한 상태다(김남일 외, 2015).

이 시기에는 지금까지 아무런 회의감 없이 수용했던 자기 존재에 대해 새로운 의문과 탐색이 시작된다. 따라서 이 시기 청소년은 자기 자신에 대한 의문의 해답을 찾으려고 애쓰지만, 쉽게 해답을 얻을 수 없기 때문에 가치관의 혼란과 함께 심한 과도기를 경험하게 된다. 바로 이런 고민, 갈등, 방황이 길어지면 역할 혼미가 온다. 그래서 바람직한 환경은 자기에 대한 정체성을 찾을 수 있도록 다양한 경험을 통해 내가 누구인지 객관적 자기 모습을 찾도록 도와줘야 한다. 에릭슨은 이 시기를 심리적 유예기(psychological moratorium)라고 했다.

유예기(모라토리움)는 원래 경제 용어로 채무자가 지불 능력이 없어 파산 선고를 할 경우 지불 능력이 생길 때까지 일정 기간 동안 지불 유예를 해 주는 것을 말한다. 마찬가지로 청소년에게도 성인으로서 사회적·법적 책임을 일정 기간 동안 유예를 해 주며, 다양한 경험을 통해 자신이 누구인지 찾도록 한다는 의미다(김남일 외, 2015).

### (6) 성인 초기: 친밀감 대 고립감(20세~성인기)

이 시기는 청년기를 지나 성인기에 이르는 시기로 자신만의 문제에 몰두하던 청년이 사회의 참여로 바뀌는 시기다. 에릭슨은 바로 전 단계인 청년기에 긍정적인 자아 정체감을 확립한 사람은 적응과 발전으로 좀 더 쉽게 타인과 친밀한 관계를 형성하지만, 그렇지 못한 사람은 자신감을 갖지 못하며, 사회적 관계에서 고립감을 느끼게 된다. 따라서 이 시기를 친밀감 대 고립감(intimacy vs. isolation)이 형성되는 시기라고 했다.

### (7) 성인 중기: 생산성 대 침체기(중년기)

에릭슨은 이 시기를 중요한 시기로 두 사람 간에 친밀감이 확립된 사람은 이제 두 사람만의 관계를 넘어서 좀 더 넓은 그 밖의 타인에게까지 관심을 확장한다. 중요 특징은 생산성으로 다음 세대를 지도하는 것에 대한 관심과 헌신 등을 지적한다. 가정에서는 자녀를 낳아 양육하고 교육하며, 사회적으로는 다음 세대를 양성하는 데 관심과 노력을 기울이게 되는데, 직업적인 성취나 학문적·예술적 업적에서도 생산적으로 일하게 된다.

이 시기에 생산성의 상태로 발전하기 위해서는 성인기 초기에 친밀감의 조건이 선결돼야 한다. 하지만 생산성을 제대로 발달시키지 못할 때는 침체성(stagnation)이 형성되는데 이것은 타인에 대한 관심보다는 자신의 욕구에 더 치중하는 경향이다. 타인에 대해 관대하지 못하게 될 때 개인은 생산성 대 침체성(generativity vs. stagnation)

을 형성. 발달시키게 된다(김혜선 · 유안진, 2007).

### (8) 노년기: 자기 통합 대 절망

인생의 마지막 시기인 노년기는 통합감 대 절망감(integrity vs. despair)을 형성하는 시기다. 직업에서의 은퇴와 신체적인 노쇠, 친구나 배우자의 사망 등이 일어나는 인생 시기이므로 이런 사건 등이 개인으로 하여금 인생에 대한 무력감을 느끼게 할 수 있다. 이 시기의 성공과 실패는 다가오는 신체적 · 사회적 퇴보를 어떻게 수용하느냐에 달렸다는 것이 에릭슨의 주장이다.

대부분 노년기에는 자신이 살아온 삶을 뒤돌아보며 인생의 가치 여부를 돌아보게 된다. 이러한 과정 중에 자신의 인생이 무의미하다고 느끼게 되면 절망감에 빠지게 되지만, 힘든 중에서도 나름대로 삶의 의미를 갖고 보람을 느끼며 가치와 의미를 부여하게 되면 삶의 지혜와 경륜 속에 마침내 더 높은 차원의 인생 철학으로 삶을 통합시켜 나간다.

## 4 성격검사

성격검사는 일반적으로 성격을 측정하기 위해 사용하는 심리검사다. 성격검사를 측정하는 이유는 임상 장면에서 심리적 장애를 진단하기 위해 광범위하게 사용하고 있다. 물론 검사 결과에만 의존하지는 않지만 성격 척도는 임상적 진단을 내리는 데 유용하게 활용된다. 또한 성격검사는 일상적 문제를 경험하고 있는 사람들을 대상으로 상담 장면에서 활용되기도 하며, 내담자의 진로 결정이나 적성 탐색을 위해 필요한 경우에 사용되기도 한다. 성격검사는 측정되는 검사와 방법에 따라 객관적 검사(objective test)와 투사적 검사(projective test)로 나뉜다. 검사 시행 방법, 반응의 채점 방식은 일정한 표준 절차에 따른다.

### 1) 객관적 검사

객관적 검사는 구조화돼 있으며, 검사 자체가 객관화돼 있다. 대표적인 것으로 다면적 인성검사(MMPI)와 캘리포니아 성격검사(CPI), 성격유형검사(MBTI) 등이 여기에 속한다. 이 중 MMPI와 MBTI에 대해 간략히 소개하면 다음과 같다. MMPI(The Minnesota Multiphasic Personality Inventory)는 세계적으로 가장 널리 사용되고 있고 가장 많이 연구돼 있는 객관적 성격검사다. 원래 MMPI는 1943년 미국 미네소타대학의 심리학자인 해서웨이(Starke Hathaway)와 정신과 의사인 맥킨리(Jovian Chamley McKinley)에 의해 비정상적인 행동을 객관적으로 측정하기 위한 수단으로 만들어졌다. MMPI는 현재 세계적으로 가장 널리 사용되고 광범위한 연구가 이뤄진 구조화된 검사다(Piotrowski, 1997).

MMPI가 대표적인 자기 보고식 검사로 자리 잡게 된 이유는 검사 실시와 채점의 용이성, 시간과 노력의 절약, 객관적 규준에 의한 비교적 간편한 해석 방식 등을 들 수 있으며, 비교적 덜 숙련된 임상가라 할지라도 투사적 검사에 비해 훨씬 쉽고 정확하게 결과를 해석할 수 있기 때문이다.

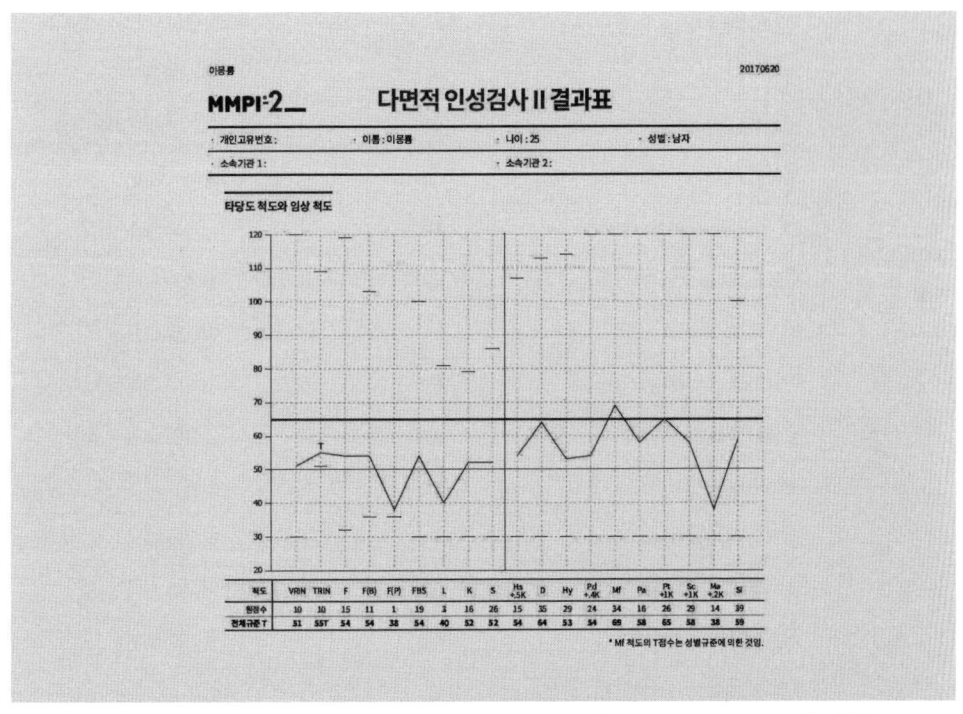

출처: 마음사랑(https://www.maumsarang.kr/), 검색일: 2023.10.27.

[그림 2-8] MMPI-2의 결과표(예시)

MMPI의 일차적인 목적이 정신과적 진단 분류를 위한 측정으로 만들어졌기에 일반적 성격 특성을 측정하기 위한 것은 아니다. 그러나 병리적 분류의 개념이 정상인의 행동과 비교할 수 있다는 전제하에 MMPI를 통한 정상인의 행동 설명 및 일반적 성격 특성에 관한 유추도 가능할 수 있다. 즉, MMPI는 개인의 인성 특징의 비정상성 혹은 징후를 평가해 상담 및 정신 치료에 기여하며 비정상적이고 불건전한 증상이 진전될 가능성을 미리 찾아내어 예방 및 지도책을 도모하기 위한 검사이며, MMPI-2(다면적 인성검사)는 타당도 척도(7개)와 임상 척도(10개)로 구성돼 있다.

　　MBTI(Myers-Briggs Indicator)는 융(Carl Gustav Jung)의 성격 유형 이론을 근거로 현재 널리 쓰이고 있는 성격 유형 검사의 하나다. 이 검사는 브릭스(Catharine C. Briggs)와 그의 딸 마이어스(Isabel Briggs Myers), 그리고 손자 마이어스(Peter Myers)에

〈표 2-6〉 MMPI 구성 척도

| | 척도명 | 척도 약어 | 척도 번호 | 척도 의미 |
|---|---|---|---|---|
| 타당성척도 | 무반응척도(Cannot Say) | | | 응답하지 않은 반응 수 |
| | 허위척도(Lie) | L | | 허위 반응 |
| | 빈도(Frequency) | F | | 프로파일의 비타당성 |
| | 교정(Correction) | K | | 방어·회피 |
| 임상척도 | 건강염려증(Hypochondriasis) | Hs | 1 | 신체적 호소 |
| | 우울증(Depression) | D | 2 | 불행과 우울 |
| | 히스테리(Hysteria) | Hy | 3 | 히스테리 증상 |
| | 반사회성(Psychopathic Deviate) | Pd | 4 | 사회적 동조성 부족 |
| | 남성성-여성성(Masculinity-Femininity) | Mf | 5 | 남성의 여성적 성향 |
| | 편집증(Paranoia) | Pa | 6 | 의심 |
| | 강박증(Psychasthenia) | Pt | 7 | 걱정과 불안 |
| | 조현증(Schizophrenia) | Sc | 8 | 이상과 사고의 철회 |
| | 경조증(Hypomania) | Ma | 9 | 충동적 흥분 |
| | 사회적 내향성-외향성(Social introversion) | Si | 0 | 내향성과 부끄러움 |

출처: 마음사랑(https://www.maumsarang.kr/), 검색일: 2023.10.27.

이르기까지 3대에 걸쳐 계속적으로 연구 개발된 검사다. 이런 연구의 개발로 MBTI는 A, B, C, D, E를 거쳐 최종판인 F와 G가 만들어지게 됐다.

MBTI의 바탕이 되는 융의 성격이론의 내용은 각 개인이 외부로부터 정보를 수집하고(인식 기능), 자신이 수집한 정보에 근거해서 행동을 위한 결정을 내리는 데(판단 기능) 각 개인이 선호하는 방법이 다르다는 것이다. 그리고 다음과 같이 선호성을 나타내는 네 가지 지표가 있는데, 이러한 지표의 조합에 따라 인간의 성격을 16가지 유형으로 분류한다.

〈표 2-7〉 MMPI 선호 지표

| | | 선호 경향 | | |
|---|---|---|---|---|
| 외향성(Extraversion) | ← | 에너지 방향(주의 초점) | | 내향성(Introversion) |
| 감각형(Ssensing) | ← | 정보 수집(인식의 기능) | | 직관형(Intuition) |
| 사고형(Thinking) | ← | 판단과 결정(판단의 기능) | → | 감정형(Feeling) |
| 판단형(Judging) | ← | 이해 양식(생활 양식) | → | 인식형(Perceiving) |

출처: 마음사랑(https://www.maumsarang.kr/), 검색일: 2023.10.27.

위 〈표 2-7〉과 같이 MBTI는 개인마다 태도와 인식, 판단 기능에서 각자 선호하는 방식의 차이를 나타내는 네 가지 선호 지표로 구성돼 있으며, 이 네 가지는 정식적 에너지의 방향성을 나타내는 외향-내향(E-I) 지표, 정보 수집을 포함한 인식의 기능을 나타내는 감각-직관(S-N) 지표, 수집한 정보를 토대로 합리적으로 판단하고 결정하는 사고-감정(T-F) 지표, 인식 기능과 판단 기능이 실생활에서 적용돼 나타난 생활 양식을 보여 주는 판단-인식(J-P) 지표다(Myers, Kirby, & Myers, 1998).

따라서 MBTI는 이 네 가지 선호 지표가 조합된 양식을 통해 16가지 성격 유형을 설명함으로써 성격적 특성과 행동의 관계를 이해하도록 돕는다.

종합적으로, MBTI(Myers-Briggs Type Indicator)는 마이어스와 브릭스가 스위스의 정신분석학자인 융의 심리유형론을 토대로 고안한 자기 보고식 성격 유형 검사 도구다. MBTI는 시행이 쉽고 간편해서 학교, 직장, 군대 등에서 광범위하게 사용되고 있다.

〈표 2-8〉 MMPI 16가지 성격 유형의 대표적 특성

| ISTJ | ISFJ | INFJ | INTJ |
|---|---|---|---|
| 책임감이 강하며 현실적이다. 매사에 철저하고 보수적이다. | 차분하고 헌신적이며 인내심이 강하다. 타인의 감정 변화에 주의를 기울인다. | 높은 통찰력으로 사람들에게 영감을 준다. 공동체의 이익을 중요시한다. | 의지가 강하고 독립적이다. 분석력이 뛰어나다. |
| ISTP | ISFP | INFP | INTP |
| 과묵하고 분석적이며, 적응력이 강하다. | 온화하고 겸손하다. 삶의 여유를 만끽한다. | 성실하고 이해심이 많으며 개방적이다. 잘 표현하지 않으나 내적 신념이 강하다. | 지적 호기심이 높으며, 잠재력과 가능성을 중요시한다. |
| ESTP | ESFP | ENFP | ENTP |
| 느긋하고 관용적이며, 타협을 잘 한다. 현실적 문제 해결에 능숙하다. | 호기심이 많으며, 개발적이다. 구체적인 사실을 중시한다. | 상상력이 풍부하고 순발력이 뛰어나다. 일상적인 활동에 지루함을 느낀다. | 박학다식하고 독창적이다. 끊임없이 새로운 시도를 한다. |
| ESTJ | ESFJ | ENFJ | ENTJ |
| 체계적으로 일하고 규칙을 준수한다. 사실적 목표 설정에 능하다. | 사람에 대한 관심이 많으며, 친절하다. 동정심이 많다. | 사교적이고 타인의 의견을 존중한다. 비판을 받으면 예민하게 반응한다. | 철저한 준비를 하며 활동적이다. 통솔력이 있으며 단호하다. |

출처: 국제대학교(http://job.kookje.ac.kr/), 검색일: 2023.10.27.

위의 〈표 2-7, 8〉과 같이 MBTI는 다음과 같은 네 가지 분류 기준에 따른 결과에 의해 수검자를 16가지 심리 유형 중에 하나로 분류한다. 정신적 에너지의 방향성을 나타내는 외향-내향(E-I) 지표, 정보 수집을 포함한 인식의 기능을 나타내는 감각-직관(S-N) 지표, 수집한 정보를 토대로 합리적으로 판단하고 결정하는 사고-감정(T-F) 지표, 인식 기능과 판단 기능이 실생활에서 적용돼 나타난 생활양식을 보여 주는 판단-인식(J-P) 지표다.

## 2) 투사적 검사

투사적 검사는 수검자의 욕구, 감정 및 성격 특성을 알기 위해 다소 모호한 자극에 대한 반응을 측정한다. 대표적인 예로는 로르샤흐 검사(Rorschach Test), 주제통각검

사(Thematic Apperception Test: TAT) 등이 있다. 로르샤흐 검사가 원초적인 욕구와 환상을 주로 도출한다고 전제돼 있다면, TAT는 다양한 대인 관계상의 역동적 측면을 파악하는 데 좀 더 유용한 특징을 가지고 있다.

  투사적 검사는 자극 자료가 덜 구조화돼 있으므로 수검자는 이러한 자극 자료에 자유롭게 반응할 수 있고, 자극 자료가 모호하기 때문에 수검자는 검사 반응을 왜곡하기 어렵다. 또한, 동기적 및 갈등적 측면과 같은 역동을 잘 반영해 주고 있으므로 전체적인 성격 이해에 매우 유동적이지만 자기보고형 검사와 비료하면 채점자 간 신뢰도가 낮다는 단점을 가지고 있다.

# 행동의 생물학적 기초

---

**학습 목표**

1. 신경계의 기본 단위인 뉴런의 구조와 기능에 대해 설명할 수 있다.
2. 신경계의 기본 구성과 기능에 대해 설명할 수 있다.
3. 신경전달물질을 이해하고 설명할 수 있다.

**열쇠말**

신경계, 뉴런의 기능, 시냅스, 신경전달물질, 대뇌피질

---

## 1 생물심리학이란 무엇인가?

 20세기 초 캐나다의 신경외과 전문의 펜필드(Wilder Penfield)는 환자들의 뇌수술에 국부 마취를 도입해 뇌 수술 기간 동안 환자 의식이 유지되며 의사의 질문에도 대답하는 것을 경험했다. 특히, 신체의 일부를 움직일 수도 있었으며, 뇌 표면의 다양한 부위를 자극했을 때 환자의 감각 경험, 특히 피부의 촉각을 보고하는 것을 발견했다. 펜필드는 뇌 자극을 통해 뇌의 특정 부위와 신체 부위 간에 감각 및 운동 연결이 있음을 발견했고, 그러한 신체 부위를 기록하는 지도를 작성했는데 그것을 뇌지도

(homunculus)라고 불렀다. 그가 작성한 뇌지도는 아직도 쓰이고 있을 만큼 정교함을 자랑하고 있다.

　뇌가 인간 행동의 원인을 제공한다는 증거는 이미 많은 부분에서 나타나고 있다. 인간의 마음과 정신활동이 몇몇 화학물질의 작용에 얼마나 취약한지 알 수 있다. 술에 취하면 전혀 다른 성격으로 돌변한다든지, 전신 마취를 통해 잠들어 버린다든지, 그 밖에도 무수히 많은 증거가 뇌와 행동 간의 관계를 공고히 한다. 특정 뇌 부위를 다친 사람은 특정한 행동장애-움직임, 언어, 시각, 청각, 후각, 심지어는 특정 사물이나 다른 사람의 얼굴을 알아보는 등 매우 구체적인 능력의 손상-를 보인다(윤가현 외, 2013).

　생물심리학(biological psychology)은 인간의 행동에 영향을 미치는 다양한 생물학적인 요인을 찾아내고 분석하며, 궁극적으로는 인간의 정신활동 전체를 신경세포의 활동으로 환원해 설명하고자 한다. 최근 들어서는 정신 작용의 가장 신비한 부분인 의식마저도 뇌 신경계의 활동으로 설명하려는 시도와 연구가 출현하고 있다. 물론 여러 부분에서 많은 증거가 나오고 있지만 아직 생물학적인 원리만으로 인간 행동의 모든 부분을 설명할 수 있는 단계는 아니다.

　뇌에는 신경세포인 뉴런(neuron)이 약 1,000억 개 정도 있다고 여겨지며, 이러한 수많은 뉴런이 서로 연결되는 방식의 수는 상상을 초월할 만큼 복잡하다. 그뿐만 아니라 뇌는 신경계의 일부이며, 우리의 행동은 대부분 뇌의 작용으로 결정되지만 때로는 척수가 중요한 역할을 할 때도 있고, 각종 명령의 전달 등에 관여하는 감각수용기와 섬유, 그리고 호르몬도 역시 행동에 영향을 미친다.

## 2 신경 전달의 기본 단위

　인간의 모든 행동(신체의 움직임, 지각, 학습, 정서, 의식 등)은 신경계를 구성하고 있는 뉴런의 활동과 밀접하게 연결돼 있다. 우리의 심리적 속성은 신체와 밀접하게 관련돼 있으며, 신체적 속성과 심리적 속성을 모두 총괄하는 기관이 바로 뇌다. 인간의 뇌는 수많은 신경세포, 즉 뉴런(neuron)으로 구성돼 있으며, 뉴런은 세포의 일종으로 인체의 여러 세포 중 가장 다양한 크기와 형태를 지니고 있고 종류마다 구조가 약간 다르지만 기본 구조가 같다.

뉴런은 일반적으로 수상돌기(dendrite), 세포체(soma or cell body), 축색(軸索, axon)으로 구성돼 있다.

① 수상돌기: 여러 수상돌기 가지로 이뤄져 있고 수천 개의 시냅스로 덮여 있다. 수용체라는 단백질이 많은데 이는 신경전달물질을 감지한다.
② 세포체: 뉴런의 핵심부로 뉴런 전체의 생명을 유지하는 역할을 하며, 세포 간의 정보 전달이라는 목적에 부합되도록 수상돌기를 통해 들어오는 정보를 통합해 축색으로 보낸다. 또한 특정 유전정보를 바탕으로 신경 전달의 화학적 메신저인 신경전달물질을 생성하는 역할을 한다.
③ 축색: 뉴런에서만 발견되는 특이한 구조로 세포체에서 뻗어 나간다. 또한 신경신호를 다른 뉴런에 전달하는데, 축색의 끝은 여러 갈래로 분기하며 그 끝을 종말단추(terminal button)라고 한다.

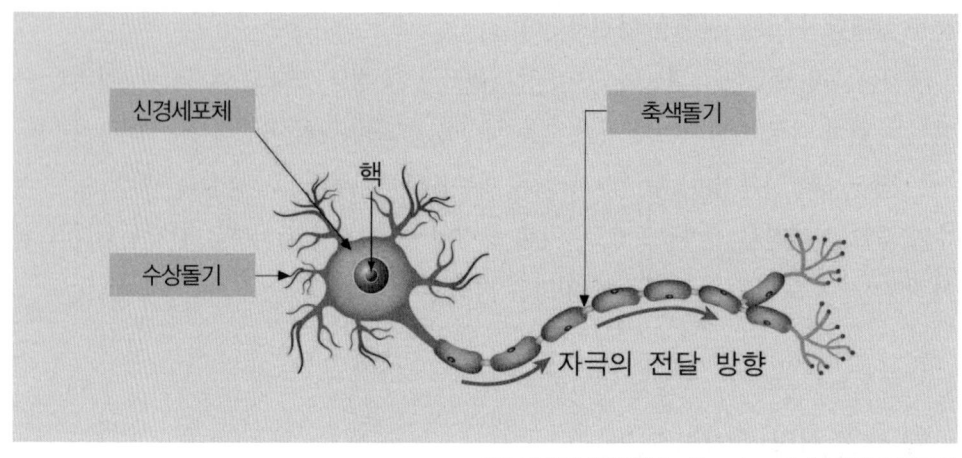

출처: 한국임상심리학회(https://www.kcp.or.kr/), 검색일: 2023.10.31.

[그림 3-1] 뉴런의 기본 형태

## ❸ 뉴런의 정보 처리 원리와 과정

이성적인 동물이라 일컫는 인간은 어떻게 사고하고 행동하고 감정을 느낄 수 있을까? 명확하게 단정짓기 어렵지만 뇌로부터 그 실마리를 풀어 볼 수 있을 것이다. 인간의 모든 행동은 뇌에 의해 통제된다. 뇌가 죽으면 인간으로서의 존재 의미는 더 이상 찾을 수 없다. 지금까지 인간에 대한 수많은 연구가 진행돼 왔고 뇌의 기능에 대해서도 많이 알려져 있으나 훨씬 더 미지의 영역이 많은 것이 사실이다.

특히, 신경생리학적 측면에서 인간의 행동을 이해하기 위해서는 신경계(nervous system)와 내분비계(endocrine system)를 알아볼 필요가 있다. 신경계는 신경 흥분의 형태로 정보를 전달하고, 내분비계는 혈류를 통해 화학적 메시지를 전달한다. 신경계의 정보 처리 과정을 간략하게 도식화하면 [그림 3-2]와 같다. 자극(정보)은 감각수용기를 통해 감각 뉴런을 거쳐 중추신경계(뇌와 척수)로 들어가게 되고, 운동 뉴런을 거쳐 근육이나 분비선으로 반응을 내보내게 된다(정미경 외, 2017).

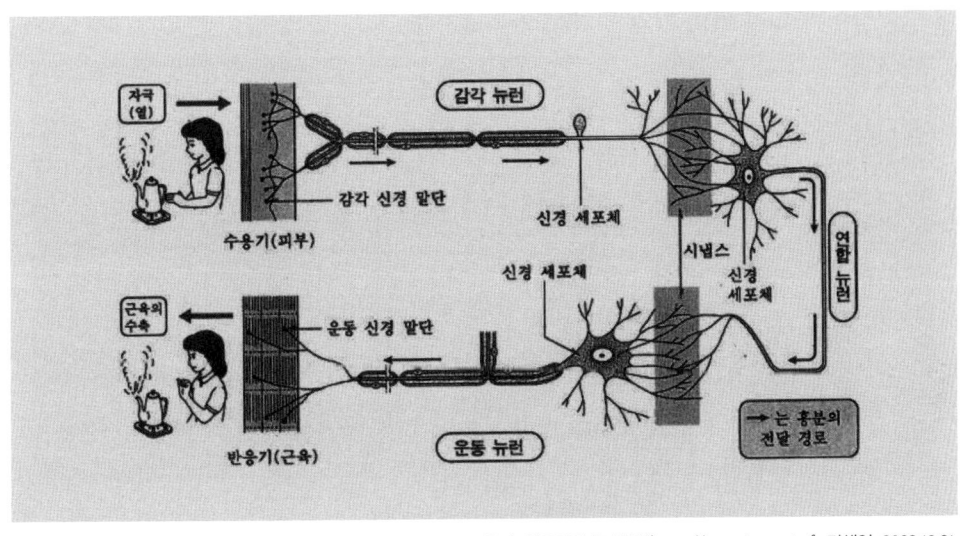

출처: 한국임상심리학회(https://www.kcp.or.kr/), 검색일: 2023.10.31.

[그림 3-2] 신경계의 정보 처리 과정

신경계의 정보 처리 과정은 응급 통로와 우회 통로를 통해 몸에 신호를 보낸다. 응급 통로는 위협을 느끼거나 갑작스러운 불안이 닥칠 때 뇌의 편도체로 정보를 보내 몸의 여러 곳에 신호를 보낸다. 그 결과 손에 땀이 나거나 심장 박동이 빨라지고 혈압이 오르는 등 불안 반응이 생기는데, 이것은 의식도 하기 전에 나타나는 반응이다. 반면 우회 통로는 감각정보를 제일 먼저 감지하는 뇌의 시상과 정보를 분석하는 대뇌 피지를 거쳐 전두엽 순으로 정보가 전달된다.

### 1) 뉴런 간 정보 전달

축색돌기가 세포로부터 오는 정보를 상호 연결돼 있는 뉴런에 전달하거나 근육이나 분비선이 활동하도록 지시한다. 축색돌기의 다발을 신경이라고 하며 모든 뉴런의 축색돌기 끝에는 축색 종말(시냅스)이 있다. 이 축색 종말은 다른 뉴런의 수상돌기 또는 세포체와 시냅스(synapse)하게 된다. 뉴런과 뉴런의 수용기 부위(시냅스)에는 아주 좁은 시냅스 공간이 있고, 신경 흥분이 축색 종말에 도달하면 시냅스낭이 터지면서 신경전달물질(neurotransmitter substance)이 분비된다. 이때 시냅스 후막에 있는 수용기에 결합해 뉴런과 뉴런 간의 정보 전달이 가능해진다.

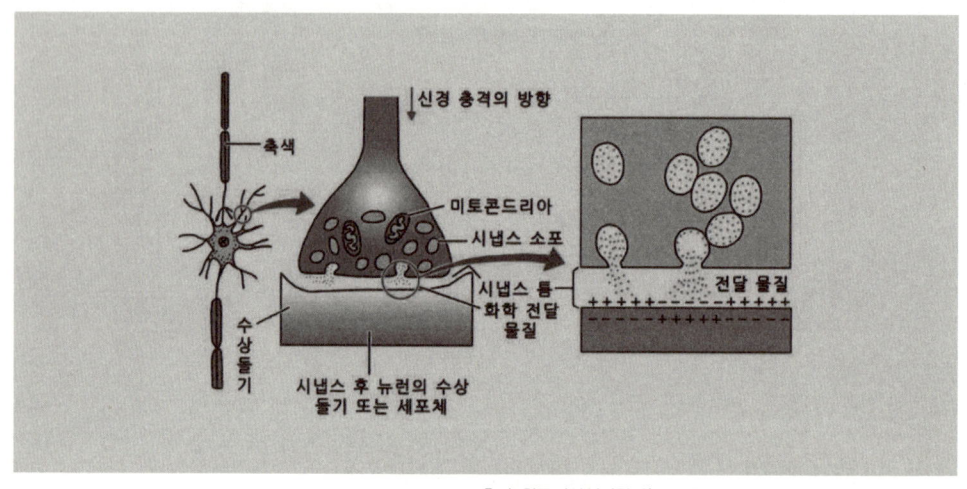

출처: 한국임상심리학회(https://www.kcp.or.kr/), 검색일: 2023.10.31.

[그림 3-3] 시냅스

### 2) 신경전달물질

뇌는 여러 종류의 신경전달물질을 가지고 있고, 이런 다양한 분자들이 뉴런 사이의 화학적 작용을 담당한다. 동물의 뇌는 자신이 원하는 자극이 없으면 침묵하다가 자극이 주어질 때 특수한 신경전달물질을 분비한다. 신경전달물질은 여러 가지 기능을 가진 수십 종이 있지만 〈표 3-1〉을 통해 간단히 살펴보자.

〈표 3-1〉 신체의 주요 신경전달물질

| 신체의 주요 신경전달물질 | |
|---|---|
| 신경전달물질 | 신체에서의 역할 |
| 아세틸콜린 (Acetylcholine) | 근육을 통제하는 척수의 뉴런과 기억을 조절하는 뇌의 뉴런이 사용한다. (호흡과 걷기, 말하기, 기억력을 관장) |
| 노르에피네프린 (Norepinephrine) | 동기와 정서에 관여하며 특히 각성과 관련된 신경계에서 많이 발견된다. 신경전달물질과 호르몬으로 작용하며 보통 흥분성이지만 일부 억제성으로 작용한다. |
| 도파민 (Dopamine) | 뇌의 보상 체계에서 방출되며 쾌락을 느낄 때 주로 분비된다. 도파민 분비가 적으면 파킨슨병(운동 조절과 관련된 뉴런의 축색이 점진적으로 죽어서 나타나는 질환), 과하면 조현병을 야기할 수 있다. |
| 엔도르핀 (Endorphine) | 모르핀, 아편과 같은 효과를 지녀 통증을 감소시키고 쾌(快)와 같은 정적 강화를 촉진한다. 기분이 좋을 때 주로 생성된다. |
| 세로토닌 (Serotonin) | 주로 수면, 체온 조절, 기분 변화, 충동성에 관여한다. 식욕, 감각지각을 비롯해 여러 기능과 관련된 신경전달물질. 과다 분비 시 안절부절못하며 공격적이고 충동적으로 행동하기 쉽다. LSD와 같은 향정신성약물은 세로토닌 시냅스에 작용해 환각 현상, 흥분을 일으킨다. |

출처: 한국임상심리학회(https://www.kcp.or.kr/), 검색일: 2023.10.31.

## 4 신경계의 구조와 기능

신경계는 중추신경계(central system)와 말초신경계(peripheral nervous system)로 구성된다.

### 1) 중추신경계

중추신경계는 뇌와 척수(spinal cord) 두 개의 부위로 이뤄져 있고, 신체의 중심부에서 발견된다. 두개골과 척주관 안에 있으며, 말초신경계와 함께 행동을 제어하는 기능을 한다. 또한 뇌는 척수를 통해 말초신경계와 연결돼 행동을 제어 및 통제하는데 위급한 상황에서는 척수가 뇌의 명령을 받지 않고 명령을 내리기도 한다. 예를 들면, 뜨거운 주전자에 손이 닿았을 때 손을 빼는 행동이 대표적이다.

뇌의 구성은 대뇌 · 소뇌 · 간뇌 · 뇌간으로 구분한다.

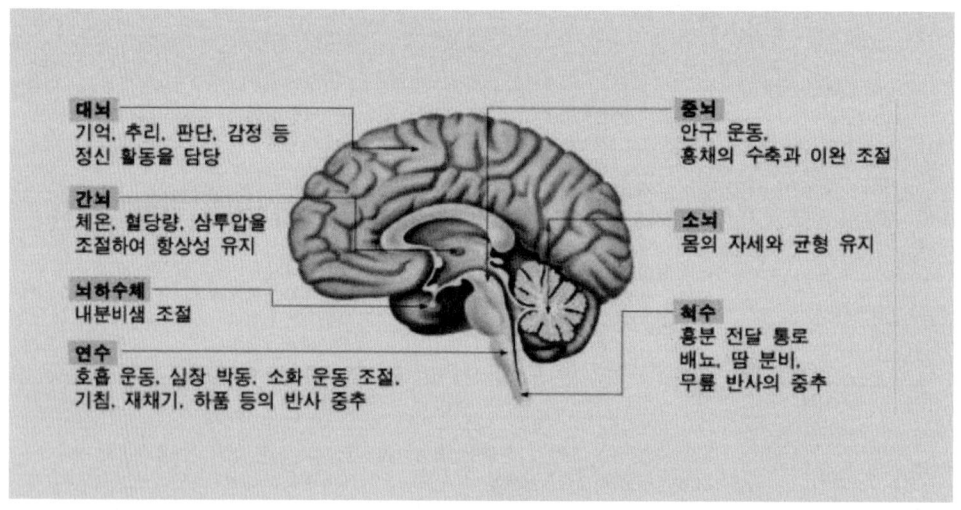

출처: 한국임상심리학회(https://www.kcp.or.kr/), 검색일: 2023.10.31.

[그림 3-4] 뇌의 구분

대뇌는 기억 · 심상 · 언어 · 추리 · 판단 등 고등 정신활동의 중추로서 주름이 많고 표면적이 넓어 감각과 수의운동(隨意運動, voluntary movement)의 중추로 대부분 겉질에서 담당한다. 대뇌겉질의 각 부위는 기능에 따라 감각령(감각기로부터 오는 정보를 받아들임), 연합령(감각령의 정보를 받아 이를 종합 분석해 운동령에 명령을 내림), 운동령(명령을 받아 수의운동을 조절함)으로 구분된다.

대뇌의 좌우반구에서 나오는 연수(延髓, medulla oblongata)는 교차돼 좌반구는 몸의 오른쪽, 우반구는 몸의 왼쪽 감각과 운동을 담당한다. 또한, 뇌량(腦梁, corpus callosum: 좌뇌와 우뇌를 연결하는 뇌의 구조)에 의해 연결된 대뇌는 뇌의 분화를 이루고 있는데, 좌반구는 언어 기능을, 우반구는 공간 인식을 담당한다. 대뇌 겉질은 위치에 따라 전두엽 · 두정엽 · 측두엽 · 후두엽으로 구분한다.

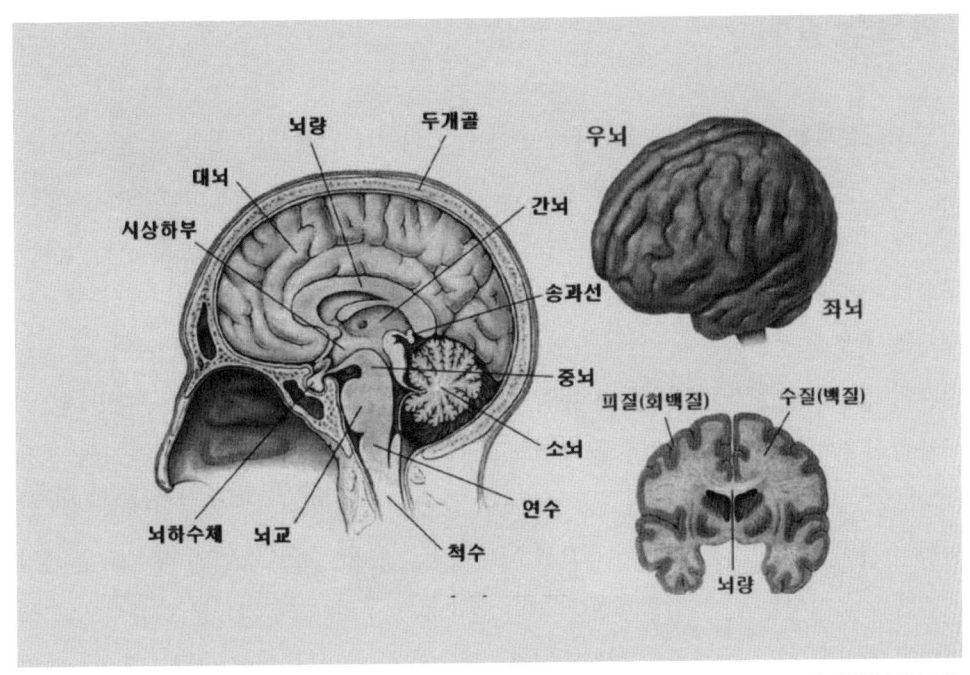

출처: 한국임상심리학회(https://www.kcp.or.kr/), 검색일: 2023.10.31.

[그림 3-5] 뇌의 구조

　소뇌는 대뇌의 후두엽 아래쪽에 위치하며, 소뇌 역시 대뇌처럼 좌우 두 개의 반구로 나뉘어 있다. 직접 수의운동을 일으키지 못하지만 수의운동이 원활하게 일어나도록 조절하는 기능을 하며, 소뇌는 몸의 각 부위가 어떤 자세를 취하고 있는지 알려 주는 감각 신호를 받아들이며, 이들 부위를 어떻게 움직여야 할지 알려 주는 대뇌피질의 운동 신호도 소뇌로 들어온다.

　간뇌(間腦, diencephalon)는 시상과 시상하부로 구분되며 시상하부 밑에는 뇌하수체가 있다. 간뇌의 시상은 감각정보와 운동정보가 대뇌를 출입하기 위해 통과해야 하는 중요한 부위이며, 시상하부는 자율신경계의 최고 중추로 심장박동률 및 동맥 혈압의 조절, 체온 조절, 물과 전해질 평형의 조절, 배고픔 및 체중의 조절, 위와 창자의 운동 조절, 잠자기와 깨어 있기의 조절 등을 유지하며, 뇌간은 뇌의 가장 아랫부분으로 생명 유지와 관련된 중요한 역할을 하는 부위로 중뇌·뇌교·연수로 구분된다.

## 2) 말초신경계

말초신경계는 중추신경계에서 나와 온몸의 조직이나 기관으로 뻗어 있는 신경계를 말하며, 뉴런의 다발로 감각과 운동을 담당한다. 신체에 퍼져 있는 신경들이 척수를 통과해 대뇌로 연결돼 있으며, 정보를 전달하는 방향이나 기능에 따라 원심성 신경과 구심성 신경으로 구분된다. 구심성 신경에는 감각 뉴런이 있는데, 감각기에서 중추신경계로 흥분을 전달하는 뉴런이다. 원심성 신경은 운동 뉴런이라고도 부르며, 중추신경계의 명령을 반응기로 전달하는 뉴런으로 체성신경계와 자율신경계로 구분한다.

체성신경계는 한 개의 뉴런으로 구성돼 중추신경계와 연결된 뉴런이 반응기와 연결돼 있으며, 뇌로부터 유래된 신호를 골격근으로 전달하고 있다. 신경 말단에서 아세틸콜린이 분비되고 이것은 근육 수축으로 나타나며, 대뇌의 지배를 받기 때문에 인간의 의지대로 움직이는 반응에 관계한다. 자율신경계는 우리 몸의 기능을 자율적으로 조절하는 작용을 하는 신경계로 간뇌·뇌간·척수가 중추다. 구조를 살펴보면, 두 개의 뉴런으로 교감신경과 부교감신경으로 구성되며, 기능으로는 소화·순환·호흡운동·호르몬 분비 등 생명 유지에 필수적인 기능의 조절과 교감신경은 긴장·흥분·놀람 등 갑작스러운 환경 변화에 대응할 수 있도록 조절하고, 부교감신경은 신체를 이완시키고 소화기관의 반응을 빠르게 하며 몸이 안정감 있도록 조절하는 역할을 함으로써 긴장 상태에 있던 몸을 평상시 상태로 되돌리는 작용을 한다.

〈표 3-2〉 교감신경과 부교감신경의 기능

| 작용 | 부교감신경 | 교감신경 |
| --- | --- | --- |
| 심장 박동 | 억제 | 촉진 |
| 혈관 | 확장 | 수축 |
| 혈압 | 하강 | 상승 |
| 소화관 운동 | 촉진 | 억제 |
| 소화액 분비 | 촉진 | 억제 |
| 침 분비 | 촉진 | 억제 |
| 동공 | 축소 | 확대 |

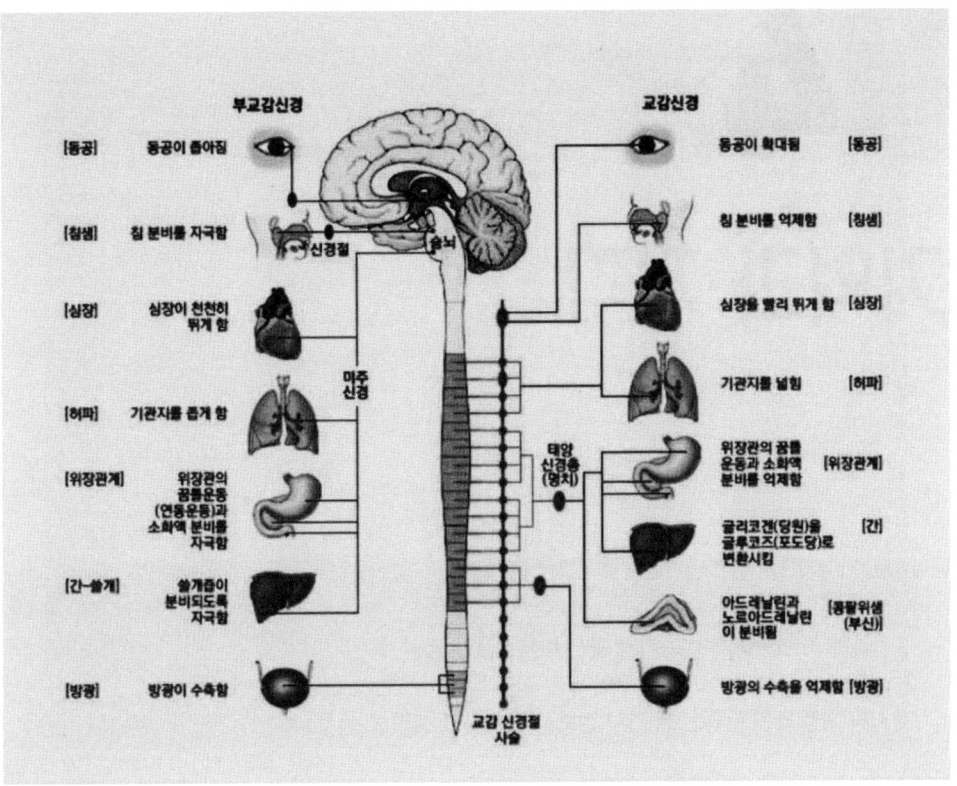

출처: 한국임상심리학회(https://www.kcp.or.kr/), 검색일: 2023.10.31.

# 04장

# 기억과 지각

---

### 학습 목표

1. 기억의 과정을 이해하고 기억 과정의 특징을 설명할 수 있다.
2. 기억이 재구성되는 이유는 무엇이며, 어떤 유형이 있는지 설명할 수 있다.
3. 지각 과정에 포함되는 세 가지 정보를 제시하고 설명할 수 있다.

### 열쇠말

기억 재구성, 부호화, 망각, 형태 지각, 착시

---

## 1 기억

 인간에게 만약 기억력이 없다면 어떤 일이 벌어지게 될까? 글자와 언어를 배울 수 없는 것은 물론 기억력이 상실된 인간이 행복하고 안정된 삶을 살아갈 수 없으며, 안정된 삶을 누린다는 것 또한 어려운 일이 될 것이다. 방금 전 사건을 기억(단기기억)하지 못하고, 가족을 기억(장기기억)하지 못하는 일들은 최근 치매 환자를 비롯한 기억 능력과 인지 능력이 떨어지는 기억이 극도로 상실된 사람들을 종종 본다.

## 1) 기억과 정보처리이론

기억은 이전에 경험한 사건이나 내용을 나중에 재인(再認)하거나 회상할 수 있도록 표상을 허용하는 인지 과정이다. 정보를 기억에 넣는 과정인 약호화(略號化, encoding)와 정보가 기억에 들어가 있는 상태인 저장(storage), 기억에 있는 정보를 사용하는 것을 인출(retrieval)이라고 한다. 그리고 기억에 실패함으로써 저장된 정보를 인출하지 못하거나, 기억 자체가 없어져 버리는 망각을 들 수 있다.

망각은 회상의 실패라고 보기 때문에 기억에 대한 설명은 크게 세 가지로 정리된다. 즉, 기억을 정보의 입력, 저장, 회상이라는 세 가지 주요 과정으로 설명하는데 이것을 정보처리이론(information processing theory)이라고 말한다. 이 이론은 1970년 중반부터 학습과 기억이론을 주도하고 있는데, 정보와 관련된 인간의 내적 처리 과정을 컴퓨터의 정보 처리 과정에 비유하고 있다(정미경 외, 2017).

정보의 입력을 다른 말로 부호화(符號化, coding)라고도 한다. 이 용어는 컴퓨터의 시스템 작동 과정에서 비유해 나온 것으로 기억에서 정보를 처리하는 과정이 자료를 컴퓨터에 입력해 디지털 정보로 변환해 코딩하는 절차와 유사하다고 보는 것이다. 그리고 컴퓨터에 입력된 정보들을 하드디스크에 보관하는 것에 해당하는 것으로 기억에서 정보를 저장하는 것을 다른 말로 유지라고 부른다. 인출(引出)은 기억에서 정보를 회상(recall)해 내는 것을 말하기도 한다. 이것은 컴퓨터에 비유했을 때 하드디스크에 있는 파일을 불러와 모니터에 데이터를 표시해 주는 것과 같다. 이때 인출 혹은 회상의 실패를 망각이라고 부른다. 따라서 기억(memory)이란 시간 경과에 따른 세 가지 과정으로 부호화, 저장, 인출을 통해 획득된 정보의 유지 능력을 의미한다(정미경 외, 2017).

## 2) 3단계 기억모델

기억 연구에서 주요 사건은 사람들이 정보를 유지한다는 것이며, 이전에 제시된 자료를 기억한다는 것이다. 이를 설명하기 위한 심리학자들은 자료를 기억하게 해 주는 심적 구조와 과정을 기술하는 모델을 제시하는데 3단계 기억모델(three-stage memory model)(Arkinson & Shiffrin, 1968)이 그 예이며, 3단계 기억모델은 정보가 감각기억에서 단기기억을 거쳐(망각이 일어나지 않으면), 장기기억으로 들어간다고 말한다. 따라서 3단계 기억모델에서 정보는 3단계를 거치면서 감각기억, 단기기억, 장기기억을 통해 영구적인 기억으로 옮겨 간다. 각 단계를 좀 더 구체적으로 살펴보자.

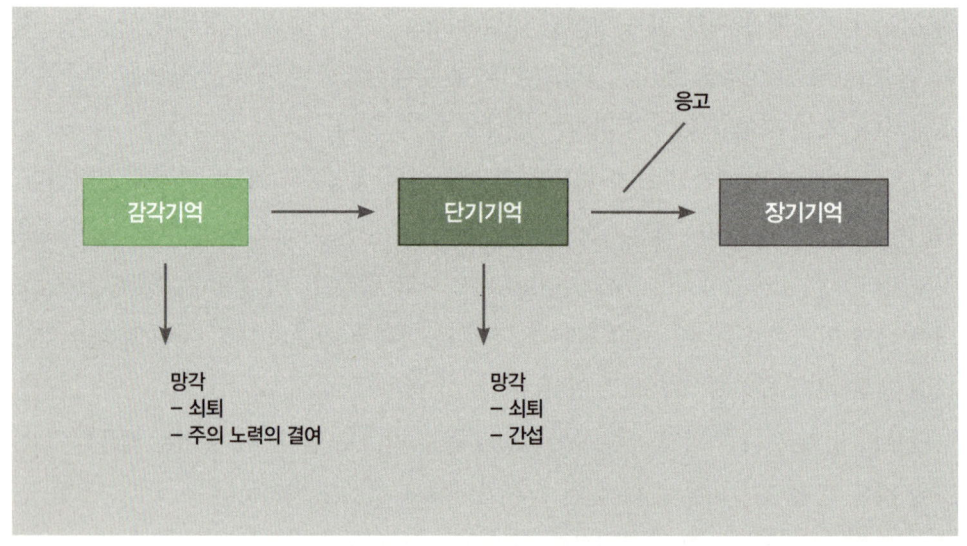

출처: 한국임상심리학회(https://www.kcp.or.kr/), 검색일: 2023.10.31.

[그림 4-1] 3단계 기억모델

### (1) 감각기억: 감각등록기

감각기억(sensory memory)은 3단계 기억모델의 첫 번째 단계로, 감각 체계에 기초한 감각으로 보고, 듣고, 느낄 수 있게 해 주는 감각등록기(sensation register)란 입력된 감각적 자극을 저장하는 최초의 장소로 환경적 자극들, 즉 시각, 청각, 촉각, 후각, 미각 등 다양한 감각기관을 통해 해당 감각등록기에 원자극 그대로 잠시 동안 저장되며, 처음 느낀 그 상태로 저장된다. 이러한 감각들은 기억 단계인 단기기억과 장기기억으로 넘어간다.

① 감각등록기의 특징

첫째, 기억의 내용은 자극에 대한 감각 효과의 기록이며 이것은 감각등록기에 보존

되는 정보는 원 정보가 감각등록기로 들어오기 때문에 자극의 물리적 특징과 일대일로 대응되는 표상이 된다.

둘째, 용량이 비교적 크다. 우리가 어떤 장면을 보면 나중에 기억나는 것보다 훨씬 많은 정보를 수용한다.

셋째, 감각 양식에 따라 약간의 차이는 있지만 지속 시간이 매우 짧은 특징을 보인다(김남일 외, 2015).

② 시각기억과 청각기억

수업 시간에 떠들다가 선생님에게 질문을 받은 적이 있을 것이다. 처음에는 생각나지 않다가 회상을 함으로써 해답을 하는 경우가 있다. 선생님의 이야기가 원자극 그대로 아직 청각에 머물러 있기 때문인데 이는 약 4초 정도 지속 기간을 갖는 것으로 확인됐는데 이를 잔향기억(echoic memory)이라고 한다. 다른 감각기억의 형태인 영상기억(iconic memory)은 시각자극이 원자극 그대로 시각등록기에 저장돼 이를 활용해 정보를 처리하는 기억을 말한다.

(2) 단기기억: 작업기업

단기기억(short-term memory)은 3단계 기억모델의 두 번째 단계로, 제한된 정보를 짧은 시간 활성화시켜 마음에서 유지하는 기억 시스템을 말한다(Jonides et al., 2008). 우리는 단기기억이 작동하는 방식에 대해 어느 정도 직관적인 지식을 알고 있다. 예를 들면, 어떤 사람이 자신의 전화번호가 042-855-2721이라고 말할 때, 당신이 이것을 기억하려고 한다면 당신은 다음 세 가지 사실을 알고 있다.

1. 전화번호를 잊어버리지 않기 위해 빠르게 휴대폰에 저장하려고 할 것이다. 그렇지 않으면 잊어버리기 때문이다.
2. 어딘가에 저장하려고 계속해서 암송을 반복할 것이다. 어딘가에 기록할 때까지 암송을 반복하면 기억할 수 있다.
3. 전화번호가 더 길었다면 당신은 기억하지 못할 것이다.
   (예: 042-855-2721-83570675)

즉, 당신은 ① 오직 제한된 시간 동안 정보를 저장하는 심적 체계를 소유하고 있다는 것, ② 스스로 정보를 반복해서 암송했을 때 기억의 파지(把持) 기간을 증가시킬 수 있다는 것, 그럼에도 불구하고 ③ 그 용량에 제한이 있어 정보의 양이 너무 많으면 암송조차 소용이 없다는 사실을 직관적으로 알고 있다. 이러한 기억 체계가 단기기억이다(김정희 외, 2017).

앞서 배운 것처럼 감각기억에 도달하는 정보들은 대부분 빠르게 사라지고 기억되기 어렵다. 그러나 이들 중 일부는 감각기억에서 단기기억으로 이동하며, 이렇게 정보를 이동하는 과정을 부호화라고 한다. 부호화는 정보가 특정 형태에서 다른 형태로 변환되는 모든 과정을 의미한다.

감각기억에서 정보의 형태는 물리적 자극으로 눈에 도달하는 빛의 파장이나 귀에 들려오는 소리 파장을 말한다. 그러나 단기기억은 물리적 감각이 아닌 개념이다. 예를 들면, 다음 주 화요일 '시험'을 볼 때 'Tuesday'의 낱자 t를 '검은색 직선과 그 위의 수평선'으로 기억하는 물리적 방법보다 시험이 화요일이고 8장에서 10장까지 공부해야 한다는 개념으로 기억한다. 이는 마음이 물리적 자료를 의미 있는 개념으로 변환했다는 의미다.

그렇다면 어떤 정보가 단기기억에 부호화될 수 있을까? 두 가지 종류를 들 수 있는데, 즉 주의 노력을 기울인 정보와 생물학적으로 조율돼 있어서 별다른 노력 없이도 '마음으로 들어오는' 정보가 있다. 일상적으로 '주의집중'이라고 부르는 행위를 말하며, 주의 노력(attentional effort)이란 목표로 하고 있거나 성취하고자 하는 것과 관련해 환경 속에 무언가에 주의를 기울이는 행위를 말한다(Sarter, Gehring, & Kozak, 2006).

주의를 기울이는 행위는 노력을 필요로 한다. 여러 가지 소리가 들리는 환경(사람들의 말소리, 라디오 소리, 창밖의 소리 등)에 둘러싸여 있다면, 집중적인 노력을 기울임으로써 하나의 소리 흐름을 '골라' 들을 수 있다(Kahnemann, 1973). 주의를 받은 정보가 감각기억에서 단기기억으로 이동할 가능성이 높다. 단기기억에서의 저장 시간은 약 20초로 지속 시간에 제한이 있다는 특징을 가지고 있으나 이러한 문제는 시연(試演, rehearsal)을 통해 처리될 수 있다.

시연이란 정보를 처리하는 과정에서 정보를 소리 내어 읽든지 혹은 속으로 반복해 읽든지 간에 계속해서 반복하는 것을 말한다. 시연하는 반복의 횟수는 기억에 영향을 준다. 일정한 간격을 두고 하는 시연이 한 번에 몰아서 하는 시연보다 효과적임을 강조했다. 이러한 원리는 교사가 실제적으로 수업을 진행하는 데 도움을 줄 수 있는데, 만약 시를 암송시킬 경우 한 번에 모두 암송하도록 하는 것보다 매일매일 조금씩 나눠서 암송시키는 것이 더 효과적이다(임규혁, 2001).

### (3) 장기기억

단기기억에서 머무르던 정보는 시연이나 부호화 과정을 거쳐 장기기억(long-term memory)으로 옮겨 간다. 장기기억은 우리가 알고 있는 모든 정보를 포함하고 있는 매우 복잡한 기억구조를 가지고 있다. 이론적으로 장기기억 내의 정보는 평생 동안 지속되며, 우리가 기억해 내지 못하는 것은 장기기억에서 그 정보가 사라진 것이 아니라 인출에 필요한 단서가 부적절해서 기억해 내지 못하기 때문이다. 장기기억은 저장 용량이 무제한적이고 지속 시간이 영구적이라는 특징과 더불어 장기기억에 있는 정보에 접근하기 위해서는 어느 정도의 시간과 노력이 요구된다는 특징이 있다(정미경 외, 2017).

장기기억은 오랜 기간 지식을 저장하는 심적 체계다. '그렇다면 장기기억은 얼마나 오래 지속되는가?' 어떤 경험에 대한 기억은 평생 가기도 하는데 당신의 유년 시절을 기억해 보자, 좋아했던 선생님, 멋진 선물을 받았던 날, 부끄러운 일을 저질렀던 '안 좋은 날', 오랜 시간이 흘렀음에도 불구하고 이것들을 기억해 내는 것은 그리 어려운 일이 아니다.

또한, 오래 지속되는 또 다른 기억이 있는데 무언가를 하는 방식에 대한 기억이다. 당신이 몇 년 동안 타지 않은 자전거라도 곧바로 페달을 밟고 앞으로 나아갈 수 있다. 무언가를 읽든지 몇 년이 지났다 하더라도 누군가 책을 당신 앞에 가져다 놓으면 당장에 그것을 읽을 수도 있다. 이와 유사하게 많은 사실에 대한 기억 역시 사라지지 않는다. 장기기억은 사라지지 않은 것인지도 모른다. 어쩌면 장기기억에 도달한 정보는 그곳에 영원토록 머물 수 있다(Cervone, 2017).

장기기억과 관련된 것 중에 또 다른 것은 용량에 관한 궁금증이다. 언젠가 공간이 부족한 사태가 발생할 수 있을까? 그렇지 않다. 장기기억의 용량은 제한이 없다. 장기기억의 용량은 어떻게 무한할 수 있을까? 장기기억에 기억들이 '저장된다'고 생각하면 다소 혼란스러울 수 있다. '저장소'의 개념은 마치 기억이 언젠가는 꽉 찰 수밖에 없는 컨테이너 같은 느낌을 주지만 일부 이론가들의 주장은 기억을 활동으로 봐야 한다고 주장한다(예: Griggs & Jackson, 2022).

어떤 것을 기억하는 것은 무언가를 하는 것이다. 어떤 사람이 '1945'라는 말을 하고 있을 때 그는 그날을 광복의 날로 기억하고 있다. 또는 어떤 사람이 개인적인 심적 이미지를 떠올릴 때 그는 '개인 경험을 기억하고 있다.' 우리가 마음을 사용해서 할 수 있는 활동은 그 수에 제한이 없기 때문에 장기기억의 용량에는 한계가 없는 것이다. 장기기억에 대한 또 다른 궁금증은 기억해 내는 정보의 종류다. 의미기억, 일화기억, 그리고 절차기억이다.

① 의미기억

사실정보에 대한 기억으로 이러한 정보는 대부분 추상적인 개념(예: 개는 포유동물이다)과 구체적인 사실정보(예: 대한민국의 수도는 서울이다)를 말한다. 당신이 해당 정보를 학습한 시간과 장소는 기억하지 못할 수도 있지만 사실정보는 여전히 당신의 의미기억(semantic memory)에 남아 있다.

② 일화기억

당신이 경험한 사건들에 대한 기억으로 어떤 상황을 겪음으로써 갖게 되는 기억이다. 첫 사랑, 첫 데이트, 초등학교 졸업식, 혹은 동생의 출생 같은 자서전적 기억은 일화기억(episodic memory)의 사례들이다. 일화기억은 의미기억과 차이가 있다. 그것은 당신이 그곳에 존재한 것에 대한 기억(광경, 소리, 혹은 냄새, 감정 같은 사건에 대한 직접적인 경험)을 가지고 있다.

이것은 어느 특정 시간과 장소에서 일어났던 과거의 개인적인 경험의 모음이라 볼 수 있다. 또 다른 차이는 일화기억은 시간적 순서를 가지고 있다는 것이다. 사건의 발생은 순차적이어서 한 사건에 대한 기억이 다음에 발생한 사건에 대한 기억을 촉발한다.

③ 절차기억

절차기억(procedural memory)은 자전거를 타거나, 운전을 하거나, 신발 끈을 매거나, 또는 젓가락을 사용하는 것과 같은 어떤 것을 하는 방법에 대한 기억이다. 과거 경험에서 지식을 획득하고 유지하고 있기 때문에 시점에 관계없이 언제나 특정 행위를 할 수 있다. 절차기억이 흥미로운 것은 어떤 것을 하는 방법에 대한 기억(절차기억)이 그것을 학습한 경험에 대한 기억(일화기억) 또는 이것을 하는 방법에 대한 사실적 기술에 대한 기억 없이도 일어난다는 것이다. 예를 들어 당신은 신발끈을 묶을 줄 알지만, 이를 처음 배웠던 유년 시절의 경험을 기억하거나 신발끈을 묶는 정확한 절차를 기술하지는 못할 것이다. 신발끈을 묶는 것은 절차기억이지 일화기억이나 의미기억이 아니다(Cervone, 2017). 신발끈을 묶는 것은 또 다른 기억을 구분하는 방식을 보여 준다. 명시적 기억과 암묵적 기억이다.

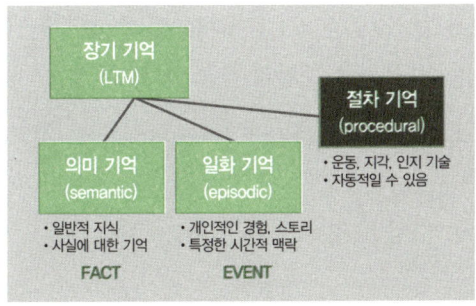

출처: Tulving(1985), 검색일: 2023.10.31.

[그림 4-2] 툴빙의 중다 기억 체계 모형(Tulving's Multiple-Memory System Model)

### (4) 명시적 기억과 암묵적 기억

명시적 기억(explicit memory)은 이전에 마주했던 정보나 경험에 대한 의식적인 기억이며, 암묵적 기억(implicit memory)은 이전의 자료가 명시적으로 기억되지 않아도 사전정보나 경험에 의해 영향을 받는 과제 수행이다.

## 2 지각

지각(知覺, perception)이란 해석된 지식을 의미하며, 감각기관을 통해 외부의 사물을 인식하는 단계다. 즉, 입력된 자극에 의미를 부여하고 해석하는 과정으로 감각등록기에 입력된 자극이 주의 집중되면 다음 단계로 해당 자극에 대한 의미 부여 및 해석 과정을 거치게 된다. 예를 들어, 방 안의 전열기에서 냄새가 나면 단순한 냄새가 아닌 불이 날 수 있다는 의미를 부여하는 것과 같다. 대상에 대한 해석은 다양한 요인에 의해 결정되는데 첫째, 결정적 단서 없이 아주 우연히 형성되는 우연적 요인이며, 둘째, 자극이 제시되는 맥락이 영향을 미치는 맥락 효과(context effect)다. 셋째, 과거의 경험으로 과거의 직·간접적인 경험들이 현재의 해석에 영향을 준다. 넷째, 본인의 욕구, 감정 상태 등 작용을 미치는 지각자의 내적 상태다.

### (1) 조직화 규칙

게슈탈트 심리학자들에 의해 확인된 조직화 규칙(rules of organization)은 우리의 뇌가 개인 조각이나 요소들을 어떻게 의미 있는 지각으로 조합하고 조직하는지를 구체적으로 알려 준다. 다음 [그림 4-3]을 보면서 여러분은 자동으로 다섯 가지 조직화 규칙에 따라 다양한 시각자극을 조직화한다. 사람들은 자신의 감각 경험을 조직하기 위해 근접성, 유사성, 연속성, 공통성, 완결성 등 다양한 지각 원리를 사용한다.

#### ① 근접성(proximity)

시공간상 서로 가까이 있는 자극들은 같은 집단으로 지각하고 조직화한다는 것을 볼 수 있다. 즉, 어떠한 요소가 서로 근접해 있을 때 이것을 하나의 그룹으로 인식해 개별적인 지시성과 특수성을 잃고 새로운 도형을 생성하는 법칙이다.

#### ② 연속성(continuity)

특정한 형상들이 연속적인 방향성을 가지고 움직일 때 이것이 전체의 고유 특성이 돼 직선 또는 곡선을 따라 배열된 대상을 하나의 집단으로 보는 현상이다. 곡선이나 직선축이 비록 불완전한 형태를 가지고 있다고 하더라도 관찰자가 이미 알고 있는 형태로 연관시켜 이해하려는 것을 의미한다.

#### ③ 완결성(closure)

완성되지 않은 형태를 기존의 지식을 바탕으로 완성시켜 인지하는 현상이다. 형상

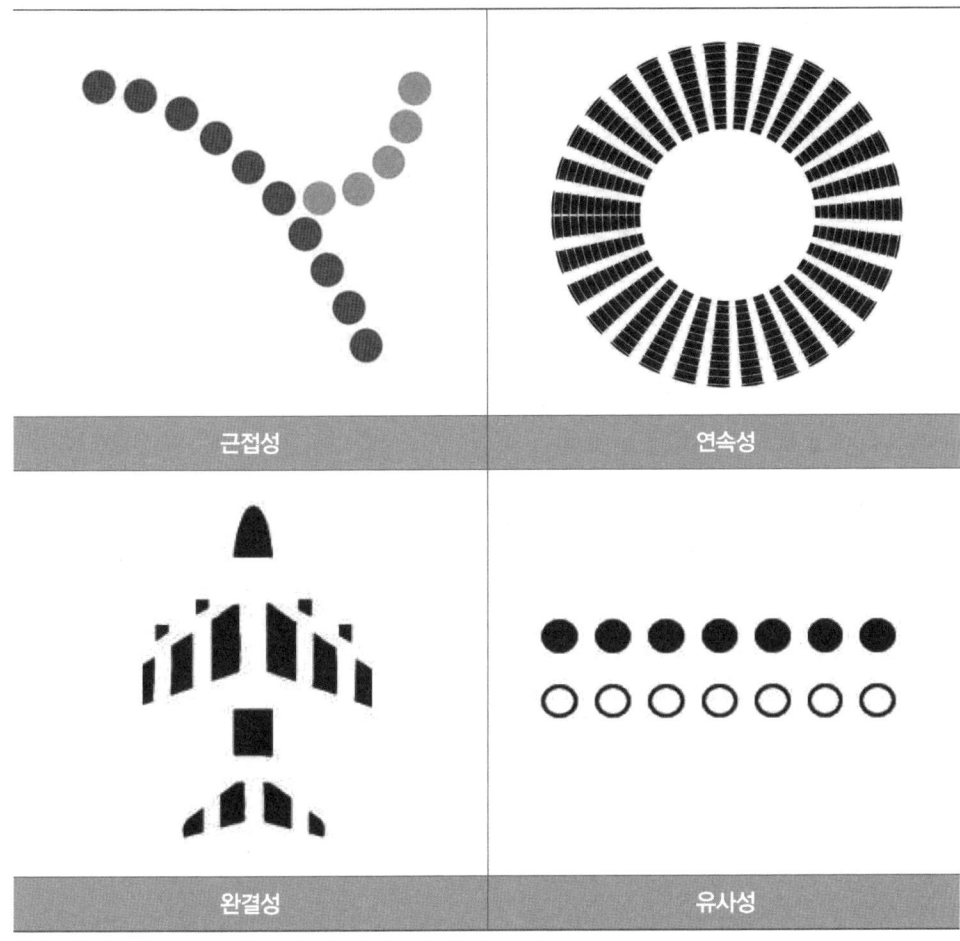

[그림 4-3] 지각의 법칙

출처: 구글(https://www.google.co.kr/), 검색일: 2023.10.31.

에 어떤 틈이나 간격이 있어도 그것을 완전히 메우거나 닫아서 완성된 형상으로 인식하려는 성질이다. 그림에서 비행기로 지각하는 현상이 이에 해당된다.

④ 유사성(similarity)

모양, 크기, 색상 면에서 유사한 시각 요소끼리 그룹으로 지어 하나의 패턴으로 보려는 성질이다. 즉, 자극의 속성이 유사한 것들을 같은 집단으로 지각한다. 유사성 규칙은 진한 색으로 이뤄진 점들을 함께 조직화하며, 연하고 진한 점들의 무작위 배열로 보지 않도록 해 준다.

### ⑤ 전경과 배경(figure-ground)

경계선을 접하는 두 영역이 있는 한 장면에서 지각의 대상이 되는 부분을 전경이라 하고, 그 밖의 나머지를 배경이라 한다. 전경과 배경이라는 용어는 흔히 전경이 앞에 있고 배경은 뒤에 있는 것처럼 보이기 때문에 사용되나 언제나 그런 것은 아니다. 전경과 배경의 경계선은 전경에 부속된 것처럼 보이고, 전경은 배경에 비해 잘 정의된 형태로 보인다. 또한 전경은 배경에 비해 더 밝게 보인다. [그림 4-3]을 보면 자동으로 흰 배경으로부터 검은 대상(비행기)을 보게 될 것이다. 이것이 전경-배경 분리의 원리다.

두 부분이 경계를 상호 공유할 때 전경은 뚜렷한 형태를 지니는 경향이 있으며, 반대로 배경은 단지 뒤에서 배경을 구성해 준다는 것이다. 전경과 배경을 구별하는 몇 가지 요인으로는 전경은 분명한 꼴을 갖고 있으며, 지각하는 자에게 더 가까이 느껴지고, 확고한 위치를 차지하며, 더 인상적이며 기억에 남고, 더 밝게 보인다는 것이다. 이 원리는 시(視)지각에만 국한된 것이 아니라 청(聽)지각, 운동성, 정서, 사고(思考)에도 적용될 수 있다.

지금까지 제시된 위의 그림은 지각에서의 자극 조직화에 대한 게슈탈트 규칙을 증명해 주고 있다. 어린 아동들은 이러한 지각 규칙을 학습하는 데 시간이 걸리며, 2세 정도만 되도 게슈탈트 규칙을 사용한다. 성인이 되면, 특히 인쇄와 광고 자극과 같은 수많은 자극을 지각으로 조직화하기 위해 이러한 규칙을 지속적으로 사용한다(NAMHC, 1996).

### (2) 깊이지각

깊이지각(depth perception)이란 거리에 대한 지각을 말하며, 어떤 대상은 당신으로부터 어디에 무엇이 있는지 즉각적으로 알 수 있다. 창문을 통해 바라보이는 산은 멀리 있고 휴대전화는 당신 가까이에 있다. 창문은 산보다 가까이에 있지만 휴대전화보다는 멀리 있다. 거리지각은 3차원의 공간에서 대상이 얼마나 깊숙이 위치하고 있는지에 대한 판단이기 때문에 깊이지각이라 불린다.

우리는 평소 인지하기 전에 깊이지각이 너무 쉬워서 생각조차 하지 않고 살아갔을 것이다. 그렇다면 어떻게 해서 우리는 깊이를 지각하는 것일까? 우리는 망막에 비친 2차원적인 영상을 이용해 3차원적인 지각을 해야 한다. 한번 보기만 해도 우리는 다가오는 차의 거리나 절벽의 높이를 추정할 수 있다.

출처: 구글(https://www.google.co.kr/), 검색일: 2023.10.31.
[그림 4-4] 깊이지각(depth perception)

위의 그림과 같이 영아의 공간지각 중에 깊이지각을 실험한 깁슨(Eleanor J. Gibson)과 워크(Richard D. Walk)는 그들이 고안한 시각벼랑(visual cliff) 장치를 통한 시각벼랑 실험에서 6개월 된 영아는 깊이 지각을 알 수 있음을 밝혔다. 아기가 떨어지지 않도록 유리판을 놓아두고 낭떠러지를 지각하고 있는지 측정하는 실험으로서, 깁슨과 워크는 두꺼운 유리로 된 조그만 절벽을 이용해 이러한 능력이 생래적이라는 것을 발견했다(Gibson & Walk, 1960). 또한, 6개월에서 14개월 된 아이들을 시각벼랑의 가장자리에 올려놓고 아이들의 엄마가 맞은편에서 아이를 불러 아이가 유리 위를 지나오도록 했다. 대부분의 아이들은 오지 않았는데, 이는 그들이 깊이를 지각한다는 것을 의미한다.

생물학적인 성숙에 의해 깊이를 지각하는 능력이 생기지만, 이것은 경험을 통해 더욱 발달하게 된다. 몇 세부터 기어 다니든지 간에 유아의 주의는 기어 다니는 경험을 통해 더욱 증가한다. 특히, 우리의 시각 체계는 여러 가지 단서를 이용해 깊이를 지각하는데 양안 단서와 단안 단서가 있다. 두 눈이 약간의 수평 간격을 두고 떨어져 있기 때문에 생성되는 단서를 양안 단서, 한 눈만으로도 이용 가능한 단서를 단안 단서라 한다. 이들이 이용되는 단서를 살펴보자.

① 양안 단서

양안 부등(binocular disparity)과 수렴으로 나뉘는 양안 단서(binocular cues)는 깊이지각에 이용된다. 양안 부등은 약 300m 전방에 위치한 대상의 깊이지각에도 유효하지만 수렴은 멀어야 3m 전방에 위치한 깊이지각에만 유효한 것으로 알려져 있다. 두 눈 사이의 수평 간격(약 6.3cm) 때문에 약간씩 다른 이미지상이 투사된다. 양안 부등을 실제로 경험할 수 있는 가장 좋은 방법은 한쪽 눈을 감은 상태로 왼손과 오른손의 검지를 각각 코 앞에 위치시키고 두 손가락의 간격을 가늠해 본 후, 두 눈을 뜨고 그 간격을 다시 가늠해 보면 손가락 사이의 간격이 다르다는 것을 알았을 것이다.

② 단안 단서

신화 속 외눈박이 사이클롭스(Cyclops)라 불리는 창조물은 이마 정중앙에 하나의 눈만 가지고 있다. 사이클롭스가 망막 부등(retinal disparity)과 관련된 깊이 단서를 이용하지 못할지라도, 한 눈만 가지고도 충분히 깊이지각을 할 수 있음을 알 수 있다. 이는 사이클롭스나 한 눈만 가지고 있는 사람도 단안 깊이 단서 때문에 비행기를 착륙시킬 수 있다는 것을 말해 준다(Schacter et al., 2016). 단안 단서(monocular cues)는 이렇게 하나의 눈으로부터 보내지는 신호에 의해 발생되며, 이는 대부분이 환경 속의 대상이 배열되는 방식으로부터 발생된다([그림 4-5] 참조).

ㄱ. 직선조망

쭉 뻗은 도로 한가운데서 도로를 바라볼 때 도로의 양 측면에 의해 형성된 평행선이 먼 지점에서 모아지는 것을 수렴(收斂)이라 말한다. 수렴은 거리 단서가 되며, 이것을 직선 조망(linear perspective)이라 부른다.

ㄴ. 상대적 크기

선수들의 신장(키)은 비슷하나 선두로 들어오는 선수가 더 크게 보이며 뒤에 있는 선수들은 그에 비해 작게 보이기 때문에 다른 선수들보다 더 가까이 있다고 지각한다. 이렇듯 대상의 상대적 크기(relative size)는 거리 단서를 제공할 뿐만 아니라 더 큰 것이 가까이에 있으며, 더 작은 것은 멀리 있는 것으로 지각한다.

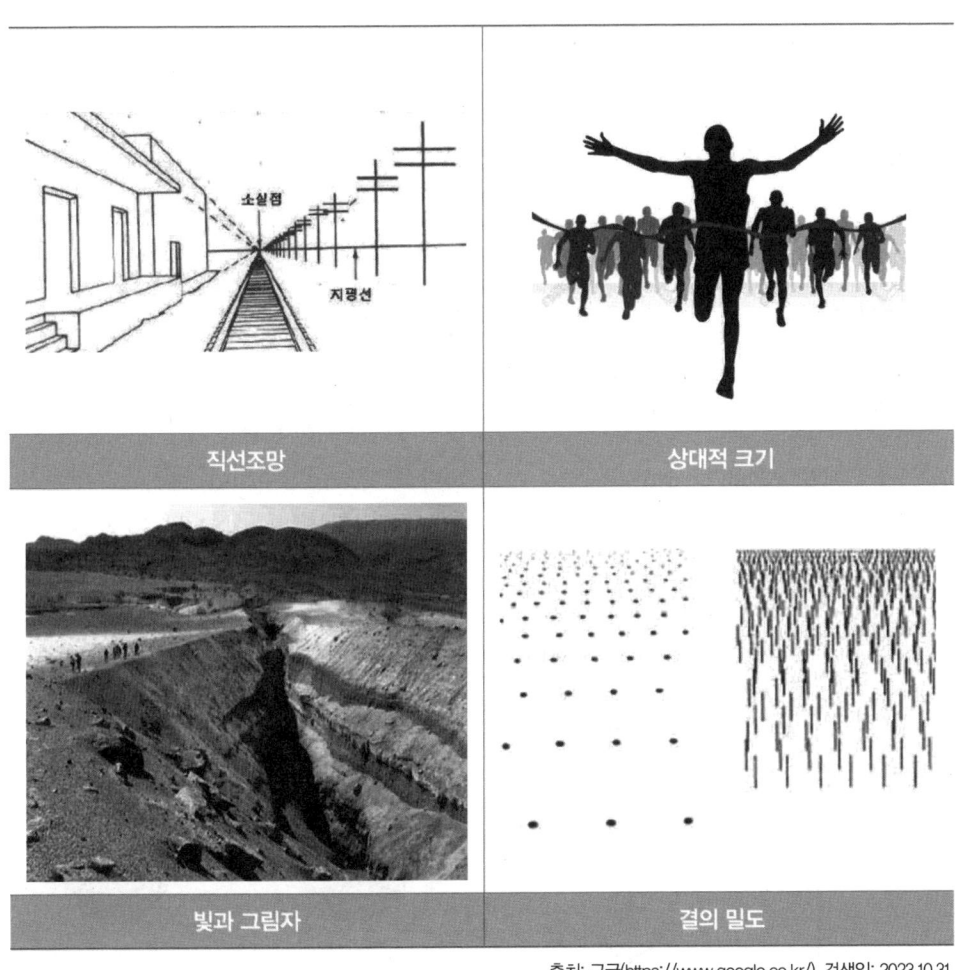

출처: 구글(https://www.google.co.kr/), 검색일: 2023.10.31.

[그림 4-5] 단안 단서(monocular cues)

ㄷ. 빛과 그림자

빛(light)과 그림자(shadow)의 상호 작용인 깊이 단서는 그림자가 있는 골짜기는 더 멀리 있는 것처럼 보이며 빛이 있는 면도 더 가까이에 있는 것으로 보인다. 빛과 그림자는 단안 깊이 지각 단서로 좀 더 밝고 선명하게 보이는 대상들은 더 가까이에 있으며, 그림자를 가진 대상들은 더 멀리 있는 것으로 보인다.

ㄹ. 결의 밀도

여러분은 어느 부분이 더 가까이 있으며, 어느 부분이 더 멀리 있는 것인지 알 수 있을 것이다. 즉, 틈이 좁을수록, 그리고 틈이 선명하지 않을수록 더 멀리 있는 것으로 보일 것이다. 이러한 표면의 미세한 변화나 결의 밀도(texture gradient)에 의해 발생된 것이 깊이 단서가 된다.

### (3) 착시

시각 체계가 어마어마한 능력이 있어도 완벽하지는 않다. 시각 처리의 결과가 실재와 일치하지 않을 때도 많기 때문이다. 시지각 경험이 실재와 일치하지 않는 이런 현상을 착시(錯視, visual illusions, optical illusion)라 한다. 우리의 시각 체계가 완벽하지 못하다는 것은 기하학적 착시인 몇 가지 그림만 보고도 충분히 이해할 수 있을 것이다.

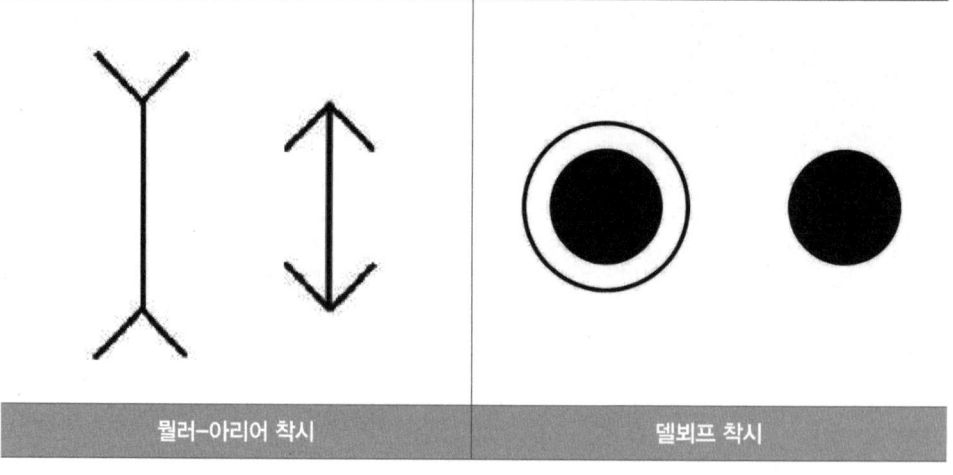

뮐러-아리어 착시     델뵈프 착시

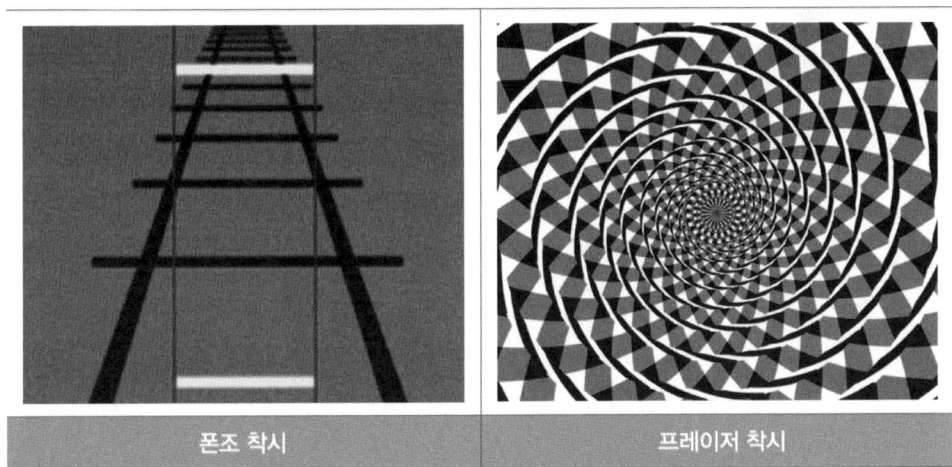

출처: 구글(https://www.google.co.kr/), 검색일: 2023.10.31.

[그림 4-6] 여러 가지 착시 현상을 유발하는 도형

# 05장

# 학습과 행동

---

**학습 목표**

1. 고전적 및 도구적 조건 형성의 절차와 기능을 살펴본다.
2. 조건 형성의 여러 가지 현상, 강화와 처벌 등의 주요 개념과 조건 형성의 한계를 실생활과 관련시켜 이해한다.

**열쇠말**

고전적 및 도구적 조건 형성, 강화와 처벌, 조건 형성, 사회학습이론

---

## 1 학습의 개념

나는 바퀴벌레를 참 싫어한다. 언제부터인지는 모르지만 분명한 건 태어날 때부터는 아닐 것이다. 그렇다면 성장 과정 중에 그런 혐오감이 생겨났음을 의미하는데, 어떻게 그런 혐오감이 생겨났을까? 대부분 어른들이 바퀴벌레에 대해 하는 이야기와 행동을 보고 배워서 지금과 같이 싫어하게 됐을 것이다.

다시 말하면, 어른들의 말과 행동을 보고 관찰함으로써 바퀴벌레에 대한 혐오감을 습득했을 것이라는 이야기다. 우리는 대부분 학습하면 학교와 공부를 떠올리지만 실

제로 학습이란 학교 공부만이 아닌 삶 전체를 통해 항상 일어나고 있는 중요한 심리 과정이다. 학습(learning)이란 지식의 획득으로 새로운 기술을 습득해 숙련 과정으로 가는 과정이다. 학습은 곧 변화를 의미한다. 그리고 변화하는 것은 행동이고, 행동을 변화시키는 것은 경험이다. 즉, 지식을 갖게 되면 이전과는 다른 행동을 할 수 있다. 사람들은 어떤 것을 좋아하거나 싫어하는지, 친밀한 관계를 만들기 위해 어떤 노력을 해야 하는지 등은 학습을 통해 배워 간다.

사람들은 프로그래밍돼 있는 교육과정과 교재를 통해 과목의 지식과 기술을 습득하는 것을 학습이라고 생각하지만 심리학에서의 학습 의미와는 차이가 있다. 학습의 의미가 기술이나 지식의 습득을 넘어서 인간 행동이기 때문이며 인간 행동은 대부분이 학습을 통해 이뤄지기 때문이다. 으슬으슬 추운 날씨에는 얼큰한 국물이 있는 음식을 찾거나 비가 오면 부침개가 먹고 싶은 것은 경험에 따른 것이다.

## 2 학습이론

### 1) 행동주의 학습이론

왓슨(John Broadus Watson, 1878~1958)은 미국의 심리학자로, 행동주의 심리학의 창시자다. 행동주의 학습이론은 인간의 능력과 적절한 환경 조성과 훈련을 통해 어떤 행동도 학습시킬 수 있다고 주장했다. 따라서 행동주의 학습이론은 자극(stimulus)과 반응(response) 간의 조건 형성에 의해 학습이 이뤄진다는 S-R이론으로 고전적 조건형성이론과 조작적 조건형성이론, 사회학습이론이 있다.

#### (1) 고전적 조건 형성의 과정

심리학에 관심이 없는 사람이라도 '파블로프의 개'라는 말은 많이 들어봤을 것이다. 그만큼 일반적으로도 유명하고, 심리학의 운명을 바꿨다고 평가받는 조건반사 현상을 발견한 파블로프(Ivan Petrovich Pavlov, 1849~1936)는 사실 심리학자가 아니었다. 고전적 조건 형성을 발견할 당시, 생리학자였던 파블로프의 관심은 신경계가 작동하

출처: 구글(https://www.google.co.kr/), 검색일: 2023.10.31.
[그림 5-1] 왓슨(John B. Watson, 1878~1958)

는 방식에 있었다. 개의 타액 분비에 대한 실험을 하던 중 고전적 조건 형성(classical conditioning)이라는 학습의 일종을 발견한 것이다. 파블로프는 조수가 개의 입에 먹이를 넣을 때 타액을 모아서, 다양한 조건에서 음식에 대한 반응으로 일어나는 침의 양을 측정하곤 했다. 그러나 그는 얼마 안 있어 어려움에 봉착했다.

  음식에 대한 반응으로 개가 침을 흘려야 하는데, 나중에는 먹이를 주는 조수가 접근하기만 해도 그 개가 침을 흘리기 시작했던 것이다. 파블로프는 원래 하고자 했던 연구보다 이 현상이 더 흥미롭다고 판단했다. 음식을 가져다주는 조수의 출현과 음식 자체의 도착이 개의 뇌 속에서 '연결'된 것이다. 파블로프는 그런 연결의 형성을 연구하기 시작했다. 음식과는 전혀 연관이 없는 '신호', 그 유명한 종소리를 낸 직후에 개의 입에 약간의 음식을 넣어 줬다. 그런 식으로 자극과 음식을 몇 차례 연관시키면, 고전적인 조건화(파블로프 조건화)라고 불리는 현상이 일어난다. 이제는 음식을 주지 않아도 종소리만으로 개가 침을 흘리기 시작한 것이다.

  이와 같이 고전적 조건 형성은 러시아의 생리학자 파블로프가 체계화 이론으로 개의 타액 분비를 통해 반응을 일으킬 수 없었던 자극이 반응을 일으키는 것이 관찰되면서 시작됐다. 고전적 조건화의 특성을 살펴보면, 평소 특정한 반응을 이끌어 내지 못했던 자극(중성자극, Neutral Stimulus: NS)이 무조건적 반응(Unconditioned Response: UR)을 이끌어 내는 무조건적 자극(Unconditioned Stimulus: UCS)과 연합되면서 반응이 나타나는 과정이다. 조건 형성이 이뤄지면 중성자극은 조건자극이 돼 조건반응(Conditioned Response: CR)을 이끌어 낼 수 있다.

〈표 5-1〉 고전적 조건화의 네 요소

| 고전적 조건화의 네 요소 | 특성 | 예 |
| --- | --- | --- |
| 1. US (Unconditioned Stimulus, 무조건적 자극) | 어떤 학습 경험이나 사전 훈련이 없는데도 유기체로부터 특정한 무조건반사를 일으키는 자극 | 고깃가루 |
| 2. UR (Unconditioned Response, 무조건적 반응) | 무조건 자극을 대했을 때 자연히 일어나는 생득적 반응 | 침 분비 |
| 3. CS (Conditioned Stimulus, 조건자극) | 원래는 중립자극이었는데 학습 경험에 따라 조건 반응을 유발할 수 있게 된 자극 | 딩동댕 소리 |
| 4. CR (Conditioned Response, 조건반응) | 조건 형성의 결과로 조건 자극에 대해 학습된 반응 | 침 분비 |

출처: 위키백과(https://ko.wikipedia.org/), 검색일: 2023.11.01.

첫째, 무조건반사로 선천적이고 영구적이며 거의 모든 동물에게서 나타난다. 개체 간 차이가 거의 없다. 무조건반사는 무조건 자극과 무조건 반응으로 이뤄진다. 즉, 개에게 고기를 줄 때마다 반복적으로 종을 치며 소리를 들려 준다. 조건 형성 이후에는 종을 치고 종소리만 들려 줘도 개는 타액을 흘리는 반응을 한다. 이것을 파블로프는 '심적 분비(psychic secretion)'라고 지칭했다.

예) 고깃가루(US) → 침 분비(UR)

둘째, 조건반사로 경험을 통해 습득되며 비영구적이다. 경험에 의존하며 개체에 따라 큰 차이가 있다. 조건반사는 조건자극과 조건반응에 의해 유도되는 학습된 반응이다.

예) 종소리(CS) → 침 분비(CR)

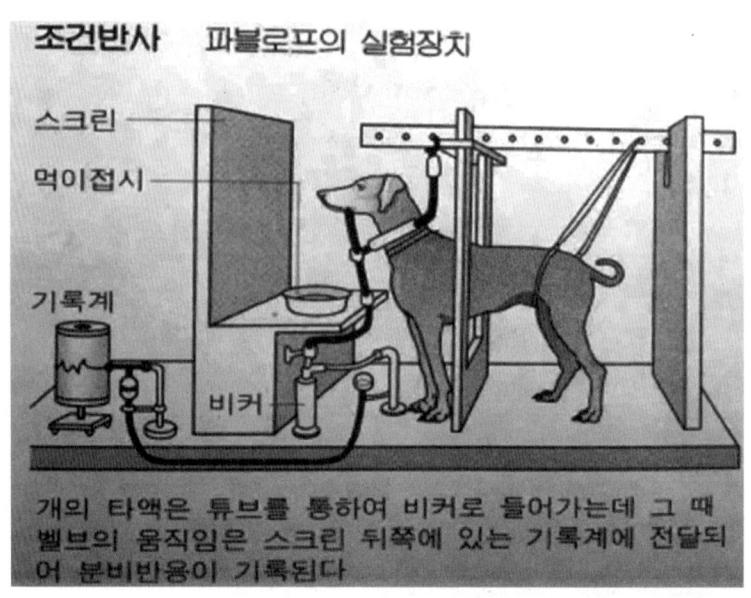

출처: 위키백과(https://ko.wikipedia.org/), 검색일: 2023.11.01.

[그림 5-2] 파블로프의 실험장치

    고전적 조건 형성이 교육에 적용된 점을 살펴보면 시험 불안(test anxiety)이 그 예다. 시험이라는 단어만 들어도 불안해하고 떠는 아이로 시험 당일 손에 땀을 쥐는 신체적 반응을 보인다. 이 시험 불안은 생득적인 것이 아니다. 시험 결과가 좋든 나쁘든 시험을 치르기 전에 나타나는 현상으로 시험이라는 자극과 불안감이라는 반응이 연합돼 나타난 것이다.

    고전적 조건 형성은 일상 속에서도 다양하게 활용된다. 상업광고에 적용된 사례를 보더라도 설명이 가능하다. 프로축구 선수가 극적인 결승골을 넣었을 때, 그 선수가 속한 프로팀 유니폼에 새겨진 회사 로고가 보이면서 선수에 대한 극찬이 쏟아진다. 이때 회사 로고가 극적인 장면을 연출한 선수와 연합되면서 이 장면을 보는 관객이나 시청자에게 무조건적 반응을 일으키게 되는 것이다.

    결승골이 관련된 명예라는 무조건적인 자극과 유니폼의 특정 회사 로고라는 조건자극이 연결되면서 특정 회사에 대한 멋진 이미지를 형성하는 것이다. 또한 작년 한 해 검정색 롱 파카가 유행했는데 거리에 온통 검정색 롱 파카를 입은 학생들로 진풍경을 이룬 모습을 본 적이 있다. 광고 모델에서 멋진 배우가 입고 있는 그 옷은 그 배우가 가지고 있는 이미지와 연합되면서 그 옷을 입으면 자신도 그렇게 멋진 배우의 모습이 될 거라는 무조건적 반응을 일으킨 것이다.

이렇듯 한 광고를 자주 대하다 보면 어느새 중립자극이던 상품이 조건자극이 돼 호감을 갖게 되고, 나도 모르게 그 상품을 택하게 된다. 차 한 잔을 마시더라도 자신이 좋아하는 배우가 선전하는 제품이라면 더 기분 좋고 맛있게 느껴지는 것이다(정미경 외, 2017).

### (2) 조작적 조건 형성

고전적 조건 형성이 자극에 대해 유발된 반응에 관심을 두고 인간의 수동적 행동을 설명하는 데 유용하지만, 조작적 조건 형성(operant conditioning)은 자극보다는 행동의 결과에 관심을 두고 있다. 인간 행동의 다수는 수동적이기보다 능동적으로 다양한 행동을 해 보면서 문제를 성공적으로 해결한 반응에 대해서만 학습한다. 사람들은 성공하기까지 다양한 시행착오를 거치면서 성공과 실패의 경험을 반복하고, 성공적 반응을 가져다준 조건에 대해서만 작동한다.

손다이크(Edward Lee Thorndike, 1874~1949)의 '효과의 법칙(law of effect)'에서 손다이크의 문제 상자를 살펴보면, 동물에게 지능이 존재하는가에 대해 알아보기 위해 문제 상자를 구안해 실험을 실시한 것이 좋은 예가 될 것이다. 퍼즐 박스(puzzle box)라고도 불리는 고양이 실험이다. 문을 열어야 하는 보상이 있고, 우연히 효과적인 방법을 찾으면 더 빨리 문을 열고 문 여는 것에 대한 관심과 집중력도 높아진다.

급성장하는 선수들 사이에서 흔히 들리는 야구가 즐겁다는 표현은 손다이크의 효과의 법칙 설명 그대로다. 즐거움이 자극과 반응의 결합을 강화한다. 활동 결과에 만족하게 되면 그 활동을 되풀이하려는 경향이 있고, 만족하지 않으면 반복을 피하려는 경향이 있다는 법칙으로서 '결과의 법칙'이라고도 한다. 이 만족과 불만족은 하나의 행동과 직접 결부된 것에만 한한 것이 아니라 전체적인 결과에 대해 말하는 것이므로, 도중에 곤란이 많고 불만족해도 궁극의 목적에 합치되는 것이라면 만족을 가져올 수 있다.

손다이크는 병아리, 고양이를 대상으로 동물의 사고 능력에 관한 객관적 증거를 얻고자 고양이를 퍼즐 상자 속에 넣고 상자 밖의 음식물을 얻기 위해 어떤 행동을 하는

가를 관찰하는 문제 해결 실험을 수행했다. 조작적 조건 형성은 손다이크의 도구적 조건형성이론을 하버드대학교의 스키너(Burrhus Fredrick Skinner, 1904~1990)가 좀 더 체계적으로 정리하면서 조작적 조건 형성으로 완성했다.

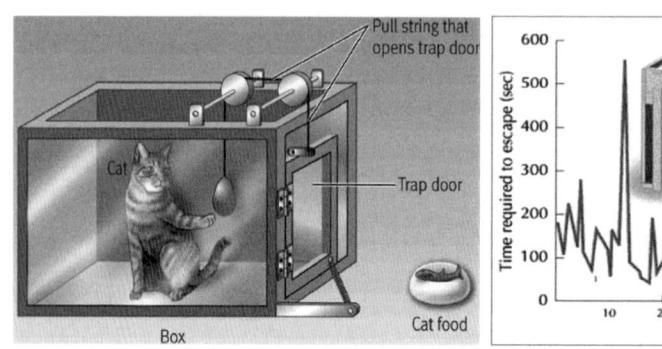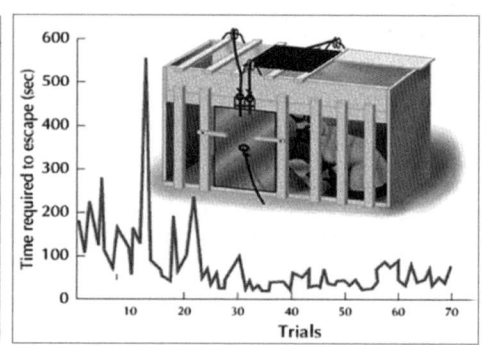

출처: 위키백과(https://ko.wikipedia.org/), 검색일: 2023.11.01.

[그림 5-3] 손다이크의 '효과의 법칙'

① 시행착오설

상자 속 고양이는 이리저리 돌아다니거나 상자의 바닥이나 옆면을 할퀴기도 하고, 창살 사이에 발을 내미는 등 다양한 행동을 보였다. 그러다 우연히 발판을 밟아 문이 열리면서 음식물을 획득하게 되자 고양이가 발판을 밟는 행동은 시행이 거듭될수록 점차 빨라졌다. 손다이크는 이러한 실험 결과를 "반응 후에 수반되는 결과가 바람직한 것이라면 그 반응이 나타날 확률이 증가하고 나중에는 상자에 넣자마자 바로 문을 여는 행동을 보였다. 그 결과가 바람직하지 않으면 그 확률이 감소한다"는 도구적 조건 형성이론을 발표했다.

이 실험에서 손다이크가 발견한 것은 고양이의 문제 해결은 추리(reasoning)의 산물이 아니라 시행착오를 통한 연합의 산물이라는 사실이었다. 즉, 고양이가 지렛대를 눌러 문을 열고 나오면 음식물을 보상(강화)받았고, 다른 반응을 하면 갑갑한 상자에 배고픈 채로 남아 있게 되는 경험을 지속적으로 반복하면서 학습이 이뤄졌다는 것이다. 따라서 이런 학습 형태를 시행착오 학습(trial and error leaning)이라고 손다이크는 말했다.

② **학습의 법칙**

손다이크의 학습의 3대 법칙을 살펴보면 연습의 법칙, 효과의 법칙, 준비의 법칙이 있다.

ㄱ. 연습의 법칙

학습은 수없이 많은 단순 반복의 산물이라는 주장으로, 손다이크가 처음 제시한 법칙이다. 즉, 단순한 방법으로 여러 번 반복하다 보면 학습이 이뤄진다는 것이다. 후에 이 주장은 단순히 연습만 많이 한다고 해서 학습이 이뤄지는 것이 아님을 발견하면서 손다이크에 의해 폐기됐다.

ㄴ. 효과의 법칙

시행착오 실험을 반복하면서 효과를 보지 못한 행동은 사라지고 효과를 본 것만 살아남는다는 것을 확인하면서 만족스러운 결과를 가져오는 반응은 증가하고 불만족스러운 결과를 가져오는 반응은 도태한다는 원리다. 이 주장은 학습에서의 반복 시행의 효과를 강조하는 법칙이다.

ㄷ. 준비의 법칙

학습의 동기가 중요함을 강조한 법칙으로, 학습은 준비가 돼 있을 때 이뤄진다는 주장이다. 실험에서 배부른 고양이를 퍼즐 상자에 넣었다면 문을 열고 생선을 먹으려는 행동을 하지 않았을 것이다. 즉, 먹을 준비가 돼 있지 않기 때문에 동기가 없는 준비는 학습의 효과를 떨어뜨린다는 것이다.

다음 [그림 5-4]는 손다이크가 사용했던 문제 상자와 고양이가 수행한 학습곡선은 반응잠재기가 점진적이고 불규칙적으로 감소됐다. 이는 고양이의 학습이 시행착오 과정임을 의미하는 것이다. 손다이크가 문제 해결 과정에 걸리는 시간에 초점을 맞췄다면, 스키너는 어떤 보상이 조작적 행동을 발생하게 하는데 어떻게 영향을 미치는가에 더 관심을 기울였다.

스키너는 파블로프나 왓슨의 조건반사 실험에 대해 반사적 행동은 설명할 수는 있지만 모든 인간의 행위에 적용하는 것을 적절하지 않다고 봤다. 인간의 복잡한 행동은 대부분 조작적 조건 형성에 의해 학습되는 것으로 학습자가 다양한 자극이 있는 복잡한 환경 속에서 상황과 변수를 통해 조작적으로 조건을 형성하기 때문이다.

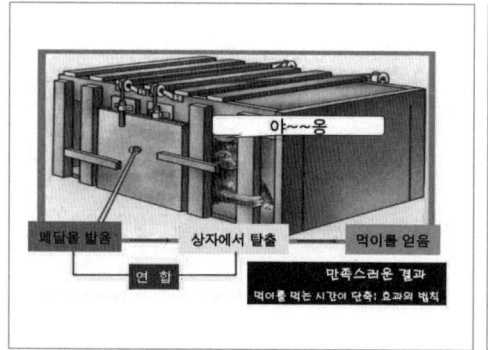
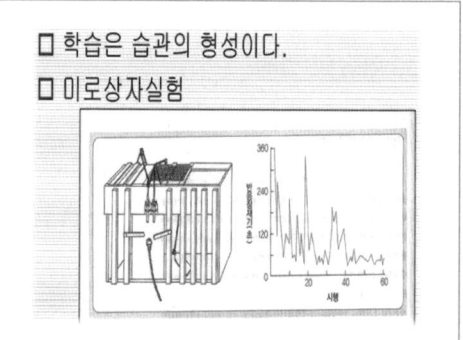

출처: 위키백과(https://ko.wikipedia.org/), 검색일: 2023.11.01.

[그림 5-4] 손다이크가 사용했던 문제 상자와 고양이가 수행한 학습곡선

### ③ 스키너의 강화이론

스키너의 이론을 강화이론이라고 부르기도 한다. 즉, 강화(reinforcement)를 통해 행동 변화를 설명한다.

#### ㄱ. 강화

어떤 특수한 반응이 일어날 확률, 행동의 발생 빈도를 증가시키는 것으로, 정적 강화와 부적 강화가 있다.

정적 강화(positive reinforcement)란 바람직한 행동이 일어날 때마다 긍정적인 것이 제공돼 그 행동이 다시 나타날 확률이 증가하는 것이다. 예를 들어, 수업 시간에 학습태도가 좋은 학생을 칭찬하는 경우 칭찬받은 학생이 다음 시간에도 좋은 수업 태도를 갖도록 하는 것이나, 스키너 상자에서 쥐가 레버를 누르면 먹이가 주어져서 레버를 누르는 행동을 반복하게 하는 과정 등을 들 수 있다.

부적 강화(negative reinforcement)란 어떤 행동을 했을 때 싫은 대상이나 자극이 소거되므로 그 행동을 다시 할 확률이 증가하는 것이다. 예를 들면, 약속을 지킬 때마다 혼내지 않기, 싫어하는 것을 제거해 주는 것(화장실 청소를 면제) 등을 들 수 있다.

ㄴ. 처벌

처벌(punishment)은 바람직하지 않은 행동을 감소시키기 위해 사용하는 기제로 쓰이지만, 스키너는 벌을 사용하는 것에 반대했다. 그 주된 이유는 벌이 비효과적이며, 행동을 일시적으로 억압할 뿐 처벌의 위험이 없으면 원래 상태로 돌아가기 때문이다. 처벌은 정적 처벌과 부적 처벌로 나눌 수 있다.

정적 처벌(positive punishment)은 잘못할 때마다 부적 강화물을 제시하는 행위다. 싫어하는 것을 제공하는 적극적 처벌 형태로, 잔소리하기, 체벌 가하기, 욕설, 화장실 청소하기를 그 예로 들 수 있다.

부적 처벌(negative punishment)은 잘못할 때마다 정적 강화물을 제거하는 행위다. 좋아하는 것을 제거하는 것으로 휴대폰을 일정 시간 중단시키기, 게임 금지, 외출 금지, 용돈 줄이기 등으로 소극적 처벌이라 할 수 있다.

ㄷ. 강화물

원하는 행동을 이끌어 내기 위해 사용하는 것으로 강화물(reinforcer)에는 일차 강화물과 이차 강화물로 나눌 수 있다.

일차 강화물(primary reinforcer)이란 특별한 학습 경험 없이 행동을 강화할 수 있는 자극으로, 강화물 자체가 강화의 속성을 지닌다. 즉, 선천적 강화물로 음식이나 성적 자극처럼 다른 조건이나 사전 학습이 없이 그 자체만으로 강화하는 것이다. 일차 강화물은 주로 생물학적 속성을 지닌 것으로, 효과와 관련해서 개인차가 존재할 수 있다. 이를테면, 성욕은 누군가에는 효과적이지만 누군가에겐 별다른 의미가 없을 수 있다.

이차 강화물(secondary reinforcer)은 경험을 통해 강화의 성질을 획득한 강화물로 일차 강화물과 연합돼야만 강화력을 갖는 조건강화물이라 할 수 있다. 칭찬, 인정, 미소, 긍정적 피드백, 돈, 점수 등이 그 예로, 이차 강화물은 일차 강화물을 구할 수 있기 때문에 아주 강력한 강화물이 된다.

ㄹ. 강화계획

강화계획(reinforcement schedule)이란 강화를 주는 방식을 기술한 것으로 특정한 행동을 얼마만큼의 간격과 비율에 따라 강화할지를 결정하는 규칙이다. 강화를 주는 형태에 따라 크게 연속 강화와 간헐적 강화로 나눌 수 있다.

연속 강화는 강화계획에서 가장 단순한 강화로 어떤 행동이 일어날 때마다 계속 강화하는 것이다. 예를 들어, 어린 아동에게 바람직한 습관을 형성시키려 할 때 연속 혹은 계속 강화 방식이 효과적인데, 아동이 잘할 때마다 언제나 강화를 주는 것이다. 하지만 강화가 중지되면 소거가 빨리 일어난다는 단점을 지니고 있다.

실제 생활에서 연속 강화가 주어지는 경우는 매우 드물다. 동일한 선행을 해도 경우에 따라 강화를 받기도 간과되기도 한다. 간헐적 강화(intermittent reinforcement) 혹은 부분적 강화(partial reinforcement)는 반응할 때마다 강화를 주지 않고 실험자가 적절하게 간헐적으로 강화를 주는 경우다. 부분적 강화에서는 어떤 식으로 강화를 주는가, 즉 어떤 강화계획을 사용하는가에 따라 유기체의 행동이 달라진다. 대표적인 것으로 고정비율계획, 변동비율계획, 고정간격계획, 변동간격계획의 네 가지다. 각 강화계획의 종류와 특성, 학습자의 반응 특성, 실제 예를 살펴보면 〈표 5-1〉과 같다.

〈표 5-2〉 간헐적 강화계획의 구분과 특성, 학습자의 반응 특성, 실제(예)

| 강화계획의 종류 | 강화계획의 특성 | 학습자의 특성 | 실생활에서 볼 수 있는(예) |
|---|---|---|---|
| 고정비율계획<br>(Fixed Ratio: FR) | 일정한 횟수의 반응을 했을 때 강화한다. | • 부지런히 많이 반응한다.<br>• 강화 후 휴지 | • 성과급 급여제<br>• 쿠폰 10장 모으면 커피 1잔 무료 |
| 변동비율계획<br>(Variable Ratio: VR) | 강화하는 데 필요한 반응의 수가 평균을 중심으로 변화한다.<br>(전체 평균을 5회로 해서 언제 강화가 일어날지 모른다. 실제로는 4회나 6회에 강화할 수 있다.) | • 꾸준히 반응<br>• 강화 후 휴지가 FR 보다 덜 나타나고 휴지 시간도 더 짧다. | • 도박<br>(언젠가 보상이 따르기 때문에 계속하게 되지만 보상이 주어지는 시기는 불규칙하다)<br>• 복권이나 병뚜껑 당첨 등 |
| 고정간격계획<br>(Fixed Interval: FI) | 일정 간격이 지난 후에 강화한다. | • 강화 후 휴지 | • 주급, 월급 |
| 변동간격계획<br>(Variable Interval: VI) | 시간 간격이 변동한 다음 정확한 반응에 대해 강화한다. | • 꾸준한 반응 | • 예고 없이 현장을 시찰<br>• 시험 볼 때 예측할 수 없도록 수시시험 |

※ 강화 후 휴지(Post-reinforcement Pause)란 피험자가 강화를 받은 후에는 반응하지 않고 잠시 휴식하는 것.
출처: 위키백과(https://ko.wikipedia.org/), 검색일: 2023.11.01.

다음 그래프를 보면 가장 빠르게 행동빈도를 높이는 것은 변동비율강화계획(variable ratio: VR)으로 나타났으며, 변동비율강화계획의 경우가 시간이 가장 짧게 걸리면서도 반응행동을 나타내는 비율이 가장 높고, 그다음으로는 고정비율강화계획(fixed ratio: FR) 〉 변동간격강화계획(variable interval: VI) 〉 고정간격강화계획(fixed interval: FI)이 효과는 비슷하나 시간이 더 짧게 걸리는 것으로 나타났다. 또한, 비율강화계획의 경우 강화 직후 행동 유지가 지속되는 반면 간격강화계획의 경우에는 강화 직후 행동이 급감하는 것을 볼 수 있다.

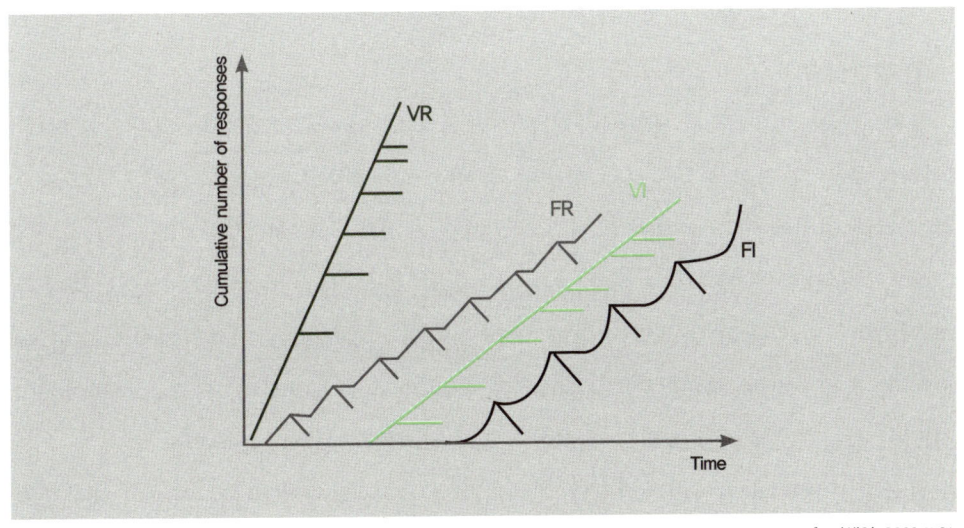

출처: 위키백과(https://ko.wikipedia.org/), 검색일: 2023.11.01.

[그림 5-5] 누적 반응 수

### (3) 인지학습이론

지금까지는 행동의 학습을 연합주의 개념으로 설명했다면 유기체인 인간의 모든 행동을 단순히 자극과 반응의 연합으로만 접근하기에는 한계점이 있다. 동일한 자극에 대한 다른 양상들을 단순히 연합이론으로만 설명하기는 어렵기 때문이다. 우리의 학습 방법이 오로지 조건 형성 원리에만 따르는 것일까?

기하학적 문제를 증명해야 되는 경우나 복잡한 비행기의 엔진 작동 법을 배우는 경우에는 사고와 정신활동의 역할이 중요하다. 합리론자인 데카르트(René Descartes), 칸트(Immanuel Kant) 등은 인간의 지식은 감각적 산물이 아니라 이성적 사고의 산물임을 주장한다. 이들은 학습이 단순히 자극의 객관적 속성 때문이 아니라 자극에 대한 해석을 통해 얻어진 지식의 결과임을 주장한다. 이 같은 흐름은 베르트하이머

(Max Wertheimer)가 자신의 논문 "가현운동(Apparent movement)"에서 인지구조의 변화를 강조하면서 시작돼 톨만(Edward Chace Tolman), 쾰러(Wolfgang Köhler), 레빈(Kurt Lewin) 등이 이어받아 최근 정보처리이론으로 발전했다. 따라서 자극과 반응의 연합을 설명하는 조건 형성 원리로 설명하기 힘든 유형의 학습을 인지학습(cognitive learning)이라고 부른다.

### ① 통찰학습

통찰(insight)이란 문제 상황에서 갑작스럽게 문제 해결이 이뤄지는 현상을 말한다. "아하!" 하는 그 경험을 무엇으로 설명할 수 있을까? 통찰학습이론은 상황을 직관적으로 파악해 이전에 알지 못하던 문제를 이해하고 해결하는 '아하 현상'이다.

독일의 형태주의 학자인 쾰러(Wolfgang Köhler, 1887~1967)가 주창한 것으로 행동주의 학습이론의 자극과 반응의 연합에 의한 점진적 반응학습을 거부하면서 나타난 이론이다. 형태주의는 '게슈탈트(Gestalt)'로도 불리며, 유기체가 환경을 그대로 받아들이지 않고 능동적으로 구조화하고 조직함으로써 형태를 구성한다고 본다.

쾰러는 1913년에 카나리아제도의 테네리페(Tenerife)섬에서 6년간 머물며 행동주의 학습이론에서 말하는 자극-반응의 연합에 의한 학습을 거부하고, 침팬지의 문제 해결 능력을 알아보는 실험을 통해 통찰학습을 연구했다. 그는 침팬지 우리 속에 상자들과 막대기를 넣어놓고 천장에 손이 닿지 않도록 바나나를 매달아 놓았다. 이 상황에서 침팬지들은 여러 가지 행동을 해 보다가 포기하는 듯했지만 결국에는 올바른 해결책을 찾아냈다. 다음 [그림 5-6]는 천장에 매달린 바나나를 도구를 활용해 따먹는 침팬지의 행동을 나타낸 것이다.

침팬지는 바나나를 따먹으려고 해도 손이 닿지 않자 포기한 듯 구석에 앉아 있으면서 우리 안에 있는 상자들을 한참 쳐다보다가 갑자기 일어나서 상자를 쌓고 그 위에 올라가서는 바나나를 따서 먹고 있다. 쾰러의 이 실험은 챔팬지가 행동주의 학습이론의 시행착오를 경험하면서 문제를 점진적으로 해결해 가는 과정이 아닌 갑자기 문제를 해결했다는 점에서 행동주의 학습이론과 차이점을 보여 준다.

쾰러는 이러한 수행은 특정한 반응 경향성이 기계적으로 강화되거나 약화된 결과가 아닌 문제에 대한 통찰을 얻었기 때문이라고 생각했다. 통찰학습이론은 문제가 발생

출처: 위키백과(https://ko.wikipedia.org/), 검색일: 2023.11.01.

[그림 5-6] 쾰러(Wolfgang Köhler, 1887~1967)의 도구를 이용해 문제를 해결하는 통찰학습 실험

한 상황에서 그 문제와 관련 없는 여러 요인이 조합되면서 갑자기 문제를 해결하는 것을 말한다. 따라서 학습이란 순간적이고 비약적인 인지구조의 변화다. 학습은 시행착오가 아닌 인지 현상으로 학습자는 문제 해결에 대한 모든 요소를 생각해 보고 문제가 해결될 때까지 여러 가지 방식으로 해결에 대한 통찰을 얻은 결과물이다.

일단 문제가 해결되면 그 후부터는 '자신이 무엇을 하는지를 알고 있는 것'처럼 유연한 행동 수행을 지속했으며, 더 이상의 실수는 드물다. 이러한 실험은 손다이크의 고양이들의 시행착오적 행동과는 다른 것으로 침팬지는 한 과제에서 배운 것을 다른 과제에까지 전이(transfer)[1]시킬 수 있는 능력이 있었다.

② 관찰학습

우리가 모든 행동을 실제 수행을 통해 학습해야 된다면 큰 문제가 생긴다. 우리는 일상생활에서 타인의 행동을 지켜보기만 해도 많은 것을 학습할 수 있다. 아빠가 아무

---

1) 하나의 문제 해결 상황에서 학습된 원리를 다른 문제 해결 상황에 적용시킬 때 그 과정을 말한다.

리 바른 자세를 강조해도 아빠가 누워서 TV를 보면 자녀들도 모두 비슷히 누워서 TV를 시청한다. 부모가 자녀의 공격적 행동을 없애기 위해 체벌을 할 경우 자녀는 무서운 부모 앞에서는 착한 아이 시늉을 하지만 만만한 상대에게는 부모로부터 보고 배운 대로 거친 행동을 할 확률이 더 많다. 본 대로 하는 것이다.

우리는 일상에서 남들의 행동을 지켜보기만 해도 많은 것을 학습할 수 있다. 그래서 관찰학습(observational learning)을 사회적 학습 또는 대리학습(vicarious learning)이라고도 부른다. 관찰학습의 대표적인 예로 반두라(Albert Bandura, 1925~2021)는 아동이 타인의 공격적 행동을 얼마나 잘 모방하는가를 보여 줬다(Bandura, 1965).

연구자들은 스탠퍼드대학 부설 보육학교의 교장과 수석 교사들의 도움을 받아 세 살에서 거의 여섯 살까지의 36명의 소년과 36명의 소녀가 실험에 피험자로 참가했다. 아동들의 평균 나이는 4년 4개월이었다. 아이들을 세 조건으로 나눠 또래의 아이가 보보(Bobo)라는 인형을 신나게 때리고 부수는 장면을 보여 줬다.

보상 조건으로 인형을 부순 결과로 초콜릿과 음료수를 받는 장면을 보여 줬다. 처벌 조건은 인형을 부순 결과로 심하게 혼나는 장면을 보여 줬고, 무보상·무처벌 조건은 모델의 공격적 행동에 대해 아무 보상도 처벌도 받지 않는 장면을 보여 줬다.

흥미로운 결과가 나타났는데 공격적인 행동을 한 후에 상을 받는 비디오를 본 아이들이 가장 공격적이었고, 벌 받는 것을 본 아이들이 가장 덜 공격적이었다. 더 나아가 세 집단의 아이들에게 비디오 속 모델과 같은 행동을 하면 상을 주겠다고 했을 때, 모든 아이가 모델링해 모델과 같은 행동을 한 것도 흥미로운 결과였다.

이 결과는 이미 보여 줬던 비디오 속의 모델의 행동을 모두 학습하고 있다는 것을 나타낸다. 이런 실험의 결과가 행동의 학습은 직접적인 강화와 처벌 없이 관찰의 결과만으로도 가능하다는 사실을 시사해 준다.

관찰을 통해 학습이 이뤄지기 위해서는 다음과 같은 조건이 필수적으로 충족돼야 함을 강조한다.

ㄱ. 주의

행동모델을 학습하기 위해서는 먼저 모델에 주의(attention)를 기울여야 한다. 관찰한 것만 학습된다고 했던 반두라는 학습이 계속되는 과정이라고 봤다. 그러면 무엇이

주의 대상을 결정하는지에 대해 생각해 보자.

첫째, 인간의 감각 능력이 주의 대상에 영향을 준다. 농아나 맹아를 가르치기 위한 모델링 자극은 정상아를 가르칠 때 사용되는 자극과는 달라야 할 것이다.

둘째, 과거의 강화가 관찰자의 선택적 주의에 영향을 줄 수 있다. 예를 들어, 관찰을 통해 학습된 선행 행동이 강화를 얻는 데 기능적 역할을 한다면, 후속 모델링 상황에서도 유사 행동에 주의를 할 것이다. 다시 말해, 선행 강화는 미래의 관찰에 영향을 줄 지각적 배경을 만든다는 것이다(김득란 외, 2010).

셋째, 모델의 특성 역시 주의의 정도에 영향을 줄 수 있다. 관찰자와 성, 연령, 등이 유사한 모델, 존경받는 모델, 지위가 높은 모델, 능력이 뛰어난 모델, 매력적인 모델이 주의를 끌 것임이 밝혀졌다.

ㄴ. 파지

주의집중한 모델의 행동을 기억해야 한다. 기억을 위해 시연(rehearsal)이 중요하다. 즉, 정신적·행동적 반복의 과정을 거쳐야 한다. 반두라가 중요하게 생각하는 것은 정보가 상상이나 언어의 방식인 상징적인 것으로 저장돼야 한다고 주장했다.

특히, 반두라(Bandura, 1965)는 행동을 규제하는 대부분의 인지 과정은 시각적이기보다 언어적임을 언급하면서 언어적인 방식을 더 중요하게 말한다. 인간이 관찰을 통해 행동의 대부분을 학습할 수 있는 것은 고도로 진보된 상징 능력 때문이며 모델링을 지연시키는 것도 저장된 상징에 의해서다.

ㄷ. 재생

많은 부분을 인지적으로 학습할 수는 있으나 그 정보를 모두 행동으로 옮기는 것은 불가능하다. 그 이유로는 성숙 수준이나 부상 또는 질병 때문에 반응하게 하는 운동 메커니즘의 사용이 불가능하다는 것을 들 수 있다. 반두라는 관찰자의 행동이 모델행동과 일치되기 전에 인지적 반복 기간이 필요하다는 점을 주장했다.

모델링을 통해 파지(把持, retention)된 상징은 행동을 비교하는 기준으로 작동한다. 이런 반복 과정 동안 개인은 자신의 행동을 관찰하고, 그것과 모델화된 경험의 인지적 표상과 비교한다. 자신의 행동과 모델행동에 대한 기억 간에 불일치가 관찰되면 정확한 행동이 일어나도록 부추긴다. 이 재생(motor reproduction) 과정은 관찰자와 모델행동 간에 수용 가능한 일치가 일어날 때까지 계속된다.

ㄹ. 동기화

필요성을 느끼지 못하면 학습이 됐다 해도 굳이 행동으로 나타나지 않는다. 습득된 것이 수행으로 옮겨가기 위해서는 동기 유발이 필요함을 주장했다. 정보를 사용할 이유가 있을 때까지 잠복된 상태로 있음을 알 수 있듯이 관찰을 통해 학습된 것은 관찰자가 정보를 사용할 이유가 있을 때까지 잠복된 상태로 있게 되며, 예측된 결과는 부분적으로 특정한 상황에서의 행동을 결정짓는다.

요약하면, 동기(motive)란 motivus라는 라틴어에서 유래한 어휘로 유기체가 어떠한 특정한 방향으로 행동하도록 만드는 요소를 뜻한다. 동기화(motivation)는 유기체에 동기를 제공해 준다는 뜻이 내포돼 있으므로, 곧 유기체가 특별한 행동을 하게 하는 것 또는 행동을 유발함을 의미한다고 볼 수 있다.

동기와 동기화는 그 의미가 구별되지만 혼용된다. 동기화란 목표를 향해 나아가도록 하는 행동을 유발하고 시간이 지나도 그 행동을 유지하는 내적 과정 등으로 정의된다. 즉, 동기화는 어떤 행동의 방향과 강도를 정해 주는 심리적 요인으로 유기체가 무엇을 원하는가에 따라 어떤 행동을 얼마만큼의 강도로 행하느냐가 결정된다. 앞선 예에서 보듯이 아동이 교사와 친구의 칭찬을 받기 위해, 또 색칠을 좀 더 정교하고 세련되게 하기 위해 색칠 학습을 선택하는 것이 동기의 방향성이다.

모든 아동한테 같은 색칠 학습 과제를 제시했지만, 어떤 아동은 매우 즐거워하며 학교와 집에서 스스로 과제 수행을 지속하지만, 어떤 아동은 대충 완성해서 제출하는 경우도 있다. 전자의 아동은 색칠 학습을 향한 더 높은 수준의 동기를 지니고 있으며, 후자의 아동은 상대적으로 낮은 수준의 동기를 지니고 있다. 이것이 동기의 강도다. 여러 연구를 통해 동기화와 학업 성취도 사이에는 높은 상관이 있는 것으로 보고됐으며, 무엇인가를 학습하는 데 동기화된 학생의 경우 더욱 높은 인지 과정을 사용한다.

또한, 일반적으로 동기화된 학생은 학교에 대해 긍정적인 태도와 만족감을 보이며, 어려운 과제를 할 때 끈기 있게 하고, 수업 중에 문제 행동을 덜 보이며, 심도 있게 공부하면서 수업 중 과제를 다른 학생보다 더 잘한다. 지식, 기술 및 사회적 요구가 발전하고 변화하는 가운데 계속해서 무엇인가를 배우고자 하는 인간의 동기야말로 인생 전반에 걸쳐서 개인의 성취를 보장해 주는 보증수표와 같은 것일지도 모른다. 그러므로 교사에게 가장 중요한 일은 어떻게 학습자를 지속해서 동기화하는가다.

학업 성취와 인과적으로 연결된 동기는 학업 성취를 위한 수단인 동시에 교육의 목적으로도 작용한다. 교육 현장에서 동기화를 중요시하는 이유는 무엇일까? 첫 번째 이유는 많은 철학자가 목적적인 행동을 동물과 구별되는 인간 행동의 뚜렷한 특성이라고 말하기 때문이다. 동기화는 목적을 가진 개인의 행동을 조직화하는 역할을 한다. 책을 읽고 이해하고 독후감을 쓰기 위해 전체적인 틀을 구상한 후 요약과 비평을 거쳐 제출할 것이다. 이러한 일련의 행동은 독후감 과제 제출이라는 뚜렷한 목적을 향한 학습자의 동기로 인해 조직화한 것들이다.

두 번째 이유는 특정 과제에 대한 높은 동기가 더욱 오랫동안 흥미를 가지고 해당 과제에 대한 깊이 있는 학습을 지속하도록 하는 역할을 하기 때문이다. 흥미와 재미를 느끼는 교과목에 대해 학습자는 더 많은 시간의 학습을 투입한다. 그러므로 교사가 학습자의 동기 수준을 안다는 것은 그 학습자가 특정 과제에 어느 정도 시간을 투입할 것인지를 예측할 수 있게 해 주며, 나아가 학습 효과를 위한 학습자의 동기화를 사전에 계획할 수 있게 해 준다.

세 번째 이유는 지능이나 적성으로 설명할 수 없는 성취도의 차이를 설명하는 데 동기화 개념을 도입할 수 있기 때문이다. 학습자의 지능 수준이 평균이거나 혹은 평균보다 높은 데도 학업성취도가 낮은 경우, 반대로 지능 수준이나 낮은 학습자인데도 학업 성취도가 높은 경우를 설명하는 데 동기화 이론을 적용할 수 있다.

네 번째 이유는 동기화는 그 자체가 교육의 목적으로 작용할 수 있기 때문에 교사에게 특히 중요하다. 고등학교 3학년 학생을 가르치는 어떤 국어 교사는 50분의 수업을 진행하는 동안 학생들의 국어 학습에 대한 동기를 유발하기 위해 부단히 애쓰지만, 같은 고등학교 3학년 학생을 가르치는 수학 교사는 수학에 흥미를 느끼고 있는 4명의 학생만을 주목해 수업을 진행할 뿐 나머지 수십 명에 해당하는 학생의 수학 학습에 대한 동기 유발은 포기했다.

학생의 동기 유발을 위해 부단히 노력한 전자의 경우, 국어에 대한 동기화로 인해 해당 국어 수업이 끝난 후에도 학생들은 지속해서 국어 학습에 대한 관심과 흥미를 유지할 수 있겠지만, 후자의 경우에는 불행히도 그러지 못할 것이다. 동기는 학습자의 후천적 경험에 따라 많은 영향을 받는다는 점을 생각해 볼 때, 학습자의 동기 자체를 높여 주는 것이 교사의 역할임을 간과해서는 안 된다. 따라서 관찰학습에는 주의, 파지, 운동 능력과 동기화 과정이 포함된다. 그러므로 관찰학습이 일어나지 못했다면 관찰자가 모델의 관련 행동을 관찰하고 그것을 파지하며 신체적으로 수행할 수 없거나 수행으로 이끌 만한 유인자가 없다고 할 수 있을 것이다.

# 06장

# 동기와 정서

---

### 학습 목표

1. 동기와 동기화의 개념 그리고 동기의 개념을 이해할 수 있다.
2. 동기이론에 대해 이해할 수 있다.
3. 정서와 동기의 관계를 설명할 수 있다.
4. 정서와 학습의 관계를 설명할 수 있다.

### 열쇠말

정서, 동기이론, 성취 동기, 욕구위계, 내·외재적 동기

---

## 1 동기

인간의 행동은 끊임없이 자기결정과 선택 과정을 거친다. 목표란 개인이 만들어 내고, 선택하고, 결정한 것이며, 우리는 이 목표를 향해 에너지를 동원한다. 이렇게 어떤 목표를 향해 에너지를 동원하는 것이 동기(motivation)다. 동기는 행동을 활성화하고 행동의 방향 설정에 영향을 주고 지속시키는 욕구나 욕망이다. 동기는 힘과 방향, 그리고 지속성을 가지고 있다.

동기에는 여러 종류가 있으며, 대부분 의식되는 것 같지만 의식되지 않는 것도 있

다. 어떻게 그리고 어떤 동기가 활성화되는가는 사람과 상황에 따라 다르다. 따라서 인간 동기의 이해는 생활의 여러 면에서 도움이 된다. 동기와 마찬가지로 정서도 행동을 활성화하고 행동의 방향 설정에 영향을 준다. 분노는 공격 행동을 유발하고, 기쁨은 긍정 행동을 유발하는 데 기여한다. 정서(emotion)로 인한 생리적 활성 상태는 유기체의 행동에 일정량의 지분을 발휘한다. 따라서 정서를 가리켜 제2의 동기라는 표현을 쓰기도 한다.

## 1) 동기의 개념

동기의 개념을 정의 내리는 일은 다른 어떤 심리학적 용어의 정의보다도 복잡하다. 동기(motivation)는 움직인다는 의미로 라틴어 동사 'motivus'에서 유래된 것으로 인간의 행동을 일으키는 근원적인 힘으로 이해되고 있다. 그러므로 동기란 유기체에 움직임을 가져오게 하는 과정이며, 이 움직임은 방향이 있는 것으로써 목표를 달성하기 위해 노력을 기울이는 경향인 것이다. 즉, 인간의 행동을 활성화하고 방향을 결정하며 그 행동을 지속시키게 하는 내적 상태가 동기다(정미경 외, 2018).

동기란 개념이 추상적 대상이기에 정답은 없지만 다양한 학자가 제시한 동기 연구를 보면 공통적으로 내포된 것들이 있다. 즉, 동기이론자들은 동기의 세 가지 역할에 동의한다.

첫째, 동기의 발생(emergency) 기능이다. 동기란 어떻게 출현하는가? 우리의 내부에서 발생하는 것인가, 아니면 외부의 어떤 힘에 의한 것인가? 즉, 동기는 행동의 시발점 역할을 한다.

둘째, 동기의 방향성(direction) 기능이다. 즉, 행동을 목표 지향적으로 이끈다.

셋째, 동기의 강화(reinforcement) 기능이다. 즉, 행동의 원동력이 됨으로써 행동을 강화한다.

이렇듯 동기를 재정의하면 "유기체로 하여금 행동하게 만들고, 그 행동을 좀 더 오랫동안 지속하게 만드는 것"이라고 할 수 있다.

### (1) 욕구와 추동

욕구(needs)는 결핍으로 인해 유발된 신체적·심리적 흥분 상태라 할 수 있다. 생물학적 결핍(수면, 식욕, 성욕)이 원인일 수도 있고, 심리적 요인(안전, 인정, 자존심)의 결핍이 원인이 될 수도 있다. 반면 추동(推動, drives)은 '이끈다'는 뜻을 내포하고 있으며, 개체의 행동과 관련돼 있다. 배고픔(hunger)은 음식을, 성욕은 성적 만족을, 호기심은 신기한 자극을, 그리고 다른 추동은 다른 목표를 향하도록 만든다. 이처럼 결핍된 욕구가 행동으로 나타나도록 하는 것이 추동이다. 동기가 발생 기능, 방향 기능, 강화 기능을 하는 것은 바로 욕구와 추동의 결과물로 볼 수 있다.

### (2) 내재적 동기와 외재적 동기

내재적 동기(intrinsic motivation)는 발생 기원이 내부에 있는 경우로 자신감, 만족감, 자부심, 강한 성공감 때문에 행동하는 경우가 해당된다. 내재적 동기는 사람들의 자율성, 유능성, 관계성을 위한 심리적 욕구를 충족하려는 목표를 갖고 자발적으로 출현하는 선천적인 동기다.

외재적 동기(extrinsic motivation)는 외부 요인에 의해 동기화된 경우로 음식, 돈, 칭찬, 벌 혹은 압력 때문에 행동하는 경우를 말한다. 외재적 동기는 조작적 학습의 관점에서 설명된다. 외적 동기화된 사람은 일 자체보다 2차적 부산물에 의해 움직인다고 할 수 있기에 일을 열심히 하도록 하기 위해서는 내적 동기화를 유도해야 한다.

〈표 6-1〉 내재적 동기가 있는 학생과 외재적 동기가 있는 학생의 특징

| 내재적 동기가 있는 학생 | 외재적 동기가 있는 학생 |
| --- | --- |
| • 결과에 관계없이 학습이나 행동을 지속적으로 수행한다.<br>• 기계적 암기학습이 아닌 이해를 통한 개념학습 활동을 한다(Stipek, 1996).<br>• 외재적 보상을 제공하더라도 더 이상 동기 유발이 되지 않지만, 불필요한 외적 보상은 외재적 동기화로 변할 수 있다. | • 다른 사람이 공부를 하도록 부추겨야 학습에 참여하게 된다.<br>• 낮은 수준의 피상적인 정보 처리만 한다.<br>• 쉬운 과제에만 흥미를 가지고 수업의 최소 요구 사항만 만족시키려고 한다. |

## 2) 동기이론

인간의 행동을 설명하기 위한 동기이론에는 다음과 같은 이론이 있다.

### (1) 본능이론

심리학 초기 이론들은 동물이 본능에 따라 생존 관련 행동을 하듯이 인간의 행동도 이런 선천적 본능에 의해 움직인다는 본능이론(instinct theory)을 주장했다. 하지만 학자들마다 인간에게 얼마나 많은 본능이 있는지에 대해서는 의견이 달랐다. 단수설을 주장하는 사람과 복수설을 주장하는 사람이 있다. 단수설을 주장하는 대표적인 주자는 영국의 경험주의자들의 쾌락 추구 이론이다. 그들은 인간 행동의 원인으로 쾌락 본능을 들었다. 인간은 만족을 주는 행동을 추구하고 만족을 주지 않는 행동은 추구하지 않는다는 것이다. 복수 본능설의 대표 주자는 맥두걸(William McDougall, 1871~1938)로 본능을 인간에게 적용한 최초의 심리학자다. 인간에게는 7개의 본능(도피, 투쟁, 호기심, 증오, 자기애, 자기주장, 자기비하)과 18개의 본능(혐오, 호기심, 제작, 도망, 짝짓기 등을 추가)이 있음을 주장했다. 즉, 인간의 행동은 이런 본능이 학습에 의해 수정되거나 조합돼 이뤄진다는 것이다.

이런 본능적 인간관은 심리학의 중요 이론적 근거로 활용됐다. 예를 들면, 프로이트의 삶의 본능(eros)과 죽음의 본능(thanatos), 융의 원형이론, 호나이(Karen Horney, 1885~1952)의 기본 불안, 프롬(Erich Seligmann Fromm, 1900~1980)의 소외감이론 등은 모두 본능에 바탕을 두고 인간 행동을 접근한 이론이다. 하지만 본능이론은 많은 사람에게 공격을 받고 있다. 중국의 심리학자 궈징양(郭任遠)은 논문 "심리학에서 본능을 포기하기"에서 '본능'의 개념을 신랄하게 비판했다. 그는 본능의 유형, 종류는 합의된 바 없으며, 본능으로 알려진 행동 상당수는 학습의 결과물임을 주장했다(김남일 외, 2015).

### (2) 행동주의이론: 유인이론

행동주의 심리학자들은 외적인 보상(reward)이나 유인(incentive)과 같은 개념을 사용해 동기와 동기화의 과정을 설명한다. 유인이란 특정 대상에 대한 접근이나 회피를 유도하는 외적 자극을 지칭한다. 유인에 대한 반응은 학습을 통해 이뤄진다. 아이스크

림이 맛있다는 학습의 결과 해당 자극에 접근하는 행동을 하게 되며, 바늘에 찔려 아프다는 학습의 결과 회피 반응을 보이게 되는 것이다. 유인이론(incentive theory)은 행동이 내적 결핍 상태나 충동에 의해서뿐 아니라 외부의 환경적 자극에 의해서도 동기화됨을 보여 준다.

유인의 효과는 제한된 특징을 보인다. 첫째, 모든 사람에게 동일한 반응이 나타나는 것은 아니다(예: 무료음악회 초대권은 음악을 좋아하는 사람에게만 유인가의 역할을 한다는 것). 둘째, 유인가의 가치는 시간과 상황에 따라 달라질 수 있다(예: 배고플 때는 그것에 접근하려는 행동을 하게 하는 유인의 효과를 갖지만 포만 상태에 있을 때는 별 효과를 발휘하지 못한다.).

고전적 조건형성이론의 창시자 파블로프는 무조건 자극 과정을 개의 타액 실험을 통해 유인의 매개체를 발견하면서 인간의 수동적 행동을 설명했고, 스키너는 비둘기 실험을 통해 행동의 유인으로서 보상과 처벌을 들었다.

### (3) 인본주의 동기이론

행동주의와 정신분석이 20세기를 지배하며 심리학적 접근을 했다. 지나치게 객관성을 강조했던 행동주의와 과거를 지나치게 강조했던 정신분석을 통해 당사자의 심리세계를 관찰하는 것이 아닌 환경과 과거를 탐색하기에 바빴던 것을 인본주의는 이런 접근들에 대해 반발로 등장했다. 인본주의 동기이론은 매슬로(Abraham Harold Maslow)의 욕구위계이론을 통해 행동의 동기로 자아실현을 주목했다.

#### ① 매슬로의 욕구위계이론

인본주의 심리학자 매슬로는 인간의 다양한 행동이 욕구위계이론에 따라 피라미드 구조로 이뤄져 있다고 발표했다. 이 이론은 인본주의 동기이론의 대표적인 것으로 사람마다 독특한 동기 위계가 있으며, 한 가지 행동이 여러 동기에 의해 발생할 수 있다. 인간은 긍정적이고 지적이며 상위 지향적인 내적 욕구를 가지고 태어나 다양한 상위 요인을 찾고자 노력했다.

매슬로의 욕구위계이론 5단계의 특징은 다음과 같다.

첫째, 생리적 욕구(physiological needs)는 생존에 필요한 욕구다. 즉 공기, 음식, 물,

수면, 성적 분출 등에 대한 것으로 인간의 가장 기본적인 욕구다. 생리적 욕구가 충족되지 않으면 우리의 에너지는 이 욕구를 만족시키기 위해 동원된다. 배고픈 사람에게는 배려나 존중이 중요치 않지만 일단 충족되고 나면 다른 새로운 욕구가 발생한다.

둘째, 안전의 욕구(safety needs)는 신체적 안전과 심리적 안정, 질서, 보호, 법 등에 관한 것으로 환경과 안전의 욕구를 저해하는 요소로부터 보호하고자 하는 욕구다.

셋째, 소속과 사랑의 욕구(belongness & love needs)는 타인과 친밀한 관계를 맺고 사랑하고 사랑받고 싶어하는 욕구다. 특정 집단에 소속되고 싶어하는 욕구로 하위 욕구가 충족되고 난 후 더 강해진다.

넷째, 존중의 욕구(esteem needs)는 타인으로부터 존중과 존경받고 싶어하는 욕구다. 이 욕구가 충족되면 자신감과 자존감이 높아지고 좌절되면 열등감과 무력감등이 생긴다.

다섯째, 자아실현의 욕구(self-actualization needs)는 자신의 잠재력이나 자기다움을 최대한 실현하며 욕구를 충족한다. 가장 건강한 사람의 범주라 할 수 있다.

매슬로
(Abraham Harold Maslow, 1908~1970)

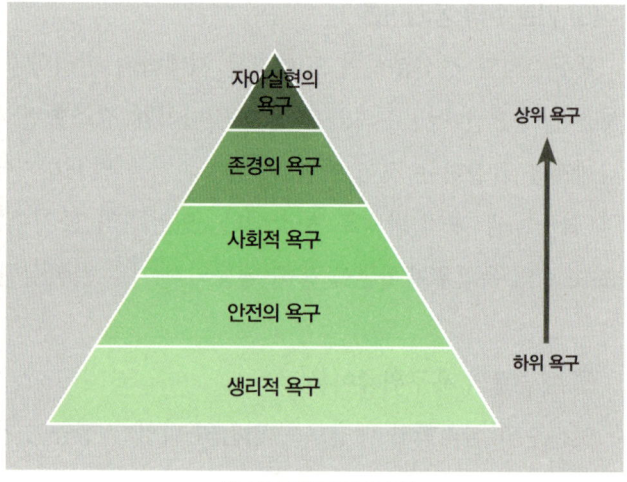

매슬로의 욕구 5단계 이론

출처: 위키백과(https://ko.wikipedia.org/), 검색일: 2023.11.02.

[그림 6-1] 매슬로의 욕구위계이론

② 이론의 시사점

이 이론은 하위 욕구가 충족돼야 상위 욕구, 즉 다음 욕구에 대한 동기화가 이뤄진다. 매슬로는 하위 욕구의 결핍에 의한 상위 욕구의 동기화는 지속력이 없음을 주장하지만, 비판도 다수 제기된다. 이 비판은 하위 수준의 욕구가 충족됐을 때 다음 욕구로 옮겨 가는 것이 아니라, 서로 다른 수준의 욕구 사이를 옮겨 다니거나 동시에 다른 수준의 욕구에 의해 동기화될 수 있다는 사실이다. 예를 들면, 조선시대의 선비들은 생리적(음식), 또는 안전(보호, 법)의 욕구가 결핍돼도 존중의 욕구나 자아실현의 욕구로 동기화됐다는 사실이다. 그의 접근법이 다소 비과학적이라는 비난을 받기도 하지만, 실제 정상적이고 건강한 사람들을 동기화하는 요인에 대한 사고의 틀을 마련해 준다는 점에서 인정을 받고 있다(김남일 외, 2015).

## 2 정서

### 1) 정서의 개념

정서(情緖, emotion)를 한마디로 정의하기란 어려운 일이지만 라틴어 'Emovere' 또는 'Emotus'에서 유래된 것으로 '뒤흔들어 놓는다', '감동시킨다', '흥분한다', '움직여 나간다'의 뜻으로, 움직이고 흔들려서 어떤 행동을 하게 될 때 감동되고 흥분되는 상태라는 의미를 내포한다. 정서는 행동하게 하는 동기를 부여하는 힘을 가지고 있는 외적 표현과 내적 감각과 관련된 복합적 인식 상태다. 특히 환경적 사건에 의해 발생한 정서는 우리의 사고와 행동에 강력한 영향을 미친다.

정서의 개념이 일원화된 개념이 아니기에 정의하기가 어려우나 이해의 편의성을 위해 쉽게 사용하는 정의를 살펴보면 "정서는 심적으로 특정 대상을 향하는 주관적 느낌"이다.

### 2) 정서의 종류

정서의 종류는 몇 가지나 될까? 오래전부터 정서를 분류하기 위한 연구가 이어져 왔다. 학자들마다 다른 견해를 보이고 있는데 톰킨스(Silvan Solomon Tomkins,

1911~1991)는 기쁨, 슬픔, 분노, 놀람, 공포, 혐오, 흥미 및 수치심의 여덟 가지 기본 정서를 구분하고 있다. 왓슨(John Broadus Watson)은 사랑, 분노 및 두려움의 세 가지 정서를 언급했다.

　문화가 다르고 민족이나 인종이 달라도 인간이라면 공통적으로 느끼는 선천적인 정서가 있는데, 이를 일컬어 기본 정서(basic emotions)라고 한다. 에크만(Paul Ekman, 1934~ )은 정서에 의한 얼굴 표정 분야의 선도적 연구자다. 그는 프리즌(Wallace Freisen)과 함께 다양한 사회구성원의 얼굴 표정에 드러난 정서를 연구했다. 아르헨티나, 브라질, 칠레, 일본과 미국 등의 고등교육(대학)을 받은 이들에게 얼굴 사진을 보여 주고, 얼굴 표정(정서 표현)의 보편성의 증거를 만들고자 했다. 더 나아가 석기시대의 수준에서 사는 원시부족들을 찾아가 연구를 수행하기도 했다. 그리고 에크만은 인간 공통의 기본 정서로 기쁨, 슬픔, 분노, 놀람, 혐오, 공포를 꼽았다.

　에크만은 얼굴 표정이 보편적 정서를 나타내 줄 것이라는 믿음에 여러 가지 표정 사진을 다양한 문화권의 사람들에게 제시해 기쁨, 슬픔, 분노, 놀람, 혐오 및 공포의 여섯 가지 기본 정서를 확인했다.

　인간은 미래의 어떤 인공지능도 흉내 낼 수 없는 고유한 기본 정서를 가지면서 자극에 대해 개인의 내부에서 일어나는 강한 감정을 표현했다. 심리학자 에크만이 말하는 인간의 기본적인 일차 감정(Big Six)은 우선 기쁨, 슬픔, 분노, 놀람, 혐오, 공포의 여섯 감정이 기본이다. 여기서 특이한 점은 우리가 긍정적으로 여기는 감정은 '기쁨'으로 단 하나뿐이 없다는 것이다. 하지만 영화 〈인사이드아웃〉에서도 알 수 있듯이 이분법적으로 '좋은' 감정과 '나쁜' 감정은 딱히 없다.

　모두가 어우러졌을 때 진정한 나의 모습으로 설 수 있듯이 기쁨의 감정만이 무조건 좋다고 할 수 없는 것이다. 뭐든 적당한 게 제일 좋은 것이다. 그리고 에크만과 달리 플러치크(Robert Plutchik, 1927~2006)는 감정에 대해 심리진화론적 분류를 주장했다고 한다. 그는 분노, 공포, 슬픔, 혐오, 놀람, 기대, 신뢰, 기쁨이라는 여덟 가지 기본 감정을 주장했다. 그 감정들을 그는 감정의 바퀴로 제시한다. 그중 인상 깊었던 것은 이들 감정과의 조합이 나타내는 감정들이었다.

　그뿐만 아니라, 플러치크(Plutchik, 1980)는 기본 정서를 하나의 원으로 묶고 이 원을 다시 3차원적 팽이 모양으로 제작해 이 기본 정서가 이웃한 정서와 합해 또 다른 정서를 만들어 낸다는 혼합 정서를 말하면서 정서의 강도에 따른 변화를 말했다.

특히, 기본 감정(primary emotion)은 바퀴의 감정들은 서로 반대되는 4쌍의 감정으로 이뤄져 있다고 한다(기쁨↔슬픔 / 분노↔공포 / 기대↔놀람 / 신뢰↔혐오). 사람이 타고난 여덟 가지 기본 감정과 이 기본 감정이 섞여서 만들어 내는 다양한 감정에 대한 그래프이며, [그림 6-2] 플러치크의 감정의 수레바퀴(wheel of emotions)를 보는 방법은 기쁨과 수용이 혼합될 때 사랑의 감정을 느끼고, 후회와 실망이 혼합될 때 슬픔의 감정을 느낀다. 이런 식으로 보면 쉽다. 각 여덟 가지 감정이 생겨나는 이유는 다음과 같다.

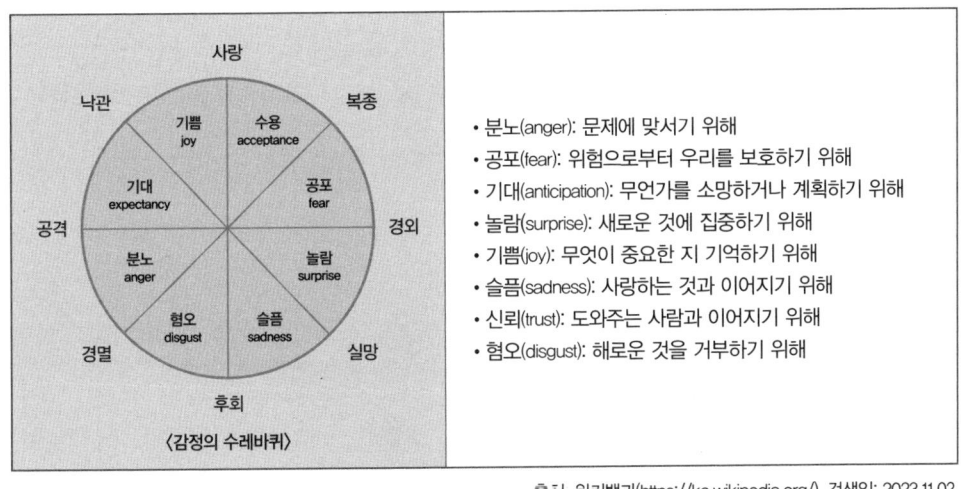

출처. 위키백과(https://ko.wikipedia.org/), 검색일: 2023.11.02.

[그림 6-2] 플러치크의 감정의 수레바퀴 도형

이 중에서 슬픔의 감정이 생겨나는 이유가 사랑하는 것과 이어지기 위함이라고 한다. 누군가를 떠나보내고 슬퍼하는 감정은 그 사람이 부재하더라도 그와의 끈을 붙들기 위한 감정이라는 것이다. 또한 '충조평판', 즉 충고, 조언, 평가, 판단을 어떠한 경우에도 하지 말라는 것이다. 내가 건네는 충고, 조언, 평가, 판단이라는 것이 상대방에게는 비난으로 들릴 수도 있다. 특히 심리적으로 취약한 순간에 직면한 사람에게 충조평판은 마음을 아프게 베어 내는 칼과 같은 것이다. 당장 죽을 생각을 하는 사람 앞에서 충조평판은 불난 집에 기름을 붓는 격이 된다.

반면, 내가 당장 죽고 싶은데, 내 처지를 누군가 공감하게 된다면, 금세 그런 절박한 생각이 사라질 수 있다. 내가 아주 힘들 때, 누군가에게 자연스럽게 말 못할 속사정을 꺼내 놓게 된다면 그런 말을 하는 것 자체가 치유의 시작이 되겠지만, 결국 절반의 성공이 완전한 성공으로 바뀌려면, 듣는 이의 경청과 공감이 나머지 절반을 채워야 하는 것이다. 그런데 속사정을 터놓은 사람을 향해서 자기 나름대로 생각해 주고, 뭔가 이야기한다며 "너 그렇게 하면 안 돼!"라고 받아 준다면, 이야기를 꺼낸 사람은 "내게 정말 뭔가 문제가 있나"라고 생각하게 된다. 새로운 절망이 시작되는 것이다.

사람은 불안하거나 우울한 마음이 들 때가 있다. 그런데 그런 상황에서 그 감정을 자연스럽게 받아들인다면 그 자체가 위안이 될 수 있다. 불안이나 우울을 질병으로 바라보는 순간, 즉 있는 대로, 생긴 대로 받아들이지 않는다면, 그것은 빠져나올 수 없는 악순환에 빠지는 게 된다. 받아들인다는 것은 체념하는 것이 아니다. 받아들인다는

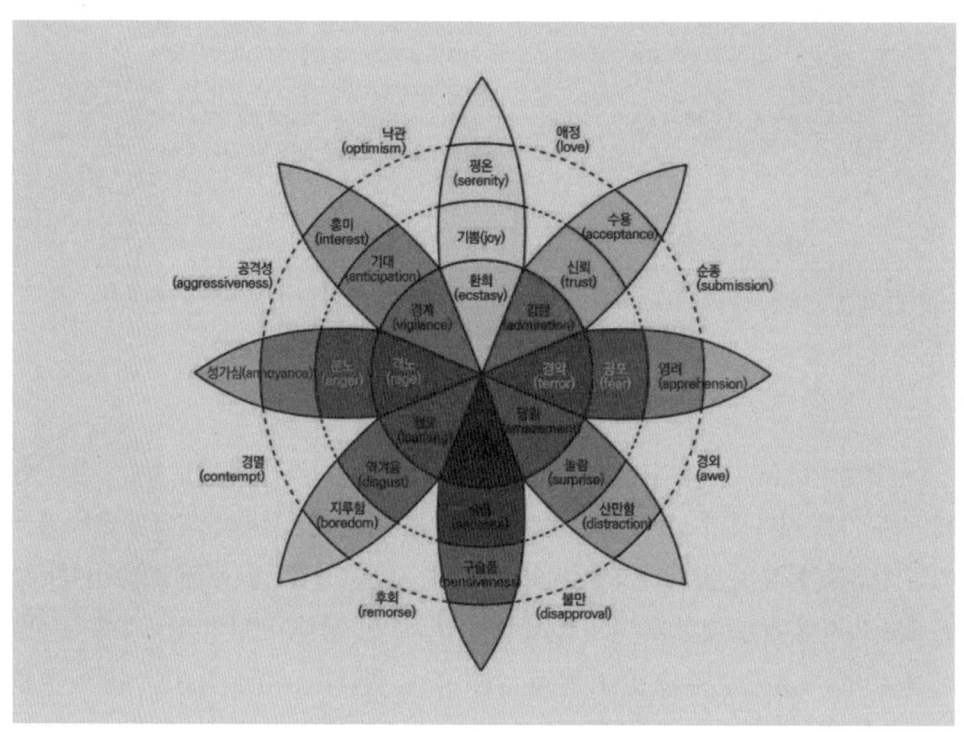

출처: 위키백과(https://ko.wikipedia.org/), 검색일: 2023.11.02.

[그림 6-3] 플러치크의 감정의 원형 모형

것은 내 감정을 어루만져 준다는 것이다. 따라서 부정적인 감정이 내 마음속에서 편안하게 공존할 수 있도록 바라봐야 할 것이다.

앞의 그림 3차원 원형 모형(three-dimensional circumplex model)에서 색깔 바퀴(a color wheel)에 입힌 다양한 색들은 감정 개념들(emotion concepts) 상호 간의 관계를 묘사한 것이다. 원뿔 모양의 세로축은 강도(intensity)를 나타내고, 원형은 감정 간의 유사성의 정도(degrees)를 나타낸다. 8개 구역으로 구분한 것은 여덟 가지 기본 감정 차원(primary emotion dimensions)을 표시하되, 맞은편에는 반대되는 개념으로 총 4개의 짝(four pairs)을 맞췄다. 감정의 폭발모형(exploded model the emotion)은 8개 개념 사이의 빈 공간에 표시했는데, 기본 감정과 한 쌍(dyads)을 이루는 감정에 해당된다.

### 3) 정서의 특성

첫째, 정서는 개인의 지각, 인지, 감각, 학습, 문화와 성숙 정도에 따라 개인 차이를 보인다. 예를 들면, 매운 음식을 먹으면서 한국 사람은 얼큰하고 시원하다고 말을 하지만 외국 사람들은 극도로 매워서 얼굴을 찌푸리는 모습을 종종 볼 수 있다.

둘째, 정서는 선천적·신체적 기질에 따라 다양하게 변화한다. 좋아하는 사람과 있을 때는 가슴이 뛰고 흥분되며 맥박이 빨라지는 등 혈액 순환의 변화를 경험하지만 중요한 면접이 있을 때는 손바닥에 땀이 배고 긴장했을 때는 표정이 굳어지는 등 외현적 변화를 경험하게 된다.

셋째, 개인의 영역이나 공간에 대해 침해받았다고 느껴질 때 잠재의식적으로 불안해지거나 초조해짐을 느끼게 된다. 예를 들면, 좁은 엘리베이터 안에서 두 사람이 멋쩍게 서 있을 때 시선을 어디에 둬야 하는지 난감해하거나 한 사람이 내리기 전까지는 긴장감을 가지게 되거나 한쪽 벽쪽을 응시하면서 휴대폰을 보는 척하는 등 잠깐의 시간이지만 심리적으로 매우 길게 느끼며 불편함을 경험했을 것이다.

이와 같이 사람들은 자신의 개인적 공간(personal space)이 타인으로 하여금 침해받았을 때 경험되는 감정은 긴장감, 당혹감, 경계심, 불안감 등을 통해 일정한 거리를 두고자 한다. 이때 사람마다 사용하는 개인적 행동 특성이 허공을 본다든지, 휴대폰을 보거나, 벽을 응시하는 등 사람이 없는 것처럼 무표정으로 불편한 상황을 모면하려고 한다. 이에 대해 홀(Edward Twitchell Hall, 1914~2009)은 인간이 자신의 주변에 설정해 놓은 구역이나 영역에는 친밀한 거리, 사적인 거리, 사회적 거리, 공적인 거리 등이 있다고 결론지었다.

### 4) 정서의 표현

사람들은 의도적인 표정으로 자신의 감정을 감추려고 노력하지만 의도와 다르게 감정은 의식적 또는 무의식적으로 드러난다.

#### (1) 언어적 표현

마음이 아프고, 슬프고, 괴로울 때 사람들은 공식적인 통로인 언어를 통해 표현한다. 하지만 감정은 일시적인 것도 있고, 상상조차 못할 심각한 것도 있으며, 성격구조와 삶의 방식 때문에 나타나는 것도 있다. 따라서 언어적 표현을 더욱 잘 이해하기 위해서는 언어와 함께 수반되는 부언어적 표현(para-linguistic expression)인 억양, 말투, 속도, 표정, 자세, 높낮이 등을 통해 상대방을 이해할 수 있다.

그러나 언어적 표현이 언제나 정확한 정서를 반영하는 것은 아니다. 경험을 언어로 표현하면 많은 정보가 생략되기도 하고, 문화의 규범에 따른 표현 방식으로 인해 위장된 정서를 반영할 수도 있다. 어떨 때는 상대의 감정을 손상시키고 싶지 않아서, 또는 자기 보호 차원으로 인해 표현하지 않는 경우도 있다. 그러기에 정서의 다른 단서인 비언어적 표현에 민감하게 반응할 필요가 있다.

#### (2) 비언어적 표현

메러비언(Albert Mehrabian, 1939~ )이 발표한 이론으로 상대방에 대한 인상이나 호감을 결정하는 데 상대를 이해할 때 언어적 표현보다 비언어적 표현이 좀 더 효과적임을 시사한다. 언어적 표현(7%), 목소리(38%), 표정(55%) 그중에 얼굴 표정(facial expression)은 가장 확실한 정서 전달의 수단이 된다. 또한, 걸음걸이를 통해서도 정서를 알 수 있는데, 자신감 있는 사람의 걸음걸이와 불안하고 위축된 사람의 걸음걸이는 분명 다르게 전달된다. 더불어 대인 거리(personal distance)도 정서 파악에 주요 단서가 된다. 흔히들 감정에 따라 대인 거리가 달라짐을 주장한다.

> "친밀의 거리 1m 이내, 작업 거리 1.2m,
> 권위의 거리 2m, 경계의 거리 3m"

무의식적으로 일어나는 위와 같은 거리는 서로의 감정을 읽는 데 좋은 단서가 된다. 비언어적 표현이 많은 것을 이해하고 싶은 것도 있으나 내적 상태를 충분히 전달하지 못할 수도 있다. 그러기에 내적 상태를 충분히 이해하기 위해서는 언어적 단서 및 여러 비언어적 단서를 복합적으로 활용할 필요가 있다.

# 07장

# 귀인이론

| 학습 목표 |
| --- |
| 1. 귀인의 개념을 이해할 수 있다.<br>2. 내·외적 귀인에 대해 설명할 수 있다.<br>3. 귀인 원리를 이해할 수 있다. |

| 열쇠말 |
| --- |
| 귀인, 내·외적 귀인, 자기고양적 편견, 귀인 원리 |

## 1 귀인의 이해

귀인(歸因, attribution)이란 타인의 행동을 통해 그 행동의 원인이 어디에 있는지 왜 특정한 방식으로 행동하는지를 결정하는 과정, 즉 행동 원인을 추론하는 과정을 말한다. 이때 특정한 결과를 특정 원인으로 돌리는 추론을 귀인이라 하는데, 특정 장면을 보고 설명을 하고 싶어하며 이때 등장한 것이 인과적 사고다.

그러나 언제나 행동의 원인이 뚜렷한 것은 아니다. 이를테면, 아무 관계도 없는 이웃돕기 모금운동에 선뜻 거액을 기부하는 일이나 어떤 사람이 나를 보고 웃었을 때,

이를 호의로 볼 것인지, 아니면 비웃음으로 볼 것인지에 따라 행동을 한 사람에 대한 평가와 반응이 달라지게 될 것이다. 많은 생각이 앞서지만 뚜렷한 원인이 없고 명확하지 않은 행동 결과가 일어날 때 귀인적 사고는 이처럼 명확하지 않을 때 일어난다.

### 1) 귀인의 방향

귀인적 사고는 내적 귀인(internal attribution)과 외적 귀인(external attribution)의 두 가지 방향에서 이뤄진다. 내적 귀인은 행동의 원인이 그 사람의 내적인 특성(그 사람의 기질, 속성, 성향, 성격, 동기 등)으로 추론되지만, 외적 귀인은 주변 상황 탓(피치 못할 사정이나 어려운 환경, 또는 돈, 상황적인 압력, 우연 등)으로 돌리는 사고다. 이 두 가지 귀인을 하게 될 경우 내적 귀인을 하게 되면 그러한 행동을 한 사람의 성격이나 능력에 대한 판단을 할 수 있게 되지만, 외적 귀인을 하게 될 때는 그렇지 못하다.

### 2) 귀인의 오류

귀인의 오류란 원인을 제대로 찾지 못하는 오류로, 자기의 신념이나 편견에 일치되도록 원인을 귀인시키는 것으로 대부분 자신의 입장을 방어하는 쪽으로 연결시킨다. 이것을 자세히 들여다보면 인지적 측면에 문제가 있음을 볼 수 있다.

첫째, 자극의 특출성에 대한 인지적 편향으로 가장 두드러진 자극에 과잉 반응을 보이는 것이다. 특출 난 자극을 통해 이 자극이 가장 영향력 있는 자극으로 주요 잣대를 삼아 판단하기 때문이다. 둘째, 이를 통해 상대의 기질적 요인을 과대평가한다. 즉, 어떤 두드러진 모습을 통해 무리하게 해석한다. 이런 편향은 매우 보편적인 현상으로 이것을 기본적 귀인의 오류(fundamental attribution)라 부른다.

"새벽에 술 취한 여성이 귀가 도중 봉변을 당했다는 뉴스를 들으면, 사람들은 일반적으로 '왜 새벽에 귀가했으며, 왜 술에 취해 있었는지'" 등 그 여자의 행실에 문제를 제기한다. 만약 그 여자가 불가피한 사정 때문에 새벽에 귀가할 수도 있고 술을 마실 수밖에 없는 상황을 배제하고 해석을 내린다는 것이다.

동기적 편향 중 자기고양적 편견(ego-enhancing bias)이 있는데 이것은 자아를 방어하기 위해 무의식적이며 자동적으로 자신에게 관대하게 하는 사고방식이다. 예를 들면, 좋은 결과가 생겼을 때는 내부 귀인을 시키고, 나쁜 결과가 생겼을 때는 외부 귀인을 시키는 것이다.

"내가 하는 것은 로맨스, 남이 하는 것은 추태", "좋은 대학에 들어가면 내가 열심히 공부하고 노력해서 들어간 것이고, 대학에 떨어지면 시험이 어려웠다거나 운이 없었다고 말하는 것"이다.

이처럼 동기적 편향은 자존심의 고양과 관련이 깊기 때문에 이를 방어적 귀인(defensive attribution)이라고도 한다.

## 2 귀인의 원리

많은 연구를 통해 귀인의 원리가 어떨 때 내적 귀인과 외적 귀인 원리로 이어져 가는지를 발견했다.

### 1) 절감 원리

절감 원리(discounting principle)란 어떤 행동에 내적 귀인을 할 수도 있고 외적 귀인을 할 수도 있는 조건에서는 내적 귀인보다 외적 귀인의 경향이 늘어나는 원리를 말한다.

### 2) 공변 원리

공변 원리(covariant principle)란 한 사람의 행동을 여러 번 관찰한 후 귀인하는 것을 말한다.

### 3) 자기지각이론

자기지각이론(self-perception theory)은 자신의 태도나 감정, 행동을 관찰해 원인을 어디에 귀결시키느냐를 통해 알게 된다는 것이다.

### 4) 귀인 편향

귀인 편향(attribution bias)은 귀인이 항상 논리적으로만 이뤄지는 것이 아닌 외적인 행동을 관찰해 그 원인을 추론하는 과정을 말한다. 사람들은 보통 다른 사람의 행동에는 내적 귀인을 하고, 자기 자신의 행동에는 외적 귀인을 하게 된다.

## ❸ 귀인의 결과

### 1) 학습자의 기대

과거 수행에 대한 안정적인 귀인이 이뤄졌을 때 미래의 목표 성취에 대한 기대감이 발생하며, 수행에 대한 기대는 성공 뒤에는 높아지고 실패 후에는 낮아진다. 이러한 기대를 전형적인 변화라고 하는데, 이 변화는 안정적 요인으로 귀인됐을 경우에만 발생한다.

### 2) 학습된 무기력

아무리 노력해도 실패할 수밖에 없다는 신념으로 노력하지 않게 되고 실패를 통제할 수 없는 원인으로 귀인시키면 학습된 무기력이라는 부적절한 행동을 유발할 수 있다. '학습된 무기력 이론'이라는 용어는 1960년대 중반에 '긍정심리학의 아버지'로 불린 셀리그먼(Martin Elias Peter Seligman, 1942~ )이 처음 주창했으며, 그는 심리학 전분야의 주요 연구자 중 한 명으로 알려져 있다.

"학습된 무력감은 불쾌한 자극을 받아들이고 견디는 법을 배우고, 피할 수 있는 경우에도 피하려고 하지 않는 유기체를 가리키는 용어다"(Seligman & Maier, 1967).

학습된 무력감 이론의 이면에 있는 아이디어는 동물이 실제로 스스로를 도울 수 있는 힘이 있을 때조차도 자신이 처한 상황의 결과를 통제할 수 없다고 생각하도록 조건화될 수 있다는 것이다. 이것은 그들이 벗어날 수 없는 혐오적인 자극을 반복적으로 받을 때 발생한다. 이 이론은 자신을 무력하게 만드는 상황을 바꿀 수 없다고 생각하는 인간에게도 적용될 수 있다. 이러한 사람들은 임상적 우울증과 같은 정신질환을 앓을 가능성이 더 높다(Miller & Seligman, 1975).

이러한 발견은 심리학자들이 우울증의 기초를 이해하는 데 도움이 되는 다른 많은 관련 연구로 이어졌다. 그의 동료들에 의해 개를 대상으로 하는 고전적 조건학습 실험을 하던 중 관찰한 현상에 착안해 붙여진 이름이다. 학습된 무기력은 내가 아무리 열심히 노력해도 상황이나 결과에 영향을 미치거나 변화시키거나 통제할 수 없다는 것을 깨닫는 것으로, 단순한 실패가 아닌 개인의 능력이 부족하다고 믿게 하는 실패 경험이 무기력에 빠지게 만드는 것이다. 이 실험에서 개들을 세 집단으로 나누고 두 단계로 진행했다. 두 조건의 개들 모두가 상자 안에서 전기 충격을 받았고, 한 집단에는 전기 충격을 주지 않았다.

〈실험 1〉
조건 1: 전기 충격으로 고통스러워 머리를 움직이다 우연히 앞 판자에 코가 닿으면 전기 충격이 멈추도록 장치됐다.
조건 2: 어떻게 하더라도 전기 충격을 마음대로 멈추게 할 수 없다.

〈실험 2〉
24시간 후 두 번째 실험을 진행했다. 새로운 상자에 칸막이가 설치돼 있고 개들이 마음만 먹으면 다른 쪽으로 뛰어 넘어갈 수 있게 돼 있다. 관찰 결과 무기력한 상태에 있었던 개들은 어떤 행동을 해도 상황이 변하지 않는다고 지각해서 전기 충격을 받아도 전혀 피하지 않고 낑낑댈 뿐이었다. 이처럼 통제감을 상실하면 무력감에 빠지게 돼 할 수 있는 일조차도 포기하게 되는 현상을 '학습된 무기력'이라고 한다.

예방적 처치로는 동물이나 사람들로 하여금 통제 불가능한 혐오 자극에 노출되기 전에 미리 혐오 자극에 대한 통제 경험을 하게 하는 방안이 있다. 통제 불가능한 사건들에 대한 경험이 혐오적인 상황에 대한 면역 효과를 가져올 수 있기 때문이다. 또한 무기력하게 행동하는 사람들은 자신의 실패를 능력 부족과 같은 원인으로 탓을 돌리는 경향이 있다. 그러나 자신의 실패를 노력 부족으로 원인을 돌리도록 독려한 경우에는 수행이 향상되고, 무기력이 감소하는 현상이 나타났다.

이러한 학습된 무기력 이론을 바탕으로 특히 교육 현장에서 학생들을 대상으로 학습된 무기력에 빠지게 하는 것을 사전에 방지하고, 이미 무기력감을 경험한 학생들이 무기력 상태로부터 회복하게 하는 것은 매우 중요하다. 그 방법은 아래와 같다.

첫째, 실패 경험으로부터 과잉 보호하지 말아야 한다.

둘째, 작게나마 통제감을 경험할 수 있는 환경을 만들어 준다.

셋째, 부모나 교사와 같은 통제권을 가진 사람들은 반복적으로 너무 어려운 과제를 부여하는 것은 피한다.

넷째, 만약 실패가 예상되는 상황이 예견되면 실패 결과를 수용할 준비를 할 수 있도록 사전에 상황에 대한 정보를 준다.

다섯째, 수행 결과에 대한 피드백을 적절하게 사용한다. 분명하고 구체적인 피드백을 제공함으로써 학생들이 자신의 능력이나 실패 원인을 정확하게 파악할 수 있게 해 준다.

여섯째, 귀인 변경을 시도한다. 즉, 실패를 능력 부족으로 귀인하는 사람은 노력 부족으로 바꿀 수 있도록 설득한다.

학습된 무기력 이론이 우리 교육 현장에 갖는 시사점을 살펴보면, 우리 학교 현장에서는 규준 참조 평가에서 비롯된 성적이나 등수에 대한 학생들의 부담을 덜기 위해 시험을 없애는 등 많은 노력이 있었다. 하지만 건설적 실패 이론에서 지적하듯 적절한 실패 경험으로 하여금 실패 내성(耐性)을 기르는 것이 필요하므로 학생들의 성취도를 정확하게 파악할 수 있는 준거 참조 평가를 도입하는 것이 바람직할 것이다. 지나치게 점수와 등수를 강조하는 경쟁적인 평가 위주의 시험이 아닌, 학생들이 자신의 능력에 대한 정확한 정보를 제공받을 수 있는 평가 체계를 도입해야 한다(김아영, 2010).

# 08장

# 이상심리

---

### 학습 목표

1. 이상심리 및 이상행동과 정상을 구분하는 기준을 이해할 수 있다.
2. 이상행동을 초래하는 관련성을 이해한다.
3. 정신장애의 분류 기준과 개념에 대해 이해할 수 있다.

### 열쇠말

이상심리, 이상행동, 행동모형, 정신장애 분류 기준

---

## 1 이상심리학의 이해

 이상심리학(異常心理學, abnormal psychology)이란 여러 가지 정신적 장해, 즉 정상에서 벗어난 이상한 사고나 행동으로 고통을 받는 사람들을 연구하는 학문이다. 정신적인 문제를 가진 사람들을 도와주기 위해서는 정신적 장해가 구체적으로 어떤 장애인지 알아야 하고, 그 장해의 원인을 포함한 다양한 관련 특성을 이해해야 한다.
 정신장애를 진단, 분류하는 일이나 치료를 위한 약물 처방이나 수술 등은 병원의 신경정신과 또는 신경외과에서 하는 의학적인 활동의 범주에 속한다. 이런 점에서 이상심리에서 다루는 문제들은 의학에서의 신경정신과에서 다루는 문제들과 상당히 중첩되지만 실질적인 활동 내용 면에서는 상당한 차이가 있다. 이상심리학에서는 의학적인 치료를 하기보다는 장애를 이해하고 장애를 가진 사람을 교육하고 도와주는 일에 초점을 둔다. 이런 점에서 교육이나 상담, 사회복지 등의 분야에 종사하는 사람들이 주로 관심을 가져야 할 내용이라 할 수 있다.

이상심리학은 다양한 접근 방법을 가지고 있는 학문 분야다. 몇몇 심리학자 또는 정신과 의사들은 하나의 관점에 초점을 맞추고 있지만, 심리적 질병의 더 나은 치료와 이해를 위해 다양한 분야의 요소를 사용하는 전문가들이 더 많다. 이상심리학은 어쩌면 매우 낯선 말일 수도 있다. 하지만 이 글을 읽어 보면 사실은 이것이 매우 유명한, 어쩌면 이미 알고 있는 학문이라는 사실을 알게 될 것이다. 일단 이 학문 분야에 대해서 이해를 하려면 '이상(異常)'이라는 말의 의미를 알아야 한다.

처음 이 말을 들으면 굉장히 단순해 보인다. 이상이라는 의미가 무언가 정상을 벗어났다는 의미이기 때문이다. 이상심리학은 정신 및 감정 질병의 연구와 치료에 초점을 맞추고 있다. 이러한 질병은 스스로 감정을 제대로 느끼는 능력을 저하시키고 일상적 기능 수행에 방해가 된다. 또한, 이것은 신체 또는 감정의 트라우마, 유전, 두뇌의 화학 불균형으로 인한 결과일 수도 있다. 이러한 질병을 앓는 사람들은 일반적으로 약물 치료, 심리 치료 또는 그 두 가지를 동시에 병행하는 치료를 받아야 한다.

이상심리학은 일반적인 사회구성원들과 비교해서 '이상' 또는 '이례적인' 사람들에 대한 연구다. 이상심리학에는 다양한 접근 방법이 존재한다. 몇몇 심리학자 또는 정신과 의사들은 오직 한 가지 방법에만 집중하지만, 대부분은 심리질환을 좀 더 잘 이해하고 치료하기 위해 다양한 분야의 요소들을 복합적으로 사용한다. 정신분석, 행동, 약물 및 생물학, 인지 접근 방법 등 다양한 방법이 사용된다. 정신분석학적 관점은 프로이트의 이론에서 나온 것이다. 이 접근 방법은 이상이 심리적인 것에서 비롯됐을 뿐, 물리적 원인과는 무관하다는 프로이트의 신념이 포함돼 있다. 프로이트는 해결되지 않은 자아와 초자아 사이의 갈등이 이상으로 이어질 수 있다고 믿었다.

정신분석학적 접근 방법에 따르면, 다양한 이상행동은 무의식적 사고, 욕망, 기억에서 비롯된 것이다. 이것들은 무의식적이지만, 인간의 의식적 행동에 영향을 끼친다. 이러한 접근 방법을 따르는 전문가들은 기억, 행동, 생각, 심지어 꿈을 분석하는 것이 환자의 심리적 문제를 해결하는 데 도움이 된다고 믿는다. 이러한 요소들이 환자의 부적응적 행동 및 불안을 유발한다고 생각하기 때문이며, 행동적 접근 방법은 관찰 가능한 행동에 집중한다. 행동학자들은 개인의 경험이 그 사람의 행동을 매우 크게 좌우한다고 생각한다. 이들은 행동이 무의식적으로 숨겨진 질병에서 비롯된 것이 아니라고 생각한다.

따라서 이들은 환자가 부적응적(해로운) 행동 행태를 보일 때, 비로소 이상이 나타나는 것이라고 생각하며, 이 관점은 환경에 중점을 두고 개인이 이상행동을 보이게 되는 방식에 집중하고 있다. 행동주의는 모든 행동(이상행동을 포함)이 환경을 통해 학습된 것이라고 주장한다. 또한, 이들은 누구나 행동을 '학습하지 않을' 수 있다고 말한다. 사실, 이것이 바로 행동학자들이 이상행동을 치료하는 방식이다. 행동 치료에서 전문가들은 긍정적인 행동을 더욱 강화하는 데 초점을 맞춘다.

특히, 부적응적 행동을 더욱 많이 유발하는 모든 요소를 제거하기 위한 노력과 행동 접근 방법은 정보 처리의 영향력을 전혀 고려하지 않는다. 다만, 전례(자극/강화)와 결과(행동)에 집중한다. 약물 및 생물학적 접근 방법은 질병에는 유기적 또는 물리적 원인이 있다고 생각하며, 이러한 접근 방법을 사용하는 전문가들은 정신질병의 생물학적 원인을 찾는 데 초점을 맞춘다.

이러한 관점은 질병의 내재된 원인을 이해하는 데 집중과 모든 질병의 근원은 유전적이거나 신체적 상태, 감염 또는 화학 불균형으로 인해 비롯되며, 이러한 접근 방법은 정신질병이 신체적 구조 및 두뇌의 기능과 연관돼 있다고 믿는다. 따라서 이러한 질병을 약물로 치료한다. 하지만 많은 전문가는 심리 치료와 함께 약물을 병행해서 사용한다. 인지적 접근 방법은 우리가 느끼고 행동하는 방식에 생각이 끼치는 영향력과 권한에 초점을 맞추고 있다. 이 관점은 우리의 두뇌가 정보를 처리하는 방식과 그러한 처리 방식이 행동에 끼치는 영향에 대해 연구한다. 이 접근 방법에 따르면 이렇다.

- 결함이 있는 또는 비논리적인 인지는 부적응적 행동을 유발한다.
- 개인이 가진 문제가 아니라, 그 문제에 대한 개인의 생각이 정신질병을 유발한다.
- 환자가 좀 더 적절한 인지 방식을 학습한다면 정신질환을 극복할 수 있다.

인지적 접근 방법은 개인을 적극적인 정보 처리자로 인식한다. 어떤 사건을 인식, 예측, 측정하는 개인의 방식이 그들의 행동을 결정한다. 또한, 이러한 접근 방법은 생각의 대부분이 자신이 깨닫지도 못하는 사이에 무의식적으로 이뤄진다고 주장한다. 이상심리학은 이례적 행동에 초점을 맞추고 있다. 하지만 모든 사람이 협소한 의미의 '정상(正常)'에 부합한다고 주장하는 것은 아니며, 대부분의 경우 개인의 인생에 불안 또는 문제를 유발하는 문제가 무엇인지 파악하고 그것을 치료하는 데 초점을 맞춘다. 따라서 연구자들과 치료자들은 '이상'(예를 들어, 피해를 유발하는 것)이 무엇인지 정의한 다음에야 환자를 제대로 치료할 수 있다.

## 2 이상심리학의 기준

건강한 심리적 기능의 특성은 첫째, 현실을 정확히 파악·인식할 수 있어야 하며, 둘째, 자기 자신의 능력과 심리적 상태·동기 등을 통찰할 수 있어야 하고, 셋째, 스스로의 행동을 의지대로 통제할 수 있으며, 넷째, 자기 자신을 있는 그대로 받아들여 존중할 수 있고, 다섯째, 다른 사람과의 원만한 인간관계를 이룰 수 있으며, 여섯째, 자신의 능력을 생산적인 활동으로 전환시킬 수 있다는 점 등으로 요약할 수 있다.

건강한 심리적 적응과 대비되며 심리적 및 신체적 곤란으로 일상에 지장이 초래될 때를 이상심리 상태 내지는 정신장애 상태라고 할 수 있겠는데, 심리장애는 다양한 양상으로 나타나는 까닭에 이를 한마디로 정의하기는 어렵다. 다만 누구나 합의할 수 있는 객관적이고 타당한 정의가 필요할 것인데, 이에는 다음과 같은 기준을 적용할 수 있을 것이다.

### 1) 통계적 기준

통계적 기준을 이용해 기준을 중심으로 일정 범위(정상 범위)에서 벗어나는 경우를 비정상 혹은 이상심리라고 정의할 수 있다. 즉, 정상 범위를 평균을 중심으로 2배의 표준편차 내에 속하는 경우라고 정하는 것이다. 이때 두 가지 전제가 요구된다. 즉, 인간의 심리적 특성은 측정이 가능하다고 간주하는 것이다. 그리고 인간의 그러한 특성이 정규분포할 것이라고 간주할 수 있어야 한다. 이상에서 제시한 두 가지 전제하에서 만일 어떤 특성의 측정치가 지나치게 평균에서 이탈돼 있을 때 이상 상태로 판단하는 것이다.

이런 통계적 기준은 정확하게 경계선을 긋기만 한다면 객관적이고 정확하다는 장점을 지닌다. 그러나 통계적 기준도 경계선은 항상 표준편차의 2배수여야만 하나, 1배수나 3배수로 할 수도 있지 않은가 식으로 정의의 타당성 여부가 문제시될 수 있다. 아울러 경계선 부근에 있는 사례의 판정 문제라든지, 인간의 모든 심리적 특성이 정상 분포한다고 가정할 수 있는지, 끝으로 방향성의 문제(예로서 아주 우수한 지능이나 탁월한 예술 감각도 비정상인가?) 등에 관해서도 문제점이 지적될 수 있는 기준이다.

또한, 수량적으로 정상과 이상을 구별함으로써 '정확'할 수는 있지만, 이상 상태를 초래하는 원인이라든지 이상 상태의 결과, 부적응의 본질적인 양상 등 좀 더 실용적인 정보들은 간과하는 단점이 있다.

## 2) 개인적 기준

개인이 심리적 고통을 스스로 얼마나 느끼느냐에 따라 정상과 이상을 구분할 수 있다. 이러한 기준에 따르면, 자신의 생각이나 행동으로 인해 스스로 고통받는 경우를 이상행동이라고 정의할 수 있다. 이를 증상에 의한 기준이라고도 한다. 대체로, 주관적 불편감은 증상으로 경험되기 때문에 이 기준은 현장에서 실용적인 의미를 지닌다. 호소하는 개인의 주관적 불편감을 중요하게 여김으로써 어찌 보면 가장 내담자 중심적이고 인본주의적 기준과 부합하지만 주요 정신증적 상태(정신분열증 및 조울증 등) 및 심한 성격 장애를 가진 사람들은 스스로 고통을 느끼기보다는 주위 사람들에게 고통을 줌으로써 타의에 의해 전문기관(병원이나 상담기관)으로 오게 된다.

심지어는 고통을 느낄지라도 전문기관에 가는 것을 열등하다든지 낙인찍힌다("정신병자다")는 생각에 기피할 수 있으므로, 개인적 기준만으로는 이상 상태를 안정되게 감별하기 어렵다. 아울러 사고 피해자라든지 기피적 군입대자, 수감자들처럼 자신이 장애가 있다는 것을 구실로 이득을 얻을 수 있는 상황에 있는 사람들에게는 과장된 고통 호소 때문에 타당도가 낮아지기 쉬운 기준이 된다.

### 3) 사회문화적 규범의 기준

우리가 성장 발달하면서 사회의 규범을 받아들이는 사회적 존재임을 기준으로 한다면, 규범에 적응하지 못하고 일탈된 행동을 하는 것이 가장 간단한 이상심리의 기준 정의가 될 수 있다. 반사회적 성격장애자의 무례한 행동, 조증 환자의 거친 행동, 또는 정신분열병 환자의 기괴한 행동 등은 사회적 규준에 따라 이상행동을 구분한 예라고 할 수 있다.

하지만 사회문화적 규범의 기준은 범죄나 자살 등의 일탈행동을 모두 이상행동에 포함시킬 수 있는 것인지. 문화의 상대성, 사회적 규범 자체가 바람직하지 못한 경우. 개혁가, 선구자 등의 일탈행동도 이상행동으로 간주해야 하는가, 어떤 경우에는 사회 규범에 병적으로 집착하는 경우는 정상인가 등의 문제를 가진다. 더욱이 사회적 변화에 따라 과거에는 이상행동이던 것이 그렇지 않게 되기도 하는 바(예: 동성애, 이혼 등), 이 역시 안정된 기준이 되지 못할 수 있다.

### 4) 법적 기준

법리적 용어로써 심신장애 상태라든지 한정치산자, 금치산자 등의 구분이 이상행동을 구분하는 기준이 되며, 특히 행위책임 능력의 유무를 판별하는 데 법적 기준은 그 구속력에서 최종적인 판단이 되기도 한다. 물론 법조계의 의견만으로는 유권 해석이 불가(不可)한 경우 심리학자 및 정신의학자 같은 전문가의 자문을 얻기도 하지만, 민·형사법 및 의료법, 정신보건법 등에 규정된 이상심리 상태에 대한 정의는 실제 도움이 필요한 개인의 입장에서 보면 너무 포괄적이고 일반적인 정의로 그만큼 부정확할 수 있다.

### 5) 전문적 기준

정신병리 전문가(심리학자 및 정신의학자 등)에 의해 수립된 것이며, 이는 앞의 기준들에 비해 좀 더 전문적인 의사결정을 할 수 있게 한다. 임상심리학자의 심리평가 결과 및 정신의학자에 의한 정신의학적 진단 등을 근거로 하며, 앞서 제시한 기준들도 모두 같이 고려할 수 있는 장점이 있다. 이상행동에 대해 객관적이고 논리적인 기준으로 공통된 용어를 사용하며, 다른 직종에 있는 사람들에게라도 효과적인 의사 전달을 하게 할 수 있다. 정신의학 분야에서는 DSM-IV 또는 ICD-10 의 정신장애 분류지침 등이 일종의 예라고 할 수 있다.

단, 문자 그대로 전문적 기준에 부합되는 실제 사례는 쉽게 관찰하기 어려우며, 아울러 전문적 기준에 따르면 아니지만 다른 기준을 적용하면 이상행동으로 분류할 수 있는 경우도 많은 것이 단점일 수 있다. 이제까지 열거한 기준들을 고려할 때, 전문적 기준은 신뢰 및 타당한 기준을 제공할 수 있다. 잠정적으로 이상행동에 대한 정의를 한다면, 일반적 기준에서 크게 벗어나며 한 개인이 부적응하게 되는 상태로 사회문화적·법적 문제를 초래하는 상태로 전문적 기준에 따라 분류 가능한 것이라고 할 수 있겠다.

이어서 심리적 이상 상태를 설명하는 대표적인 이론적 모형을 개관하면 다음과 같다.

## 3 이상심리 행동의 모형

과거에는 이상행동을 귀신에 씌웠다든지 사로잡혔다는 식으로 비합리적으로 설명하기도 했다. 당연히 인권은 침해됐으며, 어려움을 겪는 이들에게 효과적인 조력 방안이 마련되지도 못했다. 불과 수년 전에 우리나라에서도 만성 정신장애인들이 유사 기도원 등지에서 비참하게 처우받고 있다는 충격적인 시사 보도가 TV에서 방영된 것을 기억할 수 있다.

그러한 관행이 발생한 계기는 정신장애와 이상행동에 대한 일반적인 상식 부재와 사회경제적 부담의 기피, 국민적 무관심 등이 복합적으로 영향을 미친 결과라고 할 수 있다. 다른 문제는 차치하고라도 과학적 방식으로 이상행동을 이해하는 안목을 갖는다는 것은 이상행동으로 고통받는 사람들을 좀 더 효과적으로 도와주고 개선하는 출발점이 될 수 있을 것이다.

## 1) 정신분석이론

정신분석적 입장(정신역동적 입장)에서 심리장애는 '심리적 결정론(psychic determinism)에 의해 이상행동이 생겨난다고 보며, 이에는 특히 무의식(unconsciousness)이 의식보다 더욱 중요하게 간여한다고 가정한다. 프로이트는 생래적인 리비도 에너지가 성격구조를 이루는 원초아(id), 자아(ego), 초자아(superego) 간의 역할 분할에 따라서 항상성(恒常性, homeostasis)을 유지하는 것을 건강 상태로 봤고, 이러한 균형이 깨어지면 이상 상태가 초래된다고 정신분석이론에서 주장했다.

성격구조 간에 나타나는 갈등으로 인해 유기체적 항상성을 위협하는 불안이 생겨나면 이는 흔히 무의식으로 억압되는데, 갈등이란 여전히 의식화되고 발산되고자 함으로써, 갈등이 해결되지 못하는 한 개인은 의식적이든 무의식적이든 불안감을 느끼게 된다는 것이다. 만일 이때 방어 기제가 그 역할을 현실적응적인 기준에서 부적절해지면 심리적 장애가 발생하게 된다고 간주한다. 즉, 무의식적 욕구가 위주인 원초아(id)와 사회적 규범의 대변인인 초자아(ego) 간의 긴장 관계를 자아가 잘 조절하고 해결할 수 있으면 건강한 상태를 유지하지만, 그렇지 못하면 심리적 장애가 유발된다는 것이다.

정신분석적 입장에서 심리장애의 증상 형성의 사건 순서를 살펴보면, 첫째, 좌절, 상실, 위협, 위험 또는 증가된 충동 등으로 말미암아 긴장과 불안이 증가하고, 둘째, 자기 붕괴의 위협을 받으며, 셋째, 주된 고착 수준으로의 부분적(전반적) 퇴행이 일어나고, 넷째, 유아 갈등의 재생과 억압된 것이 다시 나타나며, 다섯째, 자아 내에서의 방어적 변형과 부차적 수정이 일어나고, 마지막으로는 증상이 나타난다. 정신분석적인 입장은 심리적인 이론이면서 생물학적 및 의학적 입장과 마찬가지로 이상심리를 정신질환으로 보는 경향이 강한 편이다.

## 2) 행동주의이론

행동주의적 입장에서는 정상행동과 마찬가지로 모든 이상행동도 학습의 원리에 따라 형성되고 유지되는 것으로 간주한다. 이에는 고전적 조건 형성(classical conditioning)과 조작적 조건 형성(operant conditioning)이 기본 원리다. 왓슨(John B. Watson)은 11개월 된 앨버트(Albert)를 대상으로 공포 반응이 어떻게 습득되고 유지되는가를 설명했다. 앨버트는 처음에는 토끼를 좋아했다. 그런데 그가 토끼에게 접근할 때마다 혐오감을 주는 시끄러운 쇳소리를 들려 줬고, 그 결과 아이는 무서워하고 혐오 반응을 보였다. 그렇게 얼마가 지나자 처음엔 좋아했던 토끼만을 보여 줘도(쇳소리 없이) 아이는 무서워하면서 울었다. 즉, 토끼에 대해 조건 반응으로서의 공포 반응이 형성된 것이다(Watson & Rayner, 1920).

아울러 두려움을 일으키는 토끼를 회피함으로써 공포를 느끼지 않을 수 있으니까 회피 행동(토끼가 있을 만한 곳은 가지 않는다)이 유지된다. 즉, 회피 반응은 부적 강화에 의해 학습·유지되며, 이는 작동적 조건 형성의 과정으로 설명된다. 고전적 조건 형성에 의해 생겨난 공포 반응이 회피 반응에 의해 작동적으로 조건 형성되면 소거하기가 매우 어려워진다. 즉, 토끼를 계속 회피함으로써 토끼가 더 이상 공포 자극이 되지 않는다는 것을 학습할 기회를 가질 수 없기 때문이다.

공포 반응은 고전적 조건 형성에 의해 습득되고 회피라는 부적 강화에 의해 유지·강화되는 바, 이런 과정을 모우러(Oval Hobart Mowrer)의 2요인설(two-factor theory)이라고 한다. 공포장애를 비롯해 수면장애, 아동의 행동장애, 비만, 흡연, 고혈압 등은 행동주의 모형에 의해 잘 설명된다. 물론 어떤 이상행동은 이러한 학습이론으로 잘 설명되지 못하기도 한다. 이상행동을 학습된 행동으로 간주한다면, 행동장애는 네 가지 유형으로 구분 가능하다.

첫째, 행동의 결손이다. 사회생활을 하면서 일반적으로 기대되는 행동이 전혀 습득되지 않았거나 손상된 경우를 말한다. 예컨대 말을 잘 못하거나 잘 알아듣지 못하는 것, 배변 훈련에 실패한 경우, 대인 접촉을 피하는 대인공포증 등이 이에 속한다.

둘째, 사회에서 요구하는 기준보다도 더 빈번히 어떤 행동을 보이는 경우로 행동 과잉의 경우다. 과잉활동성을 보이는 것, 하루에도 수십 번씩 손을 씻는 강박행동 등이 이에 속한다.

셋째, 자극과 반응의 통상적인 관계가 붕괴·왜곡된 경우로서, 적절한 자극이 없는데도 반응하거나, 자극을 줘도 적절한 반응을 하지 못하는 경우 등이다. 예컨대 어렸을 때부터 남에게 따돌림당하고 바보 취급을 받은 학생의 경우를 들 수 있다. 이 학생은 다른 사람에 대해 지나치게 민감해서 같은 반 학생들이 모여 담소하는 것을 보고도 자기를 따돌리고 무시하는 것으로 해석하고 시비를 걸 수 있다. 이 학생의 경우 전혀 무해한 자극을 위협으로 받아들이고 있어 자극과 반응이 부적절하게 연합된 것으로 볼 수 있다. 또한 정신분열병 환자가 보이는 무감동이나 부적절한 정서 표현은 자극에 대한 적절한 반응을 못하는 경우라고 하겠다.

넷째, 부적절한 강화 체계가 있다. 우리의 행동 습관은 알게 모르게 많은 강화 체계에 의해 습득됐다. 이러한 강화 체계가 정상적으로 생활하는 사람들의 강화 체계와 다른 경우가 있다. 이러한 부적절한 강화 체계 때문에 결과적으로 부적응 행동이 나타난다. 예컨대 성도착증 환자들의 경우 이성에 의해 적당한 성충동을 경험하는 것이 아니라 이성의 옷을 보고 흥분한다든가, 성인이면서도 아동에게만 성충동을 느끼는 식인 것이다. 이런 경우 이성의 옷이나 아동이라는 자극이 성 욕구와 유관 관계가 잘못 형성되도록 강화 체계가 지속돼 온 것이라고 설명할 수 있다.

알코올 의존을 비롯해 물질 사용 장애의 경우도 술이나 마약이 부적절한 강화 체계가 된 경우다. 여러 유형의 성격장애도 이 유형에 속한다. 행동주의 심리학과 유사하게 학습을 강조한 이론으로는 반두라(Albert Bandura)의 사회학습이론을 들 수 있다. 그는 사람이란 실제로 시행착오를 겪지 않더라도 생각해서 문제를 해결할 수 있는데, 이것이 가능한 것은 행동의 결과를 예측해 행동할 수 있는 능력이 있기 때문이라고 봤다.

즉, 행동주의에서 말하는 직접학습 외에도 관찰학습을 통해, 또한 외적 강화 없이 자기규제(self regulation) 또는 내적 강화에 의해 어떤 행동이 학습될 수 있다고 밝혔다. 사회학습 모형에서는 가장 강력한 상과 벌은 외부 환경에서 오는 것이 아니라 자신의 마음으로부터 오는 것임을 지적했으며, 행위의 강력한 동기로서 자기인정과 자기비난이 중요한 역할을 한다고 주장했다.

### 3) 인지이론

이 입장에서 심리적 장애는 조건 형성이나 생물학적 요인에 의해 발생하기보다 경험한 사건을 잘못 해석하기 때문에, 혹은 우리의 잘못된 신념 체계나 역기능적인 태도 때문에 생긴다고 본다. 합리적 정서 치료의 개척자인 엘리스(Albert Ellis)는 이상행동에 선행해 부정적 사건이 있지만 이런 사건 자체가 이상행동을 유발하는 것이 아니라 그 사건을 어떻게 받아들이고 해석하는지, 즉 사건에 대한 그 사람의 신념 체계에 따라서 이상행동이 유발된다고 봤다.

자기, 미래, 세상에 대한 부정적인 세 가지 사고 우울증에서 흔히 관찰되는 기본적인 생각이라고 봤으며, 이러한 근원 믿음을 강화하는 자동적인 사고 왜곡을 밝히고 교정함으로써 효과적인 치료가 가능하다고 주장했다. 이러한 입장은 우울증뿐만 아니라 불안장애 등의 다양한 정서장애에 관한 치료와 연구에서 인지적 요소를 강조했고, 사회학습이론 및 행동주의 모형과 결합해 인지행동이론으로 비약적인 발전 과정에 있다 (Beck, 1976).

### 4) 생물학적 및 의학적 이론

생물학적 입장에서는 심리장애가 신체가 기능하는 과정상의 이상에 기인한다는 견해를 기초로 한다. 생물학적 입장은 의학적 모형 또는 질환 모형(disease model)과 동의어로 사용되기도 하는데, 생물학적 입장은 그것들에 비해 좀 더 광범위해서 주로 유전적이고 생화학적인 요인에 초점을 둔다는 점에서 차이가 있다. 신체 기능에 대한 지식이 증가하면서 몇몇 심리장애가 개인의 생물학적인 과정의 이상에서 비롯된다는 많은 연구가 있었고, 이와 관련된 이론이 제시됐다. 예를 들어 정신분열증은 유전적인 소인을 가진 사람이 생리학적인 기능 이상을 통해 발병한다고 봤으며, 우울증은 신경전달 과정의 이상으로, 불안장애는 자율신경계의 결함으로 설명하고 있다.

### 5) 인본주의이론

인본주의적 입장에서는 인간을 자아실현과 성장의 경향성을 지닌 존재로 가정한다. 그러므로 인간의 자유 의지와 존엄성, 그리고 특히 각 개인에게 주관적인 현상적 경험을 강조한다. 이 같은 개인의 긍정적인 성장과 발전을 방해하는 것으로 환경적인 위협이 있다고 보고 있다. 로저스(Carl R. Rogers)에 따르면, 건강한 사람은 자신의 경험을 자기 개념 내에 동화시킬 수 있는 반면, 심리장애를 나타내는 사람은 경험과 자기 간의 불일치를 보여 자신의 경험을 왜곡시키거나 부정한다는 것이다. 인본주의적 입장을 옹호하는 심리학자들은 심리장애를 분류하는 데에 관심이 적으며, 특정한 심리장애의 원인을 따로 설명하지 않고 있다(조현춘·조현재, 1995).

### 6) 취약성-스트레스 모형이론

심리장애를 이해하고 효과적으로 치료하는 가장 적합한 개념 모형 중의 하나는 취약성-스트레스 모형이다. 이 모형에서는 유전적 소인이나 뇌신경계의 이상성을 지닌 개인이 환경과의 상호 작용 경험을 통해 특정한 심리장애에 취약한 인지적·정서적·행동적 특성을 형성하게 된다고 본다. 이런 개인의 취약성이 신체적으로 나타날 수도 있고, 심리사회적으로 나타날 수 있는데, 취약성이 심리장애로 이어지려면 개인이 경험하는 환경적 여건, 특히 스트레스가 어떻게 간여하는가 또한 중요한 변수라고 가정한다.

환경 스트레스는 다양한 생물적, 심리적 및 사회적 변인 간의 상호 작용으로 나타난다. 이러한 상호 작용의 가정은 좀 더 다양한 원인을 가정할 수 있게 하며, 아울러 왜 유사한 환경이나 생래적 조건을 가졌는데도 전혀 다른 발달·적응 양상을 보이는지에 대한 개괄적인 설명을 할 수 있게 한다. 반면 이론적 관점에서 매우 포괄적이지만 실제적으로는 각 개인의 이상행동을 설명할 때는 어떠한 요인들이 어떻게 상호 삭용하고 있는지에 대한 상세한 설명은 아직까지 제공하지 못하는 한계가 있다.

## 4 정신장애의 분류

### 1) 이상과 정상

'정상'과 '비정상'을 말할 때 이들을 구분하는 기준은 무엇일까? 실제로 구분하기란 말처럼 쉽지 않으며 한 사람의 행동을 이상행동으로 규정하기 위해서는 누가 봐도 이상으로 볼 수 있는 도출된 합의가 있어야 한다. '이상행동'에 대한 정확하고 과학적인 정의가 여러 접근으로 제시됐고 변화와 수정을 거쳐 대체로 다음과 같은 네 가지 주요 기준을 토대로 논의됐다.

### (1) 평균의 이탈

이상행동을 정의할 수 있는 규준 중 한 가지는 통계적인 방법에 의한 규준이다. 통계적 기준을 설정해 정상 범위에서 벗어나는 경우를 의미한다. 이상(abnorma)이라 볼 수 있는 것이 바로 이 통계 규준으로부터 일탈을 의미한다. 그러나 통계적인 규준이 다른 사람들의 행동을 고려하고 이를 비교해 볼 수 있는 장점을 지니고 있으나 통계적으로 드문 행동이라고 해서 다 이상행동으로 분류할 수 없는 경우도 많다. 예를 든다면, 기네스북에 올라 있는 사람들은 바람직한 경우로 고려돼도 모두 이상행동의 소유자로 정의해야 하기 때문이다. 또한 정상 범위보다 높은 IQ 점수를 얻은 사람도 통계적으로 드물기는 하나 이상행동으로 명명할 수 없기 때문이다. 따라서 이를 볼 때 이탈 기준에 의한 이상행동의 정의는 하나의 준거는 되나 여러 규준을 함께 고려할 필요가 있다.

### (2) 사회문화적 규범으로부터 일탈

사회문화적 규범으로부터 이탈한 행동을 이상행동으로 간주한다. 통계적으로 크게 이탈된 행동이라 할지라도 사회문화적 규범에서 볼 때 적응적인 행동이라면 이상행동으로 보지 않는다. 인간은 다양한 관계 속에서 살아가면서 자신이 속한 사회에 원만하게 적응하기 위해 문화적 규범을 잘 따르기도 하지만 문화적 기준이 가지는 몇 가지 문제점도 대두되고 있다.

첫째, 문화적 상대성이다. 문화적 규범은 시대에 따라, 문화에 따라 변화되고 달라진다. 한 시대, 한 문화에서 정상적인 행동이 다른 시대, 다른 문화에서는 이상행동이 될 수 있어 상대적으로 적용될 수 있다는 한계점이다(예: 상투를 틀고 도포를 입고 수염을 기르는 행위, 전기가 들어오지 않는 산 속에서 자연과 함께 살아가는 자연인의 행동 등).

둘째, 바람직하지 않은 문화규범일지라도 이를 적용해야 하는지에 대한 문제가 있다. 흔히 한 시대의 기득권자나 사회적 강자에 의해 유지되고 강화됐던 것들이 많기 때문이다.

### (3) 적응 기능의 저하 및 손상

인간의 삶은 환경과 상호 작용하며 적응하는 과정이다. 이상행동은 이런 적응 과정에서 볼 때 개인의 인지적·정서적·행동적·생리적 특성이 적응을 저해함과 기능 저하와 손상으로 인해 원활한 적응에 지장을 초래할 때 부적응적인 이상행동으로 간주할 수 있다. 부적응을 예로 보면, 우울, 과도한 불안, 폭력적인 행동, 성욕과 식욕의 지속적인 감퇴, 현저한 기억력 저하 등을 들 수 있다. 이러한 행동과 부적응은 상호 작용하며 적응하는 사회 속에서 타인과의 갈등을 유발하고 개인의 사회적 적응을 방해한다.

### (4) 주관적 불편감과 개인적 고통

개인으로 하여금 고통감과 불편감을 느끼게 하는 행동을 이상행동으로 볼 수 있다. 분노, 공포, 절망, 무기력, 불안, 우울 등이 대표적인 요소이며, 이는 타인이 보기에는 문제가 없는 것처럼 보일지라도 자신이 힘들어 사회적 직업 수행을 하지 못하는 경우가 될 수 있다.

## 2) 이상행동의 분류

이상행동을 분류하는 것에 대해서는 많은 논란이 있으나, 이상행동을 분류하는 것은 다음과 같은 장점이 있다.

첫째, 전문가들 간에 의사소통을 원활하게 할 수 있다. 둘째, 좀 더 간결하게 심리장애를 기술함으로써 심리장애의 원인, 경과 및 예후 등을 예측할 수 있으며, 적절한 치료법을 적용할 수 있다. 셋째, 연구 결과를 축적하고 교환하는 데 기여할 수 있다.

반면 이상행동을 진단 분류하는 것에 대한 몇 가지 비판이 있다. 첫째, 신뢰와 타당한 진단 분류가 가능한가 하는 문제다. 여러 연구에 의해 전문가들 간 진단 분류의 일치율이 낮고 전문가에 따라 각 장애에 대해 다른 개념들을 가지고 있는 경우가 있다는 보고가 있다. 둘째, 진단 분류를 함으로써 개인에 대한 정보는 요약되지만 개인의 독특한 정보들이 무시되는 문제가 있다. 예를 들어 우울증이라고 분류된 두 사람 사이에 다른 점들이 많이 있음에도 불구하고 우울증이라는 한 가지 진단으로 묶여 같이 취급

될 수 있다. 셋째, 진단 분류가 한 사람을 정신질환자로 분류함으로써 사회적으로 낙인(stigma)찍는 결과를 가져올 수도 있다. 하지만, 비판에도 불구하고 전문적 기준으로서 이상행동을 정신장애로 분류하는 것은 전문가 간의 업무의 효율성 증진 및 연구 활동, 치료적 개입 등의 실제적 이득이 더 많기 때문에 인근 전문가들에게 폭넓게 수용되고 있다.

### 3) 이상행동 및 정신병리의 진단 체계

이상행동을 평가하고 진단해 장애를 분류하는 입장은 다양하게 있을 수 있다. 정신의학적 진단 분류 체계가 있는가 하면, 행동주의적 입장에서 심리장애를 분류하려는 움직임도 있고 정신역동적 진단 방식도 있다. 정신건강 분야에서는 정신의학적 진단 모형이 폭넓게 받아들여지고 통용되고 있다. 정신장애의 진단 체계를 과학화하고 정신의학의 실제에서 유용한 진단 개념이 되도록 하기 위해 그간 지속적인 연구가 있었다.

현재 통용되고 있는 정신장애 진단 체계는 정신의학 분야에서뿐만 아니라 임상심리학을 비롯해 사람의 이상행동에 관심을 둔 모든 분야에서 받아들여지고 있다. 이런 진단 체계는 두 종류가 있다. 한 가지는 세계보건기구(WHO)에서 공인하는 국제질병분류 체계에 포함된 정신장애 진단 분류 방식으로 2018년에 11번째 개정판이 나왔다(ICD-11).

우리나라는 세계보건기구(WHO)에서 발간하는 『국제 질병분류법(International Classification of Diseases: ICD)』을 공식적으로 사용하고 있으며, 그 안에는 정신장애의 분류와 진단 기준이 포함돼 있다. 이번 개정판은 건강을 위협하는 요인들을 더욱 세분화하면서 그동안 꾸준히 논란이 돼 왔던 게임 중독, 음란물 중독, 물건을 버리지 못하는 강박, 수감 상태에서 일어나는 문제, 번개에 의한 부상과 사망, 그리고 사회복지 혜택을 받지 못하는 상황 등에 질병 코드를 부여하면서 새롭게 항목들이 추가됐다. ICD-11은 원칙적으로 2022년부터 효력을 발휘하며 우리나라는 통계청이 관계 부처와 합의해 5년마다 개정하는 한국표준질병 사인 분류 KCD에 이를 반영할 수 있는데, 시기는 이르면 2025년 이후가 될 전망이다(YTN, 2019).

이로 인해 새롭게 질병 코드가 부여되면 각국 보건 당국은 질병 관련 보건 통계를 작성해 발표하게 되며, 질병 예방과 치료를 위해 예산을 배정하는 등 여러 혜택과 수혜에 진통과 수정 등이 불가피할 것으로 보인다. DSM은 1952년 처음 발행된 이후 꾸준히 개정 과정을 거쳐 2013년 5월에는 DSM-5가 발행됐다. DSM-5의 특징을 살펴보면 다음과 같다.

첫째, 다축 체계가 폐지됐다. 그동안 축을 기준으로 진단을 내리는 것에 큰 의미가 없다는 연구 결과를 반영한 것이다.

둘째, 정신장애를 20개의 범주로 분류했으며, 그동안은 로마자(Ⅳ)로 표기했던 숫자를 DSM-5는 아라비아 숫자로 표기한 것이 특징이라 할 수 있다. 이는 연구의 개정이 계속될 것이라는 의미가 내포돼 있다(DSM5-1, DSM5-2).

셋째, 9개의 새로운 진단명이 추가됐다(사회적 의사소통장애, 파괴적 기분조절 관련 장애, 지속성 우울장애[기분저하증], 월경 전 불쾌장애, 저장장애, 피부 벗기기장애, 회피적/제한적 음식 섭취 장애, 폭식장애).

넷째, DSM-5는 문화적 차이도 크게 고려한 것을 볼 수 있다. 각 문화권에 따라 증상, 표현 방식 등이 다르게 나타날 수 있기 때문이다. 따라서 임상가는 반드시 환자의 문화와 인종, 민족, 종교, 지리적 기원 등 맥락 정보를 파악하는 것이 중요하다(정미경 외, 2018).

## 5 신경증, 정신증, 성격장애

정신증과 신경증 간의 감별은 현실 검증 능력의 여부(망상, 환각, 행동, 사회적인 관계에서), 병에 대한 통찰력의 유무, 병 때문에 본인이 괴로운가? 혹은 괴롭지 않은가 및 대인 관계에서 적절한 자기 역할을 할 수 있는가가 중요하다. 신경증은 긴장, 불안, 우울을 중심으로 하는 정서 증상, 신체화, 전환증을 중심으로 하는 신체 증상, 건강염려, 강박사고, 염려와 집착을 중심으로 하는 사고 증상, 강박행동, 충동적 행동, 공포성 회피행동 등을 중심으로 하는 행동 증상 및 주관적인 고통과 호소를 나타낸다. 정신증은 판단력과 현실 검증 능력의 손상, 역할 기능의 손상, 감정 조절의 혼란, 병식(病識, insight)의 결여, 언어, 지각, 사고, 행동, 감정의 혼란을 나타낸다.

반면 인격장애는 자신의 증상이 사회에 미치는 영향을 인식하지 못할 뿐 아니라 자신에 맞춰 환경을 바꾸고자 하는 특성을 가지며, 자아동조적 특징이 있어 자신은 이상이 없다고 생각한다. 그래서 스스로 정신과적 치료를 받으려 하지 않는다. 인격장애는 신경증적인 다양한 증상이 나타날 수도 있으며, 신경증적 증상은 어떤 사건과 상황의 결과로 나타나는 비교적 일시적이고 상황적인 것이다. 또한, 정신증의 증상이 전면에 나타날 수도 있는데, 이 또한 비교적 일시적이고 영역이 국한돼 있는 것이 특징이며, 부적응의 결과로 나타나는 경우가 많다.

〈표 8-1〉 신경증과 정신증의 비교

| 구분 | 신경증(Neurosis) | 정신증(Psychosis) |
|---|---|---|
| 인격의 와해 | 덜하다. | 심하다. |
| 사회적 기능 | 그런대로 유지되고 보존된다. | 크게 손상돼 기능 수행이 안 된다. |
| 행동 | 크게 혼란되지 않고 이상한 행동을 나타내지도 않는다. | 주관인 경험과 현실 구별 능력이 크게 손상된 행동을 한다. |
| 현실 판단력 | 크게 장애가 없다(자아가 건전하게 유지됨). 현실 회피도 부분적이며 인격 손상이 거의 없다. 현실 존재를 부정하지 않고 등한시하려고만 하며 현실 검증 능력의 질적 저하보다는 양적인 저하를 나타낸다. | 현실 검증에 심각한 장애가 있다. 현실 존재를 부정하고 질적인 변화(망상, 환각의 내용을 현실로 생각하고 왜곡시킴)를 보인다. |
| 사고 내용 | 현실적 | 비현실적, 망상, 비합리적 |
| 사고의 흐름 | 사고 연상이 잘 보존돼 있다. | 연상의 장애를 보여 지리멸렬하고 논리적이지 못하다. |
| 병에 대한 인식 | 자신의 병을 알고 있으며 치료에의 필요성을 느낀다. | 병식(病識)이 없고 치료받기를 거부한다. |
| 사회 관계 | 외부 세계에 대한 관심이 유지된다. | 관심이 소실돼 있거나 회피한다. |
| 정동 | 환경적 요소에 의해 영향을 많이 받는다. | 정서적 불안이 심하고, 감정 표현이 감소되거나 변화된다. |
| 치료 방식 | 통원 치료 | 입원 치료 및 통원 치료 병행 |

※ 여기서 현실 판단력이란 '자기가 지금 뭘 하는지 전부 인식하는가'라는 뜻이다.
출처: 저자가 재구성함. American Psychiatric Association(2000): Diagnostic and Statistical Manual of Mental Disorders(4th ed). Washington, DC, American Psychiatric Press.

## 6 증상의 의미와 메커니즘

정신질환의 증상은 이러한 무의식에 잠재된 심리적 에너지가 부정적으로 표출되는 것으로 본다. 정신질환자가 느끼는 주관적 고통은 '슬픔'과 '기쁨'을 모두 포함하고 있다. 문제는 이 양극단적인 감정들이 정상의 범위를 벗어나는 데 있다. 극도의 슬픔도 당사자에게 괴로움을 안겨주지만 극도로 비정상적인 '기쁨'도 괴로움을 안겨준다. 정서장애(情緒障碍, affective disorder) 가운데 '양극성 우울장애'라는 것이 있다. 우울증과 조증(躁症)이 교차적으로 나타나는 것이 특징인데, 우울증이란 지나치게 침체해 무력해지는 것이며, 조증은 지나치게 자신감과 활기에 넘쳐서 공중에 붕 뜬 것처럼 느껴지는 상태를 말한다.

이처럼 슬픔의 감정도, 기쁨의 감정도 지나치면 병이 된다면 아예 감정을 느끼지 않는 것이 양극단을 피할 수 있어 가장 좋은 선택일까? 물론 아니다. 인간은 감정적인 존재로서 슬플 때 적절한 슬픔을 느끼고 기쁠 때 기쁨을 느끼는 것이 중요하다. 적절한 감정을 느끼지 못하는 것을 감정둔마(感情鈍痲, dullness of emotion)라고 한다. 외부로부터의 자극이 있어도 감정이 일어나지 않는 상태로서 둔마는 전반적으로 지둔(遲鈍)하게 되는 것과 어떤 종류의 감정만이 둔해지는 것으로 구분할 수 있다. 전자인 경우 아무 일에도 흥미를 느끼지 않고 그날그날을 그저 멍하게 지내는 것이 특징이다. 후자의 경우는 특정 상황에서 당연히 느껴야 할 희로애락의 감정을 느끼지 못하는 상태다.

정신질환의 증상을 구별하고 진단하는 표준은 영어사전 두께만큼이나 방대하고 다양하다. 인간은 그만큼 병을 앓는데도 창의적이라고 할까? 그러나 질병의 원인은 그다지 많은 것 같지는 않다. 몸은 질환을 지닌 존재이기에 유전적·생리적 원인이 있을 수 있다. 관계 안에서 살아가는 사회적 존재이기 때문에 가정이나 직장과 같은 주생활 무대에서의 대인 관계가 원인이 될 수 있다. 또 다른 요인으로 심리 사회적 환경과 물리적 환경에서 오는 문제가 있다. 따라서 저자는 정신질환의 주된 요인으로 환경에 대한 부적응으로 설명하고 있다. 저자의 말을 집적 들어 보자.

"정신질환자는 어떤 일에 관심을 갖고 몰두한다고 해도 사회가 요구하는 질서에 제대로 부합하고 효율적인 결과를 생산하기가 매우 어렵다. 그들은 사회가 요구하는 현실적인 객관성을 상실하고 있으며, 설사 객관성을 억지로 유지하고 있더라도 자신이 느끼는 불안정함과 고통 때문에 주위로부터 고립된다. 따라서 이들은 흔히 자신의 부적응과 심정 고통을 감추기 위해 현실을 왜곡시켜 해석한다"
(이규환, 1997. pp. 18-19).

정신질환의 가장 핵심적인 원인은 '사회적 부적응'의 문제와 이로 인한 불안, 괴로움이다. 이처럼 어떤 개인이나 체계를 심하게 억압하거나 압력을 가해 그 대상을 붕괴시킬 수 있는 위협을 총칭해서 스트레스(stress)라고 부른다. 스트레스는 우리에게 갈등이나 고통을 주고, 심하면 우리 자신의 정체성을 상실하게 만든다. 스트레스를 받으면 유기체는 자신을 보호하기 위해 방어 수단을 동원해 정신적·신체적·감정적으로 반응하게 된다.

심리적으로 불안해지고 공포, 불편함, 긴장, 짜증, 분노 등의 부정적인 감정이 일어나고, 신체적으로는 가슴이 뛰며, 소화가 안 되고, 호흡이 가빠지며, 얼굴이 붉어지고, 혈압이 오르며, 소변이 자주 마렵고, 입이 마르는 등의 반응과 스트레스가 반복되면 이런 반응들이 습관화돼 만성적인 불편을 겪게 된다. 주체할 수 없을 만큼의 강한 스트레스에 지속적으로 노출되면 유기체는 자신을 지키기 위해 어떤 방식으로든지 대처하지 않을 수 없다. 따라서 정신질환 역시 그것이 의식적이든지 무의식적이든지, 혹은 둘 다이든지 자신을 지켜 내기 위한 생존 전략으로 이해할 수 있다.

프로이트는 무의식적 갈등을 부적절한 방어 기제를 작동시켜 표출하는 것이 증상이라고 봤다. 이런 심리적 에너지는 몸의 생리적 에너지와 쉽게 전환되는 속성이 있어서 신경증은 육체적 고통을 수반하게 된다. 정신질환은 "정신을 왜곡시켜 자신을 지켜 내는 생존 전략"이다. 즉, 생각을 왜곡해 망상으로, 행동을 왜곡해 기이한 행동으로, 감각을 왜곡해 환각으로, 감정을 왜곡해 부적절한 감정 상태로 증상이 나타난다.

감각은 다시 환청, 환시, 환촉, 환미, 환향 등 오감의 왜곡으로 나타날 수 있고 이 가운데 몇 가지가 겹칠 수도 있다. 증상은 그것이 부정적이고 파괴적이며 자신에게 괴로움을 주는 것이지만 나름대로의 생존 전략이기 때문에 잘 바꾸려고 하지 않는데, 중증일수록 그런 경향이 더욱 강하다. 신경증은 그래도 자신이 정상에서 벗어났다는 자각이 있는 경우이지만 정신분열의 경우는 전혀 자각을 하지 못하는 경우다. 신경증의 경우는 지나치게 현실을 의식한 나머지 감정이 과도하게 작동하는 것이 문제인 경우가 많고 정신분열의 경우 현실 감각이 비정상적으로 약해져 있는 것이 문제다.

항상 양극단이 문제인 것이다. 이상심리 치료의 출발점이 증상의 의미 해석이라는 점에 주목하기 바란다. 이 말은 이상심리적 증상 자체가 치료의 대상이 아니라 증상의 의미를 분석해 원인을 치료해야 한다는 뜻이다.

이제 정신질환의 메커니즘을 요약해 보자.

사회적 부적응 → 스트레스 → 부적절한 생존 전략 구사 → 정신질환 유발 → 증상(주관적 고통, 기능 저하, 사회적 부적응), 그렇다면 치료의 메커니즘은 이 사이클을 반대로 돌리면 될 것이라는 통찰을 얻게 된다.

증상의 의미 해석 → 적절한 방어 기제 대신 적절한 생존 전략 채택 → 스트레스 극복 → 효과적인 적응(정상적인 희로애락, 행동, 정서, 생각 회복/정상적인 생활 기능/사회 적응)(이규환, 1997).

## [ 쉬어 가는 코너! ] 영화 속 성격장애 알아보기

목록에 있는 영화를 선정해 감상한 후 작품의 주인공이 가진 성격 특성은 어떤 것인지 토론하고, 이들의 성격을 변화시키기 위한 방법에 대해 이야기해 봅시다.

〈토론 시 나눌 주제〉

1. 어떤 성격장애를 다룬 영화인가?

_____
_____
_____

2. 영화 속에서 주인공의 성격장애는 어떻게 표현되고 있는가?

___

3. 나의 성격 요소와 닮은 점(비슷한 점)은 어떤 것이 있는가?

___

4. 주인공이 성격장애 문제로 인해 대인 관계에서 나타난 문제점은 무엇인가?

___

5. 영화 속 제시된 성격장애 개선 방안을 쓰고, 제시되지 않았다면 이를 개선하기 위한 방안은 무엇이 있는가?

___

〈영화 목록〉

- 〈공포 탈출(Fearless)〉 (1993). 감독: 피터 위어
  출연: 제프 브리지스, 이사벨라 로셀리니, 베네치오 델토로

- 〈7월4일생(Born on the Fourth of July)〉 (1989), 감독: 올리버 스톤
  출연: 톰 크루즈, 카이라 세드윅, 레이먼드 J. 배리, 제리 러바인

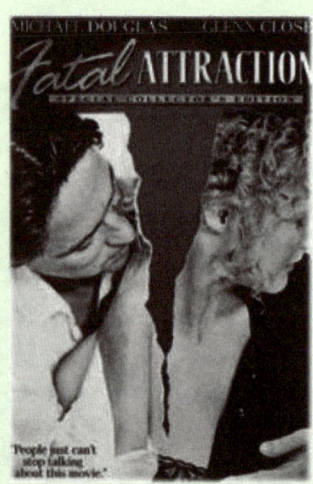

- 〈위험한 정사(Fatal Attraction)〉 (1987). 감독: 에드리안 라인
  출연: 마이클 더글라스, 글렌 클로즈

- 〈파이어프루프(Fireproof)〉 (2009). 감독: 페이싱 더 자이언트, 알렉스 켄드릭
  출연: 커크 카메론, 에린 베시아, 페이싱 더 자이언트

# 09장

# 스트레스와 정신건강

## 학습 목표

1. 스트레스의 개념을 이해할 수 있다.
2. 스트레스와 정신건강의 중요성을 살펴보고 정신건강을 이해한다.
3. 스트레스를 유발하는 관련 요인들을 이해할 수 있다.
4. 소방공무원과 직무 스트레스의 관련성을 설명하고 이해할 수 있다.

## 열쇠말

스트레스, 정신건강, 소방공무원, 직무 스트레스

## 1 스트레스의 이론

스트레스(stress)의 어원은 '팽팽하게 죄다'라는 뜻을 가진 라틴어 스트링게르(stringer)로 알려져 있다. 그 의미는 단단하게 당기다(to draw tight)이고, 과세하다(taxes), 긴장하다(strain), 제한하다(restrict) 등의 의미를 포함한다. 물리학 분야에서 학문적으로 사용하기 시작했으나 20세기 들어 스트레스와 인체와의 상관 관계가 연구되면서 개념이 확장됐다. 흔히 '스트레스' 하면 그 요인만을 떠올리기 쉬운데 사실은 스트레스 요인과 이에 대한 신체의 반응을 합한 값을 말한다. 즉, 외부 자극이나 변화에 대한 개인의 (신체적·심리적·행동적) 반응 또는 적응을 의미한다.

스트레스라는 말은 또한 공학 용어로서 어떤 재질에 외부로부터 압력이 가해져 재질이 뒤틀린 상태를 말한다. 이러한 공학적 의미가 덧붙여지면서 우리가 일상생활에서 느끼는 스트레스의 의미에 개념적으로 어느 정도 접근하는 것 같다. 일반적으로 인체라는 포유동물의 생체에 외부로부터 위협이 될 만한 영향력이 가해지고 거기에 대한 생체의 반응을 스트레스라고 말하는 것이다.

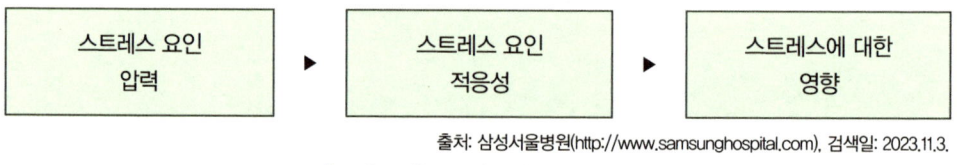

출처: 삼성서울병원(http://www.samsunghospital.com), 검색일: 2023.11.3.

[그림 9-1] 스트레스의 반응 단계

스트레스에 대한 개념 정의는 시대별로 조금씩 다르게 나타나며, 학문 영역에 따라서도 상이하게 정의되지만, 가장 보편적으로 사용되는 정의에 따르면, 스트레스는 "내·외적 사건들이 개인의 중요한 동기를 위협하고, 개인이 이를 극복한 능력이 부족할 때 일어나는 특정한 형태의 심리적·생리적 반응의 혼란"을 의미한다(신응섭 외, 2004).

스트레스의 정의를 더 세부적으로 살펴보면, 아래와 같이 세 가지 부분으로 구성돼 있음을 알 수 있다.

첫째, 스트레스의 원인으로 스트레스를 유발하는 내·외적 사건들이다. 우리의 삶은 우리에게 요구를 하는 많은 상황들로 차 있다. 객지생활, 경제적 압력에 대한 대처, 시험 등은 학생들이 직면해야 하는 수많은 요구 중의 몇 가지에 불과하다.

둘째, 스트레스에 대한 반응으로 심리·생리적 반응의 혼란이다. 이것은 개인의 경험을 의미하는 것으로, 예컨대 우리가 어떤 사람이 스트레스로 고통을 겪고 있다고 말하는 것이다.

셋째, 스트레스 원인과 개인 간의 상호 작용이다. 동일한 자극 사건이라 하더라도 각 개인이 가지고 있는 내적 특징에 따라서 다른 스트레스 반응으로 경험될 수 있다는 것이다. 각 개인의 극복 능력이 다양하기 때문에 스트레스에 대한 반응은 개인에 따라

상이하다는 의미다.

　세상의 모든 사람은 일상생활에서 항상 스트레스에 노출돼 있다. 이와 관련해 문제의 초점은 스트레스의 원인도 모르는 채 그것의 상당 부분을 스스로 해결해야 한다는 사실이다. 따라서 스트레스 인자가 무엇인지 안다면 이를 해결하는 데 커다란 도움이 될 것은 재론의 여지가 없다고 하겠다.

　스트레스 없는 사람이 건강할까? 결론부터 얘기하면 아니다.

　과도한 스트레스가 건강을 해칠 수 있는 건 사실이지만, 반면에 스트레스를 지나치게 회피하거나 극도로 제한하면 오히려 질병이 많이 발생할 수 있다.

　우리들이 스트레스라고 부르고 있는 것 같은 마음의 부하(負荷)는 잘 극복할 수 있었을 때 더없는 자신감을 가져다준다.

　스트레스는 "사는 행복을 느끼게 해 주는 것"이기도 하다. 그렇게 생각하면, 스트레스가 전혀 없는 생활이 이상적인 마음의 건강 상태라고는 말할 수 없는 생각이 든다. 마음의 건강이란 스트레스에 의한 피로와 그곳으로부터의 회복을 오가는 가운데 얻어지는 원동력이라고 생각한다.

〈표 9-1〉 스트레스의 정의

| 연구자 | 개념 |
|---|---|
| Selye(1956) | • 스트레스는 어떤 요구(demand)에 대한 보편적 반응 |
| Mechanic(1967) | • 스트레스는 생활의 요구에 대한 개인의 무력감 |
| Hall & Mansfield(1971) | • 스트레스는 한 체계(조직이든 사람이든)에 작용하는 외적 힘 |
| French, Rogsers, & Cobb(1974) | • 스트레스는 개인의 기술과 능력이 직무의 규정에 부적합(misfit)하고 조직이 제공한 직무환경과 개인의 욕구가 부적합한 상태를 말한다. |
| Margolis, Kroes, & Quinn(1974) | • 캐논(Walter Cannon)의 생리적 동질정체 개념을 발전시켜 "작업자의 특성과 상호 작용해 심리적 동질정체를 파괴하는 작업 조건" 항상성 연구에 많은 업적을 남겼으며, 이와 관련해 나타나는 특수한 반응을 스트레스 또는 긴장이라는 용어를 광범위하게 사용함으로써 이 용어가 오늘날 널리 쓰이는 계기가 됐다. |
| Caplan, Cobb, French, Harrison, & Pinneau(1975) | • 스트레스는 개인에게 위협을 주는 직무환경의 특성 |
| McGrath(1976) | • 스트레스를 내포하고 있는 조건이며 개인이 직무규정과의 관점에서 또는 행동의 규제 및 기회와의 관계에서 무엇인가 일어나는 것. 즉 스트레스는 개인과 환경 간의 상호 작용을 내포하는 것이다. |
| Cooper & Marshall(1976) | • 직업 스트레스는 특정 직무와 연관된 부정적 환경 요인 또는 스트레스 요인이다. |

| | |
|---|---|
| Beehr(1978) | • 스트레스를 어떤 요구에 대한 비특정적인 신체적 반응으로 정의하고, 그러한 신체적 반응 조건에서 일어난 직무 스트레스는 긍정적이거나 부정적일 수 있다. |
| Blau(1981) | • 직무 요구가 개인의 반응 능력을 초과하든 개인의 반응 능력이 환경적 요구를 초과하든 균형이 맞지 않으면 그 결과 스트레스를 일으킨다. |
| Sethi et al.(1984) | • 학문 분야에서 다양하게 제시된 개념 정의가 제각기 그 유용성을 갖추고 있다. |
| Selye(1985) | • 적응을 요구하는 모든 자극에 대한 반응을 말한다. |
| Cov(1991) | • 자극에 대한 반응을 말한다. |
| 정영만(1999) | • 직무 스트레스는 개인의 능력을 초과하는 직무 요구가 있거나 개인의 욕구를 충족시켜 주지 못하는 환경과의 불균형 상태에 대한 적응적 반응을 말한다. |

출처: 이종목(1989), 정영만(1999), 김기묵(2000), 재인용.

## 2 스트레스의 유발 요인

〈표 9-2〉 스트레스 자가 체크리스트

| 질문 | 매우 그렇지 않다 | 그렇지 않다 | 보통 이다 | 그렇다 | 매우 그렇다 |
|---|---|---|---|---|---|
| 무슨 일을 시작하면 빨리 처리하고, 빨리 성공하고 싶다. | 1 | 2 | 3 | 4 | 5 |
| 누군가 답답할 정도로 느리게 하면, 빨리 하라고 재촉한다. | 1 | 2 | 3 | 4 | 5 |
| 평범한 일상이 반복되는 것이 싫다. | 1 | 2 | 3 | 4 | 5 |
| 식사를 할 때는 TV 또는 신문과 같이 한다. | 1 | 2 | 3 | 4 | 5 |
| 상대방이 나에게 적대적일 경우, 나도 적대적이 된다. | 1 | 2 | 3 | 4 | 5 |
| 순간적으로 치미는 화를 조절하기 힘들다. | 1 | 2 | 3 | 4 | 5 |
| 자신이 하고 있던 일을 방해받으면 화를 참기 힘들다. | 1 | 2 | 3 | 4 | 5 |
| 줄을 서서 뭔가를 기다리는 일이 너무 힘들다. | 1 | 2 | 3 | 4 | 5 |

스트레스 수준 확인

> ♣ **테스트 결과 확인**
>
> **[33점 이상] 스트레스 해소가 절실한 상태**
> 지금 굉장히 스트레스를 받고 있는 상태로, 이미 심신이 많이 지쳐 있어 휴식이 즉각적으로 필요한 경우
>
> **[19~32점] 지속적으로 꾸준히 스트레스를 받은 상태**
> 지금 받고 있는 스트레스를 조금 줄기 위해 긍정적인 마인드를 갖는 등 본인의 해소법으로 스트레스를 조금 풀어야 하는 경우
>
> **[8~19점] 스트레스를 잘 받지 않은 상태**
> 평소에 스트레스를 잘 받지 않고 잘 극복해 내는 경우로, 마인드 컨트롤 능력이 우수한 경우

출처: 이영균(2004), 스트레스의 원인과 대처 방안에 관한 탐색, 「한국정책과학학회보」, 8(1): 46-6.

## 1) 주요 생활사건

스트레스에 대한 일차적인 초점은 심한 손상에 대한 반응, 스트레스와 대처 패러다임의 설명, 스트레스성 일상생활 사건에 대한 기술, 그리고 스트레스 관리 방안이 제시되고 있으나 스트레스 현상은 어떤 관점에 의해 접근하느냐에 따라 다양한 정의가 있다. 사회학자, 심리학자, 생리학자, 간호학자들은 다양한 스트레스원과 이에 대한 반응 효과 연구를 여러 가지 변수를 사용해 연구했다. 그러므로 어느 범위까지는 개인의 연구 관점과 각 학문의 성격에 따라 스트레스가 다르게 전개되겠지만 다음 네 가지 관점이 스트레스 연구의 출발점이 되고 있다(Chrousos, 1998).

네 가지 주요 개념은 항상성(恒常性, homeostasis), 스트레스원(源, stressor), 스트레스(stress) 그리고 적응 반응(adaptive responses)이다. 항상성은 생명이 존재하는 한 내·외적 스트레스원인 반작용의 힘에 의해 도전받는 복잡하고 역동적인 평형을 유지하려는 것이다. 따라서 스트레스는 항상성이 위협을 받는 상태, 즉 평형이 위협을 받는 상태로 정의하고 있다. 항상성은 개인이나 유기체의 생리적이고 행동적 적응 반응

의 복잡한 회복 과정에 의해 재수립되며 만일에 적응 반응이 부적절하거나 과도하거나 연장되면 안정 상태가 유지되지 못해 결과적으로 병적 상태가 따르게 된다(김금순, 2005).

인간은 매일 살아가면서 겪는 작은 일부터 큰 충격을 주는 사건까지 다양한 요인으로 인해 스트레스를 받는다. 그러므로 스트레스를 유발하는 다양한 스트레스원이 무엇인가를 이해하는 것이 중요하다(Lazarus & Cohen, 1977).

다음 세 가지를 스트레스 자극이라고 할 수 있다.

첫째, 많은 사람에게 격변을 일으키거나 영향을 주는 중대한 변화(재앙적 사건)

둘째, 한두 사람 정도의 소수에게 영향을 주는 중대한 변화(생활사건)

셋째, 일상적인 사소한 골칫거리

다음으로 한 사람이나 비교적 소수의 사람들에게 재앙적 사건이 일어날 수 있는데, 영향을 받는 사람의 수가 적다고 해서 사건의 부정적인 위력이 줄어드는 것은 아니다. 여기에 해당하는 사건은 사랑하는 사람의 죽음, 생명을 위협하는 병이나 무능력하게 만드는 질병, 직장에서의 해고와 같이 개인이 통제할 수 없는 것일 수도 있고, 이혼, 출산, 중대한 시험 응시와 같이 그것을 겪는 사람에게 강한 영향력을 미치는 사건일 수도 있다. 주요 생활사건은 세 가지 중요한 면에서 재앙적 사건과 차이가 있다.

생활사건과 생활사건 척도는 변화의 중요성을 강조한다. 사람들은 어떤 변화 혹은 재적응을 필요로 할 때 스트레스를 경험한다. 결혼, 새로운 지역으로의 이사 같은 사건은 약간의 적응을 필요로 하지만 실직, 가족의 죽음, 범죄의 희생자가 되는 것 또한 적응을 필요로 한다. 스트레스를 유발하는 주요 생활사건은 수많은 사람에게 영향을 미치는 재앙적 사건과 달리 몇몇 사람이나 한 개인에게만 영향을 미친다. 그리고 재앙적 사건은 갑작스럽게 일어나지만 생활사건은 서서히 일어나기도 한다. 이혼이 하루 아침에 일어나지 않는 것처럼 말이다. 그러나 범죄에 의한 희생은 갑작스럽게 일어난다. 생활사건은 항상 불쾌하다기보다는 변화를 요구하고 적응을 필요로 한다(Holmes & Rahe, 1967).

1950년대 후반과 1960년대 초반 이래로 연구자들이 스트레스를 측정하기 위해 수많은 자기보고식 도구를 개발했는데, 이런 도구 중에서 가장 널리 사용된 생활사건 척도가 홈스와 라헤(Holmes & Rahe, 1967)가 개발한 사회재적응 평가척도(Social

Readjustment Rating Scale: SRRS)다(Holmes & Rahe, 1967). 이 척도는 스트레스가 가장 심한 것부터 약한 것까지 순위에 따라 나열한 43개 생활사건의 목록과 각 사건에는 수치가 할당돼 있는데, 배우자의 죽음에 해당하는 100점부터 사소한 법규 위반 11점까지다. 최근 6개월에서 24개월 이내에 경험한 사건을 체크한 후, 각 항목의 수치를 더하고 총점을 구해 각 개인의 스트레스 점수를 산출한다.

이 점수는 질병 발생 같은 미래 사건과 관련해서 스트레스 측정치와 신체적 질병 발생의 관계를 결정할 수 있도록 하며, SRRS 점수가 300점이 넘으면 추가적인 스트레스를 피해야 한다(Holmes & Rahe, 1967). 마지막으로 우리는 일상생활에서 역할을 수행할 때 앞에서 살펴본 것보다 덜 극적인 스트레스를 경험한다. 이것을 '일상의 골칫거리'라 하는데 키우는 개가 거실의 융단 위에 아파 누워 있다든지, 분별 없는 흡연자를 대한다든지, 너무나 많은 책임을 지고 있다든지, 외로움을 느낀다든지, 배우자와 언쟁을 하는 등 사람을 짜증스럽게 하고 고민하게 하는 사소한 일들이다.

일상의 골칫거리로 인한 스트레스는 신체적·심리적·사회적 환경 모든 곳에서 발생할 수 있다. 비록 일상의 골칫거리가 이혼이나 사별과 같은 인생의 중대한 변화보다는 훨씬 덜 극적일지라도 적응과 건강 면에서 이들이 더 중요할 수도 있다(Lazarus, 2001). 주요 생활사건을 경험해 삶에 큰 변화를 경험한 사람들은 강한 스트레스를 받고, 질병 확률이 높아진다.

이 검사는 생활사건을 이용해 스트레스를 측정하는 척도로서, 생활사건이란 일상생활에서 개인이 보편적으로 경험할 수 있으며 변화와 적응이 요구되는 긍정적·부정적 사건을 말한다.

〈표 9-3〉 주요 생활사건 스트레스 척도(Holmes & Rahe의 사회적 재적응 평정척도)

각각의 문항을 읽고 지난 1년 간 자신이 경험한 생활사건 항목을 체크해 주십시오.

| 번호 | 선택(체크) | 생활사건 | 평균점수 |
| --- | --- | --- | --- |
| 1 | | 배우자의 죽음 | 100 |
| 2 | | 이혼 | 73 |
| 3 | | 부부의 별거 | 65 |
| 4 | | 교도소 또는 구치소의 수감 | 63 |

| 5 | | 가까운 가족의 죽음 | 63 |
|---|---|---|---|
| 6 | | 자신의 부상이나 질환 | 53 |
| 7 | | 결혼 | 50 |
| 8 | | 직장으로부터의 해고 | 47 |
| 9 | | 부부의 화해 | 45 |
| 10 | | 은퇴 | 45 |
| 11 | | 가족의 건강 변화 | 44 |
| 12 | | 임신 | 40 |
| 13 | | 성생활의 어려움 | 39 |
| 14 | | 가족의 증가 | 39 |
| 15 | | 사업의 합병, 재조직, 파산 | 39 |
| 16 | | 재정 상태의 변화 | 39 |
| 17 | | 가까운 친구의 죽음 | 37 |
| 18 | | 업무상 배치의 변화 | 36 |
| 19 | | 부부싸움 횟수의 증가 | 35 |
| 20 | | 수입을 초과하는 저당 또는 차입금 | 31 |
| 21 | | 대출금이나 저당물을 찾는 권리의 상실 | 30 |
| 22 | | 업무상 책임의 변화 | 29 |
| 23 | | 아들, 딸의 출가 | 29 |
| 24 | | 인척이나 가까운 사람과의 다툼 | 29 |
| 25 | | 자신의 괄목할 만한 업적 | 28 |
| 26 | | 부인의 취업 또는 실직 | 26 |
| 27 | | 학교 입학 또는 졸업 | 26 |
| 28 | | 생활 상태의 변화 | 25 |
| 29 | | 자기 습관의 수정 | 24 |
| 30 | | 상사와의 불화 | 23 |
| 31 | | 업무 시간이나 업무 규정의 변경 | 20 |
| 32 | | 이사 | 20 |

| 33 | | 전학 | 20 |
| 34 | | 여가 선용 방법과 양의 변화 | 19 |
| 35 | | 교회활동의 변화 | 19 |
| 36 | | 사회활동의 변화 | 18 |
| 37 | | 수입에 걸맞은 저당이나 차입금 | 17 |
| 38 | | 수면 습관의 변화 | 16 |
| 39 | | 가족이 모이는 횟수의 변화 | 15 |
| 40 | | 식생활의 변화 | 15 |
| 41 | | 휴가 | 13 |
| 42 | | 크리스마스 등의 큰 이벤트 | 12 |
| 43 | | 사소한 법률 위반 | 11 |

출처: 서울특별시 심리지원(서남센터).

- 스트레스 점수는 각각의 주요 생활사건이 개인의 생활에 미치는 영향을 고려해 스트레스의 양으로 나타난다.
- 1년간 경험한 사건을 체크하고 스트레스 점수를 더하면 1년간 경험한 삶의 변화와 그에 따른 스트레스 정도를 알 수 있다.

## 2) 일상의 골칫거리

사람들은 일상의 작은 골치 아픈 일에서도 스트레스를 경험한다.

일상에서 경험하는 사소한 사건들이 사람들에게 주는 스트레스 정도는 심리검사로 측정할 수 있으며, 일상의 골칫거리 척도(hassles scale)를 처음 개발했다(Kanner, 1981). 이 척도는 사람들이 골치 아프게 느끼거나, 성가시고 초조하게 만들거나 좌절시키는 117개 항목으로 구성돼 있다. 이 척도와 짝을 이루는 정신적 고양 척도(uplifts scale)는 사람들을 기분 좋게 만드는 138개 항목으로 구성돼 있다.

이 두 척도는 스트레스에 대한 개인의 지각이 객관적 사건 자체보다 더 중요하다는 것을 토대로 하는데, 응답자들은 지난 한 달 동안 일어난 일상의 골칫거리나 정신적 고양 경험을 각각 3점 척도로 체크해야 한다. 연구 결과를 살펴보면, 일상의 골칫거리 때문에 심한 스트레스를 받고 있는 사람일수록 신체건강이 좋지 않았다. 이러한 결과는 사소한 생활사건을 특정하는 검사가 미래의 신체건강 상태를 잘 예언하는 검사일 수 있음을 시사한다(DeLongis et al., 1982).

일상의 골칫거리가 많을수록 부정적인 기분에 빠져들게 되고, 스트레스를 강하게 느끼며, 신체적 질병에 걸릴 확률이 높아진다. 좋은 일을 경험하면 크게 기뻐하지만, 곧 적응해 자신의 행운을 당연시하게 되고 기쁨이 감소한다. 또한, 우리가 일상생활에서 경험하는 사소한 사건은 불안이나 우울증 같은 심리적 증후를 유발하는데, 이는 큰 생활사건보다 심리적·신체적 건강에 더 부정적인 영향을 준다(Weinberger et al., 1987). 큰 우발적인 사건은 사소한 사건을 빈번하게 야기하고 강도를 증대시켜 간접적으로 건강을 해친다(이현수, 1997).

반복되는 강한 스트레스나 만성 스트레스는 정서의 발현과 자율신경계를 통한 전신 반응을 일으켜 개인에 따라 취약한 기관, 예를 들면 위장과 순환기계에 질병을 유발한다. 항상성 유지, 긴급 반응, 일반적응증후군(general adaptation syndrome)의 어느 경우에도 내분비계는 자율신경계와 함께 중요한 역할을 하고 있다(김형석, 1996).

### (1) 물리적 환경과 일상의 골칫거리

환경 요인에 의해 스트레스를 받을 때 우리는 이것을 환경 스트레스라고 한다(김형석, 1996). 많은 사람이 환경적 스트레스원을 도시생활과 연관시킨다. 여기에는 소음, 오염, 인구 밀집, 범죄에 대한 공포 및 소외감 등이 포함된다. 이런 환경적 스트레스원이 대도시에 집중돼 있기는 하지만, 시골도 시끄럽고 오염되고 습하고 범죄가 있을 수 있다. 그럼에도 불구하고 도시에서 경험하는 밀집, 소음, 오염, 범죄에 대한 공포 및 소외감을 도시생활의 압박이라는 용어로 표현했다(Graig, 1993).

오염되고, 소음이 심하며, 인구가 밀집한 환경에서 살아가는 것은 불쾌할 뿐만 아니라 건강을 위협하는 만성화된 일상의 골칫거리가 될 수 있다(Schell & Denham, 2003). 사람들은 자신에게 영향을 미치는 환경오염의 위협을 무시하거나 주의하며 살아간다(Hatfield & Job, 2001). 산업환경으로 오염된 지역에서 살아온 사람들은 오염되지 않은 지역에서 살아온 사람보다 스트레스에 대한 신체 및 심리 증상이 높게 나타났다

(Matthies, Hoeger, & Guski, 2000).

　이처럼 환경오염과 같이 우리 주변의 일상적인 골칫거리들은 우리의 적응을 방해할 수 있다. 소음은 개인의 환경을 침범하는 자극으로 오염의 한 형태이며, 소음은 호흡, 심박동률, 표피 혈류, 말초혈관의 수축, 피부 온도, 떨림, 위액 분비 기능, 위장관의 활동, 뇌의 생물 전기적 활동을 활성화하는 효과가 있고, 다른 한편으로는 혈중 지질, 혈중 포도당, 코르티솔, 에피네프린, 도파민, 성장 호르몬, 마그네슘, 칼슘 농도 증가와 같은 생화학적인 효과가 있었다(Rehm, 1983).

　사람이 소음에 장시간 노출되면 청력 손실을 일으킬 수 있을 뿐만 아니라 수면장애, 귀찮음 등과 같이 건강과 안녕에도 영향을 미쳤다(Smith, 1990). 의예과 학생들과 치의예과 학생들을 대상으로 두통의 원인을 조사한 결과, 두통의 원인으로 불충분한 수면 38.8%, 정신적 스트레스 38.8%, 알코올 음주 38.5%, 고온환경 36.7%, 독서 31.5%, 소음이 29.9%로 나타났다(Blau, 1990). 항공소음에 관한 연구에서는 모형 비행기에서 105dB의 소음에 노출됐을 때 연구에 참여한 모든 사람이 ACTH 호르몬과 콜레스테롤 수치가 증가하고 트라이글리세라이드 수치가 감소했다고 보고했다(김형석, 1996, 재인용).

　그러나 소음은 객관적으로 정의하기가 매우 어렵다. 소음은 개인이 듣고 싶어하지 않는 소리이기 때문에 확실히 주관적이다. 소음에 대한 주관적 태도의 중요성은 도심에 살고 있는 거주자들을 대상으로 건강, 수면, 불안 수준 및 소음에 대한 태도를 살펴본 연구에서 보고됐다(Nivision & Endresen, 1993). 소음 수준은 건강이나 다른 요소들과 직접적인 관련이 높지 않았지만 소음에 대한 거주자들의 주관적 관점과 건강상의 질병 총수 간에는 관련이 많았다. 소음에 더 민감한 근로자들도 소음에 덜 민감한 근로자들보다 코르티솔 수준이 더 높게 나타났고 낮은 빈도의 소음에도 더 괴로워했으며, 소음이 건강에 미치는 효과는 스트레스 증가에 의한 간접적인 효과이기보다는 소음의 직접적인 영향일 가능성이 있다(Waye et al., 2002).

　또 다른 골칫거리는 밀집(crowding)이다. 밀집된 환경은 동물의 사회적·성적 행동을 변화시켰는데, 밀집된 환경에서 생활한 쥐는 더 많은 영역 확장을 위해 공격적으로 변하고, 새끼 사망률도 증가했으며, 사회적 통합력이 감소했고, 인간에게 밀집이 미치는 영향은 좀 더 복잡하게 나타날 수 있다(Calhoun, 1956).

　밀집은 개인이 속한 환경의 높은 밀도에 대한 지각으로부터 발생하는 심리적인 현상인 반면, 인구밀도란 많은 인구가 제한된 공간을 점유하는 물리적인 상태다(Strokols, 1972). 특히, 밀도는 밀집에 필요한 조건이지만 무조건 밀집의 느낌을 불러일으키는 것은 아니며, 밀도와 밀집의 구분은 통제감과 같은 개인적 지각이 밀집의 정의에 중요하다는 것을 의미하며, 이웃뿐만 아니라 거주지역의 밀집 정도는 개인에게 얼마나 스트레스가 되는가에 영향을 미친다(Brannon & Feist, 2007).

범죄에 대한 공포는 실제 범죄로 인한 희생보다 더 광범위하게 영향을 미칠 수 있다. 즉, 범죄로 인한 피해를 경험해 보지 못한 사람도 늘 두려워했으며, 이런 공포는 대중매체의 보도에 의해 더욱 악화되고 가중되는데, 폭력이 실제로 더 빈번하게 발생할 수 있다는 생각을 갖도록 하기 때문이다. 이런 형태의 공포는 사람들이 이웃으로부터 소외될 수 있고 공동체 분위기를 나쁘게 만들 수 있다. 인종 차별 또한 가난한 환경과 관련된 또 다른 유형의 일상의 골칫거리다(Brannon & Feist, 2007).

### (2) 심리사회적 환경과 일상의 골칫거리

우리의 심리사회적 환경이 일상의 골칫거리를 발생시키는 근원이 될 수 있다. 여기에는 공동생활, 직장, 가족과의 상호 작용과 같은 매일의 사회적 환경에서 나타난다. 차별은 심장혈관질환의 위험도를 증가시키는 스트레스원이며, 실제로 다양한 건강문제를 일으키는 요인이 된다. 차별은 단지 직장에서만 발생하지 않으며, 날마다 중요한 결정을 내려야 하는 회상 중역은 자신들의 결정 사항에 따라 업무를 해야 하는 근로자들보다 직무 관련 스트레스가 적다. 이는 의사결정의 부담보다는 통제감의 부족이 더 많은 스트레스가 됨을 시사한다(한국심리학회, 2014).

스트레스 관련 질병을 준거로 삼았을 때, 가장 스트레스를 많이 받는 직종은 건설노동자, 비서, 실험기술자, 웨이터 혹은 웨이트리스, 기계 조작자, 농장 근로자 및 도장공 등이다. 이런 직종은 통제, 직위, 보상 수준이 낮지만 요구받는 수준이 높다는 공통점이 있다. 따라서 그들은 자신의 역할에 비해 더 높은 스트레스를 보고하고, 스트레스 관련 질병을 더 많이 경험하며, 요구가 높고 통제가 낮은 직업은 직장의 다른 조건들과 결합해 직무 스트레스를 가중시킨다. 시끄러운 환경에서 일하는 상황은 스트레스를 유발하기에 충분하지 않지만, 이것이 순환식 교대작업과 같이 여타 환경 요소와 결합하면 혈압 상승, 스트레스 호르몬 분비 증가와 같은 스트레스 징후가 나타난다. 유사하게 요구가 높고 통제가 낮은 직업은 일이 매우 복잡하거나 직무 안정성이 부족할 때 스트레스를 유발하는 경향이 있다(한국심리학회, 2014).

직무 스트레스가 가족들에게 전가되거나 가족 갈등이 직장에까지 영향을 미쳐서 직무에 문제가 발생하기도 한다. 가정 내에서의 남성과 여성의 역할 및 기대 수준의 차이는 가족 갈등과 직무 갈등이 남성과 여성에게 다른 방식으로 영향을 미친다는 것을 의미한다. 여성들은 종종 아내, 엄마라는 역할과 직무 부담이 연합해 스트레스를 받는다(한국심리학회, 2014).

오늘날 남성들이 이전 세대보다 집안일을 더 많이 하긴 하지만, 여성은 여전히 남성보다 두 배의 일을 하고 있는데, 다양한 소수민족에게도 집안일로 인한 갈등은 흔히 나타나는 것이 스트레스원이다. 그러나 일반적으로 아내, 엄마로서의 친밀감 경험이 건강에 이득을 제공하기도 한다. 일과 가족 역할의 긍정적 혹은 부정적 효과는 그 사람에게 이용 가능한 자원에 달려 있다(한국심리학회, 2014).

남성과 여성 둘 다 배우자와 가족의 지지에 영향을 받지만, 여성의 건강은 이러한 스트레스원에 더 강력히 영향을 받으며, 자녀는 있지만 배우자가 없는 여성들일 경우 특히 더 부담을 느끼고 결과적으로 스트레스를 더 많이 받게 된다. 다양한 역할을 수행하는 것이 여성에게 반드시 스트레스를 유발하는 것은 아니지만, 다양한 역할에 대한 낮은 통제와 지지의 부족은 남성과 여성 모두에게 스트레스를 유발할 수 있다(Brannon & Feist, 2007).

### 3) 좌절

좌절이란 어떤 일이 자신의 뜻이나 기대대로 전개되지 않을 때 느끼는 감정을 말한다. 좌절을 느낄 때 경험하는 것은 분노, 불안, 공포와 같은 부정적 정서를 말한다. 또한 지속적인 좌절 경험은 심리적 탈진에 빠지게 한다.

#### (1) 좌절의 유형

심리학자들은 좌절을 어떤 목표를 추구하는 것이 방해받는 상황에서 일어나는 것으로 정의한다. 본질적으로, 당신이 어떤 것을 원하지만 가질 수 없을 때 좌절을 경험하며, 모든 사람은 사실상 매일 좌절과 맞닥뜨려 한다. 예를 들면, 교통 체증과 힘든 매일매일의 통근은 반복되는 좌절의 근원으로서 분노와 공격심을 일으킬 수 있다. 물론 어떤 좌절은 중요한 스트레스의 근원이 될 수 있다. 실패와 상실은 매우 큰 스트레스를 줄 수 있는 두 가지의 보편적인 좌절의 종류다. 모든 사람은 적어도 그들이 노력한 것 중 몇 가지는 실패한다.

어떤 사람들은 스스로 비현실적인 목표를 세움으로써 거의 필연적인 실패와 상실은 특히 좌절이 될 수 있다. 왜냐하면, 늘 가지고 있던 그 무엇인가를 박탈당하기 때문이다. 예를 들면, 매우 사랑하는 연인 혹은 배우자를 잃는 것보다 더 좌절이 되는 것은 거의 없다. 좌절은 대체로 환경적인 스트레스로 사람들이 어려움을 느낄 때 작용하는 것으로 보인다. 과도한 소음, 더위, 공해 및 군중이 스트레스를 주는 이유는 그것들이 조용함, 적정 체온, 깨끗한 공기, 적당한 사생활에 대한 욕구를 좌절시키기 때문인 것이다. 욕구 좌절은 목표 지향 행동이 차단됐을 때 생긴다. 따라서 개인의 활동을 방해하는 장애물이 욕구 좌절을 일으키고 목표 지향 행동은 개별적 경험에 좌우된다.

① 외적 좌절

외적 좌절은 물리적 요인과 사회적 요인으로 나눌 수 있다.

물리적 요인은 개인의 욕구를 좌절시키는 경우이며, 이러한 장애를 물리적 장애로 볼 수 있다(더위, 경제 등).

사회적 요인은 사회경제적 요인이 빈번히 욕구 좌절되는 경우이며, 경제적 여건 때문에 대학의 진학을 포기하게 된다든지, 직장과 사회에서의 남녀불평등 상황을 예로 들 수 있다(차별, 평가 등).

② 내적 좌절

내적 좌절은 신체적 결함이나 심리적 결함으로 인한 좌절을 말한다. 신체적 특징이 만족을 얻거나 자존심을 유지하는 데 장애를 느낄 수 있다. 보통 중년기 이후에 신체적 결함은 아주 커다란 관심의 대상이 되게 된다. 이런 경우를 보자면 직업군인이 되고 싶은데 신체검사에서 불합격해 꿈을 이루지 못하는 경우 등이 신체적 결함에 해당된다(건강, 장애, 외모 등).

심리적 결함과 관련된 좌절은 인식 능력, 정서, 자존심의 결함에서 발생하는데, 예를 들면 어린 시절 쌓아 온 애착에 문제가 있는 경우 쉽게 스트레스에 휩싸이는 모습을 관찰할 수 있다(내성적 성격, IQ, 소심함 등).

### 4) 심리적 탈진

일방적으로 한쪽에서 도움과 관심을 베풀어야 하는 경우, 신체적으로나 정신적으로 지치고 피곤해 에너지가 고갈되고 일에 열정과 집중력이 떨어지게 되는 심리적 탈진에 빠질 확률이 높다.

심리적 탈진(psychological burnout)[1]은 1970년 중반부터 직무 스트레스와 관련된 문헌에서 쓰이기 시작한 새로운 용어다(최가영·김윤주, 2000). 직무 스트레스와 심리적 탈진을 동의어로 여기는 연구자(Male & May, 1997)도 있지만, 대다수 학자들(Cherniss, 1988; Maslach, 1982; Wisniewski & Gargiulo, 1997)은 심리적 탈진을 직무 스트레스의 극단적 형태로 지칭한다(김자경 외, 2006: 323). 또한, 심리적 탈진감은 특히 대인 서비스 종사자들에게서 많이 발현되는 과정이라는 점에 대부분의 학자가 동의하고 있다(김영미 외, 2004; 이강훈, 2008). 심리적 탈진을 정서적 고갈(emotional exhaustion), 비인간화(depersonalization), 낮은 개인적 성취감(personal accomplishment)이라는 세 가지 하위 변수로 구분한다(Maslach & Jackson, 1982).

정서적 고갈이란 자신이 줄 수 있는 것이 아무것도 남아 있지 않다는 느낌을 말하고, 비인간화란 구성원이 고객을 부정적이고 무감각한 태도로 대함으로써 고객을 하나의 목적으로 대하기 시작할 때 일어난다(박정민·김대성·김행희, 2012). 개인적 성취감의 감소란 구성원이 직업에 관해 부정적 견해를 발전시키기 시작할 때 일어난다(박정민 외, 2012).

이상을 종합해 보면, 심리적 탈진은 자신이 수행하고 있는 일의 결과에 대해 긍정적

---

[1] 심리적 탈진은 '소진(消盡)'이라고 번역되기도 한다. 사람을 대하는 직업을 가진 사람들이 주로 심리적 탈진을 경험하기 때문에(Maslach & Jackson, 1981), 그동안 심리학, 사회복지학 등의 분야에서 연구가 행해져 왔다. 심리적 탈진이 직무 스트레스의 극심한 유형 중의 한 가지라는 점에서 볼 때 소진이라는 용어보다 더 적합한 것으로 생각된다.

으로 평가하지 않고, 힘이 빠져 기분이 축 처져 있으며, 상대방을 물건 다루듯이 대하는 상태를 나타내는 개념이라 할 수 있다(신성원, 2010).

## 3 스트레스에 대한 반응

### 1) 스트레스에 대한 투쟁, 도피 혹은 경직 반응

스트레스에 대한 반응을 말하는 '투쟁 혹은 도피 반응'은 이제 '투쟁, 도피 혹은 경직 반응'이라는 새로운 이름으로 불린다. 스트레스 전문가들은 사슴이 헤드라이트를 보고 멈추는 것과 같이 위기 상황에서 몸이 경직되는 현상을 기존의 '투쟁 혹은 도피 반응'에 추가하고 있다.

'투쟁 혹은 도피'는 생존을 위한 반응이고, 이는 희망을 상징한다. 싸워서 이길 가능성이 있거나 도망갈 기회가 있을 때 이 반응을 보이며, 반면 경직 반응은 어떠한 희망도 없을 때 나타나는 반응이다. 어떤 면에서 이러한 스트레스 대응책은 에너지를 보존하기 위한 방책으로서, 우리 조상들은 일상적인 일을 하는 동안은 위기 상황에 대비해 에너지를 쌓아 뒀으며, 어느 순간 갑자기 숲에서 맹수가 뛰쳐나올 때, 우리 조상들은 1초도 안 되는 시간 동안 급격하게 신체 에너지를 끌어내 맞서 싸우거나, 아니면 그 어느 때보다도 재빨리 도망쳤다.

이는 진화적으로 매우 훌륭하게 다듬어진 반응이며, 이러한 신체의 변화는 심장이 겨우 한 번 뛸 동안 일어난다. 오늘날에도 우리는 위기 상황에서 엄청난 힘을 낼 수 있으며 (차에 깔린 아이를 꺼내려고 차를 들어 올린 엄마의 이야기는 꾸며낸 이야기가 아니다) 위기가 지나고 나면 그 힘은 사라진다.

> "나는 아홉 살 때 덩치 큰 동네 형에게 물 풍선을 던진 적이 있다. 물 풍선은 정통으로 맞았고 그 형은 나를 쫓아오기 시작했다. 나는 내 인생에서 최고의 속도로 도망갔고, 눈앞에는 1.2m 정도 되는 돌담이 있었는데, 나는 내 키와 비슷한 그 돌담을 뛰어넘었다."

바로 투쟁 혹은 도피 반응이 위기 상황에서 내게 추가적인 에너지를 준 것이다. 그러나 경직 반응은 다르게 작동하는데, 이는 우리가 공격자에게 압도당하고 생존에 대한 어떠한 희망도 없을 때 나타나는 반응이다.

> "최근 국립공원에서 회색 곰을 만난 남자가 죽은 척함으로써 목숨을 건졌다는 뉴스가 있었다. 그는 도망가는 동안 심각한 상처를 입었지만, 모든 것을 포기했을 때 갑자기 회색 곰은 공격을 멈췄다."

어쩌면 오래전에도 이런 일이 있었을지 모른다. 곧 경직 반응이 그에게 고통을 참으면서 완전히 죽은 듯이 몸을 뻗게 만들었을 수 있다. 따라서 투쟁, 도피 혹은 경직 반응을 이해하기 위해서는 두 종류의 자율신경계(ANS)가 우리가 위기에 처했을 때 어떻게 작동하는지를 이해해야 한다. 자율신경계는 우리 뇌와 신체기관, 근육을 조절하는 두 종류의 신경으로 이뤄져 있다.

교감신경은 투쟁 혹은 도피 반응을 관장한다. 심장이 더 빠르게 뛰고, 근육이 더 긴장하며, 동공이 확대되고, 점막이 마르도록 한다. 이는 싸우거나 도망칠 때 더 잘 보고 더 쉽게 호흡하기 위한 것이다. 이 반응이 단 1/20초, 곧 심장이 채 두 번 뛰기 전에 일어난다.

부교감신경은 긴장을 완화하는 역할을 하며, 우리 몸에 이제는 긴장을 풀어도 된다고 알려 주는 것이다. 위기가 지나갔으니 경계를 늦춰도 된다는 말이며, 또한, 하품하고 기지개를 켤 때, 운동 후에 근육을 이완시키는 것이 부교감신경의 역할로서, 밤에 불을 끈 뒤 우리를 잠들게 하는 것도 부교감신경이며, 매우 흥미로운 점은 이 신체를 이완시키는 호르몬과 천연 진통제[2] 같은 신경전달물질이 우리가 경직 반응을 일으킬 때도 엄청나게 분비된다는 것이다(Siegel, 1999).

심리학자이자 저자인 캘리포니아대학교 로스앤젤레스(UCLA)의 시겔(Daniel J. Siegel, 1957~ ) 박사는 이렇게 말했다.

---

[2] 바로 이 진통제 성분 때문에 치명적인 상처를 입고도 가만히 누워 있을 수 있다.

"연구자들은 이때 활성화되는 부교감신경계 일부를 도설 다이브(dorsal dive)라고 부르는데, 이 반응은 맹수에게 쫓기던 동물에게 실제로 이익을 줬을 것이고, 죽은 척함으로써 살아 있는 먹이만 먹는 맹수는 이 동물에 흥미를 잃었으며, 경직 상태에서는 혈압이 급격하게 떨어져 출혈로 잃게 되는 혈액의 양도 줄어들고, 또한 바닥에 쓰러지는 것은 머리에 피가 돌 수 있게 만들어 준다."

리바인(Peter A. Levine, 1942~ ) 박사는 생존 트라우마에 관한 영상 중에 사자가 새끼 영양을 쫓는 장면을 보여 줌으로써 경직 반응이 어떻게 일어나는지를 보여 주려 했다.

"그는 영상이 짧은 이유는 사자의 공격이 평균 45초 정도이기 때문이라고 말했다. 이는 또한 먹잇감의 스트레스 반응(인간을 포함해) 역시 그 정도의 시간 동안 일어난다는 매우 중요한 사실을 말해 준다. 몇 시간이나 며칠이 아니며, 만성 스트레스에 시달려 이를 어쩌지 못하는 현대인과는 전혀 다른 경우로서, 물론 45초가 되기 전에 사자는 영양을 잡고, 사자는 잔인하게 영양의 목을 물고 바닥에 몇 번 내려친다. 그런데 영양은 꼼짝도 하지 않는다. 모든 것이 끝난 듯하나, 사자가 잠시 자리를 비웠을 때, 아마 자신의 새끼가 영양을 먹을 수 있게 데리러 갔을 때 놀라운 일이 일어난다. 영양은 말 그대로 부활하며, 오랜 잠에서 깬 것처럼, 몸을 부르르 떨고 자리에서 일어나 가볍게 달려 나간다."

인간 역시 공포에 휩싸이거나, 도망칠 가능성이 없거나, 살 수 있는 방법이 없다고 느껴질 때 경직 반응을 보인다. 자동차 사고, 강간, 총구를 눈앞에 둔 사람이 이런 반응을 보이게 되는데, 때로는 정신을 잃고, 신체는 힘없이 쓰러지며, 고통도 느끼지 않게 된다. 그 후 다시 깨어났을 때 이를 기억하지 못하기도 한다. 바로 이런 사실들 때문에 투쟁 혹은 도피 반응이 이제 투쟁, 도피 혹은 경직 반응으로 불린다. 때로 우리는 압도적인 상대방 앞에서 싸우거나 도망갈 의지를 잃으며 그저 몸이 얼어붙고, 이 사실을 아는 것은 위기 상황에서 경직 상태에 빠진 후 살아남아 이후 오랜 시간을 부분적인 기억으로 괴로워하는 트라우마 환자들에게 큰 의미가 있다.

### 시상하부

어떤 자극이 신체적 혹은 심리적으로 위협이 된다고 지각될 때 이러한 스트레스에 대한 평가는 뇌의 한 부분인 시상하부(視床下部, hypothalamus)를 자극한다. 이에 따라 시상하부는 뇌하수체(pituitary gland)로 하여금 스트레스에 대항해 싸우는 호르몬인 ACTH(Adreno-Cortico-Tropic Hormone)라는 부신피질자극호르몬을 분비하도록 명령하며 동시에 자율신경계의 교감신경을 활성화한다.

### 교감신경의 활성화

자율신경계(autonomic nervous system)는 두 부분으로 나뉘는데, 하나는 교감신경(sympathetic nerve)이고, 다른 하나는 부교감신경(parasympathetic nerve)이다. 스트레스를 지각할 때 시상하부에 의해 활성화되는 교감신경은 스트레스를 유발하는 신체적 혹은 심리적인 위협에 맞서 문제를 해결할 수 있도록 투쟁-도피 반응인 생리적 각성 반응을 일으킨다. 부교감신경 역시 뇌의 시상하부에 의해 자극되지만, 평온하고 안정된 상태로 되돌려 신체를 균형 상태에 이르게 하는 작용과 유기체는 외부의 위협적인 자극을 지각하면 투쟁 및 도피 반응, 즉 뇌하수체가 스트레스와 싸우는 부신피질자극호르몬(ACTH)을 분비하고 동시에 자율신경계의 교감신경이 활성화된다.

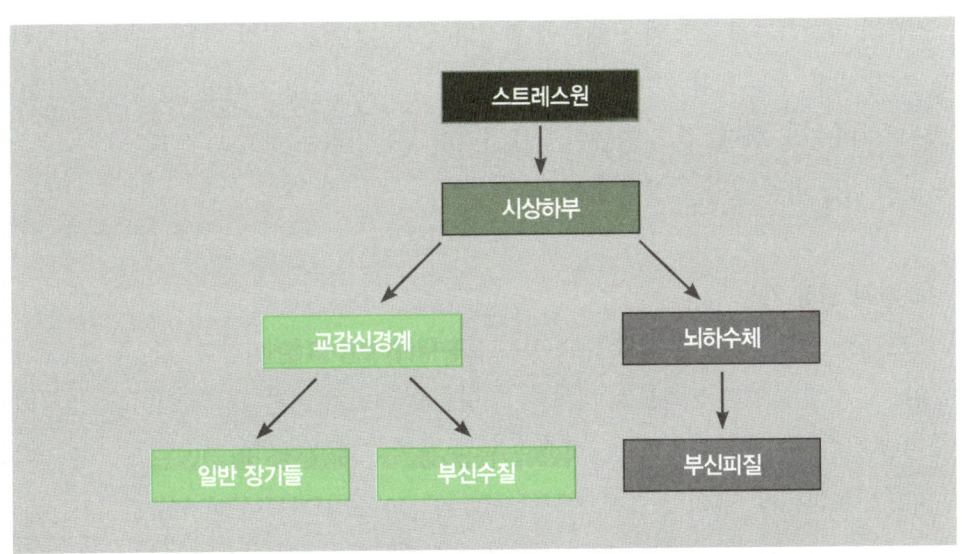

출처: 김정호·김선주(2006).

[그림 9-2] 신체적 스트레스 반응의 기제

## 2) 스트레스 상황에서의 생리적 각성과 심리적·신체적 증상

### (1) 생리적 각성

스트레스를 지각하면 뇌의 시상하부가 각성하고, 시상하부는 뇌하수체와 자율신경계의 교감신경을 자극한다. 이때 뇌하수체는 부신피질자극호르몬(ACTH)을 방출하고 교감신경은 자동적으로 심장 박동과 혈압을 상승시켜 신체적 각성을 일으키며, 뇌하수체에서 분비된 부신피질자극호르몬은 부신피질로 하여금 두 종류의 호르몬, 즉 노르에피네프린과 에피네프린을 분비하게 한다(윤가현 외, 2013).

#### ① 호흡

스트레스를 지각하면 교감신경이 활성화되고 이에 따라 호흡이 빨라지며 얕은 숨을 쉬게 된다. 긴장하면 가슴으로 숨을 쉰다고 하는데, 바로 이런 현상이 나타나는 것이다. 따라서 스트레스를 느낄 때는 의식적으로 호흡을 천천히 하고 공기를 뱃속까지 깊이 들이마시는 심호흡을 하면 신체적인 긴장을 줄이는 데 도움이 된다.

#### ② 심장 박동

호흡과 마찬가지로 스트레스 때문에 활성화된 교감신경은 심장 박동 수를 증가시킨다. 심장 박동 수는 보통 1분에 70~90번인데, 스트레스를 지각하면 1분에 200~220번으로 치솟기도 한다. 간혹 가슴이 쿵쾅거리며 두근거리는 것을 느낄 때는 스트레스로 인해 심장 박동 수가 증가했기 때문이다.

#### ③ 간과 위장 기능

스트레스 상황에서 간은 비축하고 있던 포도당을 혈액에 분비한다. 즉, 투쟁-도피 반응에서 신체가 위협에 빠르게 대처할 수 있도록 에너지를 공급하는 것이다. 스트레스 경험을 한 후 흔히 지치고 피곤함을 느끼는 것은 신체의 에너지원인 포도당이 많이 소비됐기 때문이다. 특히 스트레스를 받으면 위장의 소화 기능이 현격히 떨어지는데, 그 이유는 스트레스를 지각할 때는 위장에서 사용될 혈액까지 근육이나 신체 중요 기관으로 보내지기 때문이다.

④ 근육의 긴장

스트레스 상황에서는 위협에 맞서 싸우거나 도망가기 위해 몸을 민첩하게 움직여야 하므로 근육의 긴장도가 높아진다. 스트레스가 장시간 지속돼 근육의 긴장도 오래 지속되면 근육통에 시달리게 된다.

**(2) 심리적 · 신체적 증상**

심리적 스트레스로 인해 나타나는 신체적으로 고통스러운 증상을 말한다. 심리적 · 신체적 증상을 호소하는 환자의 대부분은 질환이 생기기 전 6개월 동안 심각한 스트레스를 경험한다.

## 3) 스트레스의 일반적응증후군의 경고 단계와 투쟁-도피 반응

셀리에(Hans Selye, 1907~1982)는 인간의 몸이 스트레스에 직면하면 일련의 단계를 거쳐 반응하는데, 이것을 일반적응증후군(General Adaptation Syndrome: GAS)이라 명명했다(Selye, 1976). 그는 스트레스가 생리적 반응에 미치는 효과를 연구했는데, 스트레스 반응을 질병의 발생과 연결하고자 시도하며, 신체 질병과 스트레스의 관계를 검증했으며, 스트레스를 비특정적 반응으로 개념화하고, 수많은 환경적 스트레스원에 의해 야기되는 일반적 신체 반응이라고 주장했다(Selye, 1976). 그는 매우 다양한 상황이 스트레스 반응을 일으킬 수 있지만, 그 반응은 항상 동일하다고 믿었다(Brannon & Feist, 2007). 투쟁-도피 반응은 일반적응증후군의 경고 단계에 해당한다.

다음은 경고 반응 → 저항 → 소진 단계에 대한 설명이다.

**(1) 경고 반응 단계(alarm reaction stage)**

정신적 혹은 육체적 위험에 처음 노출됐을 때 나타나는 스트레스에 대한 즉각적인 초기 적응 반응 단계로, 자극에 대해 일시적으로 위축되는 충격기(shock stage)와 후기 역충격기(counter-shock stage)로 구분한다. 역충격기에 이르러 유기체는 적응 에너지(adaptaion energy)를 사용해 아드레날린과 코르티솔을 분비시킨다. 이에 호흡의 증가, 동공(瞳孔, pupil) 확대, 땀의 분비 증가, 근육 긴장, 전율, 정서적 불안 증가 등 내분비계 및 자율신경계의 활동 변화가 현저하게 나타난다. 단기 스트레스의 경우 이러한 방어 체계의 작동으로 인해 스트레스에 대한 반응은 여기서 종료되지만, 스트레스가 계속될 경우 저항 단계로 이행된다.

### (2) 저항 단계(resistance stage)

인체는 스트레스 자극에 적절히 대처를 해서 특별한 반응 상태를 보이지 않으며, 이 단계에서 스트레스가 사라지면 다시 정상 수준으로 돌아가게 된다. 그러나 지속적인 스트레스를 받는 경우, 개인이 가진 자원과 에너지가 총동원되고, 스트레스에 대한 적응 반응이 최고점에 이르며, 소진 단계에 이른다.

### (3) 소진 단계(exhaustion stage)

저항 단계에서도 스트레스가 해소되지 못하고 동일한 스트레스에 장기간 노출되면 결과적으로 적응 에너지가 소진되고 스트레스에 대한 적응 반응이 약해짐으로써 심장병, 편두통, 위궤양, 고혈압 등의 질병 및 사망으로 이어질 수 있다. 심리적으로는 자포자기나 우울증 및 불면증 등이 생기는 단계다.

한편 이러한 일반적응증후군의 경고 반응을 투쟁-도피 반응이라 불렀으며, 투쟁-도피 반응이라 명명한 이유는 일반적응증후군의 신체 반응은 유기체가 위급 상황에 직면했을 때 도망치거나 싸워서 극복하기 위해 필요한 반응이기 때문이다(Cannon, 1932). 투쟁-도피 반응을 불러오는 위급 상황에 놓이면 시상하부의 작용으로 교감신경계가 활성화되고, 교감신경계의 활성화는 여러 장기(평활근)와 분비샘의 작용과 우선 여러 소화기관의 작용을 억제한다. 위급 상황에서는 한가하게 소화 작용을 할 때가 아니며, 골격근이 최우선적으로 효율적으로 작동해야 하기 때문에 위장이나 기타 내장운동이 감소하고 긴장성이 떨어진다(Cannon, 1932).

그리하여 소화기관의 혈관이 수축해 혈액 공급이 줄어드는데, 그 결과 혈액이 골격근으로 많이 가게 된다. 또한 침샘, 위선, 췌장선의 분비가 감소하며 해당 부위의 혈관이 수축한다(Cannon, 1932). 피부 혈관도 수축하는데, 이 역시 혈액을 골격근으로 더 많이 공급하기 위해서이며, 위급 상황에 대처하다가 상처가 생기는 경우에 혈액의

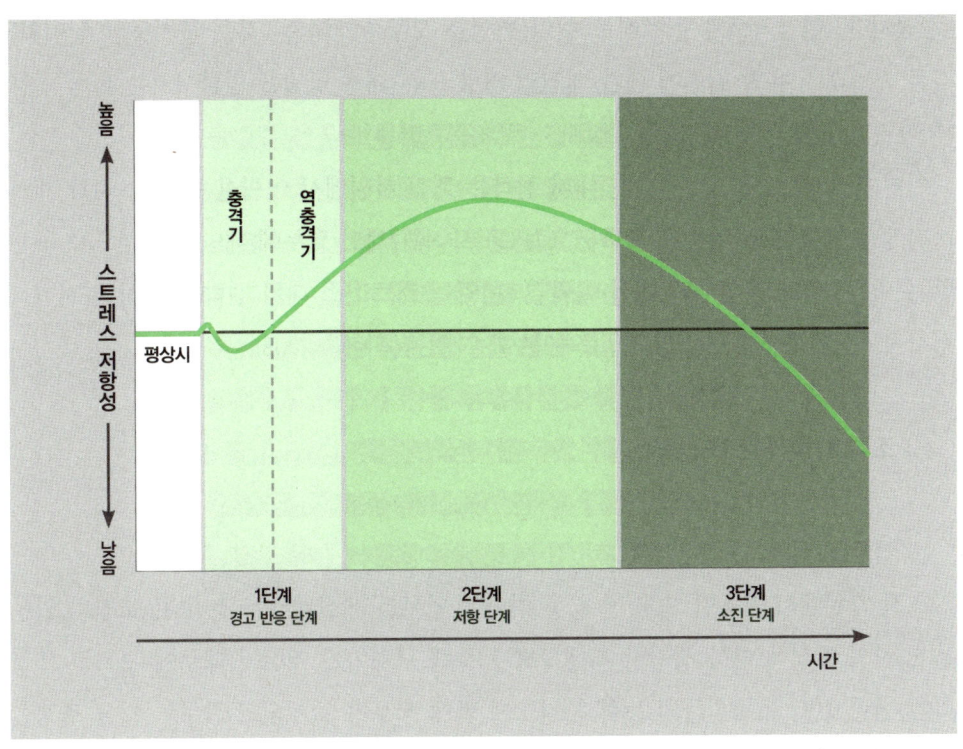

출처: 두산백과(http://www.doopedia.co.kr), 검색일: 2023.11.3.

[그림 9-3] 일반 적응 증후군 3단계

유출을 최소화하려는 것과 또한 동공을 확장시켜 위급 상황에서 시각정보를 더 잘 얻게 한다(김정호·김선주, 2006).

한편 땀샘에서는 분비로 인해 무엇을 잡을 때 미끄러지지 않으며, 골격근의 활동 증가에 따른 체온 증가에 대처할 수 있다. 이때 땀의 분비가 증가하는데, 땀으로 폐의 기관지가 확장되고 호흡률이 증가하며, 이로써 산소 공급과 이산화탄소 배출이 더욱 신속하게 이뤄지고, 혈액의 응고도 쉽게 이뤄진다. 이는 위급 반응에 대처하다가 생길 수 있는 상처로 인한 혈액 유출을 막기 위해서다(김정호·김선주, 2006).

## 4) 스트레스에 대한 인지적 반응

스트레스 원인을 제거하는 전략은 스트레스를 해소하는 가장 근원적인 방법이 될 수 있지만, 현실적으로 스트레스 원인 변인을 모두 제거하는 것은 불가능한 일이며, 결국 스트레스 유발 원인에 대한 개인의 역량 또는 대응 방법을 변환시키는 노력이 함께 이뤄져야 할 것이다(김용주, 2008).

이렇게 보면 스트레스에 대한 대처 전략은 조직 차원에서 이뤄질 수 있는 것과 개인 차원에서 이뤄질 수 있는 것으로서, 그리고 조직과 개인 모두에 해당되는 것으로 구분할 수 있는 것과 개인 차원에서 이뤄질 수 있는 스트레스 대처 전략은 다시 인지적·정서적·신체적·행동적 방략으로 구분할 수 있다(김용주, 2008).

### (1) 조직 차원의 대처 전략

#### ① 업무 재설계

조직 차원에서 가능한 대처 전략 중 하나는 업무를 재설계하는 것이다. 조직의 업무는 조직의 특성에 따라 상당한 시행착오를 통해 구체화된 것이기 때문에 수시로 조정하기 어렵지만, 조직원들의 능력과 기호에 맞게 직무가 설계되고 복무 여건을 조정할 경우 조직의 효율성과 조직원의 만족도가 향상되고 자연적으로 스트레스를 덜 받게 될 것이다(김용주, 2008).

#### ② 책임과 역할의 명확화

조직원 개개인의 책임과 역할을 분명하게 규정하고 이에 대한 구분과 평가 등을 명확하게 하는 것도 스트레스를 관리하고 해소하는 전략으로서, 상급자의 지시 내용에서 하급자의 책임과 역할이 불명확할수록 해당 업무로 인한 스트레스가 증가한다(김용주, 2008).

#### ③ 사회적 지원

사회적 지원은 조직 내외부의 인간관계를 최대한 활용해 조직원의 적응력을 높이고 스트레스 해소를 위한 채널을 다양화해 주는 것인데, 다시 말해 사회적 지원은 개인이 필요로 하는 정서적·정보적·평가적 및 도구적 지원을 통해 스트레스에 의한 개인의 심리적·신체적 손상을 약화시키는 방법과 정보와 조언을 줄 수 있는 출판물과 조직을 활용하는 방법도 있다(김정호·김선주, 2006).

### (2) 개인 차원의 대처 전략

개인 차원에서 가능한 건설적인 스트레스 대처 전략은 크게 네 가지로 구분한다. 첫째는 인지적 대처로서 분명한 요구를 재평가하고 스트레스적 절충의 명백한 의미를 재정의하는 노력이다. 둘째는 정서적 대처로서 스트레스에 의해 흥분된 정서적 반응을 감소시키려는 노력이다. 셋째는 신체적 대처로서 스트레스에 부딪침으로써 신체적 요구의 충격을 감소시키려는 노력이다. 넷째는 임무 수행 역량을 강화하는 노력이다(김용주, 2008).

#### ① 인지적 대처

스트레스는 객관적인 과정에 의해 전개되기보다는 주관적인 감정에 의해 다양하게 전개되는 심리적 과정이다. 인지적 대처는 불합리한 평가에 의해 스트레스가 유발되거나 혹은 더 강화되기도 한다는 점에 착안해 스트레스에 대한 정확한 평가를 통해 스트레스에 대처하려는 노력이다. 인지적 대처에는 방어적 자기기만의 최소화, 부정적 자기 대화의 감소, 파멸적 사고에서의 탈피, 긍정적 자세 견지, 스트레스 근원 인식 등이 있다(김정휘, 1991).

ㄱ. 방어적 자기기만의 최소화

스트레스에 직면한 경우 흔히 사용되는 대처 방식 중 하나는 방어적 왜곡인데, 이 방식은 문제를 평가절하하거나 무시함으로써 문제를 더 악화시키고 심각하게 만들며, 따라서 방어적 자기기만을 최소화하는 것이 인지적 대처 방안 중 하나로서, 이를 위해서는 스트레스 해소 과정에서 방어 기제가 존재하고 사용된다는 사실을 우리 모두가 인정하게 해야 한다(김정호·김선주, 2006).

ㄴ. 부정적 자기 대화의 감소

엘리스(Albert Ellis)가 고안한 합리적 정서적 치료(rational emotive therapy)는 부정적 자기 대화를 감소시키기 위해 주로 내담자의 상황에 대한 평가를 변화시키는 데 초점을 맞추는 접근법이다. 이에 따르면, 사건에 대한 부정적인 정서적 반응은 사건 그 자체에 의해서가 아니라 이들 사건에 대한 부정적 해석에 의해 야기된다고 보고, 이러한 부정적 해석 과정을 변화시킴으로써 스트레스에 대처하는 전략이다(김정휘, 1991).

사람들은 불운한 사건을 현실적으로 보지 않고 비합리적으로 '침소봉대'하거나, 불편함을 '재앙'으로 변화시키기도 하는데, 이러한 생각은 사람들이 가지고 있는 비합리적인 가정에서 비롯되는 경우가 많으며, 사람들은 자주 '내가 모든 사람으로부터 인정받아야 한다' 혹은 '나는 모든 일을 잘 해야 한다' 혹은 '내가 동일시하는 모든 사람은 누구나 유쾌한 경험을 해야 한다'와 같이 논리적으로 맞지 않는 전제로부터 추론한다(김정호 · 김선주, 2006).

ㄷ. 파멸적 사고 탈피

잘못된 평가, 즉 파멸적 사고를 감소시키는 방법은 먼저 비합리적인 신념을 찾아내는 일이며, 그다음으로는 그것에 대항하는 방법을 아는 것이다. 비합리적인 신념은 왜 내가 동요되는지를 자신에게 물어보는 자기 대화를 통해 발견할 수 있다(김정호 · 김선주, 2006). 자신의 사고 과정에서 '반드시, 꼭, 결코, 틀림없이'와 같이 파멸적 사고에서 흔히 나타나는 핵심어들이 존재하는지 여부를 살펴봄으로써 자신이 얼마나 이러한 사고 과정에 익숙해 있는지를 스스로 인식할 수 있다(김정호 · 김선주, 2006).

ㄹ. 긍정적 자세의 견지

삶에 대한 긍정적 자세를 견지한 사람은 부정적 자세를 취하는 사람들보다 실망이나 좌절감을 덜 겪을 수 있다. 긍정적인 자세는 삶을 개선하고 자신감을 충만시켜 좀 더 큰 만족감을 얻도록 도와준다. 몇 가지 긍정적 자세를 정리하면 다음과 같다.

첫째, 스트레스를 인생의 일부로 받아들이는 것이다. 스트레스는 회피할 수 없는 인생의 한 부분이다. 그것은 자연스럽고 불가피하며, 우리 모두가 예상하고 있는 것이다. 당황하거나 화내거나 격분하지 않고 현실적으로 존재하는 것들로 인식해야 한다.

둘째, 불평보다는 문제 해결적인 태도를 택하는 것이다. 일단 스트레스를 자연스러운 생활의 한 부분으로 인정한다면 스트레스에 대해 문제 해결적 태도를 가질 수 있게 된다. 일단 스트레스 상황에 대해 문제 해결적 접근법을 택하게 되면, 그 문제에 대해 단순히 생각하는 것에서 무엇인가 해 보는 쪽으로 바뀌게 된다.

셋째, 성장을 위한 기회로 스트레스를 대하는 것이다. 우리는 스트레스를 나쁜 것으로 생각한다. 그러나 반갑지 않은 스트레스라도 선용할 수 있다. 따라서 스트레스를 다뤄 가는 한 방법은 스트레스 상황을 성장을 위한 기회로 이용하는 것이다(김정휘, 1991).

ㅁ. 스트레스의 근원 인식

스트레스의 근원을 인식하고 그에 적절한 대안적 행동 과정을 고안하고 행동해 나가는 것도 스트레스를 해소하는 방법이다. 스트레스를 효과적으로 다뤄 가기 위해서는 가장 먼저 자신이 무엇 때문에 스트레스를 받고 있는지에 대해 잘 알아야 한다. 보통 우리는 스트레스를 받고 있음을 알지라도 그것에 대해 막연하게 알고 있는 경우가 많다(김정휘, 1991).

### (3) 조직 외적 스트레스 인자

연구자들의 결과를 정리하면, 조직 외적 스트레스 인자는 다음과 같이 요약할 수 있다.

〈표 9-4〉 조직 외적 스트레스 인자

| 연구자 | 조직 외적 스트레스 인자 |
| --- | --- |
| Hughes et al.(1993) | 노소의 요구와 제약, 시장 조건, 노동법, 사회적 · 정치적 변화 위기, 가정의 요구 |
| Robbins(1993) | 경제적 불확실성, 정치적 불안정, 기술적 불확실성, 경제문제 |
| Luthans(1992) | 사회적 · 기술적 변화, 지역적 조건 , 경제적 · 재무적 조건 , 이사 , 종족과 사회적 신분, 가족 |
| Dunham(1984) | 가족의 기대, 친구의 기대, 경제적인 것, 개인적인 것 |

출처: 이종목(1998).

### (4) 조직 내적 스트레스 인자

조직 내적 스트레스 인자도 논자에 따라 다양하게 분류하고 있는데, 다음과 같이 조직 수준과 집단 수준, 직무 개인 수준의 스트레스 인자로 구분하는 것이 연구자들 사이에서는 보편적인 흐름을 이루고 있다. 여기서 이들 세 가지 수준의 스트레스 인자를 차례로 살펴보기로 한다(이종목, 1989).

### ① 조직 수준의 스트레스 인자

이 경우에도 연구자마다 다양한 견해를 내놓고 있어서 보편타당하게 받아들일 수 있는 일람표 같은 것은 없다. 이는 모든 조직이 저마다 독특한 상황에 처해 있거니와 조직문화도 또한 달리하기 때문이다. 여기서 몇몇 연구자의 견해를 정리함으로써 그 면면을 살펴보기로 한다(이종목, 1989).

〈표 9-5〉 조직 수준의 스트레스 인자

| 연구자 | 조직 수준의 스트레스 인자 |
|---|---|
| Hughes et al.(1993) | 임금·승진의 불공정, 지나친 공식화, 집중화, 나쁜 인간관계, 작업 재배치, 모호한 목표, 수직적 상호의존성, 조직문화 |
| Robbins(1993) | 과업의 요구, 역할 요구, 대인 요구, 리더십, 조직의 수명주기, 조직구조 |
| Ivancevich et al.(1993) | 참여의식의 결여, 조직구조, 조직계층, 정책·방침의 결여 |
| Luthans(1992) | 조직의 방침, 조직구조, 물리적 조건, 직무 프로세스 |

출처: 이종목(1998).

### ② 집단 수준의 스트레스 인자

이는 직무 스트레스 인자(job stressors)라고도 하며, 특별히 많은 스트레스를 일으키는 직무나 직종을 밝혀낸 연구 결과도 많이 발표되고 있다. 집단 수준의 스트레스 인자를 정리하면 다음과 같다(이종목, 1989).

〈표 9-6〉 집단 수준의 스트레스 인자

| 연구자 | 집단 수준의 스트레스 인자 |
|---|---|
| Hughes et al.(1993) | 시간적 압박감, 역할 갈등과 역할모호성, 업무 과중, 혼잡스러움, 과업의 상호의존성, 반복적 작업, 업적에 대한 부적절한 피드백 |
| Ivancevich et al.(1993) | 나쁜 인간관계, 집단응집력의 결여, 집단에 대한 불만, 집단 간 갈등 |
| Luthans(1992) | 집단응집력의 결여, 사회적 지원의 결여, 개인 내·개인 간·집단 간 갈등 |

출처: 이종목(1998).

③ 개인 수준의 스트레스 인자

개인 수준의 스트레스 인자도 또한 연구자들에 의해 다음과 같이 다양하게 거론되고 있다. 여기서는 직무와 아무런 관련이 없는 개인적인 것들도 포함돼 있어서 이들을 제외하고 직무와 관련된 스트레스 인자만 추출하면 역할 갈등과 역할모호성, 업무 과중(業務過重) 및 업무 과소(業務過少)와 같은 네 가지를 들 수 있다(이종목, 1989).

〈표 9-7〉 개인 수준의 스트레스 인자

| 연구자 | 개인 수준의 스트레스 인자 |
| --- | --- |
| Hughes et al.(1993) | 중간경력기의 위기(경력 목표의 불일치), 직무전환, 진부한 기능 |
| Robbins(1993) | 가족문제, 경제적 문제, 성격 · 기질(personality) |
| Ivancevich et al.(1993) | 역할 갈등, 역할 과중, 역할모호성 |
| Luthans(1992) | 역할 갈등과 역할모호성, 과중한 업무와 책임, 작업 조건 |

출처: 이종목(1998).

## 4 소방공무원의 직무 스트레스

### 1) 소방공무원과 직무 스트레스의 개념

소방관의 직무 스트레스 및 정신건강 문제가 중요한 화두로 떠오르면서, 특히 재난 스트레스에 상시 노출돼 있는 소방관들의 심리 지원에 대한 필요성과 각종 재난 현장의 사고로 인한 외상이나 정신적 충격으로 사고 당시와 비슷한 상황이 오면 불안과 공포를 느끼게 되며 심리적 외상은 종종 언어가 차단돼 비언어적인 시각(이미지)으로 기억되고 시각적 재현이 일어나며 소방관들의 많은 업무량과 다양한 업무는 소방관들의 정신건강에 부정적인 영향으로 작용하고 재난 현장에 대한 긴장감, 불안감, 긴박감 및 출동 대기 등 업무 특성에 의한 강한 신체적 및 정신적 압박감을 겪게 된다(Yasuaki, Takeji, & Yoshihoro, 2008).

직무 스트레스(job stress, occupational stress)의 상당 인과관계의 입증 여부를 확인하기란 매우 어렵다. 향후 직무 스트레스의 객관적 확인을 위한 지침서와 이와 관련해 직무 스트레스가 높거나 과로와 무관하게 심혈관계질환의 위험도가 높은 직업이나 급격한 작업환경의 변화에 대한 판단으로 확인과 수용하는 것도 한 방법일 수 있으며, 물론 그 직업에 종사한다고 해서 무조건적으로 100% 받아들일 수는 없지만, 예를 들면 소방관이라도 교대근무나 대기근무 없이 행정 업무만 한 경우라면 평가 기준을 마련해야 할 것이다(김성아, 2016).

분석에 따르면, 소방관은 작업환경 측정 자료가 없고 다양한 유해 위험 요인에 노출되는데도 소방관의 노출 평가에 대한 기록이 없으며, 누가, 언제, 무엇을, 어떻게 측정 및 평가를 통한 결과를 토대로 건강검진을 하고 추후 역학조사가 가능한데 우리나라 소방 업무 환경 측정 자료는 거의 전무하다고 해도 과언이 아니며, 산업위생 측면을 한정해 본다면 소방 업무 특성상 정형화된 작업이 없고, 불규칙한 작업, 다양한 유해 요인, 고농도 노출, 소방관 복지 업무를 담당할 만한 인력이 부족한 점 등이 작업환경 측정을 어렵게 만드는 요인이라고 할 수 있다(김규상, 2010).

직무 스트레스는 개인과 환경의 상호 작용 안에서 발생하는 것으로 보고, 다음의 세 가지 조건에 의해 스트레스가 유발한다고 본다.

첫째, 직무 스트레스를 받는 사람이 그것을 지각해야 한다.

둘째, 요구 조건에 대처할 수 있는 자신의 능력을 고려해서 환경을 해석해야 한다.

셋째, 요구 조건에 성공적으로 대처할 경우 그 결과의 가능성을 지각해야 한다(McGrath, 1976).

직무 스트레스는 개인의 자질이나 특성과 직무환경 사이의 불일치한 상호 작용이며, 이러한 직무환경과의 불일치한 상호 작용은 개인의 심리적 스트레스와 스트레스 관련 신체장애를 유발한다고 주장한다. 개인을 위협하는 모든 직무환경의 특성을 직무 스트레스라고 정의한 후, 직무 스트레스와 스트레스는 개인과 그가 당면한 직무환경 사이의 상호 작용이라고 봤다(French & Calpan, 1970). 직무 스트레스를 환경적 요인에 대한 개인적이고 보편적 반응과 작업환경에서 지각된 조건이나 사건의 결과이며, 직무 스트레스는 그 기간이나 정도 및 특정 개인이 느끼는 역기능적인 사고 또는 감정으로 봤다(Parker & Decotiis, 1983).

직무 스트레스를 개인 차이 및 심리적 과정에 의해 조절된 적응 반응이며, 개인에게 과도한 심리적·신체적 요구를 하는 외부 환경이나 상황 또는 사건의 결과로 정의했다(Matteson & Ivancevich, 1987). 국내 연구에서도 직무 스트레스는 직무 요구와 근로자의 능력이나 자원 요구와 맞지 않을 때 발생하는 유해한 신체적·심리적 반응으로 개인과 환경 간의 일치하지 않는 상호 작용 때문에 나타난다고 했다(선종욱 외, 2010).

사회심리적 위험 요인(근무환경, 직무 스트레스 등)이란 용어는 이전에는 돈이나 자원의 부족으로 인해 발생한 어려움이나 곤경의 상태를 강조하는 수단적 의미의 사용과 오늘날에는 스트레스가 지니는 의미는 물체나 인간에게 작용하는 힘, 압력, 강한 영향력 또는 어떤 체계에 작용하는 외적인 힘으로 개념화되고 있으며, 이러한 외적 힘에 의해 야기되는 내적 체계 상태의 변화는 긴장(strain)으로 정의되고 있다(Hinkle, 1973).

직무 스트레스 연구에 대한 문헌연구를 토대로 직장, 가정, 사회, 개인의 네 가지 영역에서 스트레스 요인과 스트레스 결과 변수를 바탕으로 직무 스트레스 모델(model of occupational stress)을 제안하며 작업환경에서 개인이 자신들에게 요구되는 지식을 통해 부과된 문제를 심리적·사회적·생리적으로 접근한다(Davidson, Cooper, & Small, 1981). 여러 연구에서 직무 스트레스는 조직행동 및 산업조직 심리 분야를 중심으로 많은 관심을 받으며 연구돼 왔으며, 직무 관련 요인과 구성원의 상호 작용을 통해 구성원의 신체적·심리적 조건을 변화(파괴 또는 고양)시키고, 그 결과로 구성원을 정상적인 기능으로부터 이탈시키는 상황으로 정의하고 있다(Beehr & Newman, 1978).

스트레스가 발생하는 경우 직무환경과 관련해 직무 스트레스라고 말한다. 개인의 능력 또는 욕구와 직무 관련 환경 요인 간의 부조화 상태를 의미하는데, 개인이 보유한 능력과 직무환경에서의 요구가 상충할 때 또는 개인의 욕구와 이를 충족시키는 직무환경이 부적합할 때 직무 스트레스가 발생한다고 본다(최낙순, 2012).

예를 들어, 자신이 원하는 것을 얻을 수 있는 기회가 있는 상황에서는 구성원은 신체적 증상 측면에서의 스트레스는 높아지지만 행동적 측면에서의 스트레스(결근 및 이직)는 낮아지며, 자신이 원하는 것을 수행하는 데에 너무 많은 요구가 있는 상황에서 구성원은 신체적·심리적·행동적 측면에서의 스트레스는 모두 높아진다고 주장한다(문형구 외, 2010).

최근 우리나라의 직업병 추이는 직무 스트레스와 피로 등에 기인하는 3차 산업형 '직업성 질환'으로 빠르게 바뀌고 있는 실정이며, 소방공무원의 경우 근무환경은 화재 및 구조·구급 업무 등 각종 위험성의 내재와 공·사상자가 발생할 개연성이 높고, 언제 발생할지 모를 사고에 항상 비상대기를 해야 하며, 장기적인 직무 스트레스와 피로가 갖는 내재적 위험성은 근로자 개개인의 건강 수준 및 삶의 질에 부정적인 영향을 주고, 나아가 직무만족도 및 직무 몰입의 저하로 인한 생산성의 하락, 산업재해의 증가 등 치명적인 결과를 야기할 수 있다(김광석 외, 2014).

소방공무원의 과도하거나 만성화된 직무 스트레스는 조직구성원에게 각종 질환과 우울 등 정신건강 문제를 유발하고, 삶의 질과 자기효능감에 손상을 줄 뿐 아니라 개인의 직무 만족과 조직 몰입 수준을 저하시킴으로써 조직의 목표 달성을 어렵게 하며, 높은 직무 스트레스를 방치할 경우 소방공무원 개개인의 삶의 질 및 자기효능감과 소방조직 내 부정적 영향을 미칠 가능성이 높다(최희철, 2013 ; Ehring et al., 2011).

소방공무원의 직무 스트레스가 가지는 이러한 중요성 때문에 미국과 호주 등에서는 소방관의 직무 스트레스로 인한 부작용을 최소화하기 위한 연구가 매우 활발하게 진

⟨표 9-8⟩ 직무 스트레스의 개념

| 연구자 | 개념 |
|---|---|
| Hall & Mansfield(1971) | 스트레스는 (조직 또는 사람) 한 체계에 작용하는 외적 힘이다. |
| French, Rogers, & Cobb (1974) | 스트레스는 개인의 기술과 능력이 직무의 규정에 부적절하며, 조직이 제공한 직무환경과 개인의 욕구가 부적합한 상태다. |
| Margolis, Kroes, & Quinn (1974) | 스트레스는 작업자의 특성과 상호 작용해 심리적 동질정체를 파괴하는 작업 조건이다. |
| McGarth (1976) | 스트레스는 개인의 직무규정 또는 행동의 규제 및 기회와의 관계에서 무언가 일어나는 것으로 개인과 환경 간의 상호 작용을 내포하는 것이다. |
| Cooper & Marshall (1976) | 직업 스트레스는 특정 직무와 연관된 부정적 환경 요인 또는 과잉 업무, 역할 갈등, 역할모호성 등 좋지 않는 작업 조건이다. |
| Beehr & Newman (1978) | 직무 관련 요인과 작업자의 상호 관련하에 개인이 정상 기능으로부터 이탈되도록 심리적·생리적 조건을 파괴, 촉진시키는 조건이며, 이러한 상황에서 일어난 스트레스는 긍정적이거나 부정적이다. |
| Selye(1979) | 스트레스는 어떤 요구에 대한 보편적 반응이다. |
| Blau(1981) | 스트레스는 사람과 환경과의 관계에서 이해해야 한다. 직무환경적 욕구가 개인의 반응 능력을 초과하든, 개인의 반응 능력이 환경의 요구를 초과하든 균형이 맞지 않으면, 그 결과 스트레스를 일으킨다. |

출처: 이종목(1989).

행되고 있다(윤명숙·김성혜, 2014).

개인의 능력과 환경의 불균형을 초래하는 지각된 작업 요구가 개인에게 부과될 경우에 스트레스가 발생하며, 개인과 환경이 상호 작용하는 것으로 보고 있다고 주장했으며, 라자루스(Richard S. Lazarus)는 환경적 자극과 그 환경적 자극이 개인의 반응에 미치는 영향을 인정하면서, 그러한 상호 작용 관계의 특성이 중요함을 지적하고 있다(Lazarus, 1966).

스트레스 대처를 "개인의 자원을 요구하거나 초과하는 것으로서 평가되는 구체적인 외적·내적 요구를 다루려는 항상 변화하는 인지적 행동적 노력"으로 정의하면서 대응 유형을 각 개인이 처한 상황과 사회심리적 특성에 따라 여러 유형으로 나타날 수 있다고 본다(Lazarus & Folkman, 1984).

특히, 우리나라 공무원이 갖는 직무 스트레스의 원인 및 직무 스트레스의 결과에 이르는 직무 스트레스에 대한 구조모형을 제시하고 연구가설을 검증했다(하미승·권용수, 2002). 또한, 직무 스트레스의 연구모형의 변인을 구체적으로 살펴보면, 독립변수로 역할모호성, 역할갈등, 업무난이도, 업무량, 상관과의 관계, 동료와의 관계, 하급자와의 관계, 고객과의 관계, 관련 부처와의 관계, 배분적 공정성, 절차적 공정성으로 설정하고, 직무 스트레스 종속변수로 조직 몰입, 직무 몰입, 직무 만족으로 선정해 연구모형을 구성한 것을 알 수 있다(하미승·권용수, 2002).

직무 스트레스에 대한 여러 학자의 정의는 다음과 같다. 프렌치와 카플란(French & Calpan, 1970)은 직무 스트레스는 개인의 자질이나 특성과 직무환경 사이의 불일치한 상호 작용이며, 이러한 직무환경과의 불일치한 상호 작용은 개인의 심리적 스트레스와 스트레스 관련 신체 장애를 유발한다고 주장했다. 개인을 위협하는 모든 직무환경의 특성을 직무 스트레스라고 정의한 후, 직무 스트레스와 스트레스는 개인과 그가 당면한 직무환경 사이의 상호 작용이라고 봤다.

파커와 데코티스(Parker & Decotiis, 1983)는 직무 스트레스를 환경적 요인에 대한 개인적이고 보편적 반응과 작업환경에서 지각된 조건이나 사건의 결과라고 정의했다. 직무 스트레스는 그 기간이나 정도 및 특정 개인이 느끼는 역기능적인 사고 또는 감정으로 봤다. 매트슨과 이반세비치(Matteson & Ivancevich, 1987)는 직무 스트레스를 개인 차이 및 심리적 과정에 의해 조절된 적응 반응이며, 개인에게 과도한 심리적·신체

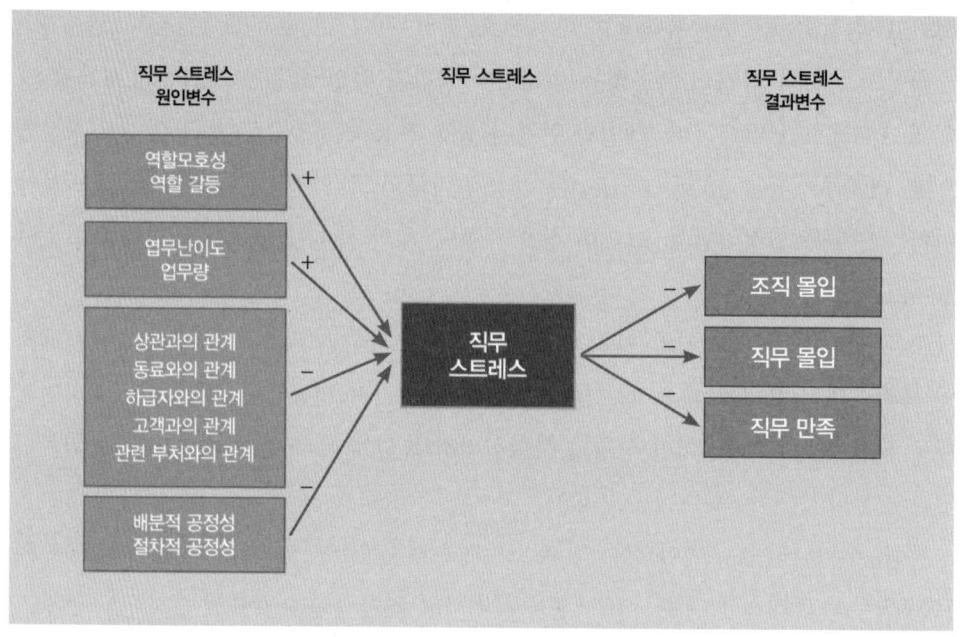

출처: 하미승·권용수(2002).

[그림 9-4] 직무 스트레스에 대한 구조모형

적 요구를 하는 외부 환경이나 상황 또는 사건의 결과로 정의했다.

선종욱 외(2010)는 연구에서도 직무 스트레스는 직무 요구와 근로자의 능력이나 자원 요구와 맞지 않을 때 발생하는 유해한 신체적·심리적 반응으로 개인과 환경 간의 일치하지 않는 상호 작용 때문에 나타난다고 했다. 비어와 뉴먼(Beehr & Newman, 1978)은 직무 스트레스는 조직행동 및 산업조직 심리 분야를 중심으로 많은 관심을 받으며 연구가 이뤄져 왔고, 직무 관련 요인과 구성원의 상호 작용을 통해 구성원의 신체적·심리적 조건을 변화시켰으며, 그 결과로 구성원을 정상적인 기능으로부터 이탈시키는 상황으로 정의하고 있다.

직무환경과 관련한 스트레스를 직무 스트레스라고 정의한다. 그리고 직무 스트레스는 개인의 능력 또는 욕구와 직무 관련 환경 요인들 간의 부조화 상태를 의미한다. 개인이 보유한 능력과 직무환경에서의 요구가 상충할 때 또는 개인의 욕구와 이를 충족시키는 직무환경이 부적합할 때 직무 스트레스가 발생한다고 본다(최낙순, 2012).

문형구 외(2010)는 자신이 원하는 것을 얻을 수 있는 기회가 있는 상황에서 구성원은 신체적 증상 측면의 스트레스는 높아지지만, 결근·이직과 같은 행동적 측면에서의 스트레스는 낮아진다. 자신이 원하는 것을 수행하는 데에 너무 많은 요구가 있는 상황에서 신체적·심리적·행동적 측면에서의 스트레스는 모두 높아진다고 정의하고 있다.

최근 우리나라의 직업병 추이는 직무 스트레스와 피로 등에 기인하는 3차 산업형 '직업성 질환'으로 빠르게 바뀌고 있다. 소방공무원의 직무 스트레스 발생 요인은 근무환경은 화재 및 구조·구급 업무 등 각종 위험성의 내재된 근무환경과 공·사상자가 발생할 개연성이 높은 상황, 언제 발생할지 모를 사고에 항상 비상대기를 해야 하는 근무환경의 영향이 크다. 이처럼 장기적인 직무 스트레스와 피로가 갖는 내재적 위험성은 근로자 개개인의 건강 수준 및 삶의 질에 부정적인 영향을 준다. 그리고 직무만족도 및 직무 몰입의 저하는 생산성의 하락, 산업재해의 증가 등 치명적인 결과를 야기할 수 있다(김광석 외, 2014).

소방공무원의 과도하거나 만성화된 직무 스트레스는 조직구성원에게 각종 질환과 우울 등 정신건강 문제를 유발한다. 그리고 삶의 질과 자기효능감에 손상을 줄 뿐 아니라 개인의 직무 만족과 조직 몰입 수준을 저하시킴으로써 조직의 목표 달성을 어렵게 한다. 그뿐만 아니라 높은 직무 스트레스를 방치할 경우 소방공무원 개개인의 삶의 질 및 자기효능감과 소방조직 내 부정적 영향을 미칠 가능성이 높다(최희철, 2013; Ehring et al., 2011). 또한, 소방공무원의 직무 스트레스는 더 나아가 사고위험성의 증가, 생명의 위협, 자살 등과 같은 치명적 결과를 야기할 수 있다.

라자루스((Richard S. Lazarus)는 직무 스트레스는 개인의 능력과 환경의 불균형을 초래하는 지각된 작업 요구가 개인에게 부과될 경우에 발생하며, 개인과 환경의 상호작용으로 직무 스트레스가 야기된다고 주장한다(Lazarus, 1966). 그는 환경적 자극과 그 환경적 자극이 개인의 반응에 미치는 영향을 인정하면서, 그러한 상호 작용 관계의 특성이 직무 스트레스의 요인에 중요함을 지적하고 있다.

라자루스와 포크맨(Lazarus & Folkman, 1984)은 직무 스트레스 대처에 대해 "개인의 자원을 요구하거나 초과하는 것, 구체적인 외적 내적 요구를 다루려는 인지적 행동적 노력"으로 정의하면서 대응 유형은 개인이 처한 상황과 사회심리적 특성에 따라 여러 유형으로 나타날 수 있다고 봤다. 여러 학자의 직무 스트레스를 정리하면 소방공무원의 직무 스트레스를 "개인과 환경의 불일치한 상호 작용 안에서 소방 업무를 수행하는 데 요구되는 지식, 기술, 체력, 경험을 적절히 수행하지 못할 때 보이는 유해한 심리적·생리적·행동적 현상"이라고 정의하고자 한다.

## 2) 소방공무원과 직무 스트레스 요인

소방공무원은 다양한 위험에 더 많이 노출되고, 직무에서 비롯되는 정신적 스트레스와 각종 질환 발생이 심히 우려되는 상황에 처해 있다. 또한, 화재 현장에서 검출되는 각종 유독가스와 안전사고의 위험 등은 현장 활동대원의 정신건강을 직접적으로 위협하고 있다. 현대 사회에서 직무 스트레스는 의학·심리학·경영학·사회과학 등 다양한 분야에서 사용되고 있으며, 연구 목적 또는 연구자에 따라 다양한 개념 정의가 존재하는데, 직무 스트레스 개념에 대해 연구 초기에는 개인에게 작용하는 외부의 영향으로서 자극(stimulus)이라는 측면, 그리고 외부 환경에 대한 개인의 신체적·심리적 반응(response)이라는 측면으로 이해됐다(옥원호·김석용, 2001).

그러나 오늘날에는 개인과 외부 환경 간의 상호 작용 측면에 주목해 개인이 주변 환경을 인지하고 평가하는 방법의 측면에서 직무 스트레스를 이해하는 경향이 크며, 스트레스는 변화하는 환경에 직면한 개인이 필연적으로 느끼게 되는 것으로, 환경과의 상호 작용 과정으로 이해할 때 스트레스가 반드시 부정적인 측면만을 야기하지는 않는다(Blau, 1981). 즉, 적절한 수준의 스트레스는 삶의 긴장을 가져와 좀 더 적극적인 삶의 자세에 대한 유인을 제공하게 되며, 그리고 개인이 직면한 상황에 따라 조금씩 다르게 나타날 수 있다(Blau, 1981).

특히, 직무환경(상황)과 관련해 스트레스가 발생하는 경우 직무 스트레스라고 말하는데, 개인의 능력 또는 욕구와 직무 관련 환경 요인들 간의 부조화 상태를 의미한다(Blau, 1981). 따라서 개인이 보유한 능력과 직무환경에서의 요구가 상충할 때 또는 개인의 욕구와 이를 충족시키는 직무환경이 부적합할 때 직무 스트레스가 발생한다고 볼 수 있다.

소방공무원은 대부분 교대제 근무로 인해 쉽게 피로감을 느끼며, 불규칙적인 수면 시간이나 식사 시간, 식사량은 생체 리듬을 깨지게 함으로써 과로 현상을 유발할 가능성이 높고, 또한 유해물질에의 노출, 수면장애, 만성 피로 누적, 근무 의욕 상실, 절망과 상실감, 사기 저하 등 심리·신체적 변화를 경험한다. 이러한 직무환경에 의한 직무 스트레스는 추후에 정신적 충격으로 인해 정신장애인 외상 후 스트레스 장애(PTSD)로 노출될 우려가 매우 크다.

우리나라 소방공무원들의 직무 스트레스 요인은 다음 세 가지로 구분할 수 있다.

첫째, 근무환경에 따른 요인으로 교대근무, 장시간 근무, 야간근무, 인력 부족, 수면 부족 등을 들 수 있다. 우리나라 소방공무원은 국민의 생명과 재산을 보호하는 직업의 특성상 하루 24시간 상주인력을 배치해야 하기 때문에 교대근무를 한다. 우리나라 소방공무원 1인당 담당 인구 수는 2023년 기준으로 780명으로서, 과거에 비해 많이 줄어들었지만, 그래도 위험직군으로서는 더 많은 위험 부담을 가지고 일하고 있다.

둘째, 우리나라 소방공무원은 화재 진압 시 무거운 방화복과 공기호흡기를 착용하고, 뜨거운 열기 속에서 호스 작업, 사상자 처리, 사다리 운반 및 오르기 등 한 사람이 높은 강도의 여러 가지 작업을 수행하고 있다. 트로침(Trochim, 1989) 등이 근무복과 공기호흡기 착용, 방화복과 공기호흡기 착용, 화학방화복과 공기호흡기 착용 등에 대해 연구한 결과, 가장 무거운 방화복이 잠재적으로 신체의 온도 조절과 심장에 위험한 정도의 스트레스를 주는 것으로 나타났다. 즉, 소방공무원은 높은 강도의 직무를 수행하고 있고, 이는 직무 스트레스에 상당한 영향을 작용할 것으로 예측된다.

셋째, 업무의 위험성에 따른 요인이다. 업무 위험성으로는 위험성, 비극적 사고, 건강 위험 등을 들 수 있다. 소방청으로부터 제출받은 최근 10년간(2011년~2022년 1월) 소방관 순직 현황 자료를 분석한 결과 총 55명이 순직한 것으로 나타났다. 지역별로는 경기도에서 15명으로 가장 많은 순직자가 발생했고, 이어 강원도가 10명으로 뒤를 이었다. 소방청은 5명, 경북, 울산, 충남 각 4명, 전북 3명, 경남, 부산, 충북 각 2명, 광주, 인천, 전남, 제주 각 1명의 순직자가 발생했다.

소방공무원은 화재 현장에서 사고를 직접 겪기도 하고 2차 사고와 같은 경험을 하며, 동료의 사고를 목격하면서 자신도 언젠가 같은 사고를 당할지도 모른다는 생각에 우울증, 의기소침, 불안과 같은 정신적 고통을 느낀다. 소방공무원은 업무 특성상 화재 현장이나 구조 현장에서의 처참한 모습과 시신 처리, 구조, 구급 상황에서의 끔찍한 장면을 자주 목격하게 되고, 이는 소방공무원의 정신건강에도 부정적 영향을 미친다. 소방공무원의 13.9%가 외상 후 스트레스 장애(PTSD), 우울증, 수면장애 위험군이라는 연구 결과에서와 같이 정신적 스트레스는 소방공무원의 업무 수행의 효율성을 떨어뜨리고, 더 나아가 직무 스트레스에 영향을 미칠 수 있다(방창훈·홍외현, 2010). 그러므로 소방공무원의 직무 스트레스에 대한 다각도의 개입이 필요하다.

다음은 소방공무원의 직무와 관련해 발생하는 직무 스트레스 요인에 관한 질문이다. 소방공무원 직무 스트레스 척도 문항으로 김사라·김유숙·이윤선(2018)이 개발했다. 최종 50개의 문항은 4점 리커트(Likert) 척도로 '매우 그렇지 않다' 1점, '대체로 그렇지 않다' 2점, '대체로 그렇다' 3점, '매우 그렇다' 4점으로 전체 50문항에서 절단점 100점을 기준으로 그 이상의 점수가 나오면 직무 스트레스가 높음을 의미한다. 척도는 전체 문항을 하나의 척도로 사용할 수 있고 각각의 요인을 하나의 척도로 보고 독립적으로 사용할 수도 있다. 각각의 요인을 독립적으로 사용할 때도 점수가 높을수록 직무 스트레스가 높음을 의미한다.

각 요인별 직무 스트레스 절단점 기준은 '업무위험성에 따른 심리적 요인(26점)', '조직 체계(16점)', '불확실성(20점)', '업무환경적 스트레스(14점)', '대인 관계 갈등(12점)', '과도한 직무 요구(12점)'다. 소방공무원 직무 스트레스에 대한 문항 구성은 PTSD 문항이 포함된 '업무위험성에 따른 심리적 요인(13문항)', '조직 체계(8문항)', '불확실성(10문항)', '업무환경적 스트레스(7문항)', '대인 관계 갈등(6문항)', '과도한 직무 요구(6문항)'로 구성돼 있으며, 소방공무원 직무 스트레스 수준에 대해 응답자가 평정하도록 돼 있다.

여섯 가지 요인에 대한 문항은 다음과 같다.
- 업무위험성에 따른 심리적 요인(26점): 14, 23, 24, 25, 26, 32, 33, 48, 49, 29, 31, 16, 27 (113문항)
- 조직 체계(16점): 45, 40, 42, 37, 18, 41, 17, 35 (8문항)
- 불확실성(20점): 1, 5, 6, 4, 8, 9, 38, 7, 13, 4 (10문항)
- 업무환경적 스트레스(14점): 50, 39, 15, 30, 47, 44, 36 (7문항)
- 대인 관계 갈등(12점): 10, 2, 3, 11, 34, 43 (6문항)
- 과도한 직무 요구(12점): 21, 20, 22, 19, 28, 12 (6문항)

## 소방공무원 직무 스트레스 척도

다음은 소방공무원의 직무 스트레스에 관한 질문이다. 평소 나의 생각이나 느낌에 가장 가까운 곳에 ●표를 해 주시기 바랍니다.

전혀 그렇지 않다 - 1점    그렇지 않다 - 2점    그렇다 - 3점    매우 그렇다 - 4점

| 번호 | 내용 | 1 | 2 | 3 | 4 |
|---|---|---|---|---|---|
| 1 | 나는 내 직업으로 인해 수면을 지속하는 데 어려움이 있다. | | | | |
| 2 | 최근 주변 사람들과 소원하거나 단절된 느낌이 들어서 힘들다. | | | | |
| 3 | 둘 이상의 상사나 상급기관으로부터 상반된 업무를 지시받는 경우가 있어 힘들다. | | | | |
| 4 | 출동 대기근무로 인해 정상적인 업무 수행에 필요한 만큼의 휴식을 취하지 못해 힘들다. | | | | |
| 5 | 불규칙한 근무 시간으로 인해 가족 간의 관계가 힘들어진다. | | | | |
| 6 | 불규칙한 근무 시간으로 인해 생활 리듬이 혼란스럽다. | | | | |
| 7 | 위험한 업무로 인해 이직을 생각하는 경우가 있다. | | | | |
| 8 | 자주 야간에 출동해야 해서 힘들다. | | | | |
| 9 | 나는 내 직업으로 인해 신경이 예민해지고 쉽게 깜짝 놀란다. | | | | |
| 10 | 나의 상사는 내 업무를 완료하는 데 도움을 주지 않아 일하기 힘들다. | | | | |
| 11 | 상급자들의 업무 갈등으로 불필요한 업무를 여러 번 반복하는 경우가 있어 불편하다. | | | | |
| 12 | 업무를 하는 중 상황에 따라 업무의 내용이 바뀌는 경우가 있어 불편하다. | | | | |
| 13 | 불규칙한 근무 시간으로 인해 친구들과의 관계가 소원해진다. | | | | |
| 14 | 업무 도중 자주 사고가 발생해서 힘들다. | | | | |
| 15 | 출동으로 인해 식사나 휴식을 중단해야 해서 힘들다. | | | | |
| 16 | 업무 중 있었던 사건의 영상이 갑자기 떠오르곤 한다. | | | | |
| 17 | 일이 늦어지거나 막힐 때 동료들이 도와주지 않아 힘들다. | | | | |
| 18 | 나 자신의 안전과 실제 업무 수행 간에 갈등이 일어나는 경우가 있어 힘들다. | | | | |
| 19 | 담당 업무가 아닌 일도 해야 해서 불만족스럽다. | | | | |

| | | | | | |
|---|---|---|---|---|---|
| 20 | 행정 업무가 많아 불만이다. | | | | |
| 21 | 불규칙한 근무 시간으로 인해 여가 활용이 힘들다. | | | | |
| 22 | 출동이 없는 근무일에도 대기근무로 인한 긴장감으로 피로가 누적된다. | | | | |
| 23 | 업무 수행 중 생명의 위협을 느끼거나 심각한 부상을 입을 것 같다는 두려움을 느낀다. | | | | |
| 24 | 업무 수행 중 유독물질이나 감염 위험에 노출되고 있다는 생각에 위축된다. | | | | |
| 25 | 주변의 사고나 사고가 날 수 있는 상황에 민감하게 반응한다. | | | | |
| 26 | 업무 중 사건이 떠오르면 화가 나거나 슬프거나 죄책감을 느낀다. | | | | |
| 27 | 업무적 특성으로 인해 장애 위험에 자주 노출된다는 생각에 신경 쓰인다. | | | | |
| 28 | 인력 부족으로 인해 내가 원할 때 휴가를 쓰지 못해서 힘들다. | | | | |
| 29 | 가족들에게 잔소리(안전, 사고 등)를 자주 하게 돼서 가족들이 힘들어 한다. | | | | |
| 30 | 시민들의 잦은 민원으로 인해 힘들다. | | | | |
| 31 | 안전장비(구급차, 장갑 등)에 대한 지원이 미흡해서 힘들다. | | | | |
| 32 | 비번 날에도 문자 메시지나 전화벨에 민감하게 반응한다. | | | | |
| 33 | 업무 중 사건이 떠오르면 땀이 나거나 심장이 두근거린다. | | | | |
| 34 | 나의 상사는 나의 불만과 건의를 받아들여 주지 않아 힘들다. | | | | |
| 35 | 잦은 인사 이동으로 인해 불안하다. | | | | |
| 36 | 모호한 지시나 명령에 의해 업무를 수행해야 하는 경우가 있어 불편하다. | | | | |
| 37 | 조직 체계상 업무 시간이 끝났음에도 불구하고 일을 해야 할 정도로 업무량이 많다. | | | | |
| 38 | 업무로 인해 가족이 나를 필요로 할 때(가족이 아플 때, 가족 행사, 가족의 위급 상황 등) 같이 있어 주지 못해 미안하다. | | | | |
| 39 | 출동 시 시민들이 현장을 촬영(동영상, 사진 등)해서 힘들다. | | | | |
| 40 | 나는 업무 중 회피하고 싶은 일이 있다. | | | | |
| 41 | 나는 부하 직원의 불만과 건의를 해결해 줄 수 없어 힘들다. | | | | |
| 42 | 수행이 어려운 업무라도 지시에 따라 수행해야 해서 힘들다. | | | | |
| 43 | 업무로 인해 피곤해서 가족에게 자주 짜증을 내곤 한다. | | | | |
| 44 | 출동 시 시민들의 민원으로 인해 힘들다. | | | | |
| 45 | 나의 업무에 대해 자주 관리감독을 받아서 힘들다. | | | | |

| | | | | | |
|---|---|---|---|---|---|
| 46 | 업무로 인해 피곤해서 육아나 집안일에 소홀하게 되곤 한다. | | | | |
| 47 | 언론매체의 왜곡된 보도로 인해 힘들다. | | | | |
| 48 | 업무적 특성으로 인해 질병(전염병 등)에 자주 노출된다는 생각에 신경 쓰인다. | | | | |
| 49 | 업무로 인해 질병(신체적·정신적)에 시달려서 고통스럽다. | | | | |
| 50 | 업무 도중 발생하는 사고로 다쳤을 때 대부분 자기 부담으로 치료비를 해결해야 해서 불만이다. | | | | |

# 10장

# 소방공무원의 정신건강

| 학습 목표 |
| --- |
| 소방공무원의 정신건강에 대해 이해할 수 있다. |

| 열쇠말 |
| --- |
| 불안장애, 공황장애, 우울장애, 양극성 장애, 외상 후 스트레스 장애, 수면장애, 알코올 남용, 자살 |

## 1 소방공무원의 직업병

소방공무원의 업무 특성은 정신질환과 밀접한 관계가 있다. 특히, '소방공무원 보건안전관리시스템'을 통해 전국 소방공무원 65,935명(전체 소방공무원의 92.6%)이 응한 설문조사를 통해 외상 후 스트레스 장애(PTSD), 우울장애, 수면문제, 문제성 음주, 자살위험군, 감정노동, 직무 스트레스 등을 조사·분석했으며, 코로나19 업무로 인한 스트레스 및 트라우마 항목을 신규 도입했다.

지난 3년간 분석 결과와 비교한 바 외상 후 스트레스 장애(PTSD)는 2021년 5.7%

로, 2020년(5.1%)에 비해 증가했으나, 2019년(5.6%)과는 유의한 차이가 없다. 우울 증상은 2021년 4.4%로, 2020년(3.9%)에 비해 증가했으나 2019년(4.6%)에 비해 감소했다. 외상 후 스트레스 장애와 우울 증가의 원인은 코로나19와 관련이 있다고 추정된다. 또한, 수면문제는 2021년에는 22.8%로, 2020년(23.3%) 및 2019년(25.3%)에 비해 감소했고, 문제성 음주 유병률은 2021년도에 22.7%로, 2020년(29.9%) 및 2019년(29.8%)에 비해 감소했다. 이유는 수면문제와 문제성 음주가 감소한 원인 또한 코로나19 방역지침 강화로 음주모임이 줄어든 결과로 추정된다.

근무 기간별 정신건강은 1~4년 차에 외상 후 스트레스 장애, 우울이 급격히 증가한 후 완만하게 증가하는 것으로 나타났고, 5~9년 차가 1년 차 미만과 비교해 외상 후 스트레스 장애 유병률이 3배가량 높게 나타났다. 한편 극단적 행동에 대한 생각의 빈도가 높은 위험군은 응답자의 4.4%(2,390명)로 2020년과 동일한 수준이며, 그중 죽고 싶은 생각이 들어 자해를 시도한 적이 있다고 응답한 소방공무원이 0.2%(82명)로 2020년 대비 1.2% 증가했다.

코로나19 업무에 따른 스트레스·트라우마로 인해 즉각 도움이 필요한 소방관은 357명(1.4%)이며, 상위 3개 문항은 '다른 사람의 안전이 걱정됐다', '내 안전문제로 무서웠다', '내가 할 수 있는 일이 없다는 무력감을 느꼈다' 순으로 나타났다. 코로나19 업무 수행 시 스트레스 유발 요인은 개인보호장비 불편(46%), 육체적 피로(26%), 민원 응대(22.1%) 순으로 나타났으며, 코로나19 업무로 인한 조직 내 낙인·차별의 두려움은 크지 않은 것으로 나타났다. 소방공무원의 심리적 유병률은 증상에 따라 일반인보다 많게는 20배, 적게는 10배 이상인 것으로 나타나 참혹한 현장 경험에 반복적으로 노출되는 업무 특성이 크게 작용하는 것으로 보인다. 이러한 조사·분석 결과를 참고해 소방청은 찾아가는 상담실, 스트레스 회복력 강화 프로그램 등 마음건강 예방사업과 진료비 지원의 확대와 마음건강에 관한 교육·홍보도 강화해 조직문화와 정신질환에 대한 인식을 개선할 필요성이 있다.

종합적으로, 소방공무원들의 정신질환이 주요 문제로 대두되자 정부는 2012년 「소방공무원 보건안전 및 복지기본법」을 제정하고 소방공무원의 직무 스트레스와 심리적 문제에 대한 치료와 예방 및 관리에 들어갔다. 이에 이 장에서는 소방공무원이 업무로 인해 주로 경험하게 되는 정신질환 중 하나인 불안장애, 공황장애, 우울장애와 양극성 장애, 외상 후 스트레스 장애, 수면장애, 알코올 남용, 그리고 자살에 대해 사례를 통해 알아보고자 한다.

## ❷ 불안장애

각 사례에 나오는 이름은 가명임을 밝힌다.

> **사례**
>
> 희주 씨는 소방공무원 10년 차다. 희주 씨가 병원을 찾게 된 것은 불안감과 걱정 때문이다. 특별히 무슨 큰 일이 있어서라기보다 언제나 근심과 걱정이 가실 날이 없다. 언제부터인가 출동 때 민원인이 인상을 쓰고 있으면, '내가 뭘 잘 못해서 지금 나에게 화가 난 건가?' '나에게 민원을 걸면 어떻게 하지?'라는 생각을 하면서 자신이 하지도 않은 잘못을 찾아내기 위해 노력하고 불안해한다. 희주 씨는 출동 시에도 머릿속에는 '내 실수로 환자가 잘못되면 어떻게 하지?' '나 때문에 동료나 상사가 피해를 입으면 어떻게 하지?'와 같이 불필요한 걱정을 만들어 내면서 현장에 가곤 한다. 또한, 사고 현장을 보고 있으면 마치 희주 씨 자신에게도 그런 불행한 일들이 일어날 거 같아 신경이 곤두서고 어쩔 줄 몰라 하며 때론 혼자서 그 걱정으로 울곤 한다. 상사가 화가 난 표정으로 있으면 '내가 뭘 잘 못했나'라는 생각이 들고 남자 친구가 연락이 안 되면 '무슨 사고가 일어난 것이 틀림없어'라고 단정하고 연락이 될 때까지 전화를 하곤 한다.
>
> 희주 씨는 자신이 왜 이렇게 불안한 생각을 많이 하고 늘 걱정과 그로 인해 초조해 하면서 지내야 하는지 알 수가 없다. 사소한 일에도 안절부절못하고 극단적인 생각으로 언제나 피곤하고 멍해서 일에 집중하는 것이 힘들다. 언제나 긴장으로 근육이 긴장돼 있고 수면도 깊게 취할 수가 없다.

### 1) 불안장애의 이해

불안(不安, anxiety)이란 불쾌하고 고통스러운 느낌으로 위험 요인으로부터 우리를 안전하게 보호하고자 한다. 우리는 불안할 때 신체적으로는 자율신경계 교감신경의 활성화로 인한 일련의 증상(동공의 확대, 혈압 상승, 호흡이 가빠지고 근육이 긴장)을 겪으며, 인지적으로는 위협 상황에 대한 주의집중, 부정적 사건에 대한 예상 및 그에 대한 대비 방법을 모색한 후 조심하고 신중하며 긴장 상태를 유지하는 행동을 통해 회피/위험 요인을 제거한다.

불안에는 시험을 보기 전 가슴이 두근거린다거나, 가족 중 누군가가 연락 없이 늦게 들어올 때 혹여 사고나 나지 않았을까 걱정을 하는 정상적인 불안과 위험에 대한 경계경보가 지나치게 민감하고, 잘못돼 수시로 경계음을 발생시킬 경우, 불필요한 경계 상태를 지나치게 많이 유지하게 됨으로써 일상의 기능을 손상하고 유발하는 병리적 불안으로 분류된다.

불안장애(anxiety disorder)의 범주에는 극도의 공포, 불안 및 관련된 행동장애의 특징을 지닌 질환이 포함된다. 공포란 실제로 있거나 혹은 지각된 즉각적인 위협에 대한 감정적 반응이지만, 불안이란 미래의 위협에 대한 예측에서 발생하는 현상이다. 분명히 두 상태는 중복되는 부분이 있지만, 공포가 싸움-도피행동, 싸움 또는 싸움을 위해 필요한 자율신경계의 각성, 즉각적인 위험에 대한 생각, 도피행동과 관련이 더 깊은 반면, 불안은 미래의 위험에 대한 준비 및 조심 혹은 회피행동과 관련된 과잉 각성 및 근육의 긴장과 관련이 더 깊다는 점에서 다르다. 때때로 공포나 불안의 수준은 전반적인 회피행동을 통해 감소한다.

불안장애에 포함되는 질환은 공포, 불안 혹은 회피행동을 일으키는 대상이나 상황, 그리고 이와 관련된 인지적 관념에 따라 구분한다. 불안장애는 불안의 정도가 과도하거나 발달상의 적정한 시기를 넘어서 지속된다는 점에서 발달 과정 중에 경험하는 정상적인 공포나 불안과는 다르다. 또한 오랜 기간 지속된다는 점에서(예: 대부분 6개월 이상) 종종 스트레스에 의해 유발되는 일시적인 공포나 불안과도 다르다.

불안장애 환자들은 그들이 두려워하거나 회피하는 상황에 대한 위험을 과대평가하는 경향이 있기 때문에, 그 공포나 불안이 과도한지 여부에 대한 일차적 판단은 문화적·상황적 요인을 고려해서 임상의가 내리게 된다. 많은 불안장애는 어린 시절부터 발생하며, 치료하지 않는 경우 지속적으로 유지된다. 대부분의 경우 남성에 비해 여성에게서 더 자주 발생한다(약 2:1의 비율). 각각의 불안장애는 그 증상이 생리적 반응이나 물질·약물 혹은 다른 의학적 상태로 인한 것이 아닐 때, 그리고 다른 정신질환으로 더 잘 설명되지 않을 때에만 진단될 수 있다.

## 2) 불안장애의 주요 증상 및 원인

병적 불안의 특징에는 현실적인 위협이 없는 상황이나 대상에 대한 불안, 현실적인 위험의 정도에 비해 과도한 불안, 위협 요인이 사라진 후에도 지속적인 불안을 느끼는 경우가 있다.

이처럼 불안장애란 병적인 불안으로 인해 과도한 심리적 고통을 느끼거나 현실적인 적응에 심각한 어려움을 겪는 경우를 말한다. 불안장애 중 범불안장애는 ① 일상생활 전반에 걸쳐 지속되는 만성적인 불안과 과도한 걱정, ② 매사에 잔걱정(worry)을 많이 함, ③ 생활 전반에 걸쳐 다양한 주제로 불안과 걱정이 돌아다니는 부동불안(浮動不安, free-floating anxiety), ④ 지속적인 긴장으로 인한 피로와 근육통, 만성적인 두통, 수면장애, 소화 불량, 과민성 대장증후군과 같은 다양한 신체 증상 호소, ⑤ 깜짝깜짝 놀라는 반응, ⑥ 우유부단하고 꾸물거리며 지연행동을 나타내어 현실적인 일을 잘 처리하지 못하는 증상을 보이곤 한다.

불안장애의 임상적 특징으로는 정상적인 불안과의 경계가 불명확해서 정확한 평가가 쉽지 않고, 평생 유병률은 5%나 되며 여자가 더 많이 걸리고, 10~20대에 발병하며, 이후 평생 지속된다. 불안장애는 비관주의, 불확실성에 대한 인내력 부족, 문제 해결에 대한 자신감 부족에서 비롯된다. 또한 불안장애는 과도한 걱정이 주제인데 예를 들면 가족, 건강, 직업적·학업적 무능, 재정문제, 미래의 불확실성, 인간관계 등이 여기에 해당된다.

불안장애는 신체적으로는 근육의 긴장과 동반해 떨림, 근육 연축(근육이 땅기고 오그라드는 병증), 온몸이 흔들리는 느낌 그리고 근육통과 속쓰림을 동반할 수 있다. 많은 수의 범불안장애 환자는 신체 증상(예: 발한, 오심, 설사)과 극대화된 깜짝 놀라는 반응을 경험한다. 자율신경계의 과잉 각성 증상(예: 빈맥, 호흡 곤란, 어지럼증)은 범불안장애에서는 공황장애 같은 다른 불안장애에서만큼 두드러지지는 않는다. 스트레스와 관련되는 다른 의학적 상태(예: 과민성 대장증후군, 두통)가 종종 범불안장애와 동반된다.

불안장애의 기질적 특징으로 행동 억제, 부정적 정서성(신경증적 경향성), 해로운 것을 회피하는 성향은 범불안장애와 연관돼 있다. 환경적 비록 유년기의 역경이나 부모의 과잉 보호가 범불안장애와 연관돼 있지만, 범불안장애에 특징적이거나 필수적이거나 진단을 만족시킬 만한 알려진 환경적 요인은 없다. 범불안장애의 1/5이 유전적인 영향을 받는다. 이러한 유전적 요인은 신경증적 경향성의 위험도와 겹치며, 범불안장애는 다른 불안장애와 기분장애, 특히 주요 우울장애와 공유된다. 불안장애 중 범불안장애의 진단 기준은 다음과 같다.

---

A. (직장이나 학업과 같은) 수많은 일상활동에서 지나치게 불안해하거나 걱정(우려하는 예측)을 하고, 그 기간이 최소한 6개월 이상으로 그렇지 않은 날보다 그런 날이 더 많아야 한다(50% 이상의 날에 나타난다).
B. 이런 걱정을 통제하기가 어렵다고 느낀다.
C. 불인과 걱정은 다음의 여섯 가지 증상 중 적어도 세 가지 이상의 증상과 관련이 있다
  (지난 6개월 동안 적어도 몇 가지 증상이 있는 날이 없는 날보다 더 많다).

1. 안절부절못하거나 낭떠러지 끝에 서 있는 느낌
2. 쉽게 피곤해짐.
3. 집중하기 힘들거나 머릿속이 하얗게 되는 것
4. 과민성
5. 근육의 긴장
6. 수면 교란(잠들기 어렵거나 유지가 어렵거나 밤새 뒤적이면서 불만족스러운 수면 상태)

---

출처: DSM-5(「정신질환의 진단 및 통계편람」 참조), 2023.

그리고 이러한 불안이나 걱정 때문에 사회적, 직업적 또는 일상생활에서의 부정적 영향, 다른 중요한 기능 영역에서 극심한 고통과 손상을 초래해야 한다. 만약 시험을 잘 볼 수 있을까라는 걱정으로 불안이 야기되는 경우라도 그것이 시험 때 부정적 영향을 미치거나 극심한 고통을 초래하지 않는다면 불안장애로 분류되지 않는다.

그러나 시험을 잘 치르지 못할지도 모른다는 불안 때문에 시험 당일 날 시험지를 받아든 순간 머릿속이 하얗게 되고 배가 아파 결국 시험을 못 보게 되고 보건실에 가게 된다면 이는 불안과 걱정으로 인해 극심한 심리적 고통뿐 아니라 일상생활에서도 부정적 영향을 초래하는 결과가 되는 것이다. 또한, 불안장애는 다른 정신질환 장애에 포함되지 않아야 한다. 예를 들어 공황장애는 불안에서 야기된 증상이기는 하나 불안장애가 아닌 공황장애로 진단된다.

불안장애의 원인은 다양하나 정신분석적 입장에서는 불안의 원인을 무의식적 갈등에 있기 때문에 불안은 자각이 어려우며, 무의식적으로 억압된 원초아의 충동이 강해져 자아가 이를 통제하는 기능이 약화된 상태라고 봤다. 또한, 수용하기 힘든 욕구에 대한 분출이라고 봤다. 반면 행동주의적 입장에서는 다양한 자극에 조건 형성된 작은 공포가 불안을 야기한다고 봤다. 또한 인지적 입자에서는 불안한 사람들은 자신이 위험에 처해 있다고 지각하는 경향이 있다고 봤다(Beck, 1976).

이에 불안을 가진 사람들은 일반적으로 다음과 같은 네 가지 특징을 가진다.

첫째, 교통사고, 길을 가다 물건이 머리에 떨어질지도 모른다는 불안과 같이 주변의 생활환경 속에 존재하는 잠재적 위험에 지나치게 예민하다.

둘째, 이러한 잠재적 위협에 대해 불안한 사람들은 실제로 위험한 사건이 발생할 수 있다고 생각하며 그 확률을 과대하게 높게 평가한다. 예를 들면, A형 간염 환자가 많아졌다는 뉴스 보도가 나오면 불안이 높은 사람들은 자신이 A형 간염에 걸릴 확률에 대해 과도하게 걱정하고 바로 병원에 가서 예방주사를 맞곤 한다.

셋째, 위험한 사건이 발생할 경우 이에 대한 부정적 결과를 지나치게 치명적으로 평가한다. 예를 들어 스키장에서 스키를 타다 사고가 날 경우에는 경미한 사고보다는 사람과 사람과의 정면 충돌로 사망 또는 장애라는 치명적인 결과를 예방한다.

넷째, 이들은 이러한 위험한 사건이 발생할 경우 자신의 대처 능력에 대한 과소평가한다. 즉, 그 사건이 발생하면 자신은 아무것도 할 수 없기에 걱정하고 불안해한다.

그뿐만 아니라 이들이 가지고 있는 불확실성에 대한 인내심의 부족과 완벽주의적 성향, 문제 해결에 대한 자신감 부족이 불안을 야기한다. 생물학적 입장에서는 불안과 관련된 신경전달물질로 가바(GABA)와 노르에피네프린(Norepineohrine)을 들고 있으며, 뇌의 후두엽 손상에 대한 관심도가 높아졌다(권석만, 2008).

다음은 벡, 엡스타인, 브라운과 스티어(Beck, Epstein, Brown, & Steer, 1988)의 불안 척도(Beck Anxiety Scale: BAI)다. BAI는 정신과 집단에서 호소하는 불안의 정도를 측정하기 위한 도구로 불안의 인지적·정서적·신체적 영역을 포함하는 21문항으로 구성돼 있으며, 특히 우울로부터 불안을 구별해 내기 위한 목적으로 개발된 척도다.

지난 한 주 동안 불안을 경험한 정도를 4점 척도상에 표시하는 것으로 각 문항의 점수를 합산해 총점을 구한다(전혀 느끼지 않았다 = 0점, 조금 느꼈다 = 1점, 상당히 느꼈다 =

2점, 심하게 느꼈다 = 3점). 총점의 범위는 0~63점으로 22~26점은 관찰과 개입을 요하고, 27~31점은 심한 불안 상태를 나타내며, 32점 이상은 극심한 불안 상태라고 할 수 있다.

〈표 10-1〉 불안 척도(Beck Anxiety Scale: BAI)

| 성명 | | 성별 | 남 / 여 | 연령 | |
|---|---|---|---|---|---|

아래의 항목들은 불안의 일반적 증상들을 열거한 것입니다. 먼저 각 항목을 주의 깊게 읽으십시오. 오늘을 포함해서 지난 한 주 동안 귀하가 경험한 증상의 정도를 아래와 같이 그 정도에 따라 적당한 숫자에 ●표 하십시오.

0: 전혀 느끼지 않는다. 1: 조금 느꼈다. 그러나 별 문제가 되지 않는다.
2: 상당히 느꼈다. 힘들었으나 견딜 수 있었다. 3: 심하게 느꼈다. 견디기가 힘들었다.

| 문항 | 0 | 1 | 2 | 3 |
|---|---|---|---|---|
| 1. 나는 가끔씩 몸이 저리고 쑤시며 감각이 마비된 느낌을 받는다. | 0 | 1 | 2 | 3 |
| 2. 나는 흥분된 느낌을 받는다. | 0 | 1 | 2 | 3 |
| 3. 나는 가끔씩 다리가 떨리곤 한다. | 0 | 1 | 2 | 3 |
| 4. 나는 편안하게 쉴 수가 없다. | 0 | 1 | 2 | 3 |
| 5. 매우 나쁜 일이 일어날 것 같은 두려움을 느낀다. | 0 | 1 | 2 | 3 |
| 6. 나는 어지러움(현기증)을 느낀다. | 0 | 1 | 2 | 3 |
| 7. 나는 가끔씩 심장이 두근거리고 빨리 뛴다. | 0 | 1 | 2 | 3 |
| 8. 나는 침착하지 못하다. | 0 | 1 | 2 | 3 |
| 9. 나는 자주 겁을 먹고 무서움을 느낀다. | 0 | 1 | 2 | 3 |
| 10. 나는 신경이 과민되어 있다. | 0 | 1 | 2 | 3 |
| 11. 나는 가끔씩 숨이 막히고 질식할 것 같다. | 0 | 1 | 2 | 3 |
| 12. 나는 자주 손이 떨린다. | 0 | 1 | 2 | 3 |
| 13. 나는 안절부절못해한다. | 0 | 1 | 2 | 3 |
| 14. 나는 미칠 것 같은 두려움을 느낀다. | 0 | 1 | 2 | 3 |

| | | | | |
|---|---|---|---|---|
| 15. 나는 가끔씩 숨쉬기 곤란할 때가 있다. | 0 | 1 | 2 | 3 |
| 16. 나는 죽을 것 같은 두려움을 느낀다. | 0 | 1 | 2 | 3 |
| 17. 나는 불안한 상태에 있다. | 0 | 1 | 2 | 3 |
| 18. 나는 자주 소화가 잘 안 되고 뱃속이 불편하다. | 0 | 1 | 2 | 3 |
| 19. 나는 가끔씩 기절할 것 같다. | 0 | 1 | 2 | 3 |
| 20. 나는 자주 얼굴이 붉어지곤 한다. | 0 | 1 | 2 | 3 |
| 21. 나는 땀을 많이 흘린다.(더위로 인한 경우는 제외) | 0 | 1 | 2 | 3 |

출처: Beck et al., 1988.

## 3 공황장애

### 사례

소방공무원 종국 씨는 며칠 전 지하에 들어가 화재 진압을 했다. 화재 진압 도중 종국 씨는 갑자기 심장이 평소와 달리 매우 강하고 불규칙하게 뛰고 있음을 자각했다. 평소보다 특별하게 위급하거나 위험한 상황이 아니었음에도 불구하고 종국 씨는 자신의 심장이 강하게 뛰고 가슴 통증이 느껴졌다. 종국 씨는 이러다가 심장마비로 죽는 것이 아닌가라는 극도의 공포를 느꼈다.

몇 분 후 그러한 증상은 가라앉았지만, 그 후 종국 씨는 갑자기 심장에 이상이 느껴지고 그러면 몸이 떨리고 질식할 것 같은 느낌과 스스로 통제할 수 없다는 생각에 미칠 것 같고, 이러다 죽을 것 같다는 생각에 잠을 자기가 어려웠다. 종국 씨는 자신의 건강이 걱정돼서 병원에 가서 심장 사진과 초음파 등 심장과 관련된 모든 검사를 했으나 특별한 이상이 없다는 것을 확인했다. 그러나 종국 씨는 회사나 집 등에서 시도 때도 없이 심장 발작을 일으키곤 하면서 스스로 자신이 통제할 수 없다는 생각에 불안해하고 있다.

### 1) 공황장애의 이해

공황장애(panic disorders)는 공황발작(panic attack)을 일으키는데 갑자기 엄습하는 죽을 것 같은 공포를 일으키며, 다양한 신체적 증상을 보인다. 신체적 증상은 다양한

[그림 10-1] 공황 상태를 보여 주는 뭉크의 '절규'

데 예를 들면, ① 심장이 빠르게 뜀, ② 진땀, ③ 몸이나 손이 떨림, ④ 숨 가쁘거나 막힘, ⑤ 질식감, ⑥ 가슴 통증과 답답함, ⑦ 구토감이나 복부 통증, ⑧ 어지럽고 몽롱하며 기절할 것 같은 느낌, ⑨ 한기나 열기를 느낌, ⑩ 감각 이상증(마비감이나 찌릿찌릿한 감각), ⑪ 비현실감이나 자기 자신과 분리된 듯한 이인증(離人症, depersonalization), ⑫ 자기통제를 상실하거나 미칠 것 같은 두려움, ⑬ 죽을 것 같은 두려움 등의 증상을 보이며, 이 중 네 가지 이상이 해당될 때 공황장애라고 한다.

공황발작의 증상은 갑작스럽게 나타나며, 10분 이내에 그 증상이 최고조에 도달해 극심한 공포를 야기한다. 대부분 공포는 10~20분간 지속되다 빠르게 또는 서서히 사라진다. 공황장애는 공포가 핵심 증상이며, 이는 반복적인 공황발작을 일으킨다. 그리고 공황발작 이후의 증상인 공황발작에 대한 지속적 염려와 걱정, 공황발작과 관련된 부적응적 행동 변화를 보일 때 공황장애라고 한다.

공황장애는 여자가 남자보다 2~3배 정도 많으며, 모든 연령층에서 나타날 수 있으나 청년기(청소년기 후반~30대 중반)에 주로 발병하고 평균 발병 연령은 25세다. 공황장애가 만성화된 환자 중 40~80%는 우울증을 경험하고, 이로 인해 자살, 알코올이나 약물 남용, 강박증이나 건강염려증이 함께 나타날 수도 있다(권석만, 2008).

## 2) 공황장애의 주요 증상 및 원인

공황장애는 불안장애 중 하나로 반복적으로 예기치 못한 공황발작이 일어나는 경우를 말한다. 공황발작은 극심한 공포와 고통이 갑작스럽게 발생하며 수분 이내에 최고조에 이르러야 하며, 그 시간 동안 13가지 생리적 · 인지적 증상 중 4가지 이상의 증상이 나타난다. '반복적으로'라는 용어는 문자 그대로 1회 이상의 예기치 못한 발작을 의미한다.

'예기치 못한'이라는 용어는 공황발작에 뚜렷한 예측 인자가 없음을 뜻한다. 그것은 발작이 쉬고 있거나 자는 도중에(야간 공황발작) 일어나는 것처럼 전혀 예상할 수 없는 상황에서 나타남을 의미한다. 반면에 '예상되는' 공황발작은 뚜렷한 예측 인자가 있은 후의 발작을 의미하는 것으로, 예를 들면 지하철, 비행기 안, 낯선 환경과 상황, 소방공무원의 경우는 업무 중 사고, 동료들의 죽음, 화재 현장 등 공황발작이 주로 일어나는 상황이 있다. 문화적 해석 또한 공황장애가 예측 가능한지 불가능한지 정하는 데 영향을 미친다.

공황발작의 빈도와 심각도는 매우 다양하다. 빈도를 보면 중등도의 빈번한 발작(예: 일주일에 1회)이 수개월간 있을 수도 있고, 짧고 더욱 빈번한 발작(예: 매일)이 있다가 중간에 몇 주 혹은 몇 달씩 없어지거나 감소했다가 다시 나타나는 식(예: 1개월에 2회)으로 수년간 지속될 수 있다 드물게 공황발작을 경험하는 사람들은 빈번한 공황발작을 경험하는 사람들과 공황발작의 증상, 인구학적 특징, 동반 질환, 가족력, 생물학적 특징에서 비슷할 수 있다. 심각도에서 공황장애 환자들은 전형적인 증상(네 가지 이상의 증상)을 보일 수도 있고, 제한된 증상(네 가지 미만의 증상)을 보일 수도 있다. 공황발작 증상의 수와 종류는 매번 달라지는 경우가 흔하다. 하지만 1회 이상의 예기치 못한 전형적인 증상을 보이는 공황발작이 있어야 공황장애 진단을 내릴 수 있다.

공황발작이나 그에 따른 결과에 대한 걱정은 생명을 위협하는 질병(예: 심장질환, 발작장애)의 존재에 대한 걱정일 수 있고, 공황 증상을 보였을 때 다른 사람들에게 부정적으로 평가받거나 당황하는 것에 대한 사회적인 걱정일 수도 있으며, '미치거나' 통제를 잃을 것 같다는 정신적 기능에 대한 걱정일 수도 있다. 소방공무원이 업무 중 발생하는 공황장애는 '미치거나' 통제를 잃을 것 같다는 정신적 기능에 대한 걱정인 경우가 빈번하다. 공황장애를 경험하는 사람들은 부적응적인 행동 변화는 공황발작이나 그 결과를 회피하거나 최소화하기 위해 신체적 운동을 피하거나, 공황발작이 일어났을 때 도움이 가능하도록 일상생활을 재구성하거나, 평소 일상 활동을 제한하거나, 집을 떠나거나 대중교통을 이용하거나 쇼핑을 가는 것처럼 그 상황을 피할 수 있다.

공황발작은 공포 반응의 특유한 형태로서 불안장애 중에서도 두드러진 특징을 가진다. 공황발작은 불안장애에만 한정되는 것이 아니라 다른 정신질환에서도 나타날 수 있다. 다음은 공황장애 진단 기준이다.

A. 반복적으로 예상하지 못한 공황발작이 있다. 공황발작은 극심한 공포와 고통이 갑작스럽게 발생해 수분 이내에 최고조에 이르러야 하며, 그 시간 동안 다음 중 네 가지 이상의 증상이 나타난다.

주의점: 갑작스러운 증상의 발생은 차분한 상태나 불안한 상태에서 모두 나타날 수 있다.
 1. 심계항진, 가슴 두근거림 또는 심장 박동 수의 증가
 2. 발한
 3. 몸이 떨리거나 후들거림
 4. 숨이 가쁘거나 답답한 느낌
 5. 질식할 것 같은 느낌
 6. 흉통 또는 가슴 불편감
 7. 메스꺼움 또는 복부 불편감
 8. 어지럽거나 불안정하거나 멍한 느낌이 들거나 쓰러질 것 같음
 9. 춥거나 화끈거리는 느낌
 10. 감각 이상(감각이 둔해지거나 따끔거리는 느낌)
 11. 비현실감(현실이 아닌 것 같은 느낌) 혹은 이인증(離人症: 나에게서 분리된 느낌)
 12. 스스로 통제할 수 없거나 미칠 것 같은 두려움
 13. 죽을 것 같은 공포

주의점: 문화 특이적 증상(예: 이명, 목의 따끔거림, 두통, 통제할 수 없는 소리 지름이나 울음)도 보일 수 있다. 이러한 증상들은 위에서 진단에 필요한 네 가지 증상에는 포함되지 않는다.

B. 적어도 1회 이상의 발작 이후에 1개월 이상 다음 중 한 가지 이상의 조건을 만족해야 한다.

> 1. 추가적인 공황발작이나 그에 대한 결과(예: 통제를 잃음 심장 발작을 일으킴. 미치는 것)에 대한 지속적인 걱정
> 2. 발작과 관련된 행동으로 현저하게 부적응적인 변화가 일어난다(예: 공황발작을 회피하기 위한 행동으로 운동이나 익숙하지 않은 환경을 피하는 것 등).
>
> C. 장애는 물질(예: 남용 약물, 치료 약물)의 생리적 효과나 다른 의학적 상태(예: 갑상선 기능항진증, 심폐질환)로 인한 것이 아니다.
> D. 장애가 다른 정신질환으로 더 잘 설명되지 않는다(예: 사회불안장애에서처럼 공포스러운 사회적 상황에서만 발작이 일어나서는 안 된다). 특정 공포증에서처럼 공포 대상이나 상황에서만 나타나서는 안 된다. 강박장애에서처럼 강박 사고에 의해 나타나서는 안 된다. 외상 후 스트레스 장애에서처럼 외상성 사건에 대한 기억에만 관련돼서는 안 된다. 또한, 분리불안장애에서처럼 애착 대상과의 분리에 의한 것이어서는 안 된다).

출처: 권준수 외(2016), DSM-5「정신질환의 진단 및 통계편람」, 학지사.

공황장애의 원인으로는 기질적·환경적·유전적·생리적 위험 및 예후 인자 요소를 가지고 있다.

첫째, 기질적 요소로는 부정적 정서성(신경증적 경향성, 부정적 감정을 더 잘 느끼는 성향)과 불안에 대한 민감도(불안 증상이 해로운 것이라고 믿는 성향)는 공황장애 자체에 대한 위험도는 밝혀지지 않았지만, 공황발작 발생의 위험 요소이며 공황에 대한 걱정을 하게 만드는 위험 요소다. '공포스러운 발작'의 경험은 후에 공황발작이나 공황장애를 일으키는 위험 요소다.

둘째, 환경적 요소 중 흡연은 공황발작과 공황장애의 위험 요소다. 대부분의 사람이 첫 번째 공황발작 몇 달 전에 선행하는 스트레스 요인, 즉 대인 관계 스트레스, 불법 약물이나 처방된 약물, 질병, 가족이나 동료의 죽음, 부정적 경험에 따른 신체적·정신적 안녕과 관련된 스트레스와 관련이 있다.

셋째, 유전적·생리적 요소로는 다양한 유전자가 공황장애 위험도에 영향을 미친다. 하지만 정확한 유전자, 유전자의 산물, 유전자와 연관되는 기능은 확실히 알려져 있지 않다. 최근의 공황장애에 대한 신경계 모델에서는 편도체와 관련된 뇌 부위들을 중시하는데, 이는 다른 불안장애에서와 같다. 불안, 우울, 양극성 장애 환자들의 자녀

에게서 공황장애의 발생 위험도가 증가한다. 예를 들면, 천식 같은 호흡기장애를 동반하거나 과거력이나 가족력이 있을 때 공황장애와 밀접한 관련이 있다.

공황장애가 발병할 경우 사회적·직업적·신체적 장애, 상당한 경제적 부담을 가지게 될 수 있다. 공황장애를 경험한 사람들은 불안으로 인해 자주 병원에 가거나 응급실을 찾기 위해 일이나 학교를 빈번하게 빠지게 되는 경우가 많다. 이로 인해 해고당하거나 학교를 그만두게 될 수 있으며, 그렇지 않더라도 일을 할 때 지장을 받거나 한정된 집에서만 할 수 있는 일을 찾게 돼 사회적 관계가 점차 한정되기도 한다. 노년층에서는 간병 활동이나 자원봉사 활동의 손상으로 나타날 수 있다. 전형적인 공황발작은 제한적 공황발작에 비해 더 높은 의료시설 사용률, 더 심각한 장애, 더 낮은 삶의 질과 연관이 있다.

공황장애의 원인에 대해 정신분석적 입장에서는 첫째, 공황발작이 스트레스가 많은 시기에 발생한다는 점에 주목하면서 공황발작은 불안을 야기하는 충동에 대한 방어 기제가 성공하지 못하면서 억압됐던 두려운 충동이 방출됨으로써 극심한 불안을 경험하고 그것이 공황발작으로 연결된다는 견해다. 둘째, 공황발작을 경험하기 전 '상실'과 관련된 심한 사회적 스트레스를 경험하므로 무의식적인 상실 경험과 관련 있다는 견해다. 셋째, 공황장애는 사람이 많은 넓은 장소에서 혼자 있는 상황이 부모로부터 받았다는 유아기의 분리불안을 재현한다는 설명이다.

공황장애의 원인에 대한 인지모델(Clark, 1986)에 따르면, 공황발작을 하는 사람들은 내·외적인 촉발 자극 요인에 대해 타인에 비해 걱정과 염려가 많다고 본다. 그리고 외부 환경에 대해 위협을 크게 지각하면서 신체 감각에 대한 파국적 오·해석으로 인해 공황장애가 발생한다고 보고 있다. 공항장애에 대한 인지모델은 다음 [그림 10-2]와 같다.

공황장애 환자들은 신체 감감과 함께 공황발작을 한번 경험하고 난 후에는 다른 사람들에 비해 매우 예민해져서 자신의 신체 감각을 계속적으로 관찰하고 그 과정에서 타인은 자각할 수 없는 신체 감각을 느끼면서 이를 신체적 질병의 증거로 해석하고 공황발작을 막기 위해 여러 회피행동을 하다 파국적 해석과 관련된 부정적 신념을 강화한다.

예를 들면, 소방공무원이 현장 활동 중 공황발작을 경험했을 때 공황장애 환자들은

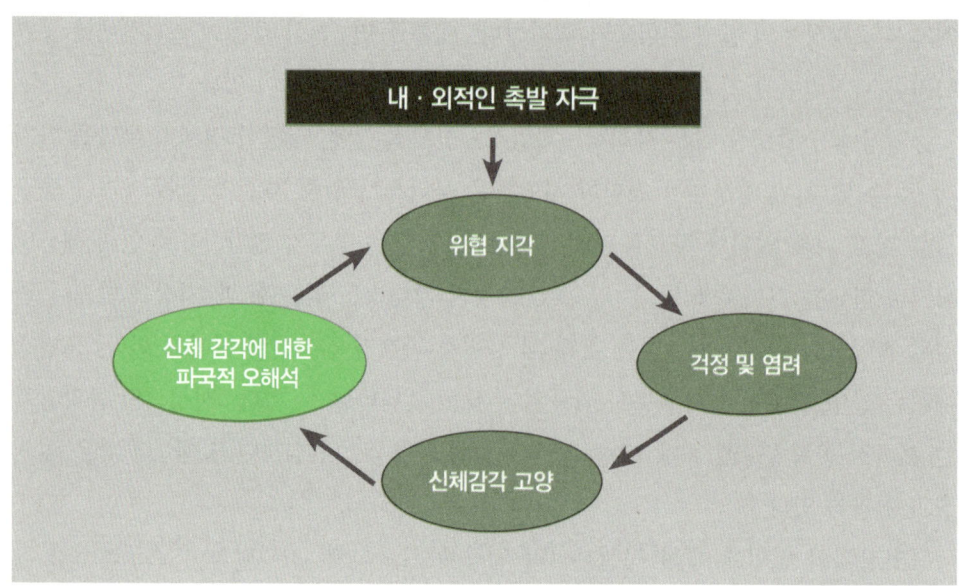

[그림 10-2] 공황장애 인지모델

그 뒤 조금이라도 그 전에 겪었던 공황발작과 비슷한 상황, 숨이 차오르거나 어지러움을 조금이라도 느끼면, 그것이 공황발작의 하나의 전조 신호로 해석하고 다시 발생할지도 모를 공황발작을 걱정해 현장 활동에 투입되는 것을 두려워해 조퇴나 휴가를 내거나 더 나아가 직장을 휴직하거나 그만두는 회피행동을 한다. 그리고 그 사람은 이와 같은 회피행동이 공황발작의 가능성을 방지하고 있다고 생각함으로써 자신의 부정적 신념인 '나는 현장 활동에 투입되면 공황발작을 일으킬 수밖에 없어'라는 생각을 지속하게 된다.

## 4 우울장애

[그림 10-3] 우울장애

### 사례

소방공무원 재석 씨는 아침에 출근하는 것이 너무 괴롭고 힘들다. 처음 재석 씨가 소방공무원으로 임용될 때까지만 해도 소방학교에서 주목받는 모범생이었다. 그러나 처음 발령받은 센터에서 재석 씨는 다른 상사들과 잘 지내는 것이 힘들었다. 자신이 생각한 방식으로 일을 하면 상사들은 재석 씨에게 일을 효율적으로 하지 못한다고 꾸짖었고 일처리도 늦다며 자주 야단을 맞았다.

그러다 보니 재석 씨는 직장에 가면 언제나 야단맞지 않을까라는 생각에 상사들의 눈치를 보기 시작했고 동료들과의 관계에도 소극적으로 행동하게 되면서 외롭고 재미없는 직장생활을 반복하게 됐다. 그러다 보니 재석 씨는 상사뿐 아니라 동료들과는 잘 지내지 못하게 돼 외톨이가 됐다. 이로 인해 재석 씨의 직장생활은 고통과 괴로움의 연속이었다. 그러다 보니 자주 직장도 결근하게 되고 대인 관계도 점점 위축돼 갔고 모임이나 회식 자리에도 자주 빠지게 됐다. 그 결과 자신은 무능하고 사람들과 어울리지 못하는 못난 생각을 하게 됐고, 이 상태로 지낼 바에는 차라리 직장을 그만두고 죽어 버리는 것이 낫다는 생각을 하게 됐다.

## 1) 우울장애의 이해

우울장애(depressive disorder)는 우울증이라고도 불리며, 우울감과 의욕 저하가 지속돼 일상생활에 지장을 주는 질환이다. 우울장애는 매우 흔한 질환으로서, 특히 다른 신체질환이나 정신의학적 질환이 있는 환자에게서도 자주 나타난다. 주요 우울장애, 지속성 우울장애, 산후우울증 등을 포함해 다양한 종류가 있다. 우울감은 인간이라면 누구나 느낄 수 있는 자연스러운 감정이고, 사회적으로 우울증과 우울감을 혼용해 자주 사용하기도 하지만, 우울장애는 의학적으로는 명확히 정의되는 하나의 질환 개념이다.

환자의 병력을 청취하고 상황을 분석해 다음 기준에 부합할 경우 우울장애로 진단한다. 우선 우울한 기분, 흥미나 즐거움의 감소, 체중 변화, 수면 이상, 정신운동 이상, 피로, 무가치감 및 부적절한 죄책감, 집중력 저하, 자살사고의 아홉 가지 증상과 관련해 각각 구체적인 기준이 존재하며, 이들 중 다섯 가지 이상이 2주일 이상 지속되고 이전과 기능적인 차이가 나타나야 한다. 이때 조증 삽화(躁症揷話, manic episode)가 뒤섞여 있지 않아야 하며, 우울 증상이 일상생활에 지장을 줄 정도로 유의미한 수준이어야 한다. 또한, 증상을 일으킬 수 있는 다른 원인을 감별하고 배제해야 하는데, 그 예로는 약물이나 기타 물질, 다른 의학적 상태나 질환 등이 있다.

우울 및 양극성 장애는 지나치게 저조하거나 고양된 기분 상태가 지속돼 현실 생활의 적응에 심각한 어려움을 겪게 되는 장애로 DSM-IV에서는 기분장애(mood disorder) 범주에 포함됐으나 DSM-5에서는 우울장애와 양극성 장애를 분리해 개별 범주화했다. 두 질환 모든 질환의 공통 양상은 슬프고, 공허하거나 과민한 기분이 있으며, 개인의 기능 수행 능력에 영향을 주는 신체적·인지적 변화가 동반된다. 다만 이들의 차이점은 기간, 시점, 원인, 경과, 치료 반응 면에서 우울장애와 양극성 장애에 뚜렷한 차이가 있다.

우울장애는 슬픔, 공허감, 짜증스러운 기분과 수반되는 신체적·인지적 증상으로 인해 개인의 기능이 현저하게 저하되는 장애로 전 세계적으로 경제적·사회적 기능 손상이 큰 질환으로서 3위권 안에 드는 대표적 질환으로 심리적 독감이라고 부를 정도로 흔한 장애에 속한다. 우울장애는 그 심각성의 정도가 다양해서, 가벼운 감기처럼 지나가기도 하나, 심할 경우 자살 시도의 가장 중요한 지표가 된다. 현재 우울증의 발병 빈도가 세계적으로 증가하고 있으며, 초기 발병 연령 또한 전 세계적으로 낮아지고 있다.

우울장애에는 파괴적 기분 조절 부전장애, 주요 우울장애(주요 우울 삽화 포함), 지속성 우울장애(기분저하증), 월경 전 불쾌감장애, 물질·약물 치료로 유발된 우울장애, 다른 의학적 상태로 인한 우울장애, 달리 명시된 우울장애, 명시되지 않는 우울장애를 포함한다. 이 중 주요 우울장애는 우울장애를 대표하는 전형적인 질환이다. 주요 우울장애(비록 대부분의 삽화가 더 오랜 기간 동안 지속되지만)는 최소 2주간 지속되는 정동, 인지, 생장 기능의 명백한 변화를 수반하는 삽화 및 삽화 사이의 상태를 특징으로 한다.

그리고 주요 우울장애는 재발한 경우가 대부분을 차지한다. 정상적인 슬픔 및 가까운 지인이나 배우자 등의 죽음으로 인한 비탄은 주요 우울 삽화(主要憂鬱揷話, major depressive episode)와 구분해야 한다. 가까운 지인이나 배우자의 죽음은 심각한 고통을 유발할 수 있으나, 보통 주요 우울장애의 삽화를 유발하지는 않는다. 가까운 지인이나 배우자의 죽음과 주요 우울장애가 함께 발생한 경우는 주요 우울장애를 동반하지 않는 죽음에 비해 우울 증상 및 기능적 손상이 더욱 심각한 경향을 보이고 예후는 더욱 나쁘다.

죽음과 관련된 우울증은 우울장애의 취약성을 가진 개인에서 발생하는 경향이 있으며, 항우울제 치료를 통해 회복이 촉진될 수 있다. 우울증의 만성적인 형태인 지속성 우울장애(기분저하증)는 최소 2주 이상, 하루 중 대부분의 시간 동안 우울한 기분, 흥미 저하, 식욕 및 체중의 변화, 수면장애, 무가치감, 피로, 자살사고 등이 동반될 때 진단된다. 이러한 주요 우울장애는 일생에서 여러 번 반복되기도 한다. 주요 우울장애는 가장 흔한 정신장애 중의 하나로 서구권에서는 남자의 경우 5~10%, 여자의 경우 10~25% 정도가 일생에 한 번 이상 주요 우울장애에 걸리는 것으로 알려져 있다.

우리나라는 일생에 한 번 이상 주요 우울장애를 보이는 비율이 3~5% 정도로 알려져 있으며, 현재 인구의 5~10%가 주요 우울장애를 앓고 있다. 다수의 남용 물질, 치료 약물의 일부, 그리고 몇 가지 의학적 상태는 우울증 유사 증상과 관련이 있을 수 있다. 이러한 경우는 주요 우울장애와는 다르며, 물질·약물 치료로 유발된 우울장애, 다른 의학적 상태로 인한 우울장애의 진단을 내릴 수 있다.

대표적으로 약물 치료와 심리 치료가 있으며, 두 치료를 병행하는 경우가 많다. 치료를 진행하는 거의 모든 경우 약물 치료를 시행하게 되며, 선택적 세로토닌 재흡수 억제제, 선택적 노르에피네프린 억제제, 삼환계 항우울제와 같은 항우울제를 복용한다. 여기에 추가해 인지행동 치료와 같은 심리 치료를 진행하면 환자가 우울감이나 다른 부정적 감정을 이겨 내는 데에 도움을 주고 재발 가능성을 낮출 수 있다. 이 밖에도 전기경련요법이나 경두개자기자극술(TMS)과 같은 치료법이 있으며, 우울장애는 많은 경우 치료에 성공해 일상으로 복귀할 수 있다. 그러나 재발률이 높으므로, 치료가 끝난 후에도 지속적으로 주의를 기울이는 것이 중요하다.

### 사별(死別)로 인한 우울한 증상과 주요 우울장애의 구별

애도와 주요 우울장애를 구별할 때, 애도는 공허감과 상실의 느낌이 우세한 정동이라면 주요 우울 삽화는 행복이나 재미를 느낄 수 없는 상태와 우울감이 지속되는 것이 특징이다. 애도에서의 불쾌감은 시간이 지나면서 그 강도가 감소할 가능성이 많고 흔히 파도를 타는 것과 같이 변화되는 경향이 있다. 이러한 변화는 죽은 이에 대한 생각이나 그를 떠올리게 하는 무언가와 관련되는 경향이 있다. 주요 우울 삽화의 우울감은 좀 더 지속적이며 특정 생각이나 집착에 한정되지 않는다. 애도의 고통은 주요 우울 삽화에서처럼 만연한 불행감이나 비참한 특성을 가지지 않으며 때때로 긍정적인 감정과 유머를 동반하기도 한다.
애도와 관련한 사고의 내용은 주요 우울 삽화에서 보이는 것처럼 자기 비판적이거나 비관적인 반추가 아니라, 주로 죽은 이와 관련한 생각이나 기억에 집중된 양상이다. 애도에서는 자존감이 보존돼 있으나 주요 우울 삽화에서는 무가치감과 자기혐오의 감정이 흔하다. 만약 자신에 대한 경멸이 애도에서 존재한다면 그것은 전형적으로 죽은 이와 관련한 인지 왜곡을 한다. 예를 들면, 자주 방문하지 않은 점, 죽은 이 생전에 그 사람이 얼마나 사랑받았는지 이야기해 주지 않은 점 등과 관련이 있다. 만약 사별한 개인이 죽음에 대해 생각한다면 그것은 보통 죽은 이에 초점이 맞춰져 죽은 이를 따라 죽는 것일 가능성이 높은 반면 주요 우울 삽화에서의 죽음은 무가치감, 우울증의 고통을 견딜 수 없어 개인의 고유한 인생을 마감하는 것에 초점이 맞춰져 있다.

## 2) 주요 우울장애의 증상 및 원인

주요 우울장애의 핵심 증상은 체중 변화와 자살사고를 제외하고는 거의 매일 존재해야 한다. 우울 기분이 하루 중 대부분, 거의 매일 존재한다. 흔히 불면이나 피로를 자주 호소하는 경우 동반되는 우울 증상을 놓치기 쉽다. 정신운동 장애는 흔하지 않지만 망상적 혹은 망상에 가까운 죄책감이 있는 경우처럼 심각한 증상임을 의미한다.

주요 우울 삽화의 필수 증상은 적어도 2주 동안의 우울 기분 또는 거의 모든 활동에서 흥미나 즐거움의 상실이다. 또한 다음 목록에 포함된 증상 가운데 최소한 네 개의 부가적인 증상이 있어야 한다. 식욕, 체중, 수면, 정신운동 활동의 변화, 감소된 에너지, 무가치감 또는 죄책감, 생각하고 집중하고 결정하기 어려움, 반복되는 죽음에 대한 생각 또는 자살사고 또는 자살 계획 및 시도, 주요 우울 삽화를 진단하기 위해서는 증상이 새롭게 나타나거나 또는 삽화 이전의 상태와 비교해 명백히 악화된 상태여야 한다. 증상은 하루 중 대부분, 거의 매일, 적어도 연속되는 2주 동안 지속돼야 한다.

주요 우울장애는 사회적·직업적 또는 다른 중요한 기능 영역에서 임상적으로 현저한 고통이나 손상을 초래해야 한다. 좀 더 가벼운 정도의 삽화의 경우, 정상적으로 기능하는 것처럼 보이지만 그러한 상태를 유지하기 위해서는 상당한 노력이 요구될 것이다.

---

**DSM-5에서 제시한 주요 우울장애에 대한 진단 기준**

A. 다음의 증상 가운데 다섯 가지(또는 그 이상)의 증상이 2주 연속으로 지속되며, 이전의 기능 상태와 비교할 때 변화를 보이는 경우, 증상 가운데 적어도 하나는 (1) 우울 기분이거나 (2) 흥미나 즐거움의 상실이어야 한다.

  주의점: 명백한 다른 의학적 상태로 인한 증상은 포함되지 않아야 한다.
  1. 하루 중 대부분 그리고 거의 매일 지속되는 우울 기분에 대해 주관적으로 보고 (예: 슬픔, 공허감 또는 절망감)하거나 객관적으로 관찰됨(예: 눈물 흘림)
     주의점: 아동·청소년의 경우는 과민한 기분으로 나타나기도 함.
  2. 거의 매일 하루 중 대부분, 거의 또는 모든 일상활동에 대해 흥미나 즐거움이 뚜렷하게 저하됨.
  3. 체중 조절을 하고 있지 않은 상태에서 의미 있는 체중의 감소(예: 1개월 동안 5% 이상의 체중 변화)나 체중의 증가, 거의 매일 나타나는 식욕의 감소나 증가가 있다.
     주의점: 아동에서는 체중 증가가 기대치에 미달되는 경우
  4. 거의 매일 나타나는 불면이나 과다 수면

> 5. 거의 매일 나타나는 정신운동 초조나 지연(객관적으로 관찰 가능함. 단지 주관적인 좌불안석 또는 처지는 느낌뿐만이 아님)
> 6. 거의 매일 나타나는 피로나 활력의 상실
> 7. 거의 매일 무가치감 또는 과도하거나 부적절한 죄책감(망상적일 수도 있는)을 느낌(단순히 병이 있다는 데 대한 자책이나 죄책감이 아님)
> 8. 거의 매일 나타나는 사고력이나 집중력의 감소 또는 우유부단함(주관적인 호소나 객관적인 관찰 가능함)
> 9. 반복적인 죽음에 대한 생각(단지 죽음에 대한 두려움이 아닌), 구체적인 계획 없이 반복되는 자살사고. 또는 자살 시도나 자살 수행에 대한 구체적인 계획
>
> B. 증상이 사회적, 직업적 또는 다른 중요한 기능 영역에서 임상적으로 현저한 고통이나 손상을 초래한다.
> C. 삽화가 물질의 생리적 효과나 다른 의학적 상태로 인한 것이 아니다.
>
> 이러한 증상은 임상적으로 의미 있는 고통을 일으켜야 하며, 사회적·직업적, 다른 중요한 기능 영역 등에서 장애를 일으켜야 한다.

흔히 주요 우울 삽화에서의 기분은 우울하고 슬프고 희망이 없으며 실망스럽거나 의기소침하다고 기술된다. 또한 만사가 귀찮거나 느낌이 없거나 불안한 기분을 호소하는 경우 우울 기분은 얼굴 표정과 태도에서도 짐작할 수 있다. 어떤 이들은 슬픔의 기분을 보고하기보다는 오히려 신체적 불편(예: 신체적 불편감과 통증)을 강조한다.

많은 사람이 과민성(자극에 쉽게 화를 내는)이 심해졌다고 보고하거나, 그러한 상태를 드러낸다(예: 지속적으로 화를 내거나, 분노를 터뜨리거나 타인들을 비난하면서 사건에 매우 민감하고 공격적으로 반응하는 경향, 또는 사소한 문제에 지나치게 좌절감을 느끼는 상태). 흥미나 즐거움의 상실이 거의 항상 나타난다. 취미에 대한 흥미가 감소되거나, 더 이상 관심을 갖지 않거나, 이전에는 즐겁게 했던 활동에 대해 어떤 즐거움도 느낄 수 없게 된다.

사회적으로 위축되거나 이전에는 즐겼던 취미나 동아리 활동 등에 대해 무관심해지고 이를 가족들이 알아챌 수 있다. 어떤 이들은 성적 관심이나 욕구가 이전 수준보다 상당히 줄어든다. 식욕은 감소되거나 증가한다. 어떤 이들은 억지로 먹어야 한다고 보고하기도 하고, 다른 이들은 식욕이 증가되거나 달콤한 음식이나 탄수화물과 같은 특

정한 음식을 갈망하기도 하면서 체중이 심하게 감소하거나 증가한다. 수면 교란은 불면이나 과다 수면으로 나타나는데, 불면 증상이 있는 경우 전형적으로 밤에 깨면 다시 잠들 수 없는 중기 불면증 또는 너무 일찍 깨고 다시 잠들 수 없는 말기 불면증으로 나타난다. 잠들기 어려운 초기 불면증이나 밤에 잠자는 시간이 길어지거나 낮에 잠자는 시간이 증가되는 과다 수면이 나타나기도 한다.

정신운동의 변화로는 계속 앉아 있지 못하고, 걷기, 손 꽉 쥐기, 피부, 옷 또는 다른 물건을 잡아당기거나 문지르기와 같은 초조한 행동 또는 말, 사고, 몸의 느린 움직임, 대답하기 전 침묵하는 시간이 길어짐, 음량, 음조, 말수의 감소, 말의 내용이 다양하지 못하거나, 말이 없어지는 지연행동이 나타나고, 이러한 초조 및 지연 행동은 다른 사람들에게 관찰될 수 있을 만큼 심해야 한다.

우울장애는 흔히 에너지가 저하되고 피곤하며 나른하기 때문에 어떤 이들은 신체적 운동을 하지 않는데도 계속 피곤하다고 호소한다. 아주 작은 일에도 상당한 노력이 요구되며 일을 수행하는 능률이 떨어질 수도 있다. 즉, 아침에 기상해서 씻고 옷을 입는 것이 힘겹게 느껴지고 평소보다 두 배의 시간이 걸릴 수도 있다.

주요 우울 삽화와 연관된 무가치감이나 죄책감은 자신의 가치에 대한 비현실적인 부정적 평가 또는 과거에 실패했던 사소한 일에 대한 집착이나 반추를 포함할 수 있다. 이런 경우 중립적이거나 사소한 일상적인 사건을 자신이 결함이 있는 증거라 잘못 해석하고 동료의 죽음이나 화재사건, 교통사고 등 예상치 못한 사건에 대해서도 과도한 책임감을 느낀다. 소방공무원의 경우 환자가 사망하면 자신의 책임으로 돌리기도 한다. 무가치감이나 죄책감은 망상적인 부분을 포함할 수 있다. 많은 사람이 생각하고, 집중하며, 사소한 결정을 내리는 능력마저 손상돼 있음을 보고한다. 이들은 정신이 쉽게 산만해지거나 기억력이 떨어져서 과거에는 쉽게 할 수 있는 업무나 문제 해결 등을 할 수 없다고 호소한다. 이로 인해 지적으로 높은 수준의 활동을 수행하던 사람이 그 기능을 적절하게 수행하지 못하게 되기도 한다. 주요 우울 삽화가 성공적으로 치료된다면 기억력 문제도 보통 호전된다. 죽음에 대한 생각, 자살사고 또는 자살 시도가 흔하다. 이러한 생각은 아침에 일어나고 싶지 않다는 소극적인 소망 또는 자신이 죽는 것이 다른 이들에게 더 나을 것이라는 믿음에서부터 순간적이지만 반복적인 자살 시도에 대한 생각, 자살 방법에 대한 구체적 계획에 이르기까지 범위가 다양하다.

좀 더 심각하게 자살을 고려하는 이들은 주변을 정돈하기 위해 유언장 작성, 빚 청산, 자살에 필요한 물건인 밧줄, 약물 등을 실제로 구하거나, 자살을 시도할 시기와 장소를 선택하기도 한다. 극복할 수 없는 장애물에 부딪혔을 때 포기하려는 충동과 끝이 없다고 지각되는, 극심한 고통스러운 기분 상태를 끝내고자 하는 강렬한 소망이 자살 시도의 동기가 될 수 있다. 이러한 생각을 해결하는 것이 자살에 대한 추후 계획을 만류하는 것보다 자살 위험도를 낮출 수 있는 의미 있는 방법이 될 수 있다.

주요 우울장애의 유병률을 보면, 여성의 평생 유병률은 10~25%로 남성 5~12%보다 높으며, 가장 유병률이 높은 장애에 속한다. 단극성 우울은 여성의 비율이 높으나 양극성 우울은 남녀 차이가 없으며, 발병 연령은 20대 중반, 청소년기에 접어들면서 급증하고 세계적으로 점점 연령이 어려지는 추세다. 한번 우울증을 경험한 사람은 재발 가능성이 높아서 한 번 우울장애를 경험한 사람 중 50~60%, 두 번의 우울장애를 경험한 사람은 세 번째, 우울을 경험할 가능성이 70%, 네 번째로 발병할 가능성은 90%다. 우울증은 가족력이 매우 높으며(1.5~3배), 높은 자살 시도, 자살사고를 보이는 질환으로 통계적으로 우울장애에 걸린 100명 중 1명은 자살로 사망한다. 다음은 우울 증상의 정도를 측정하는 벡(Aaron T. Beck)의 우울 척도(Beck Depression Inventory: BDI, 1961)다. 우울증의 인지적·정서적·동기적·신체적 증상 영역을 포함하는 21문항으로 구성돼 있으며, 자신의 상태를 4개 문장 중 하나에 표시하도록 하는 자기보고식 검사다.

점수는 0~3점으로 돼 있으며, 증상의 정도를 리커트(Likert) 척도가 아니라, 증상의 정도를 표현하는 구체적인 진술문에 응답케 함으로써 응답자들이 자신의 심리 상태를 수량화하는 데서 겪는 혼란을 줄일 수 있다. 점수의 범위는 0~63점으로 0~9점은 우울하지 않은 상태, 10~15점은 가벼운 우울 상태, 16~23점은 중한 우울 상태, 24~63점은 심한 우울 상태를 나타낸다. 한국판 연구에서는 우울집단 선별을 위한 절단점(cut of score)으로 16점을 제시하고 있다.

- 0~9점: 우울하지 않은 상태
- 10~15점: 가벼운 우울 상태
- 16~23점: 중한 우울 상태
- 24~63점: 심한 우울 상태

- 우울집단 선별 절단점: 16점

〈표 10-2〉 우울 척도(Beck Depression Inventory: BDI)

| 성명 | | 성별 | 남 / 여 | 연령 | | 작성일 | |
|---|---|---|---|---|---|---|---|

현재(오늘을 포함해 지난 일주일 동안)의 자신을 가장 잘 나타낸다고 생각되는 문장을 하나 선택해 ●표 하십시오.

| 번호 | 문항 | |
|---|---|---|
| 1 | 나는 슬프지 않다. | 0 |
| | 나는 슬프다. | 1 |
| | 나는 항상 슬프고 기운을 낼 수 없다. | 2 |
| | 나는 너무나 슬프고 불행해서 도저히 견딜 수 없다. | 3 |
| 2 | 나는 앞날에 대해서 별로 낙담하지 않는다. | 0 |
| | 나는 앞날에 대한 용기가 나지 않는다. | 1 |
| | 나는 앞날에 대해 기대할 것이 아무것도 없다고 느낀다. | 2 |
| | 나의 앞날은 아주 절망적이고 나아질 가망이 없다고 느낀다. | 3 |
| 3 | 나는 실패자라고 느끼지 않는다. | 0 |
| | 나는 보통 사람보다 더 많이 실패한 것 같다. | 1 |
| | 내가 살아온 과거를 뒤돌아보면 실패투성이인 것 같다. | 2 |
| | 나는 인간으로서 완전한 실패자라고 느낀다. | 3 |
| 4 | 나는 전과 같이 일상생활에 만족하고 있다. | 0 |
| | 나의 일상생활은 예전처럼 즐겁지가 않다. | 1 |
| | 나는 요즘에는 어떤 것에서도 별로 만족을 얻지 못한다. | 2 |
| | 나는 모든 것이 다 불만스럽고 싫증난다. | 3 |
| 5 | 나는 특별히 죄책감을 느끼지 않는다. | 0 |
| | 나는 죄책감을 느낄 때가 많다. | 1 |
| | 나는 죄책감을 느낄 때가 아주 많다. | 2 |
| | 나는 항상 죄책감에 시달리고 있다. | 3 |

| | | |
|---|---|---|
| 6 | 나는 벌을 받고 있다고 느끼지 않는다. | 0 |
| | 나는 어쩌면 벌을 받을지도 모른다는 느낌이 든다. | 1 |
| | 나는 벌을 받을 것 같다. | 2 |
| | 나는 지금 벌을 받고 있다고 느낀다. | 3 |
| 7 | 나는 나 자신에게 실망하지 않는다. | 0 |
| | 나는 나 자신에게 실망하고 있다. | 1 |
| | 나는 나 자신에게 화가 난다. | 2 |
| | 나는 나 자신을 증오한다. | 3 |
| 8 | 내가 다른 사람보다 못한 것 같지는 않다. | 0 |
| | 나는 나의 약점이나 실수에 대해서 나 자신을 탓하는 편이다. | 1 |
| | 내가 한 일이 잘못됐을 때는 언제나 나를 탓한다. | 2 |
| | 일어나는 모든 나쁜 일은 모두 내 탓이다. | 3 |
| 9 | 나는 자살 같은 것은 생각하지 않는다. | 0 |
| | 나는 자살할 생각을 가끔 하지만 실제로 하지는 않을 것이다. | 1 |
| | 자살하고 싶은 생각이 자주 든다. | 2 |
| | 나는 기회만 있으면 자살하겠다. | 3 |
| 10 | 나는 평소보다 더 울지는 않는다. | 0 |
| | 나는 전보다 더 많이 운다. | 1 |
| | 나는 요즈음 항상 운다. | 2 |
| | 나는 전에는 울고 싶을 때 울 수 있었지만 요즈음은 울래야 울 기력조차 없다. | 3 |
| 11 | 나는 요즈음 평소보다 더 짜증을 내는 편이 아니다. | 0 |
| | 나는 전보다 더 쉽게 짜증이 나고 귀찮아진다. | 1 |
| | 나는 요즈음 항상 짜증을 내고 있다. | 2 |
| | 전에는 짜증스럽던 일이 요즈음은 너무 지쳐서 짜증조차 나지 않는다. | 3 |
| 12 | 나는 다른 사람들에 대한 관심을 잃지 않고 있다. | 0 |
| | 나는 전보다 사람들에 대한 관심이 줄었다. | 1 |
| | 나는 사람들에 대한 관심이 거의 없어졌다. | 2 |
| | 나는 사람들에 대한 관심이 완전히 없어졌다. | 3 |

| | | | |
|---|---|---|---|
| 13 | 나는 평소처럼 결정을 잘 내린다. | | 0 |
| | 나는 결정을 미루는 때가 전보다 더 많다. | | 1 |
| | 나는 전에 비해 결정내리는 데 더 큰 어려움을 느낀다. | | 2 |
| | 나는 더 이상 아무 결정도 내릴 수 없다. | | 3 |
| 14 | 나는 전보다 내 모습이 나빠졌다고 느끼지 않는다. | | 0 |
| | 나는 매력 없어 보일까 봐 걱정한다. | | 1 |
| | 나는 내 모습이 매력 없이 변해 버린 것 같은 느낌이 든다. | | 2 |
| | 나는 내가 추하게 보인다고 믿는다. | | 3 |
| 15 | 나는 전처럼 일을 할 수 있다. | | 0 |
| | 어떤 일을 시작하는 데 전보다 더 많은 노력이 든다. | | 1 |
| | 무슨 일이든 하려면 나 자신을 매우 심하게 채찍질해야만 한다. | | 2 |
| | 나는 전혀 아무 일도 할 수가 없다. | | 3 |
| 16 | 나는 평소처럼 잠을 잘 수 있다. | | 0 |
| | 나는 전에 만큼 잠을 자지는 못한다. | | 1 |
| | 나는 전보다 일찍 깨고 다시 잠들기 어렵다. | | 2 |
| | 나는 평소보다 몇 시간이나 일찍 깨고 한번 깨면 다시 잠들 수 없다. | | 3 |
| 17 | 나는 평소보다 더 피곤하지는 않다. | | 0 |
| | 나는 전보다 더 쉽게 피곤해진다. | | 1 |
| | 나는 무엇을 해도 피곤해진다. | | 2 |
| | 나는 너무나 피곤해서 아무 일도 할 수 없다. | | 3 |
| 18 | 내 식욕은 평소와 다름없다. | | 0 |
| | 나는 요즈음 전보다 식욕이 좋지 않다. | | 1 |
| | 나는 요즈음 식욕이 많이 떨어졌다. | | 2 |
| | 요즈음에는 전혀 식욕이 없다. | | 3 |
| 19 | 요즈음 체중이 별로 줄지 않았다. | | 0 |
| | 전보다 몸무게가 2kg가량 줄었다. | | 1 |
| | 전보다 몸무게가 5kg가량 줄었다. | | 2 |
| | 전보다 몸무게가 7kg가량 줄었다. | | 3 |

| 20 | 나는 현재 음식 조절로 체중을 줄이고 있는 중이다. 예( ) 아니오( ) | |
|---|---|---|
| | 나는 건강에 대해 전보다 더 염려하고 있지는 않다. | 0 |
| | 나는 여러 가지 통증, 소화 불량, 변비 등과 같은 신체적 문제로 걱정하고 있다. | 1 |
| | 나는 건강이 너무 염려돼 다른 일을 생각하기 힘들다. | 2 |
| | 나는 건강이 너무 염려돼 다른 일을 아무것도 생각할 수 없다. | 3 |
| 21 | 나는 요즈음 성(sex)에 대한 관심에 별다른 변화가 없다. | 0 |
| | 나는 전보다 성(sex)에 대한 관심이 줄었다. | 1 |
| | 나는 전보다 성(sex)에 대한 관심이 상당히 줄었다. | 2 |
| | 나는 성(sex)에 대한 관심을 완전히 잃었다. | 3 |

## 5 양극성 장애(조울증)

[그림 10-4] 양극성(조울증) 장애

### 사례

소방공무원 기복 씨의 가족들은 요즘 기복 씨를 걱정스럽게 바라보고 있다. 기복 씨는 평소에 자신의 생각을 거의 표현하지 않고 조용한 성격으로 오랜 시간 우울증으로 힘들어 했는데 최근 한 달 전부터 말이 많아지고 하루에 3시간 이상 잠을 자지 않고, 가족들을 깨워서 말을 끊임없이 하곤 한다. 그리고 기복 씨는 갑자기 돈을 벌 절호의 기회가 왔다고 하면서 비트코인에 손을 대서는 거액의 돈을 날리기도 하고 돈 씀씀이가 몹시 헤퍼져 필요하지도 않은 물건들을 사고는 플렉스(flex)했다며 자랑했다.

또한, 기복 씨는 자신은 조만간 승진시험에 합격해 승진을 하게 될 것이라고 동료들에게 호언장담을 하고는 소방공무원 승진시험을 준비했고, 매일 새벽 4시까지 공부를 했으나 실제로는 이 책 저 책을 뒤적거렸을 뿐 공부를 하지는 않았다. 직장에 출근해서는 자신이 여기 있을 사람이 아닌데 이곳에 있는 이유를 모르겠다고 하며 세상에 태어났으면 세상을 구할 만한 일을 해야 한다면서 자신이 곧 그런 사람이 될 거라고 이야기하곤 한다. 기복 씨는 출퇴근 시간도 잘 지키지 않고 때로는 중요한 일이 있다며 무단으로 자리를 비우곤 했다. 이런 일이 잦아져서 센터장이 불러 문책을 하자 "내가 조만간 당신보다 높은 지위로 가서 당신을 잘리게 할지도 모르는데 나한테 이렇게 함부로 대하면 안 된다"고 하면서 센터장에게 화를 내며 대들었다.

### 1) 양극성 장애의 이해

조울증은 기분장애의 대표적인 질환 중 하나다. 기분이 들뜨는 조증이 나타나기도 하고, 기분이 가라앉는 우울증이 나타나기도 한다는 의미에서 '양극성 장애(bipolar disorder)'라고도 한다. 기분이 비정상적으로 고양되면서 생기는 다양한 증상의 조증 삽화(manic episode)를 보이는 양극성 장애 I형(bipolar I disorder)과, 조증 삽화보다 증상이 가볍고 상대적으로 지속 기간이 짧은 경조증 삽화(hypomanic episode)를 보이는 양극성 장애 II형(bipolar II disorder)이 있다. 일반적으로 병의 경과상 주요 우울 삽화(depressive episode)가 독립적으로 또는 혼합돼 나타날 수 있다.

우울 삽화에서 단극성 우울장애보다 양극성 장애를 더 시사하는 소견을 보면 다음과 같다. 젊은 나이에 발병, 급성 발병, 수면 과다, 항우울제 치료에 효과가 없는 경우, 정신병적 증상을 동반하는 우울 삽화, 산후 우울증의 과거력 등이 있을 경우 우울장애가 아닌 양극성 장애는 아닌지 고려해 봐야 한다. 양극성 및 관련 장애는 조현병 스펙트럼 및 기타 정신병적 장애와 우울장애 간의 증상, 가족력, 그리고 유전적인 측면을 재평가해 DSM-5에서 우울장애로부터 분리됐고, 조현병 스펙트럼 및 기타 정신병적 장애와 우울장애 사이로 배치됐다.

양극성 장애에는 제I형 양극성 장애, 제II형 양극성 장애, 순환성 장애, 물질·약물 치료로 유발된 양극성 및 관련 장애, 다른 의학적 상태로 인한 양극성 및 관련 장애, 달리 명시된 양극성 및 관련 장애, 그리고 명시되지 않는 양극성 및 관련 장애가 포함돼 있으며, 여기에서는 양극성 장애 중 가장 많은 유형인 제I형 양극성 장애, 제II형 양극성 장애에 대해 다루고자 한다.

제I형 양극성 장애의 진단 기준은 19세기에 기술된 전통적인 조울병 또는 정동정신병(情動精神病, emotionspsychose)에 대한 현대적인 해석으로서, 정신병이 포함되지 않았고 평생 적어도 1회 이상 주요 우울 삽화를 경험해야 한다는 기준이 포함되지 않았다는 점에서 차이가 있다. 하지만 조증 삽화의 기준을 모두 만족시키는 대다수의 사람은 평생 다수의 주요 우울 삽화를 경험하게 된다.

제II형 양극성 장애는 일생 동안 1회 이상의 주요 우울 삽화와 1회 이상의 경조증 삽화를 경험한다는 점이 특징이다. 제II형 양극성 장애는 더 이상 제I형 양극성 장애보다 '경도의' 상태로 볼 수 없다. 그 이유는 제II형 양극성 장애는 상당 기간 우울증을 경험하고, 동반되는 불안정한 기분으로 인해 직업적·사회적 기능에 심각한 손상을 초래하는 경우가 많기 때문이다.

여기서 조증 삽화의 기분은 행복감에 차 있고 "정상에 올라간 느낌" 또는 "고양되고 즐거운 상태"로 기술할 수 있다. 몇몇의 경우, 그 기분은 전염성이 강한 특징이 있어 타인이 쉽게 과도한 기분 상태를 알아차릴 수 있고 대인 관계, 성적 또는 직업적 상호 관계에서도 그러한 기분은 지속적이고 과도한 의욕으로 나타날 수 있다. 또한, 조증 삽화의 특징 중 하나는 수면 욕구의 감소로 잠을 잔다면 거의 잠을 자지 않거나 전혀 자지 않기도 하고 평소보다 몇 시간 일찍 일어남에도 충분한 휴식을 취해 에너지가 충전됐다고 느낀다.

## 2) 양극성 장애의 주요 증상 및 원인

조증의 핵심적인 양상은 비정상적으로 들뜨거나, 의기양양하거나, 과민한 기분, 그리고 활동과 에너지의 증가가 적어도 일주일 간(만약 입원이 필요한 정도라면 기간과 상관없이), 거의 매일, 하루 중 대부분 지속되는 분명한 기간이 있으며, 진단 기준 B에서 적어도 다섯 가지 이상의 증상을 만족한다. 만약 기분이 들뜨거나 의기양양한 것 대신 과민하기만 하다면 적어도 네 가지 이상의 진단 기준 B의 증상을 만족해야 한다.

조증의 예는 공공장소에서 낯선 사람들에게 자연스럽게 스스럼없이 말을 걸 수 있다. 종종 들뜬 기분보다는 과민한 기분이 우세한데, 특히 개인적인 소망이 좌절됐거나 물질을 사용했을 때 그러하다. 짧은 기간 동안 기분 변동이 빠르게 나타날 수 있는데 이를 기분의 불안정성이라고 지칭한다(예: 다행감, 불쾌감 그리고 과민성의 교차). 조증 기간 동안, 개인은 여러 가지 새로운 사업에 동시에 참여하고 있을 수도 있다. 그 사업들은 주제를 잘 모른 채 시작하는 경우가 많고, 개인적 능력 이상의 일일 때도 많다.

증가된 활동 수준은 평상시와 다른 모습으로 나타난다. 증가된 자존감은 전형적인 증상으로, 무비판적인 자신감에서 과대감까지 다양하게 나타날 수 있으며, 망상적인 부분도 존재할 수 있다. 특정한 경험이나 재능이 부족한 상태에서 소설 쓰기나 어려운 일에 착수할 수 있다. 터무니없는 발명품을 홍보하려고도 한다. 때로는 자신이 유명인사와 특별한 관계를 맺고 있다와 같은 과대망상적 증상이 흔하다.

그리고 그러한 시도가 평상시의 자신의 행동과 확연한 차이가 있을 때는 과장된 자신감에 대한 진단 기준을 고려해야 한다. 조증의 가장 흔한 증상 중 하나는 수면 욕구의 감소이고, 이는 실제로 수면을 취하고 싶고 수면이 필요하다고 느끼지만 수면을 취하지 못하는 불면증과는 다르다. 잠을 잔다면 거의 잠을 자지 않거나 전혀 자지 않기도 하고, 평소보다 몇 시간 일찍 일어남에도 충분한 휴식을 취해 에너지가 충전됐다고 느낀다. 수면 교란이 심할 경우, 며칠 동안 잠을 전혀 자지 않고도 피곤하지 않을 수 있다. 종종 수면 욕구의 감소가 조증의 시작을 예고하기도 한다.

언변이 빠르고 쏟아내듯 말하며 목소리가 크고 중단하기 어려울 수 있다. 쉬지 않고 다른 사람들의 욕구와는 상관없이 끊임없이 이야기하며 아무 때나 끼어들고 맥락과 관계없는 이야기를 하기도 한다. 때때로 농담, 말장난, 엉뚱하고 우스운 말, 그리고 과장된 제스처와 노래까지 동반한 극적인 표현을 사용하기도 한다. 크고 힘찬 언변자체가 그 내용보다 더 중요한 것이 된다. 만약 기분이 과대하기보다 과민한 경우라면 대화 중 불평, 호전적인 말투 또는 공격적이고 장황한 연설이 두드러진다.

특히, 누군가 말을 끊으려고 시도할 때 더욱 그러하다. 사고의 흐름은 마치 질주하듯 빠르게 진행돼 말의 표현보다 사고가 더 빠르게 떠오른다. 빈번하게 사고 비약이 나타나는데, 이는 한 주제에서 다른 주제로 갑작스럽게 전환되면서 동시에 가속화된 말이 끊임없이 이어지는 것으로 알 수 있다. 사고 비약이 심한 경우, 말은 앞뒤가 안 맞고 지리멸렬해 특히 더 고통스러울 수 있다. 때때로 사고(思考)가 너무 복잡하게 꼬여 있어서 말로 표현하기가 어려운 경우도 있다.

주의산만은 관련 없는 외부 자극을 걸러 내지 못하는 것으로 나타나며, 종종 조증을 경험하는 개인으로 하여금 이성적인 대화를 불가능하게 하고 지시에 따르지 못하게 하기도 한다. 목표 지향적 활동의 증가는 종종 과도한 여러 가지 활동 계획과 성적, 직업적, 정치적 또는 종교적인 다양한 활동에의 참여를 포함한다. 증가된 성적 욕구, 성적 환상 그리고 성적 행동도 흔히 나타날 수 있다. 조증 삽화를 겪고 있는 경우 보통 사교성이 증가해서 갑자기 옛날 지인들을 다시 찾거나 친구들, 심지어 모르는 사람에게까지 전화하거나 접촉을 시도하는데, 이러한 상호 작용이 다른 사람들에게 방해가 되고 강압적이며 자기 위주라는 점을 고려하지 않는다.

그들은 종종 동시에 여러 가지 대화를 하거나 이야기를 이끌어 나감으로써 정신운동 초조나 좌불안석(예: 목적 없는 행동)을 보이기도 한다. 일부는 친구들, 유명인 또는 대중매체에 다양한 주제에 관한 편지, 이메일(E-mail), 문자 메시지 등을 과도하게 보내기도 한다. 의기양양한 기분, 과도한 낙관주의, 과대망상 그리고 잘못된 판단력은 흔히 파국적인 결과가 예상됨에도 불구하고 무모한 행동을 초래하기도 한다(진단 기준 B7).

이러한 행동에는 무분별한 소비, 소지품 나눠 주기, 위험한 운전, 과도한 사업과 투자, 비정상적이고 난잡한 성적 행동 등이 포함된다. 이들은 돈이 없음에도 불구하고 불필요한 물건을 많이 사기도 하며, 그러한 물건을 다른 사람에게 나눠 주기도 한다. 성적 행동은 간통 또는 낯선 사람과의 무분별한 성행위를 포함하며, 성병이나 대인 관계와 관련된 부정적인 결과를 고려하지 않은 상태에서 이뤄진다.

조증 삽화는 사회적 또는 직업적 기능의 현저한 손상을 초래하거나, 자해나 타해(예: 재정적 손실, 불법행위, 직업 상실, 자해행동)를 예방하기 위해 입원이 필요할 정도로 심각해야 한다. 제I형 양극성 장애를 진단하기 위해서는 조증을 진단 기준을 만족시키는 것이 필수적이지만, 경조증 또는 주요 우울증은 필수적이지 않다. 그러나 조증에 선행하거나 뒤따르는 경조증 또는 주요 우울증이 나타날 수는 있다. 다음은 제I형 양극성 장애에 대한 진단 기준에 대한 설명이다.

## 제I형 양극성 장애

제I형 양극성 장애를 진단하기 위해서는 조증 삽화에 대한 다음의 진단 기준을 만족시켜야 한다. 조증 삽화는 경조증이나 주요 우울 삽화에 선행하거나 뒤따를 수 있다.

### 조증 삽화

A. 비정상적으로 들뜨거나, 의기양양하거나 과민한 기분, 그리고 목표 지향적 활동과 에너지의 증가가 적어도 일주일 간(만약 입원이 필요한 정도라면 기간과 상관없이), 거의 매일, 하루 중 대부분 지속되는 분명한 기간이 있다.

B. 기분 장애 및 증가된 에너지와 활동을 보이는 기간 중 다음 증상 가운데 세 가지(또는 그 이상)를 보이며(기분이 단지 과민하기만 하다면 네 가지) 평소 모습에 비해 변화가 뚜렷하고 심각한 정도로 나타난다.
   1. 자존감의 증가 또는 과대감
   2. 수면에 대한 욕구 감소(예: 단 3시간의 수면으로도 충분하다고 느낌)
   3. 평소보다 말이 많아지거나 끊기 어려울 정도로 계속 말을 함.
   4. 사고의 비약 또는 사고가 질주하듯 빠른 속도로 꼬리를 무는 듯한 주관적인 경험
   5. 주관적으로 보고하거나 객관적으로 관찰되는 주의산만(예: 중요하지 않거나 관계없는 외적 자극에 너무 쉽게 주의가 분산됨)
   6. 목표 지향적 활동의 증가(직장이나 학교에서의 사회적 활동 뜨는 성적활동 등) 또는 정신운동 초조(예: 목적이나 목표 없이 부산하게 움직임)
   7. 고통스러운 결과를 초래할 가능성이 높은 활동에의 지나친 몰두(예: 과도한 쇼핑 등 과소비, 무분별한 성 행위, 어리석은 사업과 투자 등)

C. 기분장애가 사회적·직업적 기능의 현저한 손상을 초래할 정도로 충분히 심각하거나 자해나 타해를 예방하기 위해 입원이 필요, 또는 정신병적 양상이 동반된다.

D. 삽화가 물질(예: 약물 남용, 약물 치료, 기타 치료)의 생리적 효과나 다른 의학적 상태로 인한 것이 아니다.

### 경조증 삽화

A. 비정상적으로 들뜨거나, 의기양양하거나 과민한 기분, 그리고 활동과 에너지의 증가가 적어도 4일 연속으로 거의 매일, 하루 중 대부분 지속되는 분명한 기간이 있다.

B. 기분장애 및 증가된 에너지와 활동을 보이는 기간 중 다음 증상 가운데 세 가지(또는 그 이상)를 보이며(기분이 단지 과민하기만 하다면 네 가지) 평소 모습에 비해 변화가 뚜렷하고 심각한 정도로 나타난다.
   1. 자존감의 증가 또는 과대감

2. 수면에 대한 욕구 감소(예: 단 3시간의 수면으로도 충분하다고 느낌)
3. 평소보다 말이 많아지거나 끊기 어려울 정도로 계속 말을 함.
4. 사고의 비약 또는 사고가 질주하듯 빠른 속도로 꼬리를 무는 듯한 주관적인 경험
5. 주관적으로 보고하거나 객관적으로 관찰되는 주의산만(예: 중요하지 않거나 관계없는 외적 자극에 너무 쉽게 주의가 분산됨)
6. 목표 지향적 활동의 증가(직장이나 학교에서의 사회적 활동 또는 성적 활동 등) 또는 정신운동 초조(예: 목적이나 목표 없이 부산하게 움직임)
7. 고통스러운 결과를 초래할 가능성이 높은 활동에의 지나친 몰두(예: 과도한 쇼핑 등 과소비, 무분별한 성 행위, 어리석은 사업과 투자 등)

C. 삽화는 증상이 없을 때의 개인의 특성과는 명백히 다른 기능의 변화를 동반한다.
D. 기분의 장애와 기능의 변화가 객관적으로 관찰될 수 있다.
E. 삽화가 사회적·직업적 기능의 현저한 손상을 일으키거나 입원이 필요할 정도로 심각하지는 않다. 만약 정신병적 양상이 있다면 이는 정의상 조증 삽화다.
F. 삽화가 물질(예: 약물 남용, 약물 치료, 기타 치료)의 생리적 효과로 인한 것이 아니다.

제I형 양극성 장애와 달리 제II형 양극성 장애는 A. 적어도 1회의 경조증 삽화(앞의 '경조증 삽화'의 진단 기준 A~F)와 적어도 1회의 주요 우울 삽화(앞의 '주요 우울 삽화'의 진단 기준 A~C)의 진단 기준을 만족시킨다. B. 조증 삽화는 1회도 없어야 한다. C. 경조증 삽화와 주요 우울 삽화의 발생이 조현정동장애, 조현병, 조현양상장애, 망상장애, 달리 명시된 또는 명시되지 않는 조현병 스펙트럼 및 기타 정신병적 장애로 더 잘 설명되지 않는다. D. 우울증의 증상 또는 우울증과 경조증의 잦은 순환으로 인한 예측 불가능성이 사회적·직업적 또는 다른 중요한 기능 영역에서 임상적으로 현저한 고통이나 손상을 초래한다.

제I형 양극성 장애와 제II형 양극성 장애의 차이는 다음 [그림 10-6]과 같다.

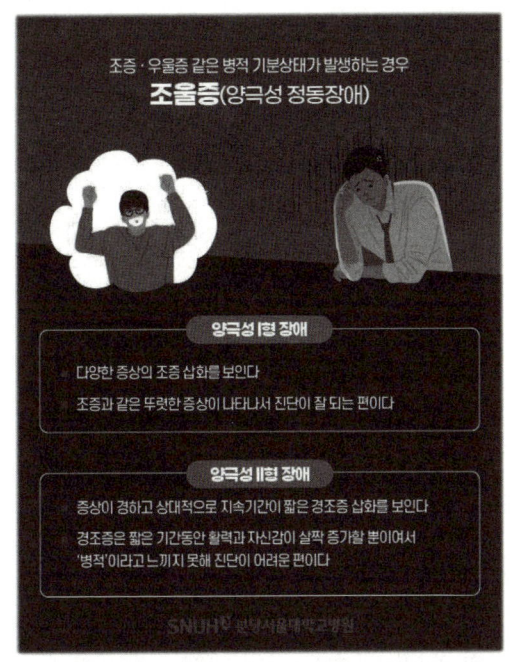

출처: 보건복지부 국립나주병원(https://www.najumh.go.kr/), 검색일: 2023.11.4.

[그림 10-5] 양극성(조울증) 장애-제I형 양극성 장애와 달리 제II형 양극성 장애

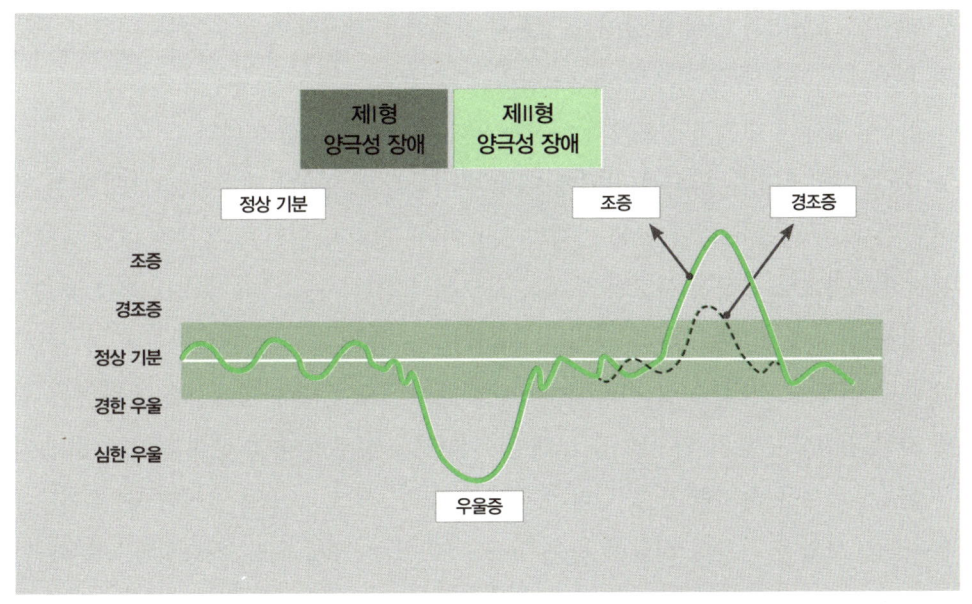

출처: 보건복지부 국립나주병원(https://www.najumh.go.kr/), 검색일: 2023.11.4.

[그림 10-6] 제I형 양극성 장애와 달리 제II형 양극성 장애의 차이점

제II형 양극성 장애는 청소년기 후반부터 성인기 전체에 걸쳐 시작할 수 있지만, 평균 발병 연령은 20대 중반으로 제I형 양극성 장애보다 약간 늦고, 주요 우울장애보다는 빠르다. 양극성 장애의 요인으로는 생물학적 요인, 환경적 요인, 유전적·생리적 요인이 있다.

첫째, 생물학적 요인은 신경전달물질인 노르에피네프린의 낮은 활동에 수반되는 세로토닌의 낮은 활동은 우울증을, 세로토닌의 낮은 활동과 노르에피네프린의 높은 활동은 조증을 야기한다. 또한, 기저핵과 소뇌가 다른 사람들보다 더 작고, 편도체, 해마, 전전두엽피질 이상이 있다는 견해와 특정 염색체(1, 4, 6, 10, 11, 12, 13, 15, 18, 21, 22번) 이상을 양극성 장애의 요인으로 보고 있다.

둘째, 환경적 요인으로는 저소득 국가보다 고소득 국가에서 더 흔하다(0.7대 1.4%). 기혼 또는 미혼인 사람들보다 별거, 이혼 또는 사별한 경우 제I형 양극성 장애의 비율이 더 높다고 알려져 있지만, 관련성은 불확실하다.

셋째, 유전적·생리적 요인으로는 양극성 장애의 가족력은 이 질환의 가장 강력하고, 매우 일관된 위험 인자 중 하나다. 제I형 또는 제II형 양극성 장애 환자들의 성인 친척에게서 발병 위험은 평균 10배 증가한다. 발병 위험성은 친족 관계가 가까울수록 증가한다. 조현병과 양극성 장애가 공통된 가족력을 가진다는 점에서 두 질환이 공통된 유전적 요인을 가질 것으로 예상된다.

양극성 장애에 대한 정신분석적 입장과 인지적 입장은 다음과 같다.

정신분석적 입장은 양극성 장애에 대해 무의식적 상실이나 자존심 손상에 대한 방어 또는 보상 반응에 대한 방어 기제의 사용이며, 인지적 입장은 현실에 대한 과도한 긍정적 왜곡으로 긍정적 사고와 부정적 사고는 건강한 사람: 1.6 대 1.0 (황금 비율)인데 반해, 우울증 환자는 부정적 사고가 과다하고 조증 환자는 긍정적 사고의 과다하다고 보는 견해다. 특히, 자살 위험(自殺危險, suicide risk)에 대해 양극성 장애의 경우 평생 자살 위험도는 일반 인구의 약 15배에 이른다. 실제로 양극성 장애 환자가 전체 자살 완수의 1/4을 차지할 수도 있다는 연구도 있다. 자살 시도의 과거력 및 전년도에 우울증을 보였던 기간의 비율이 높은 자살 시도 또는 자살 완수 위험성과 연관돼 있다.

## 6 소방공무원과 외상 후 스트레스 장애

### 사례

소방공무원 희철 씨의 어린 시절부터의 꿈은 구급대원이었다. 그래서 그는 대학에서 응급구조학과에 진학해 공부를 한 후 공무원 시험을 준비해 소방공무원이 됐다. 아직도 합격의 그 순간이 생생하다. 희철 씨는 현장에서 도움의 손길을 필요로 하는 환자와 민원인(?)들을 만나는 것이 너무 즐거웠다. 그들에게 도움이 되는 사람이라는 생각과 일에 대한 자부심과 보람을 가지고 하루하루를 생활했다.

그런데 어느 날 환자를 이송하는 중에 갑자기 누워 있던 환자가 발로 희철 씨의 허리를 가격한 후 쓰려져 있는 희철 씨의 머리를 지속적으로 구타했다. 희철 씨는 이로 인해 잠시 의식을 잃었고 그 순간에도 환자의 구타는 지속됐다. 구급차를 세운 동료 직원의 만류가 있을 때까지 환자의 구타는 멈추지 않았다. 그러한 일이 있은 후, 희철 씨는 허리와 머리가 아파 일을 할 수 없었고 병원에서 전치 4주의 진단을 받고 병가휴직을 하게 됐다. 그리고 그때부터 희철 씨는 매일매일 사고 장면이 지속되는 악몽을 꾸게 되었다. 그리고 희철 씨는 죽고 싶다는 생각이 들었고 실제로 죽기 위해 수면제를 사 모으거나 옥상에 올라가 가도 했다.

그리고 알 수 없는 분노와 억울함이 밀려왔고 자신을 걱정해서 전화를 하거나 찾아오는 동료들에게조차도 자신의 상황을 가십거리로 여기는 것 같아 화가 났다. 또한, 이제는 아무것도 할 수 없다는 무기력감과 일에 대한 회의와 때로는 내 자신이 내가 아닌 거 같아 괴로웠다. 그리고 직장에서는 자신을 도와주는 사람이 아무도 없다는 생각이 들었다. 3주

> 의 시간이 흐르자 신체적 아픔은 어느 정도 회복됐다. 가족들은 이제 몸이 다 나았으니 빨리 복귀를 준비하는 것이 어떠한지를 물었으나 희철 씨는 다시 그 사건이 있었던 센터로 가는 것이 두려워졌고 자신의 마음을 몰라주는 가족에게조차도 섭섭함이 밀려왔다. 그리고 복귀 날짜가 돼 센터 문 앞에 선 순간 희철 씨는 사건이 있었던 날의 플래시백이 떠오르면서 복통과 구토로 갑자기 정신을 잃었다.

소방공무원의 직무 특성상 높은 스트레스 그리고 이로 인한 심리적 불안이 해소되지 못할 경우 소방공무원 개인 혹은 소방행정기관 전체의 조직적 성과에도 좋지 않은 영향을 미칠 뿐만 아니라, 전체 국민을 대상으로 한 양질의 안전 서비스에도 부정적인 영향을 미친다는 점에서 국가적 차원의 대안이 필요하다.

현대 사회에 이르러서 재난으로 표출되는 위험은 종류와 원인이 좀 더 다양해지고 있어 과거보다 높은 수준의 대응이 요구된다. 우리나라는 거의 매년 대규모의 자연재난과 인적 재난을 경험하고 있으며, 이로 인해 많은 인명 피해와 재산 손실의 발생과 각종 재난과 참사 때문에 정신적 충격을 받고 있다. 소방공무원은 화재를 예방·경계하거나 진압하고 재난·재해 그 밖의 위급한 상황에서의 구조·구급활동 등을 통해 국민의 생명·신체 및 재산을 보호함으로써 공공의 안녕 및 질서 유지와 복리 증진에 이바지함을 목적으로 한다.

따라서 각종 재난이 발생할 때 최초로 투입이 돼 복구 완료가 될 때까지 소방조직의 전반적인 장비와 인력의 투입과 소방공무원은 국민의 생명과 재산을 지키기 위해 최일선에서 직무를 수행하고 있으며, 소방공무원들은 소방활동(화재 진압, 구조·구급·행정)을 하면서 심리적·신체적 등 다양한 증상을 보이는 경우를 볼 수 있다.

특히, 소방공무원들은 다른 공무원보다 직업상 겪는 트라우마 때문에 우울, 불안, 수면장애, 외상 후 스트레스 장애(post-traumatic stress disorder: PTSD), 알코올 남용 등 많은 정신적 질환을 앓고 있으며, 소방공무원의 수에 비해 전문치료센터의 비중이 부족한 실정이다. 소방공무원의 21%는 치료가 필요한 알코올 장애를 겪고 있는데, 이는 일반인의 여섯 배를 훨씬 넘는 수치다. 또한, 우울증도 소방관의 11%를 차지하고 있어, 일반인의 아홉 배를 넘는 수치를 기록했다. 이처럼 소방공무원은 현장에서 경험하는 외상성 사건으로 인해 발생하는 심리적인 스트레스에 대한 무방비 상태에 놓여 있다고 해도 과언이 아니다. 고통의 강도는 그 제거의 절박성에 비례하는만큼 이에 대한 법적·제도적 및 정책적으로 관리 방안을 마련하는 것이 시급한 실정이다.

### 1) 외상 후 스트레스 장애(PTSD)의 이해

외부로부터 주어진 충격적인 사건에 의해 입은 심리적 상처가 외상(外傷, trauma)이라고 부른다. 너무 강력하고 충격적이어서 마음에 극심한 고통과 혼란을 유발할 뿐만 아니라 오랜 세월이 지난 후에도 고통스러운 심리적 상처를 남기기도 한다(American Psychiatric Association: APA, 2000).

외상을 유발하는 사건으로는 지진, 해일, 전쟁, 건물 붕괴, 치명적 교통사고, 살인 및 강간, 납치 등을 비롯해 수없이 많으며, 외상은 일반적으로 경험할 수 있는 스트레스의 한계를 넘어서는 매우 충격적이고 위협적인 사건에 노출된 후에 개인에게 남겨진 정신적 충격을 의미한다(APA, 2000). 실제적이거나 위협적인 죽음 및 상해, 또는 개인의 신체적 안녕을 위협하는 사건을 본인이 직접 경험하거나 타인에게 일어나는 것을 목격한 경우, 그리고 그로 인해 극심한 공포, 무력감, 두려움 등을 경험한 경우를 의미하기도 한다(Diagnostic and Statistical Manual of Mental Disorder Ⅳ: DSM-Ⅳ, 1994).

외상은 지진, 화재, 홍수 등의 자연재해, 건물 붕괴, 비행기 사고(Type I)와 지속적인 성폭행, 가정 폭력, 아동 학대 등의 복합외상(Type II)으로 구분되며, 외상이란 개인이 안정적 삶을 살아가는 기본적 가정이 유지되던 상황이 급격하게 변화되는 상황으로서 갑자기 공격을 받는 경우가 있을 수 있거나 아니면 일상화되며 통제가 이뤄진 상황을 더 이상 통제할 수 있는 여건으로 빠져드는 상황을 의미하기도 한다(Allen, 2005).

사람들이 인생의 어떤 시기에 재난에 노출될 가능성도 남성이 19% 이상, 여성이 15% 이상일 정도로 재난에 대한 노출은 흔한 일이다. 또한 재난은 다양한 정신건강 문제를 유발하며, 재난 후에 정신병리로 발전하는 것은 매우 일반적이다(Galea et al., 2005; Norris et al., 2002; Neria et al., 2007; 2008).

개인의 삶을 위협하고 혼란을 야기하며 자신은 물론 가장 가까운 가족의 삶을 위협하고 주변의 관계적 요소를 극단화시켜 전반 영역에 부정적 영향을 미치기도 하며, 외상을 경험한 사람은 대부분 두려움, 슬픔, 불안정, 분노 등의 감정적 격동성이 커지고 힘들어하는데, 가장 큰 문제는 감정은 누구나 기복이 있고 불안정한 모습을 보이지만 이전에는 쉽게 조절하고 통제하며 회복력을 더 이상 유지하지 못하게 되고 그 현상이 짧게는 며칠, 길게는 수개월, 수년 동안 지속돼 삶을 정상적으로 유지하기 어렵거나 극단적인 경우 우울, 자살 등 정신적 문제를 병행하게 만드는 데 문제가 커진다(권일남 외, 2014).

재난 이후에 나타나는 외상 후 스트레스 장애나 우울, 자살 등의 정신과적 문제는 개인에 따라 일시적으로 나타나기도 하지만 일반적으로 수개월이나 수십 년이 지속되면서 개인의 신체적·정신적 건강에 부정적 영향을 나타나게 된다(최남희 외, 2007; Zaetta et al., 2011). 또한, 성인의 50~70%는 일생 동안 최소 1개 이상의 외상에 노출되고 있으며, 외상에 노출되면 여성의 20.8%, 남성은 8.2%가 PTSD로 진행된다고 한다(Kessler et al., 1995).

특히, 재난 후 일반적으로 나타나는 문제는 외상 후 스트레스 장애(PTSD), 우울, 불안, 약물 남용이며, 섭식장애, 신체화 장애, 정신병적 장애 또는 재난 후 나타나는 외상의 연속선에 있다(Hussain et al., 2011).

외상이 진행되는 단계를 보면 처음 외상적 상황을 목격할 경우(준거 A1), 극심한 공포, 무력감, 두려움 등의 감정의 격동을 경험하게 되며(준거 A2), 이후, 이러한 경험을

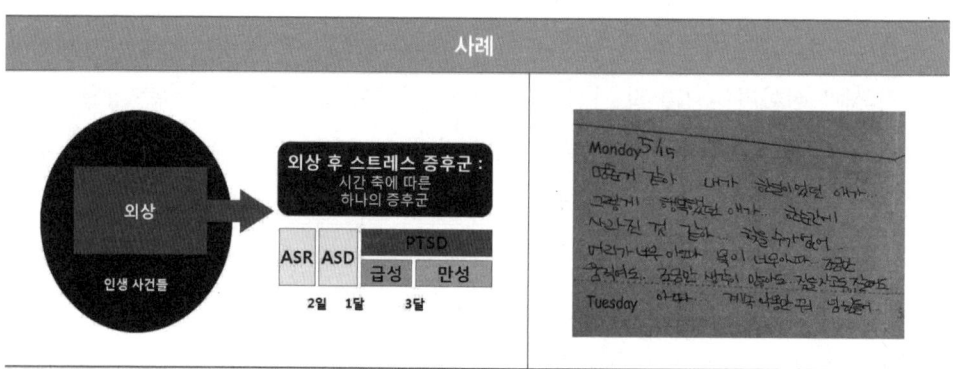

※ 강한얼 소방관이 6년차 구급대원, 2017년 5월 15일 쓴 일기. 외상 후 스트레스 장애(PTSD)로 고통 받던 심경이 기록돼 있다(유족 제공).
서울신문(https://www.seoul.co.kr/), 검색일: 2023.11.5.
출처: 국가보훈처(2010), 국가보훈 대상자의 외상 후 스트레스장애 치료전달체계 개발에 대한 연구.

[그림 10-7] 외상 후 스트레스 장애(PTSD) 증후군

바탕으로 하는 힘과 동일한 수준은 아니지만 거의 초기 충격에 맞먹는 충격의 재경험(준거 B)을 보이게 되는데, 이로 인해 극단적인 행위(준거 C), 즉 회피/정서적 마비를 이루게 되고, 종국적으로는 약물 남용, 부적응, 자살 등과 같은 과각성(hyperarousal, 준거 D) 행동을 나타내는 순거를 보이게 된다(Hussain et al., 2011).

## 사례

"멈춘 것 같아 내가, 한얼이었던 애가, 그렇게 행복했던 애가 … 한순간에 사라진 것 같아."(2017년 5월 15일) 강한얼(사망 당시 32세) 소방관이 남긴 일기장에는 그가 겪어 온 '마음재난' 단서들이 남겨져 있다. 구급 업무를 하며 생긴 외상 후 스트레스 장애(PTSD)와 우울증은 그의 심신을 서서히 잠식해 나갔다. 강 소방관은 2019년 1월 자택 인근에서 숨진 채 발견됐다. 소방관이 된 지 6년여 만이다. 그가 남긴 일기장과 메모에서는 소방관 시험을 준비했던 밝고 건강했던 취준생과 소방관이 된 이후 점점 마음의 고통을 호소하며 괴로워하는 청년 구급대원의 모습이 극명하게 대비됐다.

"(소방공무원) 시험지가 배부되기 전까지 난 생각했다. 시험 보러 온 오늘 (병원) 나이트 끝나고 잠도 못 자고 온 오늘이, 절대 그냥 헛된 날은 아니라고. 충분히 자극이 되고 경험으로서의 가치는 충분하다고. 시작은 이제부터라고."(2011년 4월 24일)

강 소방관은 응급구조학을 전공하고 수도권의 한 대학병원에서 2년간 응급구조사로 실습 경험을 쌓았다. 그는 바쁜 병원 실습 중에도 소방 시험을 준비하며 느끼는 미래에 대한 설렘과 계획을 꼼꼼하게 일기로 남겼다. 강 소방관은 2012년 12월 경기도 소방공무원으로 임용됐다. 그는 이듬해 8월 구급 출동을 했다가 첫 PTSD 충격을 받았다. 아파트에서 추락한 청년이 두 눈을 뜬 채 숨이 멎어 있었다. 강 소방관이 청년에게 30여 분 간 심폐소생술(CPR)을 했지만 살려 내지 못했다.
언니 강화현(38)씨는 "동생이 당시 그 청년의 모습이 잊혀지지 않는다더니 '뛰어내리면 괜찮다'는 환청이 들리는 것 같다고 해 깜짝 놀랐다"고 말했다. 서울신문이 강 소방관의 생전 출동 내역을 확인한 결과 그는 임용 후 휴직 전까지 5년 6개월간 3,583차례 출동했다. 그중 사망, 추락, 자살 등의 출동 건수가 204건이었다. 연평균 약 37회의 참혹 현장을 목격한 셈이다.
강 소방관에게 축적된 트라우마는 점차 두통, 어지럼증, 무기력증 등 눈에 띄는 신체적 증상으로도 나타났다. 강 소방관은 그 와중에도 구조 출동과 심리치료를 병행했지만 트라우마는 사라지지 않았다. 그는 2018년 5월 질병 휴직을 했다. 당시 상담 기록에는 "먹는 걸

> 로 막 푼다. 내가 왜 이러나 싶다. 계속 누워만 있는 게 죄송하다"는 심경과 '원래 하던 일(업무)로 돌아가고 싶다'는 간절한 소망이 담겨 있었다. 강 소방관은 사후에 PTSD 위험군 진단을 받았다. 유족이 제기한 순직 신청은 공무원연금공단에서 기각됐다. 인사혁신처는 2019년 11월 재심에서 강 소방관의 죽음을 공무상 일반 순직으로 최종 판정했다. 소방청·인사혁신처·공무원연금공단에 등록된 소방공무원 자살 현황을 취합·분석한 결과 2011년부터 2020년까지 10년간 극단적인 선택을 한 소방관은 64명이었다. 이 중 순직이 인정된 소방관이 11명으로 전체 순직자 90명 중 12.2%를 차지했다. 11명 중 강 소방관을 포함한 6명의 죽음은 PTSD가 원인이 됐다.

외상 후 스트레스 장애(PTSD)는 대인 관계 기능을 손상시키고, 불안·우울·자살과 높은 상관 관계를 가지며, 물질 사용 장애를 동반하는 경우 또한 증가하고 있다(Leeies et al., 2010; Hussain et al., 2011). 그리고 자살사고에 영향을 미치기 때문에 증가하는 자살문제를 효과적으로 예방하기 위해서도 외상에 대한 심층적 접근이 우선돼야 한다(윤명숙·김서현, 2012). 이처럼 외상의 경험은 단지 단순한 경험의 불쾌한 감정의 유지에 그치는 것이 아니라 자신의 삶을 유지하는 균형과 평형의 유지 능력이 파괴되면서 자살, 삶의 파괴 등 문제의 극단성을 자신도 모르게 파고들기 때문에 알면서도 쉽게 해결하지 못하는 문제를 가지게 된다.

외상성 경험이 반드시 정신병리로 발전한다고는 할 수 없는데, 외상을 경험한 개인은 이를 이해하고 극복하기 위해 다양한 방법을 찾게 되고, 더 넓은 외부 세계와 긍정적 상호 작용을 통해 이를 극복하기도 하지만 외상 후 스트레스 장애(PTSD), 우울증, 불안장애 등 다른 정신건강 문제로 발전하기도 하며, 외상성 경험을 비정상적이고 특이한 경험으로 분류하고 이를 기억 속에 남겨 두기도 한다(정창훈, 2014). 따라서 해결되지 못한 외상 후 스트레스 장애(PTSD), 불안, 우울 문제는 가족, 지역사회로 확대되며, 지역사회 전체의 정신건강을 위협하는 문제로 작용하게 되기도 한다(이인숙 외, 2003).

## 2) 외상 후 스트레스 장애(PTSD)의 주요 증상 및 원인

외상 후 스트레스 장애(PTSD)는 외상사건의 강도가 심하고 이상 사건에 자주 노출될수록 외상 후 스트레스 장애가 나타날 가능성이 높다. 또한, 외상사건이 타인의 악의에 의한 것일 때, 그리고 가까운 사람에게 일어났을 때, 외상 후 스트레스 장애의 증상은 더 심하고 오래 지속된다.

〈표 10-3〉 외상 후 스트레스 장애(PTSD)의 주요 증상

| 영역 | 주요 증상 |
| --- | --- |
| 외상사건의 경험 | 직접 경험, 목격, 가까운 지인에게 일어난 것을 앎. |
| 침투 증상 | 침투적 기억, 꿈, 플래시백 등 해리성 반응, 심리적 고통, 생리적 반응 |
| 자극 회피 | 관련된 기억·생각·감정 회피·단서 회피 |
| 감정의 부정적 변화 | 기억 상실, 부정적 믿음, 왜곡된 인지, 부정적 감정, 저하된 흥미 등 |
| 각성과 반응성의 변화 | 공격성, 자기 파괴적 행동, 과각성, 집중력 문제, 수면문제 등 |

출처: 이종선(2017), 소방공무원들의 트라우마와 자살, 자살예방종합학술대회, 저자가 재구성함.

### DSM-5의 외상 후 스트레스 장애(PTSD)의 진단 기준

A. 실제적인 것이든 위협을 당한 것이든 죽음, 심각한 상해, 성적 폭력의 경험과 같이 외상사건에 대해 다음 중 한 가지 이상의 방식으로 경험한다.
  1. 외상사건을 직접 경험하는 것
  2. 외상사건이 다른 사람에게 일어나는 것을 직접 목격하는 것
  3. 외상사건이 가까운 가족이나 친구에게 일어났음을 알게 되는 것
  4. 외상사건의 혐오스러운 세부 내용에 반복적으로 또는 극단적으로 노출되는 것
     (단, 전자매체, TV, 영화, 사진을 통한 것이 아님)

B. 외상사건과 관련된 침투 증상이 다음 중 한 가지 이상 나타난다.
  1. 외상사건에 대한 고통스러운 기억의 반복적 경험
  2. 외상사건에 대한 고통스러운 꿈의 반복적 경험
  3. 외상사건이 실제로 일어난 것처럼 느끼고, 행동하는 해리 반응(플래시백)

4. 외상사건과 관련된 단서에 노출될 때마다 강렬한 심리적 고통의 경험
  5. 외상사건과 관련된 단서에 심각한 생리적 반응

C. 외상사건과 관련된 자극 회피가 다음 중 한 가지 이상의 방식으로 지속적으로 나타난다. 이러한 변화는 외상사건이 일어난 후에 시작된다.
  1. 외상사건과 관련된 고통스러운 기억, 생각, 감정을 회피하거나 회피하려는 노력
  2. 외상사건과 관련된 고통스러운 기억, 생각, 감정을 유발하는 외적인 단서들
     (사람, 장소, 대화 등)을 회피하거나 회피하려는 노력

D. 외상사건에 대한 인지와 감정의 부정적 변화가 다음 중 두 가지 이상 나타난다. 이러한 변화는 외상사건이 일어나 후에 시작되거나 악화될 수 있다.
  1. 외상사건의 중요한 측면을 기억하지 못함.
  2. 자신, 타인, 세상에 대한 과장된 부정적 신념이나 기대
  3. 외상사건의 원인이나 결과에 대한 왜곡된 인지를 지니며, 이러한 인지로 인해 자신과 타인을 책망
  4. 부정적 정서 상태(공포, 분노, 수치심)의 지속적으로 나타남.
  5. 중요한 활동에 대한 관심과 참여의 감소
  6. 다른 사람에 대한 거리감과 소외감
  7. 긍정 정서(행복감, 만족감, 사랑의 감정)의 지속적 결여

E. 외상사건과 관련된 각성과 반응의 현저한 변화가 다음 두 가지 이상 나타난다. 이러한 변화는 외상사건이 일어나 후에 시작되거나 악화될 수 있다.
  1. 짜증스러운 행동이나 분노, 폭발
  2. 무모하거나 자기 파괴적인 행동
  3. 과도한 경계
  4. 과도한 놀람 반응
  5. 집중 곤란
  6. 수면장애

F. 위에 제시된 B, C, D, E의 증상이 1개월 이상 나타난다.
G. 이러한 장애로 인해 심각한 고통과 사회적 · 직업적 기능의 손상이 나타나야 한다.
H. 이러한 장해는 약물이나 신체적 질병에 의한 것이 아니어야 한다.

### 외상 후 스트레스 장애(PTSD)의 위험 요인

- **외상 전 요인**(post-traumatic factor)
  - 정신장애 가족력, 아동기의 외상 경험
  - 성격 특성: 의존성이나 정서적 불안정
  - 통제 소재의 외부성: 자기 운명의 외부통제권
- **외상 중 요인**(post-traumatic factor)
  - 사건의 강도, 노출 횟수, 악의적 행동에 의한 피해
- **외상 후 요인**(post-traumatic factor)
  - 사회적 지지 체계와 친밀한 관계의 부족
  - 생활 스트레스, 결혼생활과 직장의 불안정
  - 심한 음주나 도박

이러한 외상사건의 요인들은 외상 경험자의 심리적 적응을 저해함으로써 외상 후 스트레스 장애를 유발하거나 악화시키게 된다. 따라서 외상 후 스트레스 장애로 인한 심리적 부적응은 개인적 요인이 가장 크게 나타나게 되므로 재난 현장 이후, 외상 후 스트레스의 대처에는 개인의 기질적 요인을 해소하는 차원으로서의 접근이 반드시 수반돼야 할 것이다.

〈표 10-4〉 외상 후 스트레스 장애(PTSD)의 유형 분류

| 구분 | 주요 원인 |
|---|---|
| 1. 스트레스 요인 | 생명의 위협을 느낄 만한 외상이 외상 후 스트레스 장애 발병의 가장 중요한 요인이지만, 외상을 경험하고 난 뒤 모든 사람에게서 외상 후 스트레스 장애가 발병하는 것이 아니므로 이러한 외상 경험에 대한 개인적 반응 정도와 과거의 경험 등을 고려 |
| 2. 생물학적 요인 | 동물 실험과 PTSD 환자들에서 생물학적 지표들을 측정하는 것이다. 신경전달물질에 대한 연구가 많이 이뤄졌다. 노르에피네프린, 도파민, 내재성 아편우계, 벤조다이아제핀 수용체 시상하부-뇌하수체-부신피질축(hypothalamic-pituitary-adrenal axis)의 이상 소견이 보고되고 있다. |
| 3. 인지행동적 요인 | 외상적 사건을 처리하거나 합리화하는 데 실패한 것으로 설명하고 있다. 환자들은 사건을 지속적으로 경험하고, 또한, 회피를 통해 사건의 경험을 피하려 하지만 단지 부분적으로만 성공하게 된다. 행동 모델에서는 외상 후 스트레스 장애의 발현을 다음 두 단계로 설명하고 있다. 첫 단계로, 공포 반응을 유발한 외상이 고전적 조건화 반응을 통해 조건적 자극과 짝을 이루게 되고, 두 번째 단계로 도구적 학습을 통해 조건화된 자극이 최초의 외상과는 무관하게 공포 반응을 일으킨다는 것이다. 따라서 조건화된 자극과 비조건화된 자극을 모두 피하려는 회피 양상이 나타난다. |

| 4. 정신역동학적 요인 | 외상이 잠재해 있는 미해결된 심리적 갈등을 재활성화 시켜 PTSD가 발생하는 것으로 설명한다. 이 밖에도 외상으로 인한 감정을 조절하지 못하는 것, 외상 이후의 신체화 및 감정 표현 불능증(alexithymia) 등이 외상 후 스트레스 장애에 영향을 주는 요인과 특히 감정 표현을 잘 하지 못하는 개인의 경우, 자신의 감정을 인지하지 못해 스트레스 상황에서 스스로를 안정시키는 데에 어려움을 보인다.<br>외상 후 스트레스 환자들이 사용하는 주된 방어 기제는 부정, 최소화, 분리, 투사적 거부, 해리, 기저의 무력감으로부터 보호를 위한 죄책감 등이 있다. 내면화 과정 중 타인과의 관계 방식에서는 투사와 함입(incorporation), 내사(introjection), 동일시(identification)을 통해 전능감을 가진 구조자, 학대자, 혹은 희생자의 역할을 하게 된다. |
|---|---|

출처: 선행 연구를 바탕으로 저자가 재구성함.

국제질병사인분류(International Statistical Classification of Diseases and Related Health Problem: ICD-10)의 외상 후 스트레스 장애(PTSD) 진단은 첫째, 외상성 사건에 노출돼야 하고, 둘째, 고통스러운 재경험 증상을 겪어야 하며, ICD-10에서는 증상의 최소 기간을 요구하고 있지 않지만, 이 진단명은 외상 후 스트레스 장애(DSM에서는 Code 309.89, ICD에서는 F43.1), 급성 스트레스 장애(Acute Stress Disorder: ASD), (DSM 308.3)나 급성 스트레스 반응(ICD F43.0) 등을 포함한다. PTSD의 DSM-IV-TR 진단

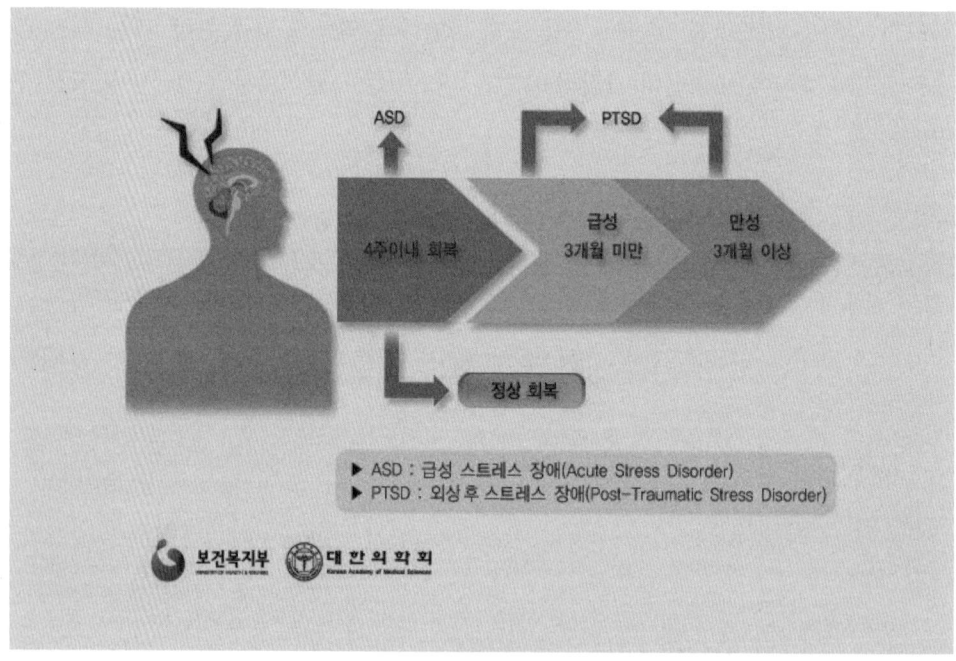

출처: 보건복지부, 대한의학회(2023), 국가건강정보포털 의학정보.

[그림 10-8] 외상 후 스트레스 장애(PTSD)의 진단 과정

은 더 엄격해서 회피와 정서적 둔화 증상을 좀 더 강조하며, 따라서 ICD와 DSM 두 기준 모두 심리적 외상에 관한 가장 적절한 진단명은 외상 스트레스 장애(PTSD)라고 할 수 있다(Kilpatrick et al., 1998).

정신질환의 진단 및 통계(DSM-5)에서는 특별히 몇 가지 증상의 조합이 충족될 것을 요구하는데(적어도 하나 이상의 재경험 증상, 세 개 이상의 회피 및 정서적 둔화 증상, 두 개 이상의 과각성 증상), 다른 연구에서도 외상 후 스트레스 장애를 경험하는 외상 생존자들이 의미 있는 고통을 겪고 있으며, 치료가 필요하다는 것을 확인한 바 있다(Lamprecht, 2002).

이처럼 많은 외상 후 스트레스 장애(PTSD) 환자들은 우울증, 범불안 증상, 수치감, 죄책감, 리비도 감소(성충동) 등의 다른 관련 증상을 경험하는데, 이런 증상이 그들의 고통을 높이고 기능에 악영향을 미치며, 어떤 기억이 매우 고통스러울 때 이에 대해 둔감해지려는 시도가 나타나고, 또한 외상적 사건과 관련된 기억 및 감정 이외에도 전반적인 기억과 감정을 억제하는 경향을 보인다(채정호, 2004).

국외 연구에서는 신체적 증상이 동반될수록, 사건 현장에 일찍 도착한 사람일수록 해당 외상사건 경험으로 인해 발생한 심리적·신체적 문제로 인해 직장에서 은퇴한 경우 외상 후 스트레스 장애(PTSD) 증상 발현의 위험이 더 높아진다는 연구 결과가 있다(Soo et al., 2011; Berninger et al., 2010).

〈표 10-5〉 PTSD 노출 후 최소 6개월 이상 경과 후
어떠한 것이든 PTSD 증상 발생을 보고한 집단 연구들

| 연구자/연도 | PTSD 유형 | N | 발병 유형의 비율 |
| --- | --- | --- | --- |
| Breslau et al.(1991) | 다양 | 1,007 | • 1% (1/93) |
| Breslau et al.(1997) | 다양 | 801 | • 0% (0/111) |
| Helzer et al.(1987) | 다양 | 2,493 | • 전쟁 트라우마에서 16%<br>• 민간인 트라우마에서 0% |
| Prigerson et al.(2001) | 다양 | 1,703 | • 전쟁 트라우마에서 22%<br>• 민간인 8% |

출처: 한국보훈복지의료공단 서울보훈병원(2010), 국가보훈대상자의 외상 후 스트레스 장애 치료 전달체계 개발에 대한 연구, 국가보훈처, p. 53. 재인용.

이전 연구를 검토한 결과 PTSD의 악화 가능의 대표적 요인은 우울, 불안, 수면장애, 소진, 직무 스트레스, 신체적 증상, 알코올 관련 장애 등이 대표적이었으며, 완화 요인으로는 직무 만족, 스트레스 대처 등이 제시됐다(Skogstad et al., 2013).

1991년부터 수년에 걸친 PTSD 연구가 미국에서 수행됐는데, 그 주된 목적과 이유는 PTSD 진단의 대안적 기준이 무엇인지의 탐색과 PTSD 진단이 DSM-Ⅲ에 포함된 이후부터 이 진단이 모든 외상 유형에 적합한가에 대한 의문점과 PTSD의 주요 세 증상 범주인 재경험(re-experience), 회피(avoidance), 과각성(hyperarousal)이 과연 외상 후유증을 설명하는 최소한의 증상 기준이 될 수 있는가에 대한 비판이 끊임없이 있었기 때문이다(Davidson & Foa, 1991; Kilpatrick & Resnick, 1992).

따라서 재난 현장에서 1차적 피해자를 직접 피해를 입은 사람으로 명명한다면 2차적 피해자는 간접 목격으로 위해(危害)를 입은 소방관과 재난 대처 기관 관련자들이라고 할 수 있으며, 국가에서는 1차적 피해자에게만 초점을 맞추고 있어 2차적 피해자인 소방관에 대한 지원이 필요하다(석혜민, 2016).

외상사건에 대해 호로위츠 외(Horowitz et al., 1979)는 외상 관련 증상을 자기보고식으로 작성하는 척도인 사건충격척도(Impact of Event Scale: 이하, IES)라는 도구로 개발했으며, IES는 외상과 관련된 심리학적 양상 중 침습 및 회피 증상을 확인하기 위해 고안됐다. 이후 1997년 PTSD의 핵심 특징 중 하나인 과각성 증상을 측정하기 위해 IES 수정판을 고안한 은헌정·권태완 외(2005)의 한국판 사건충격척도(IES-R-K)는 총 22문항으로 '과각성', '회피', '침습', '수면장애 및 정서적 마비, 해리 증상'의 네 가지 하위 요인으로 구성돼 있다.

채점법은 지난 한 주간의 증상 정도를 5점 척도(0~4)로 평가하도록 구성돼 있으며, 각 문항은 5점 리커트(Likert) 척도로 '전혀 없다(0점)', '약간 있다(1점)', '상당히 있다(2점)', '많이 있다(3점)', '극심하게 있다(4점)'이다. PTSD 선별 절단점은 24점이나 25점, PTSD 경향성을 지닌 부분의 절단점은 17점이나 18점으로 산출한다.

〈표 10-6〉 한국판 사건충격척도 수정판
(Impact Event Scale-Revised : IES-R-K)

| 성명 | | 성별 | 남 / 여 | 연령 | | 작성일 | |
|---|---|---|---|---|---|---|---|

다음 문항은 충격적인 일을 겪은 후에 나타날 수 있는 여러 경험의 목록입니다. "지난 일주일 동안" 어떠셨는지 1~4 중에서 해당되는 번호에 ●표 하십시오.

0 전혀 없다.  1 약간 있다.  2 상당히 있다.  3 많이 있다.  4 극심하게 있다.

| 번호 | 문항 | 0 | 1 | 2 | 3 | 4 |
|---|---|---|---|---|---|---|
| 1 | 그 사건을 떠올리게 하는 어떤 것이 나에게 그때의 감정을 다시 불러일으켰다. | | | | | |
| 2 | 나는 수면을 지속하는 데 어려움이 있었다. | | | | | |
| 3 | 나는 다른 일들로 인해 그 사건을 생각하게 된다. | | | | | |
| 4 | 나는 그 사건 이후로 예민하고 화가 난다고 느꼈다. | | | | | |
| 5 | 그 사건에 대해 생각하거나 떠오를 때마다 혼란스러워지기 때문에 회피하려고 했다. | | | | | |
| 6 | 내가 생각하지 않으려고 해도 그 사건이 생각난다. | | | | | |
| 7 | 그 사건이 일어나지 않았거나, 현실이 아닌 것처럼 느꼈다. | | | | | |
| 8 | 그 사건을 상기시키는 것들을 멀리하며 지냈다. | | | | | |
| 9 | 그 사건의 영상이 나의 마음속에 갑자기 떠오르곤 했다. | | | | | |
| 10 | 나는 신경이 예민해졌고 쉽게 깜짝 놀랐다. | | | | | |
| 11 | 그 사건에 관해 생각하지 않기 위해 노력했다. | | | | | |
| 12 | 나는 그 사건에 관해 여전히 많은 감정을 가지고 있다는 것을 알지만 신경 쓰고 싶지 않았다. | | | | | |
| 13 | 그 사건에 대한 나의 감정은 무감각한 느낌이었다. | | | | | |
| 14 | 나는 마치 사건 당시로 돌아간 것처럼 느끼거나 행동할 때가 있었다. | | | | | |
| 15 | 나는 그 사건 이후로 잠들기가 어려웠다. | | | | | |
| 16 | 나는 그 사건에 대한 강한 감정이 물밀 듯 밀려오는 것을 느꼈다. | | | | | |
| 17 | 내 기억에서 그 사건을 지워 버리려고 노력했다. | | | | | |
| 18 | 나는 집중하는 데 어려움이 있었다. | | | | | |
| 19 | 그 사건을 떠올리게 하는 어떤 것에도 식은땀, 호흡 곤란, 오심(구역질), 심장 두근거림 같은 신체적인 반응을 일으켰다. | | | | | |
| 20 | 나는 그 사건에 관한 꿈들을 꾼 적이 있었다. | | | | | |
| 21 | 내가 주위를 경계하고 감시하고 있다고 느꼈다. | | | | | |
| 22 | 나는 그 사건에 대해 이야기하지 않으려고 노력했다. | | | | | |

# 7 불면증(수면장애)과 알코올 관련 장애

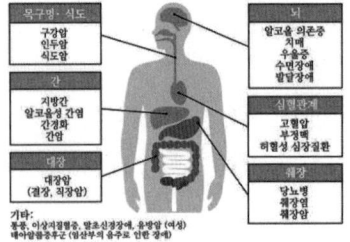

출처: 대한정신건강의학의사회, 검색일: 2023.11.4.

[그림 10-9] 불면증(수면장애) 및 알코올 관련 장애

### 사례

소방공무원 태주 씨는 소방공무원으로서 소명을 가지고 입사해 구조대원으로 활동했다. 그런데 입사 후 얼마 지나지 않아 교통사고 환자를 구조하러 갔을 때 트럭 안에 사람이 끼어서 압사된 장면을 봤다. 차가 트럭 앞 적재함이 있고 트럭은 앞에 본네트(bonnet, 보닛)가 없으니까 그 간격이 짧았으며 그 사이 사람이 치여서 압축된 상태였다. 처음에는 아무리 봐도 사람이 없어 보였는데 민원인들이 있다고 했다. 그리고 그 시신을 수습하는 과정에서 태주 씨는 '사람도 이렇게 될 수 있구나'라는 생각이 머릿속에 강렬하게 남았다. 그렇지만 그 순간에는 힘들다는 생각은 못했고 그냥 강렬했던 기억이라고만 생각했다. 그런데 그 뒤부터 교통사고 환자에 대한 출동이 있으면 자연스럽게 그 사건이 오버랩됐고, 때

> 때로 그 환자의 시신을 수습했던 장소를 지나가는 것 역시 불편하고 그때의 기억이 자꾸 떠올라 괴로웠다.
> 그리고 얼마 뒤부터는 잠을 자지 못하는 시간이 길어졌고, 잠이 들더라도 자주 깨곤 했다. 잠을 자지 못하다 보니 태주 씨는 점점 예민해졌고 주변 사람과도 자주 부딪히면서 갈등을 겪게 됐다. 태주 씨는 자신의 불면증을 해결하기 위해 근무가 아닌 날에는 술을 마시게 됐다. 그리고 처음에는 1병 정도 마시던 술의 양이 2병, 3병으로 점차 늘어났다. 그리고 비번 날과 야간 날에는 습관처럼 혼자 집에서 술을 마시고 잠을 청하게 됐다.

### 1) 불면증(수면장애)

수면은 하루의 1/4~1/3을 차지하는 소중한 시간이며, 잠을 자면서 우리 몸은 육체적·정신적으로 쌓인 피로를 해소하고 에너지를 관리한다. 또 수면은 낮 동안 학습한 정보를 재정리하고 장기 기억으로 이동시키는 학습의 시간이면서, 낮 동안 있었던 불쾌한 감정들을 정리해 주는 감정 조절의 시간이기도 하다. 그래서 수면에 문제가 생기면 신체와 정신에도 좋지 않은 영향을 미친다.

불면증(insomnia, sleep disorder)이란 수면의 양이나 질이 충분히 만족스럽지 못한 상태를 말한다. 불면증은 인구의 약 10~30%가 경험하는 흔한 증상이고, 남성보다는 여성에게 더 흔하게 나타난다. 수면은 신체와 근육의 회복 기능을 회복하고 단백질 합성을 증가시켜 뇌 기능을 회복한다. 또한, 주간의 학습 내용을 정리하는 등 수면을 통해 기억을 향상하고 꿈을 통한 불쾌 감정을 정화하는 기능을 한다.

렘(REM) 수면은 뇌의 성장을 촉진하는 기능을 지니기 때문에 신생아는 많은 잠을 자며, 렘 수면을 한다. 수면은 크게 5단계를 거치면서 진행되며, 한 사이클이 대략 1시간~1시간 반 정도로 6~8시간의 수면 동안 4~5회의 수면 사이클이 반복된다. 1, 2단계(10분), 3, 4단계(30~50분), 렘 수면(30~50분) 정도로 진행된다.

렘은 R=Rapid, E=Eye, M=Movement라는 의미로서, 수면전문가이자 생리학자인 클라이트만(Nathaniel Kleitman, 1895~1999)이 1953년 렘(REM) 수면 연구 결과물을 『사이언스』지에 발표한 것이 효시다. 렘 수면은 빠른 안구운동(rapid eye movement)을 의미하는 것으로, 사람이 수면 중임에도 불구하고 마치 깨어나 의식이 있을 때처럼 뇌파가 활발하게 움직이는 순간을 말한다.

당시 시카고 의대생이었던 드멘트(William Charles Dement, 1928~ ) 박사는 이후 렘 수면 연구에 몰입해, 렘 수면이 보편적인 것이며, 다른 상태와 번갈아가면서 하룻밤의 수면 시간 동안 주기적으로 일어난다는 것을 알아냈다. 그리고 그는 이들 수면 주기의 각 상태에 대해 뇌파가 느리게 나타나는 깊은 수면 상태인 3단계와 4단계, 렘 수면과 깊은 수면 상태의 중간 단계인 2단계, 그리고 가벼운 수면 상태인 1단계로 각각 구분했다.

렘 수면 상태에서는 뇌가 활발하게 활동한다. 대뇌혈류 및 산소 소모량이 증가하며, 수면은 크게 렘 수면과 비REM 수면으로 구분할 수 있고, 1시간 30분 정도를 한 주기로 얕은 수면 → 깊은 수면 → 꿈 수면(렘 수면) 단계를 4~5차례 반복한다. 1~4단계를 비REM 수면이라고 하고, 5단계를 렘 수면이라고 한다. 1단계 수면은 깨어 있는 상태에서 수면 상태로 이행되는 과정으로 뇌파의 알파파가 사라지고 세타파가 50% 이상을 차지하며, 수면 시간의 약 5%를 차지한다. 2단계 수면은 작은 바늘을 모아놓은 듯 진폭이 작고 뾰족한 뇌파가 촘촘히 모여 있는 수면방추사(sleep spindle)와 느리고 진폭이 큰 뇌파를 보이는 K복합체가 나타나는 것이 특성이며, 수면 시간의 약 50%를 차지한다. 3단계 수면은 델타파와 같은 느린 뇌파가 나타나는 깊은 수면 상태로서, 수면 시간의 약 10~20%를 차지한다. 이 단계에서는 델타파가 전체의 20~50%를 차지한다. 4단계 수면은 델타파가 50% 이상을 차지하며, 깊은 수면이 이뤄진다. 수면 초기에는 다음 그림과 같은 1단계서 4단계에 이르는 비REM 수면이 나타나고, 이후 REM 수면이 2단계에서부터 4단계까지 90분 동안 진행된다. 이때 렘(REM) 수면은 15~20분 정도 나타난다. 이러한 순환은 대개 하룻밤 사이에 다섯 차례 이상 반복하는데 새벽으로 갈수록 렘 수면이 증가한다.

이처럼 중요한 수면은 인간에게 중요한 기능을 담당하는데 수면에 문제가 생기면 이를 수면장애라고 한다. 수면장애에는 불면장애(insomnia disorder), 과다수면장애(hypersomnia disorder), 수면발작증(narcolepsy), 호흡 관련 수면장애(breathing-related sleep disorder), 일주기 리듬 수면-각성장애(circadian rhythm disorder), 수면이상증(parasomnias)이 있다. 여기에서는 소방공무원들이 많이 겪는 불면장애에 대해 알아보고자 한다.

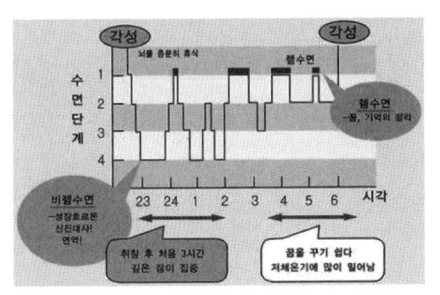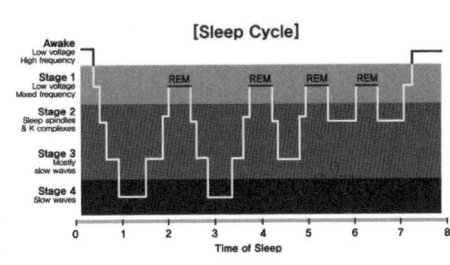
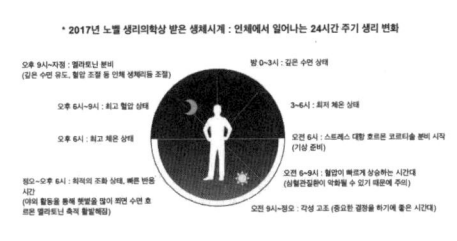

출처: 국립정신건강센터(https://nct.go.kr/), 검색일: 2023.11.5.

[그림 10-10] 수면 단계와 렘(REM) 수면 과정

불면장애는 잠을 자고 싶어도 잠을 이루지 못하는 날들이 지속되고, 이로 인해 낮 동안의 활동에 심각한 장애를 받는 것과 수면을 시작하거나 유지하는 데 어려움을 겪 거나 이른 아침에 깨어 잠들지 못하는 어려움으로 수면의 양과 질에 불만족을 경험히 는 것을 말한다. 이러한 불면장애는 매주 3일 이사의 밤에 3개월 이상 나타나서 심각 한 고통을 겪거나, 이러한 불면과 피로감으로 일상생활의 곤란과 고통을 경험하는 것 을 불면장애로 진단한다.

(1) 불면증의 유형

① 수면 시작 불면증(sleep onset insomnia)

정상인이 잠드는 데 걸리는 시간이 10~15분인데 비해, 이 유형의 사람들은 40분 이상 잠자리에 누워 잠들지 못한다.

② **수면 유지 불면증**(sleep maintenance insomnia)
수면 도중 자꾸 깨는 시간이 30분 이상인 경우를 말한다.

③ **수면 종료 불면증**(sleep terminal insomnia)
예상한 기상 시간보다 아침에 일찍 잠에서 깨어 다시 잠을 이루지 못하는 상태를 말한다.

성인의 30~40%가 한 해 한 번 이상의 불면을 경험하고, 그중 10~15%는 한 달 이상의 불면을 경험한다. 불면증은 그림에서 제시돼 있듯이 불면증에 걸리기 쉬운 사람들의 주요한 심리적 특성을 높은 각성 수준으로 본다.

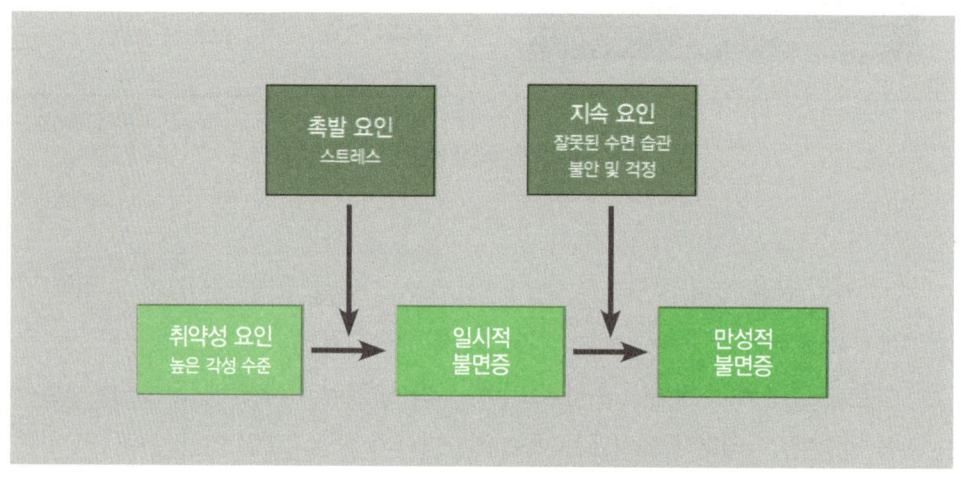

출처: 국립정신건강센터(https://nct.go.kr/), 검색일: 2023.11.5.
[그림 10-11] 불면증

수면은 각성 상태의 반대인 이완 상태에서만 가능하기 때문에 각성 수준이 높으면 잠을 잘 수 없다. 각성 상태는 생리적 각성, 인지적 각성, 정서적 각성으로 구분된다.

① **생리적 각성**
　　- 자율신경계의 과잉 활성화로 인한 신체적 흥분

- 빠른 심장 박동, 근육 긴장, 높은 체온
- 흥분제 복용, 과도한 운동이나 피로

② 인지적 각성
- 미완성 과제, 걱정이나 복잡한 생각으로 의식이 뚜렷해진 상태
- 불면으로 인한 과제 수행 실패에 대한 걱정

③ 정서적 각성
- 정서적으로 고양되거나 흥분된 상태
- 충분히 해소되지 못한 불쾌한 감정

불면증의 촉발 요인은 이별, 사별, 개인적 상실 경험과 같은 스트레스 사건이 가장 관련성이 높고, 그다음으로는 건강문제, 가족문제, 직업이나 일과 관련된 스트레스가 흔하다. 대부분 스트레스가 사라지거나 이에 적응하면 불면증은 사라지나 각성 수준이 높아 불면증에 취약한 사람들에게는 불면증이 지속돼 만성불면증으로 진행될 수 있다. 불면증의 원인이 있다면 원인을 먼저 해결하는 것이 중요하다. 불면증의 치료는 크게 약물 치료와 비약물 치료로 나눌 수 있으며, 약물 치료는 불면증을 호전시키는 데 도움을 주지만, 수면제가 불면증의 근본적인 해결책은 아니다. 약은 의사의 처방대로만 복용해야 하고, 불면증의 원인을 찾으려는 노력 없이 임의로 복용해서는 안 된다.

한 달 이상 만성적으로 불면증이 나타난다면, 비약물 치료 중 하나인 인지행동 치료가 도움이 된다고 알려져 있다. 인지행동 치료는 수면에 대한 잘못된 생각을 바꾸고 수면 습관을 고쳐 나가면서 잠을 스스로 조절할 수 있도록 도와준다. 특히, 소방공무원의 경우는 불규칙한 근무 시간과 야간근무와 출동벨 등이 불면증을 야기할 수 있다.

### 2) 알코올 관련 장애

알코올 중독의 정확한 병명은 알코올 사용 장애(alcohol use disorder)이며, 알코올 남용, 알코올 의존, 알코올 중독 등 다양한 명칭으로 불린다. 술은 세계보건기구(WHO)

에서 지정한 1급 발암물질이며, 과도한 음주가 여러 가지 질병과 질환을 초래한다. 술은 기분을 고양시키기도 하고 긴장을 완화하며 잠이 들게 도와주기도 하지만, 수면 후 반부에 깨게 한다. 다음 날 피곤해지고 불안하게 하며, 과도한 음주는 수면장애, 우울증, 불안장애, 치매 그리고 암 등 여러 질환을 초래한다. WHO에서 술을 1급 발암물질로 지정했을 정도로 알코올 대사 물질인 아세트알데하이드는 세포의 DNA를 손상시키는 강한 발암성을 보인다.

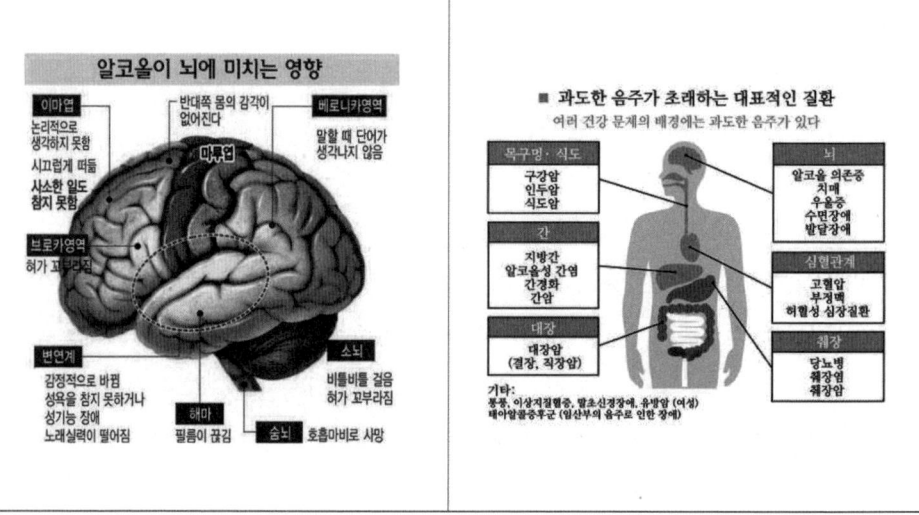

출처: 국립정신건강센터(https://nct.go.kr/), 검색일: 2023.11.5.

[그림 10-12] 알코올이 인체에 미치는 영향

음주량이 증가할수록 온몸에 암이 발생할 확률이 높아진다. 술의 긍정적인 측면도 인정하지만 긍정적인 효과를 나타내기 위해 점점 더 많은 양을 필요로 하는 내성(耐性)이 쉽게 생기며, 과음 이후 불안·불면 등의 금단 증상도 따른다. 술은 합법적인 약물이지만, 의존성은 모르핀 정도로 강하다. 사람에겐 타인의 감정, 생각, 행동을 똑같이 공유하게 하는 거울 뉴런(mirroring neuron)이 있다. 강력한 환각제인 LSD, 코카인, 헤로인 등의 마약은 얼마나 해로운지 잘 알려져 있어 사람들이 잘 따라하지 않으려는 습성이 있다.

하지만 술의 경우 의존성은 굉장히 높음에도 불구하고 합법이기에 오히려 더 위험하다고 한다. 다른 사람들도 별 경계심 없이 똑같이 마시게 하기 때문에 타인에게 주는 유해성이 압도적으로 큰 물질이며, 알코올은 '터미널 드러그(terminal drug)'라고도 하는데, 과거에 여러 가지 약물을 사용한 사람이 종착역으로 결국 알코올 중독에 도달하는 경우가 많다.

WHO에서 발표한 세계 알코올 사용 장애의 평생 유병률은 4.1%임에 비해, 우리나라의 경우 2016년 기준 알코올 사용 장애의 평생 유병률이 12.2%이며, 남성이 18.1%, 여성이 6.4% 정도로 우리나라의 알코올 문제는 심각하다(2016년 정신질환 실태 역학조사). 우리나라에서 하루 평균 14명이 술 때문에 사망에 이르며, 음주의 사회경제적 비용은 10조 원에 달한다고 한다(통계청, 2020 사망 원인 통계).

### 알코올 사용 장애 진단 기준

심각한 기능 손상과 고통을 유발하는 알코올 사용의 부적응적 패턴(두 가지 이상)이 12개월 이상 지속됨.

1) 알코올을 예상했던 것보다 더 많이 오래 마신다.
2) 알코올을 줄이려는 노력을 기울이지만 매번 실패한다.
3) 알코올의 획득, 사용, 회복에 많은 시간을 허비한다.
4) 알코올을 마시고 싶은 강렬한 욕구와 갈망을 지닌다.
5) 알코올 사용으로 직장, 학교, 가정에서의 역할과 의무를 수행하지 못한다.
6) 알코올 효과로 사회적·대인 관계적 문제가 반복됨에도 지속적으로 알코올을 사용한다.
7) 알코올 사용으로 인해 사회적·직업적·여가적 활동을 포기하거나 감소된다.
8) 신체적 위험이 존재하는 상황에서도 반복적으로 알코올을 사용한다.
9) 알코올로 인한 신체적·심리적 문제가 있음을 알면서도 알코올 사용을 계속한다.
10) 내성(耐性, tolerance)이 나타난다.
    - 같은 효과를 얻기 위해 증가된 양의 알코올이 필요하다.
    - 같은 양의 알코올로 인한 효과가 감소한다.
11) 금단(禁斷, withdrawal) 현상이 나타난다.

이러한 11개의 진단 기준 중 두 개 이상에 해당하면 알코올 사용 장애로 진단되고, 진단 기준의 2~3개에 해당되면 경도(mild), 4~5개에 해당되면 중등도(moderate), 6개 이상이면 중증도(severe)로 심각도를 세분화해 진단하도록 돼 있다. 알코올은 알코올 의존과 알코올 남용으로 구분할 수 있는데, 알코올 의존은 잦은 음주로 인해 알코올에 대한 내성이 생겨 알코올의 섭취량이나 빈도가 증가하고 술을 마시지 않으면 여러 가지 금단 증상이 나타나 술을 반복해서 마시게 되는 경우를 말한다.

알코올 의존이 생기면 알코올을 구하고 마시기 위해 많은 시간을 소비하고 이로 인해 직장생활의 적응에 어려움이 생기며, 가정과 대인 관계에도 심각한 문제가 발생할 뿐만 아니라 우울증, 기억 상실, 가정 파탄, 경제적 곤란과 같은 심리사회적 문제와 간질환, 위염, 위궤양, 십이지장궤양이나 비만과 같은 신체적 건강문제를 야기한다.

알코올 남용은 잦은 과음으로 인해 직장, 학교, 가정에서 자신의 역할을 제대로 수행하지 못하거나 법적인 문제를 반복해 유발하는 경우를 말한다. 알코올 남용은 알코올에 대한 내성이나 금단 증상은 나타나지 않지만, 직장에 결근하거나 업무 수행을 제대로 하지 못하거나 가족이나 타인을 폭행, 또는 음주 운전을 해서 구속되는 일과 같이 알코올로 인해 법적 문제가 발생해 직장생활 적응뿐 아니라 대인 관계, 가정생활에 심한 부작용을 초래한다.

젤리넥(Elvin Morton Jellinek, 1980~1963)은 알코올 의존에 대해 4단계의 발전 과정을 제시했다(Jellinek, 1952).

① 전(前)알코올 증상 단계(pre-alcoholic phase)
   - 사교적 목적으로 음주 시작: 긴장 해소, 관계 증진

② 전조 단계(prodromal phase)
   - 술에 대해 매력을 느끼며, 음주량과 빈도가 증가, 음주 시 사건을 기억하지 못하는 망각 현상(blackout)이 생김.

③ 결정적 단계(crucial phase)
   - 음주 통제력 서서히 상실
   - 음주 빈도 증가, 오전 음주, 혼자 음주, 과음으로 적응 문제 발생
   - 자신에 대한 통제력이 일부 유지돼 며칠 간 술을 끊을 수 있음.

④ **만성 단계**(chronic phase)
  - 알코올 내성 및 심한 금단 증상, 통제력 상실
  - 며칠간 지속적 음주, 외모나 사회 적응 무관심
  - 영양실조 및 신체적 질병 발생, 생활 전반 부적응

알코올 사용 장애는 유병률이 높은 장애로 남녀 비율이 5:1로 남자가 많다. 한국인의 경우 알코올 사용 장애의 평생 유병률은 13.4%, 남자의 경우는 20.7%, 여성의 경우는 6.1%다. 알코올 사용 장애는 알코올 문제뿐 아니라, 이로 인해 사고, 폭력, 자살, 신체적 질병과의 높은 관련성이 있는 장애로 교통사고의 30%가 음주 원인이며, 남자 살인자의 42%, 강간범죄자의 76%가 음주 상태에서 범죄를 저지른다. 또한, 알코올 관련 장애는 마약이나 다른 중독성 약물의 사용이 동반되는 경우가 흔하며, 다른 정신장애인 기분장애, 불안장애, 정신분열증과 함께 나타나는 경우가 많다.

알코올 사용 장애에 대해 생물학적 원인 중 첫째, 유전적 요인으로는 가족의 공병률(共病率)이 높으며, 알코올 의존자의 아들이 알코올 의존자가 되는 비율은 25%로 일반인보다 4배 높았다(Goodwin et al., 1974, 1977). 둘째, 알코올 신진대사인 에탄올에 대한 기능이 우수해 알코올 분해 능력이 우수하다는 이론이다. 사회문화적 요인으로 가족과 또래집단의 음주행위와 우리나라와 같이 술에 관용적인 문화는 술을 마신 후 한 실수에 대해 비교적 관용적으로 수용되기 때문에 알코올 사용 장애의 유병률을 높이는 주요한 요인일 수 있다.

알코올 사용 장애의 요인으로 정신분석적 입장은 구강기 고착 성격으로 구강기의 자극 결핍이나 자극 과잉과 자기 파괴적인 자살행위를 통해 내면화된 나쁜 어머니를 파괴하고자 하는 무의식적 소망이라고 주장하기도 한다. 행동주의적 입장에서 불안을 줄여 주는 강화 효과와 부모와 친구들과 즐겁고 멋있게 술을 마시는 모습을 보면서, 때로는 대중매체에서 술을 마시는 모습을 보면서 모방학습을 통해 음주에 대해 긍정적인 인식을 하게 되고, 술에 대한 긍정적인 기대가 인지적으로 개입되면서 알코올 사용 장애가 나타난다는 주장이다.

인지행동적 요인으로는 술을 마셨다는 믿음과 알코올에 대한 긍정적 기대와 신념인 음주기대이론(alcohol expectancy theory)이 알코올 의존을 초래하는 중요한 인지적 요인이라고 봤다. 또한, 음주 효과에 대한 긍정적 기대인 ① 긍정적 정서(기분이 좋아질 것이다), ② 사교적 촉진(사람들과 잘 어울리게 될 것이다), ③ 성기능 강화(성적으로 더 왕성해질 것이다)와 같이 술에 대한 긍정적 기대 수준이 높으면 더 잦은 음주행동을 하게 되고, 이것이 알코올 사용 장애의 원인이 된다고 했다.

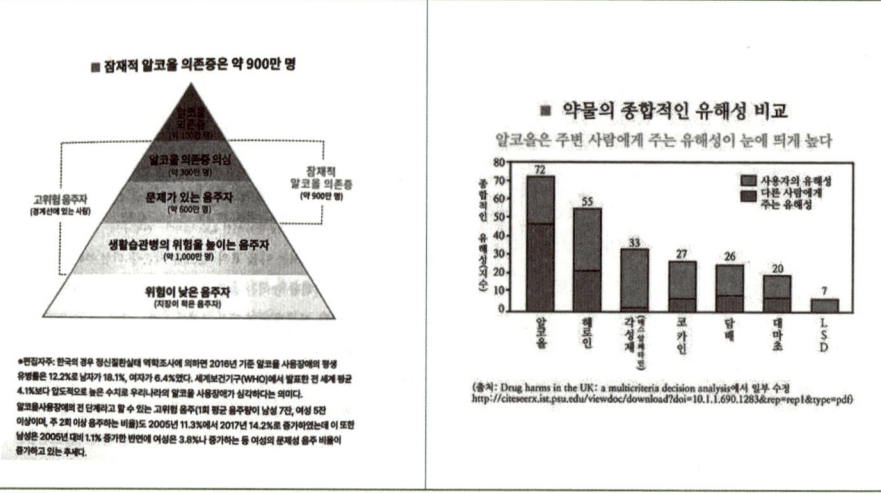

출처: 통계청(2020), 알코올 사망 원인 통계, 검색일: 2023.11.5.

[그림 10-13] 알코올 의존증 통계 및 유해성 비교

〈표 10-7〉 알코올 AUDIT-K 본인 자가진단

AUDIT-K는 개인의 음주량과 빈도, 의존 증상 및 문제행동 수준을 평가해, 위험/유해 음주와 알코올 사용 장애를 선별하기 위해 세계보건기구(WHO)에서 개발한 AUDIT의 한국어판 척도 조사 도구다.

| 성명 | | 성별 | 남 / 여 | 연령 | | 거주 지역 | |
|---|---|---|---|---|---|---|---|

| 번호 | 문항 | (0~4) 점수 | | | | |
|---|---|---|---|---|---|---|
| 1 | 얼마나 자주 술을 마십니까? | 전혀 안 마심 | 월 1회 이하 | 월 2~4회 | 주 2~3회 | 주 4회 |
| | | 0 | 1 | 2 | 3 | 4 |
| 2 | 술을 마시는 날은 보통 몇 잔을 마십니까? | 1~2잔 | 3~4잔 | 5~6잔 | 7~9잔 | 10잔 이상 |
| | | 0 | 1 | 2 | 3 | 4 |

| 3 | 한번 술좌석에서 6잔(또는 맥주 2천cc) 이상을 마시는 횟수는 몇 번입니까? | 없음 | 월 1회 미만 | 월 1회 | 주 1회 | 거의 매일 |
|---|---|---|---|---|---|---|
| | | 0 | 1 | 2 | 3 | 4 |
| 4 | 지난 1년간, 일단 술을 마시기 시작해 자제가 안 된 적이 있습니까? | 없음 | 월 1회 미만 | 월 1회 | 주 1회 | 거의 매일 |
| | | 0 | 1 | 2 | 3 | 4 |
| 5 | 지난 1년간, 음주 때문에 일상생활에 지장을 받은 적이 있습니까? | 없음 | 월 1회 미만 | 월 1회 | 주 1회 | 거의 매일 |
| | | 0 | 1 | 2 | 3 | 4 |
| 6 | 지난 1년간, 과음 후 다음 날 아침 정신을 차리기 위해 해장술을 마신 적이 있습니까? | 없음 | 월 1회 미만 | 월 1회 | 주 1회 | 거의 매일 |
| | | 0 | 1 | 2 | 3 | 4 |
| 7 | 지난 1년간, 음주 후 술을 마신 것에 대해 후회한 적이 있습니까? | 없음 | 월 1회 미만 | 월 1회 | 주 1회 | 거의 매일 |
| | | 0 | 1 | 2 | 3 | 4 |
| 8 | 지난 1년간, 술이 깬 후에 취중의 일을 기억할 수 없었던 적이 있습니까? | 없음 | 월 1회 미만 | 월 1회 | 주 1회 | 거의 매일 |
| | | 0 | 1 | 2 | 3 | 4 |
| 9 | 당신의 음주로 인해 자신이나 다른 사람이 다친 적이 있습니까? | 없음 | 있지만, 지난 1년간은 없었다. | | 지난 1년간 있었다. | |
| | | 0 | 2 | | 4 | |
| 10 | 가족이나 의사가 당신의 음주에 대해 걱정을 하거나 술을 끊으라고 권고를 한 적이 있습니까? | 없음 | 있지만, 지난 1년간은 없었다. | | 지난 1년간 있었다. | |
| | | 0 | 2 | | 4 | |

▶ 알코올 중독 증상 점수
- 12점 이상: 상습적 과음주자로 주의가 필요
- 15점 이상: 문제 음주자로 적절한 조치가 필요
- 20점 이상: 전문가와 상담이 요구됨.
- 25점 이상: 알코올 중독자로 전문적 입원 치료 및 상담 필요

총 점수 : _____점

# 8 소방공무원의 자살과 과로사

2023년 소방청이 통계 자료를 분석한 결과 최근 5년간 극단적 선택을 한 소방공무

원은 67명으로, 근무연수 10년 이내 46.4%, MZ세대[1] 49.3%('22년 70%)로 나타났다. 소방청은 외상 후 스트레스(PTSD)·우울증 등 자해, 자살(suicide)로 이어지는 전이 과정을 차단하기 위해 환경 조성 및 조기 진단, 집중관리, 치유 지원 등 전국 소방공무원의 마음건강 프로그램의 치유상담·처치를 위한 직장 내 접근성 향상을 위해 전국 4개 권역(강원·전북·경북·충북지역) 11개 소방서와 서울대병원 간 진료 체계를 구축해서 소방공무원의 우울증·PTSD·수면, 알코올, 불안장애 등 정신건강의학과 분야의 상담·진료를 제공하는 '온라인 비대면 진료'를 운영할 계획과 현재 마음건강 고위험군 소방공무원을 대상으로 운영하고 있는 소방청 보건안전 지원사업을 선별→관리→회복→치료 단계별 순환 과정으로 강화했다. 이에 필요한 예산 확충 및 시스템 개선과 프로그램 개발을 지속적으로 추진할 계획이다.

이와 같이 젊은 세대의 근무 경력이 5년 미만인 소방공무원이 31%, 그중 임용된 지 1년도 안 된 초임 소방공무원의 자살은 최근 3년간 5건이나 발생했으며, 이후 극단적 선택을 한 40대 소방공무원의 직장 내 갑질 문제와 자살 소방공무원이 PTSD 등을 겪는 경우가 많아 다른 공무원보다 자살률이 높은 것은 사실이다. 아직 근무 경력이 얼마 안 돼 PTSD를 겪었으리라 추정되지 않는 젊은 초임 소방공무원의 자살이 최근 빈번하게 발생하는 것은 직장 내 근무환경과 무관하지 않다.

소방공무원의 국가직 전환 2년 6개월이 지나는 시점에 소방공무원의 처우가 개선됐는지 보여 주는 지표 중 하나가 자살률인데, 악화하는 상황이 안타깝다.

구체적으로 살펴보면, 인사혁신처와 공무원연금관리공단으로부터 받은 공무원 재해 현황을 보면, 2017~2021년까지 지난 5년 동안 공무원 중 과로사로 인정받은 사람은 113명으로 총 공무상 사망자 341명 중 33%에 해당했고, 자살의 경우는 35명으로 10%를 넘었다. 공무원 순직 중 자살의 경우 2021년 62건 중 10건으로 16.1%나 차지해서 충격을 주고 있다. 매년 거의 7명가량씩 발생하다가 2021년은 10명이 발생한 것이다. 공무원 과로사는 코로나19 방역과 소방공무원 등 특정 사안에서 사회 이슈가 되기도 했다. 과로사는 공무원 사망 원인 중 뇌혈관질환과 심혈관질환으로 분류된 부분

---

[1] 1980년대~1990년대 초중반생인 밀레니얼 세대(M세대)와 1990년대 중후반~2010년대 초반생인 Z세대를 묶어 부르는 대한민국의 신조어다.

을 합친 것인데, 5년 동안 전반적인 추이는 21명, 13명, 31명, 18명, 30명으로 들쑥날쑥한 면이 있다.

하지만 5년 전체 순직 사망자 341명 중 113명은 3명 중의 1명인 수치로 상당한 비율에 해당한다. 지난 5년 동안 공무원의 총 재해 건수는 요양, 사망, 장해를 합쳐서 산정하는데, 2017년 5,649건, 2018년 6,128건, 2019년 6,287건, 2020년 6,488건으로 꾸준히 증가하다가 2021년 5,646건으로 급격히 감소했다. 공무상 사망자 수에서는 큰 격차가 보이지 않았던 것으로 봐서는 코로나19로 재택근무 등이 있어서 총 재해 건수가 줄어든 것으로 보인다.

또한, 사고도 증가하는 추세이지만 질병의 증가 추세가 뚜렷하고, 이는 전체적으로 재해가 감소한 2021년에도 10%가량 증가한 수치이며, 질병의 상당수는 근·골격계질환, 정신질환, 뇌심혈관계질환 등이다.

2020년 산재보험에서 1만 명 당 0.03명 자살 산재가 발생하는데, 공무원은 1만 명 당 0.06명으로 일반 산재보험 적용 노동자에 비해 약 2배 정도 자살 산재율이 높았고, 2021년은 1만 명 당 0.08명으로 2.5배 정도 자살 산재율이 높게 나타났다. 사망에 이르지는 않았지만 정신질환 공무상 요양의 경우도 2019년 178명, 2020년 153명, 2021년 167명으로 상당한 수에 이른다(2020년 산재보험 대상자 수 1,897만4,513명 중 61명 자살, 공무원 122만 1,322명 중 7명 자살).

공무원 재해 현황을 살펴보면, 코로나19 방역에 따른 소방공무원의 과로 등에 대해 우리 국민 모두 가슴 아파한다. 이제 공무원의 과로를 줄여야 할 때다. 또한, 최근 공

〈표 10-8〉 자살 및 과로사 통계

| 구분<br>(단위: 건) | 합계 | | 자살 | | 과로사 | |
|---|---|---|---|---|---|---|
| | 신청 | 승인 | 신청 | 승인 | 신청 | 승인 |
| 2018년 10~12월 | 16 | 7 | 3 | 0 | 13 | 7 |
| 2019년 | 67 | 35 | 19 | 4 | 48 | 31 |
| 2020년 | 55 | 25 | 19 | 7 | 36 | 18 |
| 2021년 | 73 | 41 | 26 | 10 | 47 | 31 |

출처: 소방청(2023), 소방청 통계연보.

무원 재해보상법 개정안을 보면, 공무상 인정 기준을 넓힘과 동시에 공무원에 대한 직장 내 괴롭힘이 근절되는 내용이 입법 발의됐다. 그리고 현행 산재 통계에는 공무원의 재해 및 사망이 포함되지 않는데, 공무원에 대한 재해도 전체 노동재해 통계에 반영해야 예방이 가능하다는 입법 취지가 담겨져 있다.

2022년 소방청 보건·안전 전수조사 결과를 보면, 외상 후 스트레스 장애(PTSD), 우울증 등 소방공무원의 정신건강 상태 파악과 고위험군 선별, 집중관리를 위해 조사했다. 설문조사는 2022년 3월 17일부터 4월 6일까지 전국 소방공무원이 자율적으로 참여했으며, 전체 소방공무원의 88.2%인 5만 4,056명이 설문에 응답했다. 분당서울대병원 공공의료사업단이 6개월간 결과를 연구·분석했다. 분석 결과, 외상 후 스트레스 장애(PTSD), 우울증, 수면장애 등에 대한 고위험군 비율이 유의미한 증가세(2~7%)를 나타냈다. 특히, 자살 고위험군의 경우 2,906명(5.4%)으로 전년 대비(2,390명, 4.4%) 1%p 증가했다. 이는 업무 특성상 화재, 유해물질 직접 노출 등으로 인한 화상, 근골격계질환, 감염성 질환, 폐암, 외상 후 스트레스 장애(PTSD) 등 특정 질병과 부상 등이 영향을 미친 것으로 나타났다.

소방공무원의 근무환경 특성상 지속적인 사망사고 현장 목격 등 참혹한 재난 현장에 반복적으로 노출되는 특성이 있어 소방공무원의 정신건강 장애가 유발되고 있다. 교대 근무하는 소방공무원의 경우 근무환경과 여건으로 인해 불면증을 호소하는 경우가 많고, 불면증을 경험하는 경우 부정적 사건을 계속 반추하는 등 자살에 대한 취약성이 증가한다.

트라우마를 잊기 위한 수단으로 술을 찾는 경우가 많으며, 이는 자살에 대한 생각을 악화시킬 수 있기 때문에 주의해야 한다. 반면에 해외 사례를 살펴보면, 미국에서는 이런 문제를 예방하기 위한 조치로 '동료지원 프로그램(Peer Support Program)'을 적극 활용한다. 이 프로그램의 주축이 되는 것이 바로 '동료상담사' 제도다. 미국 소방대원 정신건강 연대(Fire-Fighter Behavioral Health Alliance)의 자료에 따르면, 현장에서 순직한 소방대원의 수보다 자살한 대원의 숫자가 2배를 넘는다고 한다. 소방관의 자살률이 순직률보다 높다는 것은 어느 정도 알려진 사실이지만 수치가 이 정도라면 충격적이지 않을 수 없다.

동료상담사란 심리상담 전문교육을 이수한 소방대원을 지칭한다. 미리 준비된 체크리스트 앞에 앉아서 처음 보는 의사나 상담사에게 "예 또는 아니오"를 반복하는 것조차 고통이라면 고통일 수 있다. 아울러 정신적 고통을 표현하는 것이 나약함의 표현이라는 소방관들의 인식도 조기 치료를 방해하는 요인 중 하나일 수도 있으며, 끔찍한 재난 현장은 마무리됐지만 소방대원의 머릿속에는 그 잔상이 일정 기간 남아서 지속적으로 괴롭힌다. 때로는 꿈에 나타나며 불면증을 유발하기도 하고 심각한 우울증으로 발전하기도 한다. 재난은 끝났지만 그들은 보이지 않는 또 다른 형태의 재난과 싸우고 있는 것이다. 소방관의 정신건강은 육체건강과 같은 차원에서 다뤄져야 한다.

이를 위해 소방관과 그 가족의 정신건강 혹은 심리상담을 위한 관련 기준을 마련해야 하고, 정기적으로 소방서 내에서 '보건안전위원회'를 개최해 소방대원들의 특이 상황에 대해 관심을 갖고 모니터링해야 할 필요도 있다. 미국 소방대원들의 권익을 대변하는 미국소방대원협회(International Fire Fighter Association: IAFF)는 2017년 소방대원 정신치료 및 회복센터(Center of Excellence for Behavioral Health Treatment and Recovery)를 개관해 본격적인 실행 및 운영을 하고 있으며, 심리치료실, 체육관 등 모두 7개 동 건물에 64개의 침상을 갖췄다.

소방대원 정신치료 및 회복센터에서 치료를 받고 난 소방대원들은 소방서에 복귀한 이후에도 각 소방서별로 마련된 동료지원 프로그램에 따라 도움을 받을 수 있다. 미국소방대원협회(IAFF)는 미국 전역에서 대형 재난이 발생했을 때 또는 소방서별로 요청이 있을 경우 자격을 갖춘 동료상담 팀을 파견해 소방대원의 정신적 회복을 돕는 일도 하고 있다.

동료상담은 전문 치료 영역과 정신적으로 고통받는 소방대원들 사이의 연결고리 역할과 위급한 상태의 스트레스에 대해 심폐소생술과 같은 응급처치를 하는 것이다. 하지만 미국소방대원협회(IAFF)는 소방관 정신건강의 문제가 모두 동료상담으로만 해결되지는 않으므로, 우선 소방대원 스스로가 자신이 겪는 직무 스트레스에 대해 정확하게 이해하고 있어야 하며, 문제가 발생했을 때 전문가의 도움이 필요하다는 것과 그리고 누군가 도움을 주고자 할 때 그 도움을 흔쾌히 받아들일 수 있어야 한다고 주장한다.

소방공무원은 업무 중 외상사건을 불가피하게 경험하게 되는데, 이때 겪었던 경험 및 부정적 정서를 적절하게 표현하고 주변인들에게 고통의 정서를 호소하는 것은 쉽

| | |
|---|---|
|  미국소방대원협회 '동료지원 트레이닝' (아칸서스 소방대원협회) |  미국소방대원협회 '소방대원 정신치료 및 회복센터' 전경(IAFF; Center of Excellence) |
|  | 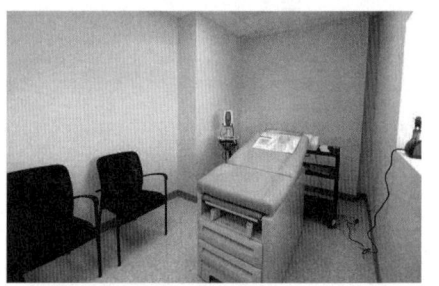 |
| 소방대원 정신치료 및 회복센터 내부 및 치료실 (Center of Excellence: IAFF) | |

출처: 미국 소방관 동료 지원 프로그램, 검색일: 2023.11.5. 저자가 재구성함.

[그림 10-14] 미국 소방관 동료지원 프로그램

지 않은 일이다. 혹시 적응적으로 정서를 표현한다고 할지라도 자살 생각에 대해 언급하는 것은 쉽지 않은 일이다. 더욱이 소방공무원은 개인의 안녕보다 타인의 안녕을 먼저 살피게 되므로 자신의 정서는 억압해야 하는 부정적 본능의 현상을 보이게 된다.

이때 정서가 기능적으로 조절되지 않고 역기능적으로 작용했다고 볼 수 있다. 이러한 관점에서 볼 때 소방공무원들이 근무환경에서 겪는 직무 스트레스, 수면장애, 외상후 스트레스 장애에서 정서를 느끼는 상황은 극복하거나 사라지지 않는 지속적인 업무의 연속 선상에 있음을 알 수 있다. 정신건강의 문제는 '지독한 독감'에 비유된다. 정신적 고통은 회피해서 될 문제가 아니라 오히려 동료상담을 통해 적극적으로 문제 해결의 실마리를 찾을 수 있다.

결국 이 같은 상황 속에서 전반적인 문제 해결 능력이나 감정 조절 능력 등이 저하되기 때문에 자살에 대한 생각이 증가하게 된다는 것이다. 또한, 소방공무원의 자살에 대한 사회적 관심이 여전히 초보적 단계에 머물러 있으며, 소방공무원의 정신건강 문제에 대한 활발한 연구를 통해 심각성을 알리고, 이를 해결하기 위한 제도적 기틀을 마련하기 위한 연구와 자살 예방 정책 추진을 위해 관계 기관 간 협력 체계를 구축해야 한다. 국민들을 위해서 좀 더 본인을 우선시해야 하지만, 현장에서 애타게 자신을 기다릴 사람들을 떠올리면 먼저 몸이 나선다고 말한다. 하지만 예기치 못하게 맞이한 죽음들은 큰 충격으로 다가오게 되고, 병으로까지 번지게 만든다. 우리는 이것을 외상 후 스트레스 장애(PTSD)라고 한다.

이 위험한 병은 자살을 생각하게 만드는 큰 요인 중 하나로 손꼽힌다. 자살에 대해 정신분석 입장에서 정신분석학의 창시자 프로이트는 자살은 무의식적 적대감이 자신을 화나게 한 사람이나 상황이 아닌 자기에게로 향한 것으로 타나토스(thanatos)라는 죽음의 본능이 자기를 향하는 것이라고 했다. 즉, 자살은 자기혐오의 극단적인 표현으로 부모의 사망과 이혼, 별거가 많고 어린 시절 부모로부터 거부당하거나 방치됐던 경우 자살률이 높다고 했다.

또한, 자살 희생자들은 심리적으로 자신을 거부하고 상처를 준 타인을 '처벌'하기 위해 자살을 감행한다고 했다. 생물학적 요인으로는 낮은 세로토닌 활동이 자살사고 및 행위에 취약하게 만드는 공격성과 충동성을 일으킬 수 있다고 한다. 대인이론(對人理論, interpersonal theory of suicide)에서는 타인에게 자신이 짐이 된다고 지각하는 것과 소속감의 약화가 절망에 따른 자살을 강력하게 예측하게 된다고 했다.

이와 같이 직무 특성상 소방공무원의 교대제 기준, 소방관들의 근무 방식은 크게 세 가지로 나눌 수 있다. 3조 2교대(21주기), 3조 1교대(당, 비, 비), 4조 2교대(주, 야, 비, 휴)이며, 점차 3조 1교대(당, 비, 비) 방식으로 바뀌고 있는 곳이 많긴 하지만, 지역과 담당하는 업무(119상황실, 구급대 등)에 따라서 조금씩 다르게 근무하기도 한다.

3조 1교대(당, 비, 비) 근무 방식은 24시간 근무 후 48시간 비번으로 교대하는 방식이며, 장점은 하루 근무하고 이틀의 휴식이 주어지기 때문에 한 달에 출근 일수가 10일이다. 출근 일수가 작기 때문에 장거리 출·퇴근하는 소방공무원에게는 좋은 근무 형태이기도 하다. 한 달에 10일, 11일 근무하기 때문에 매달 지급되는 초과근무수당이 일정하다는 점도 좋다. 평일에 개인적인 업무를 보기에도 용이한 근무 형태라 오래전부터 소방공무원들이 요구했던 근무 형태이기도 하다.

반면 단점은 하루에 출동이 많은 부서에서는 지속되는 출동으로 피로가 가중될 수 있다. 특히, 구조·구급대의 경우 출동이 많은 지역은 하루에 10~15건 넘게 출동을 나가기도 하는데, 하루 종일 바깥에서 출동을 하다 보면 체력 저하가 발생해 야간 출동 시 사고의 위험이 높아지는 근무 형태이기도 하다. 그래서 소방청에서는 출동 부서가 많은 센터나 구급대는 21주기, 출동이 적은 부서에서는 당, 비, 비의 근무 형태를 적용하고 있다. 하나의 소방서에서도 센터별로 21주기를 운영하는 센터도 있고 당, 비, 비를 운영하는 곳도 있다.

3조 2교대(21주기)는 당, 비, 비가 도입되기 전 가장 많이 시행하던 근무 형태이며, 21일을 하나의 주기로 근무가 반복돼 돌아가게 되는 근무 방식이다. 21주기 근무의 장점은 하루에 근무하는 시간이 적다는 점이다. 주간근무의 경우 일반 행정직과 같이 09~18시 근무를 실시하고 야간근무는 18시~익일 09시까지 근무를 실시한다. 주간근무를 하는 주에는 집에서 수면을 취할 수 있기 때문에 수면관리에 용이한 점이 있다.

단점은 주간근무를 담당하는 팀에서 행정 업무의 비중이 높아진다는 점이고, 3주 단위로 근무가 돌아가기 때문에 매달 지급되는 초과근무수당이 불규칙하며, 당번근무가 한 달에 두 번 들어가는 달은 적고, 세 번은 보통이며, 네 번 들어가는 달은 초과수당이 많다.

4조 2교대(주, 야, 비, 휴) 근무 방식은 경찰에서 실시하고 있는 근무 형태이기도 하며, 119상황실 근무자들은 주, 야, 비, 휴 근무를 실시하고 있다. 이유는 상황실 근무의 특성상 야간근무에도 항상 고도의 집중력을 발휘해야 하는 등 업무 강도가 높기 때문이다. 하루 1주간, 다음 날 야간, 그 뒤 이틀 동안 휴식을 취할 수 있는 근무 패턴이며, 당, 비, 비가 하루에 24시간 근무를 서게 된다면 주, 야, 비, 휴는 이틀에 걸쳐 24시간을 근무하기 때문에 한 달 동안 근무 시간이 가장 작은 근무 형태다. 따라서 초과근무수당도 가장 적은 형태이며, 장점이라면 아무래도 근무 시간이 적어짐에 따라 개인 시간을 내기에 용이하다는 점이고, 단점은 수당 차이가 많이 발생한다는 점이다.

소방관들의 근무 방식이 다른 이유는 여러 가지가 있다. 과거 소방공무원이 지방직이었던 시절에는 지방별로 근무 형태를 다르게 채택할 수 있었기 때문이며, 그때는 21주기, 9주기, 6주기 등 다양한 형태로 근무를 실시하기도 했다. 9주기(주, 주, 주, 야, 비, 야, 비, 야, 비)나 6주기(주, 주, 야, 야, 비, 비)의 형태는 개인 시간을 내기도 힘들고, 휴식 시간이 보장되지 않아서 피로가 누적되던 방식이었다. 소방관이 국가직으로 변경되고, 소방에도 노조가 생겨나면서 소방관들이 많이 선호하는 당, 비, 비의 근무 방식에 대한 요구가 높아졌다. 일정 기간 동안 시범 운영을 실시하다가 2022년부터 여러 지역에서 당, 비, 비를 채택하는 곳이 생겨나기 시작했다.

하지만 구급대와 같이 일부 출동이 많은 격무 부서에서는 당, 비, 비 근무에 대한 반대 의견이 많아서, 직원들의 선호에 따라 당, 비, 비 혹은 21주기를 선택하게 했고, 그 결과 소방서 혹은 하나의 센터에서도 업무에 따라 다른 근무 형태를 취하게 됐다. 실제 근무한 만큼 지급되는 것이 공무원의 급여인 만큼 근무 방식에 따라서 초과근무수당도 당연히 다르게 지급된다.

〈표 10-9〉 근무 형태에 따른 초과근무수당 차이

| 근무 형태 | 월 근무 시간 | 일반 행정직 근무 시간 | 초과 근무 시간 |
|---|---|---|---|
| 3조 1교대(당,비,비) | 10일 * 24시간 = 240시간 | 21일 * 8시간 = 168시간 | 72시간 |
| 3조 2교대(21주기) | 주간 5일 * 9시간 = 45시간<br>야간 8일 * 15시간 = 120시간<br>당번 3일 * 24시간 = 72시간<br>합계 237시간 | 21일 * 8시간 = 168시간 | 69시간 |
| 4조 2교대(주,야,비,휴) | 주간 7일 * 9시간 = 63시간<br>야간 7일 * 15시간 = 105시간<br>합계 168시간 | 21일 * 8시간 = 168시간 | 0시간 |

* 한 달 30일, 평일 일수 21일인 달을 기준/21주기는 당번 세 번 근무 시
출처: 소방청(2023), 소방청 통계연보.

주당 평균 72시간 이상에 달하는 소방공무원의 근로 시간은 경제협력개발기구(Organisation for Economic Co-operation and Development: OCED) 주요 국가의 근무 시간과 비교할 경우에도 크게 열악한 실정임을 알 수 있다. 특히, 소방공무원의 노동만족도는 매우 낮고, 그에 비해서 직업 자긍심은 다소 높으나, 결국 인력 부족에서 오는 만성적인 피로도, 초과 근무와 과중한 업무 및 그에 비해 충분하지 않은 보상과 건

강, 안전에 대한 스트레스 등 열악한 업무환경을 직업적 자긍심과 애착으로 극복해 오고 있다.

한편, 교대제 근무 방식은 과학적으로도 건강과 직무 만족에 좋지 않다는 연구 결과가 있다. 현장의 소방공무원들은 시민의 생명과 재산을 지키는 자부심이 있지만, 불규칙한 근무 체계로 인해 심신건강과 현장의 소방활동에도 영향을 미친다. 특히, 3조 2교대로 근무하는 소방공무원의 주간 평균 근로 시간이 72시간에 달하는 등 개선이 필요하다는 지적이 각계각층에서 끊이지 않는다.

2022년 서울기술연구원의 조사 결과에 따르면, 서울 소방 교대근무자 5,864명 가운데 3조 2교대 근무자가 82%(4,808명)로 가장 큰 비율을 차지했고, 3조 1교대 근무자는 14%(831명), 4조 2교대 근무자는 2%(168명)에 불과했다. 과거 인터뷰를 살펴보면, '장시간 근무로 인한 피로감' 정도에 따른 근무 여건 중 고충 정도의 차이를 비교해서 본 결과를 통해 알 수 있다.

### 사례

"출근해 가지고 맘 편하게 할 수가 없어요. 대기근무라는 것도 휴식을 하는 게 아니거든요. 윗사람들, 근무를 안 해 보신 분들은 출동 없으면 편한 줄 아는데 그게 아니에요. 내 출동이 맞든 아니든 항상 긴장해야 되니까 언제 내가 나가야 될지 모르니까요. 잠을 편하게 잘 수 있는 게 만약 '10'이라고 한다면, 이건 한 '3'이나 그 정도밖에 안 돼요. 무의식중에 부담감이 있어요, 벨소리만 들어도 … ."

(Jba소방서 진압대원B 인터뷰, 2017년 9월)

"이전에 구급할 때는 퇴근 시간이 가까워지면 막 불안했어요. 아침 9시가 교대 시간이라면 8시, 8시 반 되면 방송만 나와도 두근두근해요. 왜냐면 교대를 해야 하잖아요. 근데 그 시간에 만약 출동이 걸려서 원거리로 나가게 되면 시간이 2시간, 3시간씩 걸리잖아요. 그러면 퇴근을 못해요. 10시에 할지, 11시에 할지 알 수 없으니까 불안감이 이게 엄청 스트레스가 컸어요. 8시쯤 되면 늘 그랬어요."

(Jba소방서 구조대원 인터뷰, 2017년 9월)

"당, 비, 비 하게 되면서 집에서 이틀 동안 생활을 할 수 있잖아요. 그게 가정에서 아주 효과가 좋아요. 주, 주, 야, 야, 비, 비 할 때는 집에 3일 가요. 출퇴근 2시간을 잡으면, 주간 첫날 출근하고 다음날도 주간이잖아요. 그럼 집에 갔다가 새벽에 나와야 되거든요. 그럼

> 그냥 독서실 같은 데서 책이나 보다가 바로 아침에 출근하고. 그다음 주주 마치고 다음날 야간에 오니까 집에 가요. 야간하고 아침에 퇴근하면 그 저녁에 또 들어와야 해요. 밥만 먹고 출근 다시 해야 돼요. 그러니까 빈둥빈둥 돌아다녀요. 일주일에 집에 세 번 가요. 6일 동안에."
>
> (소방협 관계자 인터뷰, 2017년 10월)
>
> "그나마 당, 비, 비 근무하면서 출근이 줄어 가족들하고 여가 하는 게 좀 나아졌어요. 아기가 있는데 이전보다 육아에 신경을 좀 쓰게 되거든요. 아내도 사회생활하는 데 제가 출근이 줄어 도움이 되는 것 같아요."
>
> (Jba소방서 구급대원 인터뷰, 2017년 9월)

출처: 채채준호 외(2017) 재인용.

소방공무원의 순직 및 자살도 심각한 것으로 드러났다. 2022년 소방청에서 실시한 소방공무원 마음건강 설문조사 결과, 54,056명의 소방공무원 중 5.4%(2,906명)가 자살 위험군으로 분류됐다. 자살한 소방공무원은 67명으로, 순직한 소방공무원보다 우울증, 신변 비관 등으로 자살한 소방공무원이 더 많았다. 특히, 자살 소방공무원 67명 중 과반이 넘는 21명(55.3%)이 신변 비관, 우울증 등으로 숨졌으며, 가정 불화가 9명(23.7%)으로 소방공무원의 자살이 위험하고 불규칙적인 열악한 근무환경과 공무 과정에서의 외상 후 스트레스 장애 등과 연관돼 있는 것으로 보인다. 평균수명이 가장 짧은 공무원인 소방관. 그들이 일상에서 받는 스트레스 요인은 셀 수 없이 많다. 이로 인해 본인도 모르는 사이 죽음을 결심하고 술에 의존하게 되며, 잠에 들 수 없을 만큼 괴로워한다.

'최근 10년간 연도별 소방공무원 자살 현황' 자료에 따르면, 지난 2013년부터 올해 7월 말까지 극단적 선택을 한 소방공무원은 총 126명으로 집계됐다. 같은 기간 연도별 소방공무원 위험 직무 순직 현황을 살펴보면, 화재 진압, 구조·구급 등 근무 도중 사망한 인원은 총 43명이었다. 즉, 지난 10년간 극단적 선택을 한 소방관이 순직자의 3배에 달하는 셈이다. 지난 10년간 극단 선택을 한 연령대별로는 30~39세가 43명으로 전체의 34.12%를 차지하며 가장 많았다. 이어 40~49세 40명(31.74%), 50~59세 26명(20.63%), 30세 미만 17명(13.49%) 순으로 나타났다. 또한, 최근 10년간 근무 연수 5년 미만인 소방공무원의 극단 선택 사례가 40건으로 집계되며, 전체 사례의 3분의 1가량인 것으로 파악됐다. 정부는 소방공무원 PTSD 관리를 위해 찾아가는 상담실, 스트레스 회복력 강화 프로그램, 마음건강 상담·검사·진료비 지원 등을 운영하고 있다.

다만 소방공무원 정원 대비 심리상담 인력이 부족한 모양새로, 적절한 PTSD 관리가 이뤄지고 있는지에 대한 우려와 찾아가는 상담실 운영 현황을 살펴보면, 2023년 1월 1일 기준 전국 소방서 253개소의 소방공무원 정원은 6만 5,960명에 달하는 반면 상담사 인원은 98명에 불과했다. 상담사 1명당 673명의 소방공무원을 담당하고 있는 셈이다.

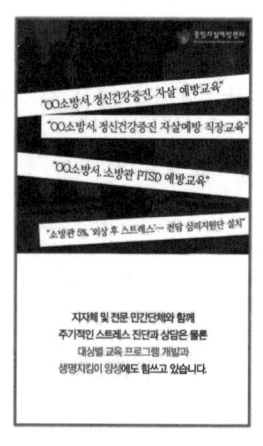 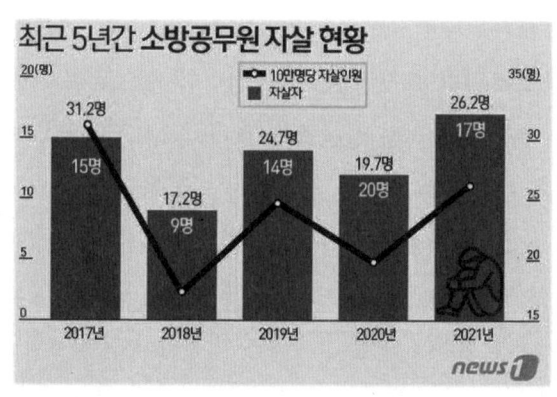

출처: 뉴스1(https://www.news1.kr/), 검색일: 2023.11.5.

[그림 10-15] 소방공무원의 자살 현황

### 사례

과중한 업무로 자살을 시도했다가 미수에 그친 후 병가를 내고 우울증 치료를 받던 한 소방학교 전임교수가 끝내 극단적 선택을 한 데 대해 업무 관련성이 인정된다는 취지의 대법원 판례가 나왔다.

### 1. 사건 개요

소방공무원 갑이 소방학교에 부임해 3교대로 근무하면서 불규칙한 근무 시간과 초과 근무를 요하는 과중한 업무를 수행하다가 화재 분야 전임교수로 전보됐는데 급격히 증가한 강의 시간 배정과 동료에게 교수로서 수업을 진행하는 데 따른 부담감으로 1차 자살 시도 후 병가 중에 다시 자살한 사안임.

소방공무원 갑의 담당 업무는 ① 교수 능력 발전 및 교수기법 관련 업무(담당 교과목에 대한 새로운 지식 및 교수기법 습득), ② 현장 활동실무 및 화재실무 교육 업무, ③ 전국소방학교 교수연구대회 관련 업무(예행 강의 준비, 강의 교재 출판, 관련 자료 제공 등 지원), ④ 담당 과목 교재 집필 및 교안 작성 업무 등이 있었다.

그중 화재실습 교육은 반복과 숙달이 필요해 이론·강의식 수업보다 배정 시간이 많은데, 이 사건 소방학교는 2014년에는 1회만 운영하던 신임 교육 과정을 2015년에는 2회로 늘리면서 망인에게 540시간의 강의 시간을 배정했다.

이에 갑은 동료에게 교관이 아닌 교수로서 수업을 진행하는 데 따른 부담감을 토로했고, 전보 이틀 만인 2015. 1. 21. 부인에게 "나의 한계는 여기까지인가 보다, 더 이상 견디기 힘들다"고 말한 후, 다음 날 자신의 승용차에서 착화탄으로 자살을 시도했으나 지나가는 사람에게 발견돼 미수에 그쳤다.

이후 갑은 병가를 내고 2015. 2. 10.까지 (병원명 1 생략), (병원명 2 생략) 정신과 등에서 우울증 상담 치료 및 약물 치료를 받았으며, 상담 치료 당시 주치의에게 "과도한 업무량으로 회사를 그만두고 싶다"는 생각을 자주 했고, "인사 이동 후 새로운 업무에 적응하기 어려워 죽고 싶다는 생각이 들었으며, 다시 학교로 복귀하는 것이 부담된다"고 호소했다.

결국 망인은 2015. 2. 14. 12:05경 자택에서 운동기구에 목을 매어 자살했다.

## 2. 판결 요지(대법원 2017. 8. 23. 2017두42675 판결)

이에 대법원은 "과중한 업무 및 그와 관련된 심한 스트레스로 인해 망인의 우울증이 유발됐고, 이러한 우울증은 업무에 대한 부담감으로 인해 더욱 악화됐다고 봄이 타당하다. 그리고 망인이 1차 자살 시도 후 병가 중에 다시 자살에 이른 경위 및 망인이 자살을 선택할 만한 다른 특별한 사정을 찾아볼 수 없는 등까지 고려해 보면, 망인이 우울증으로 인해 정상적인 인식 능력이나 행위 선택 능력, 정신적 억제력이 현저히 저하돼 합리적인 판단을 기대할 수 없을 정도의 상황에 처해 자살에 이르게 된 것으로 추단할 수 있으므로, 망인의 업무와 사망 사이에 상당 인과 관계를 인정할 수 있다.

그럼에도 원심은 망인이 받은 업무상 스트레스의 원인과 정도, 망인의 우울증이 유발되고 심화된 경위, 자살 무렵 망인의 정신 상태 등에 관해 면밀하게 따져 보지 아니하고, 망인이 도저히 감수하거나 극복할 수 없을 정도의 업무상 스트레스를 받았다거나 그로 인해 우울증이 발병하고 악화됐다고 보기 어렵다고 판단해, 망인의 사망과 공무 사이의 상당 인과 관계를 부정했다. 따라서 이러한 원심의 판단에는 공무상 재해에서의 공무와 사망 사이의 상당 인과 관계 등에 관한 법리를 오해해 필요한 심리를 다하지 아니함으로써 판결에 영향을 미친 잘못이 있다라고 판시해 업무 관련성을 인정했다.

## 3. 자살의 공무상 재해 인정

소방관 1명이 순직할 때 2명이 자살한다는 말이 있을 정도로 소방관에 대한 처우 및 그 예방 대책은 열악한 실정이며, 현장에 투입되는 소방관은 아니었으나 소방관 전체의 인력 부족이 원인이 돼 발생한 사건인 것 같아 안타까운 마음과 소방관뿐만 아니라 지방직과 국가직 공무원들 또한 장시간 근로 시간, 책임이 뒤따르는 과중한 업무 등으로 인해 우울증과 같은 정신질환을 앓는 경우가 많다고 한다.
정신질환 또한 업무상 스트레스의 원인과 정도, 정신질환이 심화된 경위 등을 잘 입증한다면 공무상 재해로 인정받을 수 있다.

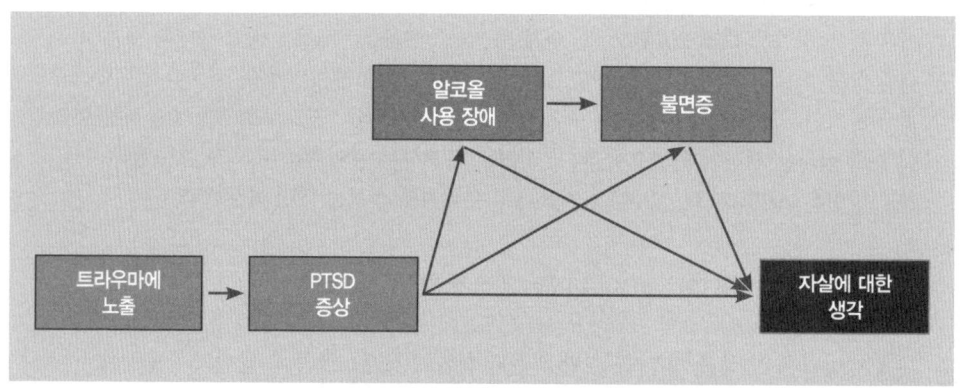

출처: 김인향·김정현(2018), 소방관의 외상 후 스트레스 장애가 자살 생각으로 이어지는 기전, '불면증 소방관, 자살 생각 악화시킬 수 있다.', 검색일: 2023.11.5. 재인용.

[그림 10-16] 자살 생각에 이르는 과정

 이러한 이유에서 소방공무원들의 외상 후 스트레스 장애(PTSD)가 자살 생각에 어떠한 영향을 미치는지를 살펴보고, 외상 후 스트레스 장애와 자살 생각과의 관계에서 인지적 정서 조절과 소방공무원들의 자살 예방에 효과적인 방안을 모색해 시사점을 제시하고자 한다.
 결국 이 같은 상황 속에서 전반적인 문제 해결 능력이나 감정 조절 능력 등이 저하되기 때문에 자살에 대한 생각이 증가하게 된다는 것이다. 소방공무원의 자살과 과로에 대한 사회적 관심이 여전히 초보적 단계에 머물러 있으며, 소방공무원의 정신건강 문제에 대한 활발한 연구를 통해 심각성을 알리고, 이를 해결하기 위한 제도적 기틀을 마련하기 위한 연구와 자살 예방 정책 추진을 위해 관계 기관 간 협력 체계를 구축하도록 해야 한다.

 한국의 경우, 한 명의 소방공무원이 지켜야 하는 1인당 국민의 수는 783명, 그래서 미국의 경우 각종 재난 현장에서의 안전 1순위는 바로 소방관이다. 국민들을 위해서 좀 더 본인을 우선시해야 하지만, 현장에서 애타게 자신을 기다릴 사람들을 떠올리면 먼저 몸이 나선다고 말한다. 하지만 예기치 못하게 맞이한 죽음들은 큰 충격으로 다가오게 되고, 질병으로까지 번지게 만든다. 우리는 이것을 외상 후 스트레스 장애(PTSD)라 말하며, 이 위험한 질병은 자살을 생각하게 만드는 큰 요인 중 하나로 손꼽힌다.

# 11장

# 소방공무원과 재난

---

### 학습 목표

1. 재난관리 행정 체제의 의의와 개념적 특성을 이해한다.
2. 재난관리 행정 체제의 내용을 비교 분석하고 새로운 경향을 이해한다.
3. 현행 재난 및 안전관리기본법에서 단계별 내용이 어떻게 표현되고 있는지 인지할 수 있는 기초 학습 능력을 배양한다.

### 열쇠말

재난, 재난 및 안전관리기본법, 보건안전, 교대근무, 긴급구조기관

---

## 1 재난의 정의

재난이란 사전적 정의로는 "뜻밖의 불행한 일, 액화(厄禍), 화해(禍害)"라고 말하며, 학문적으로는 다양한 이론이 나타나고 있다. 용어는 별의 불길한 모습을 상징하는 라틴어에서 유래한 것으로 "하늘로부터 비롯된 인간의 통제가 불가능한 해로운 영향"으로 풀이한다. 재난(災難, disaster)의 어원을 분석하면, dis는 어원상 분리, 파괴, 불일치의 뜻이며, aster는 라틴어로 astrum 또는 star를 의미한다.

과거의 재난은 홍수, 지진과 같은 대규모의 천재인 자연재난을 지칭하는 것이었으

나, 현대 사회에 들어와서는 대규모의 인위적 사고의 결과가 자연재난을 능가함에 따라 disaster는 자연재난과 사회재난을 포괄하는 개념으로 사용되고 있다. 재난은 일반적으로 중앙과 지방정부의 일상적인 절차나 지원을 통해 관리할 수 없는 심각한 대규모의 사망자, 부상자, 재산 손실을 발생시키는 것으로 보통 예측 가능성이 없이 갑작스럽게 발생하는 것이 특징이다.

〈표 11-1〉 재난의 분류

| 구분 | 사회재난 | 자연재난 | 민방위 사태 |
|---|---|---|---|
| 근거 법률 | · 재난 및 안전관리기본법<br>· 개별법 | · 재난 및 안전관리기본법<br>· 자연재해대책법 및 농어업재해대책법<br>· 개별법 | · 민방위기본법<br>· 비상대비자원관리법 |

우리나라는 disaster를 사회재난 · 자연재난(재난 및 안전관리기본법, 자연재해대책법), 민방위 사태(민방위기본법)의 3원적 개념으로 분리 사용하고 있다. 미국의 연방재난관리청(FEMA)의 재난 개념도, 통상적으로 사망과 상해, 재산 피해를 가져오고 일상적인 절차나 정부의 자원으로는 관리할 수 없는 심각하고 규모가 큰 사건으로, 보통 돌발적으로 일어나기 때문에 정부와 민간조직이 인간의 기본적 수요를 충족시키고 복구를 신속하게 하고자 할 때 즉각적 · 체계적 · 효과적인 대처를 해야 하는 사건을 말한다. 우리나라의 경우 재난이란 국민의 생명 · 신체 및 재산과 국가에 피해를 주거나 줄 수 있는 것으로서 다음 각 목의 것을 말한다.

(1) 재난의 종류

① 자연재난

태풍, 홍수, 호우(豪雨), 강풍, 풍랑, 해일(海溢), 대설, 한파, 낙뢰, 가뭄, 폭염, 지진, 황사(黃砂), 조류(藻類) 대발생, 조수(潮水), 화산활동, 소행성 · 유성체 등 자연우주물체의 추락 · 충돌, 그 밖에 이에 준하는 자연 현상으로 인해 발생하는 재해를 말한다.

② 사회재난

화재·붕괴·폭발·교통사고(항공사고 및 해상사고를 포함한다)·화생방사고·환경오염사고 등으로 인해 발생하는 대통령령으로 정하는 규모 이상의 피해와 에너지·통신·교통·금융·의료·수도 등 국가기반 체계의 마비, 「감염병의 예방 및 관리에 관한 법률」에 따른 감염병 또는 「가축전염병예방법」에 따른 가축전염병의 확산 등으로 인한 피해를 말한다(중앙소방학교, 2023).

> **시행령 제2조 재난의 범위 [대통령령으로 정하는 규모 이상의 피해]**
>
> 1. 국가 또는 지방자치단체 차원의 대처가 필요한 인명 또는 재산의 피해
> 2. 그 밖에 제1호의 피해에 준하는 것으로서 행정안전부 장관이 재난관리를 위하여 필요하다고 인정하는 피해

③ 해외재난

해외재난이란 대한민국의 영역 밖에서 대한민국 국민의 생명·신체 및 재산에 피해를 주거나 줄 수 있는 재난으로서 정부 차원에서 대처할 필요가 있는 재난을 말한다.

(2) 재난의 관리

① 재난관리

재난관리란 재난의 예방·대비·대응 및 복구를 위해 하는 모든 활동을 말한다.

② 안전관리

재난이나 그 밖의 각종 사고로부터 사람의 생명·신체 및 재산의 안전을 확보하기 위해 하는 모든 활동을 말한다. 4의 2. '안전 기준'이란, 각종 시설 및 물질 등의 제작, 유지관리 과정에서 안전을 확보할 수 있도록 적용해야 할 기술적 기준을 체계화한 것을 말하며, 안전 기준의 분야, 범위 등에 관해서는 대통령령으로 정한다(중앙소방학교, 2023).

재난관리는 기본적으로 재난 유형별 관리 방식을 택하고 있다. 재난의 유형은 앞에서 설명한 바와 같이 크게 사회재난, 자연재해, 민방위 사태로 구분하고, 각 개별법과 관련 조직을 토대로 이를 관리하고 있다. 또한, 재난의 유형도 세분화해 주무부처(기관)를 정해 관리 및 수습의 책임을 부여하고 있다.

### (3) 재난의 특성

첫째, 실질적인 위험이 크더라도 그것을 체감하지 못하거나 방심한다.
둘째, 본인과 가족과의 직접적인 재난 피해 외에는 무관심하다.
셋째, 시간과 기술·산업 발전에 따라 발생 빈도나 피해 규모가 다르다.
넷째, 인간의 면밀한 노력이나 철저한 관리에 의해 상당 부분 근절시킬 수 있다.
다섯째, 발생 과정은 돌발적이며 강한 충격을 지니고 있으나 같은 유형의 재난 피해라도 형태나 규모, 영향 범위가 다르다.
여섯째, 재난 발생 가능성과 상황 변화를 예측하기 어렵다.
일곱째, 고의나 과실이든 타인에게 끼친 손해는 배상의 책임을 가진다.

〈표 11-2〉 재난 안전 기준

■ 재난 및 안전관리기본법 시행령 [별표 1] 〈개정 2017. 7. 26.〉

| 안전 기준의 분야 및 범위(제2조의2 관련) ||
|---|---|
| 안전 기준의 분야 | 안전 기준의 범위 |
| 1. 건축 시설 분야 | 다중이용업소, 문화재 시설, 유해물질 제작·공급시설 등 관련 구조나 설비의 유지·관리 및 소방 관련 안전 기준 |
| 2. 생활 및 여가 분야 | 생활이나 여가활동에서 사용하는 기구, 놀이시설 및 각종 외부활동과 관련된 안전 기준 |
| 3. 환경 및 에너지 분야 | 대기환경·토양환경·수질환경·인체에 위험을 유발하는 유해성 물질과 시설, 발전시설 운영과 관련된 안전 기준 |
| 4. 교통 및 교통시설 분야 | 육상교통·해상교통·항공교통 등과 관련된 시설 및 안전 부대시설, 시설의 이용자 및 운영자 등과 관련된 안전 기준 |
| 5. 산업 및 공사장 분야 | 각종 공사장 및 산업 현장에서의 주변 시설물과 그 시설의 사용자 또는 관리자 등의 안전 부주의 등과 관련된 안전 기준(공장시설을 포함한다) |
| 6. 정보통신 분야 (사이버 안전 분야는 제외한다) | 정보통신매체 및 관련 시설과 정보 보호에 관련된 안전 기준 |

| 7. 보건·식품 분야 | 의료·감염, 보건복지, 축산·수산·식품위생 관련 시설 및 물질 관련 안전 기준 |
| --- | --- |
| 8. 그 밖의 분야 | 제1호부터 제7호까지에서 정한 사항 외에 제43조의9에 따른 안전기준심의회에서 안전관리를 위해 필요하다고 정한 사항과 관련된 안전 기준 |

※ 비고: 위 표에서 규정한 안전 기준의 분야, 범위 등에 관한 세부적인 사항은 행정안전부 장관이 정한다.
출처: 국가법령정보센터, 재난 및 안전관리기본법 시행령, 검색일: 2023.11.6.

### (4) 재난 관련 용어

#### ① 재난관리주관기관

재난관리주관기관이란 재난이나 그 밖의 각종 사고에 대해 그 유형별로 예방·대비·대응 및 복구 등의 업무를 주관해 수행하도록 대통령령으로 정하는 관계 중앙행정기관을 말한다(중앙소방학교, 2023).

〈표 11-3〉 재난관리주관기관

■ 재난 및 안전관리기본법 시행령 [별표 1의3] 〈개정 2019. 8. 27.〉

| 재난 및 사고 유형별 재난관리주관기관 (제3조의2 관련) ||
| --- | --- |
| 재난관리주관기관 | 재난 및 사고의 유형 |
| 교육부 | 학교 및 학교시설에서 발생한 사고 |
| 과학기술정보통신부 | 1. 우주 전파 재난<br>2. 정보통신사고<br>3. 위성항법장치(GPS) 전파 혼신<br>4. 자연우주물체의 추락·충돌 |
| 외교부 | 해외에서 발생한 재난 |
| 법무부 | 법무시설에서 발생한 사고 |
| 국방부 | 국방시설에서 발생한 사고 |
| 행정안전부 | 1. 정부중요시설 사고<br>2. 공동구(共同溝) 재난(국토교통부가 관장하는 공동구는 제외한다)<br>3. 내륙에서 발생한 유도선 등의 수난사고<br>4. 풍수해(조수는 제외한다)·지진·화산·낙뢰·가뭄·한파·폭염으로 인한 재난 및 사고로서 다른 재난관리주관기관에 속하지 아니하는 재난 및 사고 |
| 문화체육관광부 | 경기장 및 공연장에서 발생한 사고 |
| 농림축산식품부 | 1. 가축 질병<br>2. 저수지 사고 |

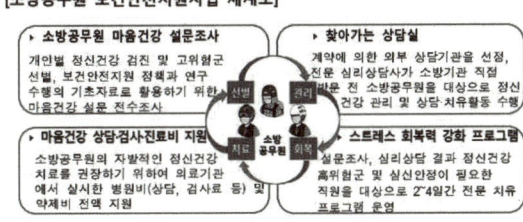

출처: 소방청(https://www.nfa.go.kr/), 검색일: 2023.11.8.

[그림 11-1] 소방공무원 보건 · 안전 지원사업 체계도

| 예방 · 관리 단계 | | | |
|---|---|---|---|
| 보건안전관리 시스템 | 심신안정실 | 찾아가는 상담실 | 스트레스 회복력 강화 프로그램 |
| - PTSD, 우울증 등 자가진단 결과 제공<br>- 특수건강진단 관리<br>- 유해 인자 노출관리 | - 자가 치유 공간<br>- 상담 공간<br>- 스트레스 측정기 | 방문 심리상담<br>- 권역별 위탁 운영<br>- 집합교육<br>- 개별 · 집단상담 | 특수 건강검진 및 찾아가는 심리상담 실시 결과 위험군 대상 전문기관 위탁 |

| 치료 단계 | | |
|---|---|---|
| 보건안전관리 시스템 | 정신건강 상담 · 치료비 지급 | 안심(安心) 프로그램 |
| - 온라인 상담 창구<br>- 치료비 전산 처리 | - 병원비 및 약제비 전액 지원 | - 비밀 보장<br>- 병원비 무기명 청구 |

출처: 소방청(2023), 소방백서 내부자료.

[그림 11-2] 소방공무원 보건 · 안전(정신건강) 흐름도

소방청은 소방공무원 마음건강 보건안전 지원 주요 사업비가 2022년 58억 8,900만 원 대비 11.6% 증액된 2023년 65억 7,100만 원으로 확정됐으며, 이를 통해 소방청은 2023년 마음건강 설문조사, 찾아가는 상담실, 스트레스 회복력 강화 프로그램, 마음건강 상담 · 검사 · 진료비 지원 등 4대 사업을 지속적으로 운영할 계획이며, 마음건

강 설문조사 사업은 소방공무원을 대상으로 PTSD, 우울·수면장애자 등 고위험군 선별 역할을 수행하고 분석 자료를 토대로 보건안전 지원 정책에 활용한다. 특히, 찾아가는 상담실 사업은 고위험군 등의 소방공무원에게 전문상담사가 방문해 전문·심층상담을 실시하고 이후 지속적인 건강관리 및 상담·치유활동을 수행한다. 스트레스 회복력 강화 프로그램 사업은 고위험군과 심신 안정이 필요한 직원 대상 스트레스 해소 및 신체 리듬 회복을 위한 심리 안정화 요법 등 전문 치유활동을 제공하며 마음건강 상담·검사·진료비 지원사업을 통해 의료기관 정신 치료를 받은 소방공무원에게 치료비용 및 약제비 전액을 지원한다.

소방공무원 현장 활동 사고는 최근 5년간 연평균 순직자 4.8명, 공상자 931.6명이 발생해 안전하게 소방활동을 할 수 있는 대책을 마련했으며, 소방공무원의 안전한 현장활동 여건 조성과 순직·공상 사고를 방지하고 적극적 소방활동 동기를 부여하기 위해 2017년 10월부터 위험 직무 순직을 특성별로 분석해, 현장 중심의 현장안전점검관 제도, 보건안전관리 전담부서 신설 등을 포함한 '소방공무원 순직·공상사고 저감 종합대책'을 수립했다.

〈표 11-4〉 최근 5년간 순직·공상 현황

| 연도 | 계 | 2018 | 2019 | 2020 | 2021 | 2022 |
| --- | --- | --- | --- | --- | --- | --- |
| 위험 직무 순직 | 24 | 7 | 9 | 2 | 3 | 3 |
| 공상 | 4,658 | 823 | 818 | 1,004 | 933 | 1,080 |

출처: 소방청(2023), 소방백서 내부자료.

이러한 대책의 추진에도 불구하고, 2023년 3월 6일 월요일 오후 8시 33분경. 전라북도 김제시 금산면 청도리 소재 단독주택에서 화재가 발생했다는 신고가 119에 접수됐다. 신고를 받은 금산119안전센터 대원들은 서둘러 현장으로 향했다. 신고로부터 도착까지 10여 분이 걸렸다. 진입로가 협소했기 때문이다. 결국 이 불로 거주자 한 명과 소방관이 된 지 10개월밖에 안 된 고(故) 성공일 소방관은 싸늘한 주검으로 돌아왔다.

"119 신고는 오후 8시 33분 최초로 접수됐다. 인근 카페에서 불을 발견해 신고했고 36분경에는 A 씨가 직접 "주택에 불이 났고 주택 안에는 사람이 없다"고

신고했다. 하지만 신고 직후 주택 내부로 다시 들어가 나오지 않았다. 당시 주택은 우측 부속창고(저온창고)와 비닐하우스가 타면서 주택 우측 다용도실과 주방으로 옮겨 붙는 중이었다.

소방은 이날 화재가 쓰레기 소각으로 인해 발생한 것으로 추정하고 있다. 쓰레기 소각 후 남은 불씨가 주변 가연물에 붙으면서 시작됐을 거란 판단이다. 인근 건물 CCTV에서는 오후 6시 44분경 소각장 부근에서 화염이 분출되는 장면이 담겼다. 불이 난 주택은 연소가 빠른 목조주택으로 발화 지점 부근 샌드위치 패널 창고에 저온저장고를 설치했고 주택 내 소파 등 가연물도 많았다. 소방은 주택 천장과 지붕 사이 공간에 누적된 고온의 가연성 분해가스가 순간적으로 발화하면서 건물 전체로 급격하게 연소 확대된 것으로 보고 있다."

보고서는 순직사고 원인을 조직관리(인력 운영), 현장 대응활동, 환경 등 세 가지 측면에서 분석하고 있다.

첫째, 조직관리 측면에서 살펴보면, 당시 금산센터 근무 인원은 19명으로 정원 22명에 비해 3명이 부족한 상태였다. 이 중 소방사가 10명으로 전체 인원의 55.5%를 차지하는 것으로 나타났다. 당일 선착대 5명 중 4명이 소방사였던 배경이다. 또 금산센터는 구급대 위주의 출동대(펌프차 2, 구급차 3명) 편성·운영으로 펌프차 최소 인원인 3인 탑승이 불가한 상황이었다. 게다가 당일 선착대 지휘관이던 모 소방경은 지난 2021년 7월 현 계급으로 승진한 후 기본교육(지휘 역량)조차 받지 않은 상황이었다. 최근 8년간 전문교육 훈련 집합교육은 전무했던 것으로 밝혀졌다.

둘째, 현장 대응활동 측면에서, 만성적인 인력 부족 등 미흡한 조직구조는 현장 대응의 문제로 이어졌다. 조사위에 따르면, 사고 당시 선착 구급대는 현장에 도착하자마자 즉시 구조 대상자를 인지하고 상황을 전파했다. 그러나 선착대장은 상황 판단이나 지휘 선언, 대응 우선순위 결정 전략 선택, 대원 고립 시 긴급 탈출 지시 등 지휘활동을 전혀 하지 않았다. 펌프차를 조작하면서 고(故) 성공일 소방관이 단독으로 주택에 들어설 때도 이를 통제하지 않은 것으로 드러났다. 선착대장은 조사위와의 인터뷰에서 "도착 당시 화재 상황은 최성기로 보였다. 경방요원 1명으로 실내 진입이 불가하다고 판단했다. 주변에 욕설과 소리를 지르는 일반인들이 있어 펌프차 전면에 대기하고

## 김제 단독주택 화재 당시 소방 대응 타임라인

**현장 대응**

|  |  |  |
|---|---|---|
| 화재 신고 · 접수 | 20:33 | • 화재 신고 · 접수 ▶ 동일 신고 6건 |
| 선착대 현장 도착 | 20:43~20:45 | • 금산119안전센터(구급차 43분, 펌프차 45분) |
| 고립 추정 | 20:49께 | • 진압대원 1차 현관으로 내부 진입 시도<br>• 현관으로 나와 주택 좌측면 거실로 진입 추정 |
| 선착 지휘대 현장 도착 | 20:54 | • 선착 지휘대(전주 완산) 지휘차 현장 도착 |
| 소규모 폭발 | 20:54:37~20:57:16 | • 현관 앞쪽 및 방Ⅲ 지점에서 9차례 정도 소규모 폭발 현상 관찰 |
| 본부 방호팀 출동 조치 | 21:06 | • 본부 방호팀 등 출동 조치(소방청 유선 보고) |
| 대응 1단계 발령 | 21:08 | • 대응 1단계 발령 및 김제소방서장 현장지휘 |
| 신속동료구조팀 지원 요청 | 21:18 | • 중구본 신속동료구조팀 지원 요청 |
| 비상소집 | 21:22 | • 본부 전 직원 비상소집 |
| 고립 대원 발견 | 21:33 | • 진압대원 1명 및 구조 대상자 1명 발견 |
| 초진 | 21:36 | • 초진 |
| 수습 완료 | 21:50~21:59 | • 순직 대원(50분), 구조대상자(59분) 수습 완료 |
| 완전 진압 | 21:57 | • 완전 진압 |
| 순직 대원 병원 이송 | 22:08 | • 순직 대원 이송(효자 구급→전주예수병원) |
| 대응 1단계 해제 | 22:13 | • 대응 1단계 해제 |
| 구조대상자 병원 이송 | 22:31 | • 구조 대상자 김제장례식장 이송(서부 구급) |

**진압대원**

|  |  |  |
|---|---|---|
| 1차(최초) 내부 진입 | 20:45:59~20:46:00 | • 주택 현관으로 최초 내부 진입<br>• 주택 옆(주차장 용도) 및 후면(다용도실) 화염 |
| 주택 외부로 다시 나옴 | 20:46:19~20:46:21 | • 진압대원 현관으로 주택 외부로 다시 나옴 |
| 이동 후 내부 재진입 | 20:46:36~20:46:48 | • 진압대원 현관에서 건물 측면 거실 쪽으로 이동, 내부로 재진입 |

있던 성공일 반장을 바라보면서 작은 목소리로 '들어가지 마라'고 말한 후 호스와 관창을 건네려는 순간 집주인 할머니가 '안에 사람이 들어갔는데 왜 빨리 들어가서 구하지 않냐'고 큰소리치자 성공일 반장이 화재 현장으로 진입했다"고 말했다. 현장에 있던 구급대원 중 한 명은 "집주인 할머니에게 할아버지가 진입한 위치를 정확하게 듣고 거실 쪽 진입로로 갔는데 모자를 쓴 중년 남성이 창문을 깨고 있었다. 위험하니 떨어져 계시라고 제지하는 순간 '실컷 소방대원들 불러놨더니 아무것도 못 하고 있냐'며 욕하고 소리를 질렀다. 지금 생각해 보면 그때가 성공일 반장이 내부로 진입한 직후였던 것 같다"고 진술했다.

조사위는 목조건물 화재 특성이나 플래시오버(flashover: 순식간에 화염에 휩싸이는 현상) 등 위험 상황에 대한 예측이 미흡했던 점도 문제로 지적했다. 또 고 성공일 소방관이 2022년 1월부터 4월까지 광주소방학교에서 신임자 기본교육을 마치고 5월 김제소방서로 발령 난 10개월의 짧은 경험을 갖춘 소방관이었다는 점과 격앙된 관계자 주민의 다급한 인명 구조 요청, 진입 강요에 보고 없이 단독으로 내부 진입을 감행한 점 등을 순직을 막지 못한 이유로 꼽았다. 무엇보다 현장으로 출동한 소방관들이 재난 현장 표준작전 안전관리 절차인 SOP와 SSG를 미준수했다고 봤다.

SOP 201 화재 대응 안전관리 표준작전 절차에서는 현장 안전 확보 전 대원 진입을 보류해야 하고 현장 진입대원은 안전을 확인한 후 2인 1조로 현장에 진입해야 한다. 이때 진입대원 현황 파악과 관리는 지휘부에서 맡아야 한다. SSG 1 현장안전관리 표준지침에서도 현장 대응은 2인 1조로 안전이 확보된 상태에서 활동해야 한다고 명시돼 있지만 이를 준수하지 않았다는 분석이다. 게다가 조사위는 최초 원활하지 못한 수관(水管, 소방 호스) 전개와 펌프차, 화재 건축물과의 거리를 잘못 판단해 불필요한 수관을 추가 연장하면서 최초 방수가 지연된 점도 지적했다. 펌프차와 화재 현장의 거리는 28m로 4본(60m)으로 충분한 거리에서 2본을 추가 연장하면서 시간을 지체했기 때문이다. 안타깝게도 고(故) 성공일 소방관은 수관과 파괴 장비를 휴대하지 않은 상태에서 건물 내부로 진입했다. 인명구조경보기가 미작동인 상태에서 활동한 사실도 확인됐다.

셋째, 환경적 측면에서, 사고 현장이 목조주택이라 옥내외 다량의 가연물 때문에 최성기에 이르는 시간이 짧고 고온이었을 것으로 판단했다. 선착대 현장 도착 단 3분 만에 주택 지붕 전체로 연소가 확대돼 플래시오버와 여러 차례 소규모 폭발, 지붕 붕괴 등에 따른 인명 구조와 화재 진압에 어려움이 있었을 거란 분석이다.

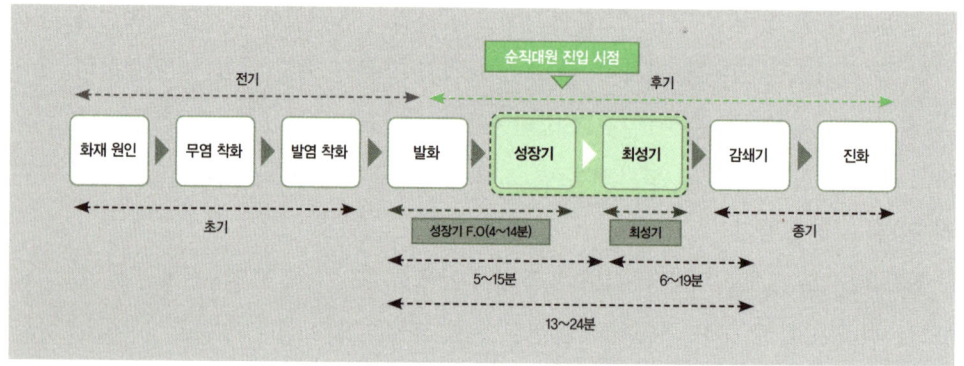

출처: 소방방재신문(https://www.fpn119.co.kr/), 2023.11.8.

[그림 11-3] 목조건축물의 화재 메커니즘

특히, 마을 진입로와 주택 진입로가 협소했고 야간 시간대라 장애물 인지가 어려웠던 점, 현장 주변 격앙된 주민의 통제가 필요했던 점, 인근 소화전이 1.3㎞ 거리에 위치해 급수환경이 다소 불리했던 점 등도 사고 원인으로 지목했다. 신고 접수 당시 "구조 대상은 없는 것 같다"는 정보가 입수됐으나 선착대 현장 도착 시 긴박하게 인명 구조 상황을 인지한 것도 문제로 봤다. 순직사고 재발 방지를 위한 방안으로 핵심 과제,

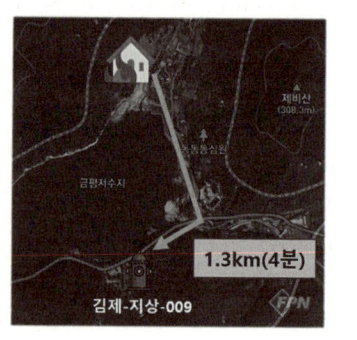

출처: 소방방재신문(https://www.fpn119.co.kr/), 2023.11.8.

[그림 11-4] 화재 당시 진입로 및 소화전 위치

안전 매뉴얼 작동 과제, 중·장기 연구 과제 등 세 가지 틀 내 열세 가지 세부 추진 과제를 설정했으며, 소방청은 대다수 과제에 대해 관련 대책을 마련하고 중·장기 과제로 분류된 사안에 대해서도 2024년까지는 모두 완료하겠다는 방침이다.

핵심 과제로 선정한 사항은 모두 민첩하고 유연한 소방력 운영 방안 및 신임자 등 안전사고 고위험군 집중관리, 현장 중심의 교육·훈련 운영으로 대응 역량 강화, 절대 불변 기본 원칙 준수, 현장지휘관 등 역량 강화, 안전관리 책임 강화를 위한 문책 처분 가이드라인 마련 등 다섯 가지다. 우선 소방력 공백 발생을 막기 위해 최소 출동 소방력 유지를 위한 소방기관 간 연계 소방력의 배치·운용과 선착대 최소 출동 소방력을 진압 3인, 구급 2인 이상으로 편성하고 1일 근무자 상황을 고려해 자체 출동대 인력을 조정한다. 출동이 적은 지역대는 119안전센터로 통합하고 화재 진압 인력을 119안전센터로 재배치한다. 지역대는 구급 기능 위주와 출동 전진기지로 개편할 방침이다. 충분한 소방력 확보를 위해서는 시·도별 정원 보충을 활성화하고 중·장기로 결원을 보충 채용할 계획이다. 권역별(소방서 3~5개) 지휘 체계 구축과 행정 기능 통합을 위해 중심 소방서제를 추진하고 현장 인력을 추가 배치한다.

또한, 새내기 소방관의 순직사고 재발을 막기 위해 신규 임용자 등 안전사고 고위험군에 대해 집중적으로 관리하는 방안도 추진한다. 이를 위해 대학교 소방학과 교수협의회와 협의해 '소방현장안전관리론' 표준 교재를 개발하고, 이를 '소방학개론' 시험 범위에 포함하는 방안을 마련한다. 신규 임용자 교육과정 설계 시 '현장 활동 안전대응 실무' 과목도 편성하기로 했다. 이 밖에도 현장안전점검관(담당) 중심 신규 임용자 등 안전교육 시행과 점검 등을 통해 신규 임용자에 대한 안전사고 발생률을 줄이기 위한 노력을 이어 나간다. 모든 소방관의 안전 대응 역량 강화 방안으로는 현장 중심의 교육·훈련을 진행한다. 직장 훈련 총량 목표관리제를 본격 시행해 소방전술을 반복 숙달하는 실질적이고 체계적인 직장훈련을 마련한다는 방침이다. 또 신임 교육 시 교육 기간이나 내용, 평가, 졸업 등 전반에 걸쳐 현장성이 강화된 기준을 적용하고, 계급별 맞춤형 기본교육·훈련 강화 등 생애주기 교육·훈련을 개선하기로 했다.

특히, 현장 인력 다수가 신규 임용자로 구성돼 현장 경험이 부족하다는 맹점을 타파하고자 화재 읽기 기반 실화재교육·훈련을 전개한다. SOP 등 미준수와 현장지휘관 역량 부족이 사고 원인이라는 점을 고려한 대책도 추진한다. 먼저 2인 1조 현장 활

| 현행 | | 개선 | | |
|---|---|---|---|---|
| | (필수) | | (필수) | (선택) |
| 소방정 | 소방정책관리자 | 소방정 | 소방정책관리자 | 전략지휘관 |
| 소방령 | 지휘 역량 | 소방령 | 관리 역량 | 고급지휘관 |
| 소방경 | 지휘 역량 | 소방경 | 관리 역량 | 중급지휘관 |
| 소방위 | | 소방위 | 관리 역량 | 초급지휘관 |
| 소방사 | 신임 교육 | 소방사 | 신임 교육 | |

출처: 소방방재신문(https://www.fpn119.co.kr/), 2023.11.8.

[그림 11-5] 강화된 생애주기 교육 · 훈련

동과 화재 현장 인명구조 활동 시 수관(소방 호스) 필수 휴대 등 현장 소방활동 '절대불변 기본 원칙' 준수를 강조하고 반복 교육을 진행할 계획이다. 현장지휘관에 대해서는 시·도 본부별 현장 안전관리 계획을 넣은 지휘 역량 강화대책을 수립·시행한다. 대책에는 현장지휘관 역할 중에는 현장 안전관리 계획뿐 아니라 현장 활동대원 통제(장악)계획, 위험감수계획 등을 포함하도록 할 예정이다. 안전관리 책임 강화를 위한 문책 처분 가이드라인도 마련한다.

안전 매뉴얼의 실질적인 작동을 위한 과제로는 현장 소방활동 안전관리 기본 원칙 재정비, 안전관리 인식 개선(안전 슬로건 개발), 전국 소방공무원 순직사고 재발 방지교육 추진, 현장안전점검관 전문 역량 강화, 초기 화재 현장 소방·경찰 공동 대응 체계 재정비 등 다섯 가지와 먼저 현장 소방활동 안전관리 기본 원칙 일부 개정을 통한 재정립을 추진한다. '소방공무원 현장 소방활동 안전관리에 관한 규정' 별표3에 포함된 10대 기본 원칙을 '현장 대응활동 시 최소 2인 1조로 안전이 확보된 상태에서 활동한다', '현장지휘관은 대응 우선순위 및 전략 선택 시 위험 감수계획을 포함해 결정한다' 등을 더해 12대 원칙으로 확대한다.

또 그간 화재나 재난이 발생하면 "가장 먼저 들어가고, 가장 마지막에 나온다(First in, Last out)"는 숭고한 정신을 당연시했던 인식을 바꾸기 위해 현장안전 필수 원칙 슬로건을 공모하고 전국 소방공무원 순직사고 재발 방지 교육을 마련한다. 2022년 12월부터 운영 중인 현장안전점검관의 전문 역량 강화 방안도 추진한다. 이를 위해 안전관리정책 소통 커뮤니티를 운영하고 특별과정 위탁교육을 진행한다. 이번 화재 현장에서 군중이 통제되지 않아 수관조차 휴대하지 못한 채 주택 내부로 진입한 문제점을 해소하기 위한 방안으로는 경찰의 군중통제(관계자 이격) 등 소방활동에 대한 적극적인 지원·협조 체계를 마련하기로 했다.

중·장기 대책으로는 화재 현장 소방대원 시야 개선 장비 개발, 대원 생체 신호 실시간 안전관리 시스템 개발, 신속동료구조팀의 효율적 편성·운영 방안 연구 등 세 가지 과제를 선정·추진함과 화재 현장 속 짙은 연기로 인한 시야 제한 문제를 해소하기 위해 열화상카메라 기반 영상처리기술을 적용한 장비를 개발한다. 또 심박 수나 호흡, 맥박 등 생체 신호를 통한 대원 안전장비를 보급하기 위해 대원 생체 신호 실시간 안전관리 시스템을 개발해 나간다. 재난 현장에서 동료를 구조하는 신속동료구조(RIT)팀의 효율적 편성·방안에 관한 연구는 2023년 11월까지 완료할 예정이다. 이 연구에서는 전국 소방관의 순직사고와 고립 안전사고 데이터를 수집해 원인을 분석하고, 고립 안전사고 발생 시 RIT 수색 방안을 도출할 계획이다. 또 국내·외 RIT 운영 사례 분석을 통해 국내 단위별 RIT조직 편성(안)을 마련한다.

선착대장은 "현장 도착 시 실내 진입 불가로 판단했다"고 진술했지만 상황 판단 후 선언적인 위험성 전파나 지휘 선언, 대응 우선순위 결정, 대원 단독 행동 통제, 긴급 탈출 지시 등 전반적인 지휘활동을 불이행했다는 게 조사위 판단이다. 다만 "당시 단위지휘관, 펌프차 운전, 현장안전담당 역할을 겸임함으로써 현장 도착 즉시 지휘보다 펌프차 조작에 치중해 단위지휘관 역할 수행에 한계가 있었고 순직대원은 보고 없이 주택 내부로 진입했다"는 선착대장 진술을 고려했다. 금산센터장 역시 근무지정·출동대 편성, 직원 안전관리 교육 등의 책임을 물어 '신분상 조치'가 필요하다는 의견을 제시했다. 근무지정권자인 센터장이 구급대 중심 출동대를 편성·운영한 결과 화재 현장 2인 1조 현장 활동 기본 원칙 준수가 원칙적으로 불가능한 상황을 초래했다는 견해다.

현장 의견이 반영된 조사 결과는 안전관리 실태 점검의 정례화, 안전사고의 기준 정립, 안전교육을 위한 교재 및 교안 마련 등의 정책으로 마련됐으며, 이를 제도화하기 위한 「소방공무원 보건안전관리 규정」의 개정이 2019년 7월에 완료됐다. 이에 인명피해 감소를 최우선 목표로 설정해, 외상 후 스트레스 장애(PTSD) 등 정신질환 및 질병이 공상으로 인정받기 어렵고, 해당 직원에 대한 법률적 지원 제도가 미흡해 정신·신체·경제적 피해와 공상 인정을 위한 법적 대응에 따른 부담감이 여전했다. 신체적·경제적 어려움을 조기에 극복해 직무에 원활히 복귀할 수 있도록 국가 차원의 공상 지원 시책의 강화와 공상 치료비를 국가가 선(先)지원해 본인 부담을 해소하고 정신질병으로 인한 자해·자살자도 공무상 요양 승인이 인정될 수 있도록 확대했다.

2017년 9월 소방공무원 법률 지원을 위해 대한변호사협회와 업무 협약을 체결하고 그간 공상 연관성 입증을 당사자 또는 유가족이 부담해 오던 불합리함을 해소하기 위해 「공무원 재해보상법」 일부개정안을 발의(2018.11.16.)했다.

현장 업무 수행 중 발생한 재해로 사망 또는 부상을 당한 경우 공무상 연관성을 인정받지 못해 고통받고 있는 소방공무원과 가족의 처우 개선 및 사기 진작을 위해 순직·공상 입증 지원(한림대학교병원 위탁 → 역학보고서 작성, 필요 시 추가 검진비 지원, 소송 시 보고서 작성, 소방공무원 직업병 관련 조사 등)을 하고 있고, 순직·공상 등 소방공무원 재해 발생 시 업무 처리를 쉽게 하기 위해 "소방공무원 재해보상 지원 업무 편람"과 "순직·공상 소방공무원 재해보상제도 안내" 리플릿을 제작해 각 시·도에 배부했다.

### 1) 소방공무원의 노동 시간 단축을 통한 정책 개선 방안

소방 업무는 모든 종류의 재난 대응 및 안전 업무를 전담하는 단위로 업무 영역이 지속적으로 확대돼 왔으며, 이에 따라 그 기능과 역할을 더욱 강화할 필요성이 있다. 따라서 장기적으로 소방의 범위가 확대됨에 따라 소방조직의 기능 확대가 불가피하고, 이를 반영한 업무환경의 개선 방안을 제도적으로 보장해야 한다. 소방공무원들의 장시간 근로로 인한 건강상 문제와 고용의 질을 개선하고 동시에 근로 시간 단축을 통한 일자리 창출을 위해서는 장기적으로 4조 2교대제의 점진적인 확대를 적극적으로 검토해야 한다. 단, 4교대를 실시할 경우 주당 노동 시간이 40시간으로 현행 3교대 근무 체계 기준 1개 팀이 더 필요하며, 이는 현행 3교대 근무 체계 기준으로 산정한 인력 충원 계획에 추가적인 증원 계획을 포함해야 한다.

현재 교대근무 체계의 개선 방안과 관련해 현장근무 소방공무원의 선호는 4조 2교대와 당, 비, 비¹⁾ 안(案)에 대한 선호가 비슷하지만 4조 2교대에 대한 선호가 약간 높고, 소방청에서는 24시간 연속 근무를 해야 하는 당, 비, 비 속성상 업무 연속성 결여, 피로도 누적에 따른 안전사고 등을 이유로 당, 비, 비 안에 대한 우려를 표하고, 반면 당, 비, 비 지역 근무자의 만족도는 높게 나타났다. 그러나 당, 비, 비 지역의 경우 애초에 출동 건수가 낮은 지역에 해당하며, 출동 건수가 많아질 경우 피로도는 급격히 증가한다는 연구 결과도 있다. 따라서 24시간 근무는 피로도가 가중돼 소방 서비스의 질을 저하시킬 우려가 있으며, 업무 단절의 폐해도 고려해야 한다.

당, 비, 비의 시행으로 인해 직무 스트레스를 경감할 수는 있을 것으로 예상되며, 현장근무 소방공무원들의 당, 비, 비 또는 4조 2교대 선호는 상호 배타적인 선택 사항이기보다는 장기적인 교대제 개편안으로서 4조 2교대에 대한 동의와 4조 2교대를 실시하기 위한 충분한 인력 증원이 당장은 현실적으로 어렵다는 점을 감안해 가능한 한 최대의 휴식 시간을 확보할 수 있는 당, 비, 비를 현재 합리적 대안으로써 선호하는 것으로 파악된다. 지역 특성, 업무 형태, 소방 여건, 출동 건수 등을 종합적으로 고려해 교대근무제를 운영함으로써 4조 2교대와 당, 비, 비를 상호 보완적으로 활용할 수 있을 것으로 보며, 당, 비, 비를 확대할 경우 일 평균 화재, 구조·구급 출동 건수 등을 고려해 선택적으로 실시하고, 출동이 많은 부서는 추가적인 인력 증원 시 4교대 근무 형태로 전환함으로써 단계적으로 교대제 개편 방안을 마련할 수 있다.

소방공무원들의 장시간 근로로 인한 건강상의 문제와 고용의 질을 개선하고 동시에 근로 시간 단축을 통한 일자리 창출을 위해 장기적으로 4조 2교대제의 점진적인 확대를 적극적으로 시행해야 한다. 일선 소방공무원들 또한 4조 2교대의 선호가 높게 나타나고, 4조 2교대(주간 40시간)는 주간 노동 시간을 52시간으로 단축하려는 정부의 정책 방향과도 부합한다. 현장 활동 소방공무원 인력을 4조 2교대로 전환할 경우 부족한 현장 활동 인력은 36,492명으로, 소방청이 현행 3교대를 전제로 산출한 부족 인력 19,254명보다 17,238명이 더 많으며, 4조 2교대의 전환은 점진적인 접근이 필요할 것으로 판단된다.

---

1) 당, 비,비란 당직+비번+비번을 말하는 약자로, 24시간 근무하고 48시간 쉬는 형태로 주로 거리가 멀고 출동 건수가 적은 소방서에서 시용하는 교대 근무의 한 종류.

4조 2교대의 전면 시행은 시간을 요하는 것이므로 합리적인 교대제 개선 방안이 요구되며, 현재 시행 중인 교대제 중 소방공무원들의 건강과 소방 서비스의 질을 담보할 수 있는 교대제의 확대 시행을 검토할 수 있을 것이다. 그러나 현재 합리적인 교대제에 대한 기준을 판단하는 데는 소방청과 일선 소방공무원 간에 이견이 존재하며, 일선 소방공무원들에 만족도 및 선호도가 높은 편인 당, 비, 비 근무제에 대해서 소방청은 24시간 근무로 피로도가 가중, 업무 연속성 결여 등으로 소방 서비스의 질이 저하될 것에 대한 우려와 내부적인 이견에 대해서는 직원들의 의견 수렴과 절차적 공정성을 확보해 정책결정을 할 수 있는 방안을 마련하는 것이 바람직할 것이다(채준호 외, 2017).

## 2) 교대근무의 업무 수행과 소방공무원의 안전에 미치는 영향

근무 시간이 늘어나는 직원은 불면증, 피곤함, 예민함, 만성 수면 부족으로 고통을 경험할 위험성이 증가하고 있다.

> "여기 온 지 두 달 됐는데 와서 불면증이 많이 늘었어요. 왜냐면 저녁에 한 50번 정도 띵동띵동 하니까요. 여기 있는 모든 출동 벨이 울려요. 쉬고 있지만 내 소리인가 항상 확인해야 하거든요 … . 여기서 한 번 잠을 못 자면 그 다음날은 쉬는 날인데 밖에서 활동을 못해요. 집에서 자야 할 거 아니에요. 그 다음날은 뭐 좀 하고 싶은데 아, 또 야간근무지, 그럼 집에 좀 있어야겠다 해요. 그래서 일주일에 56시간 하지만 근무 부담은 한 100시간 되는 것 같아요."
>
> (Jws소방서 진압대원 인터뷰, 2017년 9월)

교대근무는 소방공무원의 부상과 사고에도 크게 영향을 미치는데, 근무 교대 시간이 늘어나면 피곤감이 증가하며, 피곤함은 두뇌의 명민함에 영향을 미치고, 집중력 장애, 판단력 실수, 느슨한 긴장감을 가져올 수 있다.

> "진압이나 출동이 많지 않아도, 아니 출동이 없을수록 더 위험한 경우가 많아요. 오히려 대형 사고는 출동 나갈 때보다는 출동이 아닐 때 안전사고가 많죠. 주위에 보면, 크게 다치고 그런 사람은 별로 없어도 사고 날 뻔한 상황은 진짜 많아요."
>
> (Jba소방서 구조대원 인터뷰, 2017년 9월)

교대근무가 단기적으로 건강에 미치는 영향을 보면, 교대근무 시간이 늘어난 직원들은 수면장애, 소화장애, 정신적 고통, 난임 및 유방암 등의 발생률이 증가하며, 또한 당뇨와 전립선암 및 직장암 같은 질병이 증가한다.

> "주간근무는 아니잖아요. 근데 근무 시간이 길다 보니까 몸에 변화가 있긴 해요. 실제로 몸에 뭐가 생기기도 하고, 호르몬 불균형으로 잠을 못 자기도 하고, 피로도 깊게 쌓이고 아무리 자도 피로가 확 풀리지가 않아요. 일을 하고 싶을 때 컨디션이 좋아야 되는데…, 이런 악순환, 이런 컨디션으로 최상의 상태로 일을 할 수 있을까 하는 생각도 들고요."
>
> (Jws소방서 구급대원 인터뷰, 2017년 9월)

또한 교대근무자들은 극도의 피로, 탈진, 업무 스트레스, 심리적 건강문제 등에도 영향을 미친다.

> "외관상 육체적인 부상이나 이런 건 없더라도 내상을 입은 사람이 많아요. 건강이 안 좋아지고요. 야간에 잠 안 자고 돌아다니고 활동하다 보니까 건강이 많이 안 좋아지죠."
>
> (Jba소방서 진압대원 인터뷰, 2017년 9월)

### 3) 교대근무 형태에 대한 현장 소방공무원의 선호도

현장의 소방공무원은 시민의 생명과 재산을 지키는 자부심이 있지만, 불규칙한 근무 체계로 인해 건강과 현장의 소방활동에도 영향을 미친다. 특히, 3조 2교대로 근무하는 소방공무원의 주간 평균 근로 시간이 56시간에 달하는 등 개선이 필요하며, 3조 1교대 근무는 1일(24시간) 근무 후 2일 휴무하는 근무 형태로, 3조 2교대와 주당 근무 시간은 같지만, 근무 주기가 규칙적으로 배치되고 충분한 휴식을 보장한다는 점에서 현장의 선호도가 높은 것으로 나타났다.

2022년 서울기술연구원의 조사 결과에 따르면, 서울소방 교대근무자 5,864명 가운데 3조 2교대 근무자가 82%(4,808명)로 가장 큰 비율을 차지했고, 3조 1교대 근무자는 14%(831명), 4조 2교대 근무자는 2%(168명)에 불과했다. 서울소방의 교대근무 형태와 관련해 최종 목표는 4조 2교대이며, 우선 구급대부터 인력 충원이 이뤄져 4조 2교대 확대 시행, 구조, 진압, 지휘대의 경우 인력 확충이 돼 4개조가 되기 전까지는 21주기와 당, 비, 휴를 병행 실시한다(예시 1: 소방서 내 5개 안전센터 중 3개는 당, 비, 휴, 2개는 21주기), (예시 2: 25개 소방서 중 15개는 당, 비, 휴, 10개는 21주기).

결과적으로, 긍정적인 면은 신체·정신건강 유병률 감소, 직원 복지 유리, 안전사고 및 민원 발생 감소, 현장지휘 혼선 감소, 현장적응성 증가, 업무 연속성 결여, 기피관서의 선호 관서로 전환 등이며, 부정적 의견으로는 부정적 국민 여론으로 4조 2교대 인력 확충에 장애, 내근직원의 상대적 박탈감, 내근 기피 현상 우려 등이다. 따라서 당, 비, 휴가 21주기보다 건강에 유리(국내 연구논문, 해외 연구논문-생체 리듬)하다는 자료와 해외 소방관 교대근무 체계 사례를 바탕으로 정책 개선을 해야 한다.

〈표 11-5〉 교대근무 체계 개선 방안

| 구분 | 현행 근무 체계<br>(3조 2교대) | 개선 근무 체계<br>(4조 2교대+3조 2교대+3조 1교대) | 최종 근무 체제 |
|---|---|---|---|
| 구급대 | 21주기 → | 21주기 유지 → | 4조 2교대 우선 실시 |
| 구조, 진압, 지휘대 | 21주기 → | 21주기 + 당, 비, 휴 → | 4조 2교대 |

출처: 전국소방공무원노동조합(서울소방지부), 검색일 : 2023.11.9.

"이전 9주기에 비해 약간 불편한 점도 있지만 대체로 만족해요. 윗사람들 보기에 업무 연속성이라든가 몸이 피로가 누적되다 보니 안전사고 이런 부분 제일 걱정했거든요. 저도 반대를 했었어요. … 한 달쯤 지나니까 우려했던 부분이 별로 문제가 없고 괜찮아요. 업무 연속성이라든지 안전사고 이런 부분도 중간 휴식타임이 있잖아요. 그래서 충전하는 시간도 좀 있고, 또 오히려 그날 업무를 자기가 다 책임지고 끝내야 하는 상황이에요. 예를 들어 주간만 하고 야간에 퇴근하면 바쁘고 그러면 다음 팀한테 좀 넘기고 가야지 하는 마음이 있었는데 당번하다 보면 하루 종일 풀로 하다 보니 자기가 해야 한다는 책임감은 더 있고요. … 구급 파트만 좀 힘든 것 같아요."

(Jba소방서 진압대원 인터뷰, 2017년 9월)

"5월 달에 처음 실시했는데, 구급 팀이 있거든요. 근데 전하고 비교해 보자면 조금 힘든 부분이 있어요. 일단 출동 건수 자체가 많으면 힘들어요. 이틀 쉬는 걸로 보상을 받으니까 그러지, 업무만 생각했을 때는 좀 부담스러운 부분이 있어요. … 제가 알기로는 당, 비, 비에 대해서 주로 상황실하고 1급서 구급대에서 반대를 많이 하는 것 같아요. 1급서 진압대 쪽은 거의 찬성을 했고. 구급대는 지금 2급서 구급대도 당번을 하니까 벌써 피로가 누적이 되잖아요. 근데 1급서는 더 그렇겠죠. 또 상황실 거기도 한 사람이 계속 앉아서 4시간씩 자리를 지키면서 119신고 접수를 받아야 되거든요. 그 사람들이 하루 종일 근무하게 되면 엄청 피로가 누적되죠."

(Jba소방서 구조대원 인터뷰, 2017년 9월)

"저희 평가 기준 같은 경우 예를 들어 OO면 **지역이라고 생각해 볼게요. 거기는 출동 건수가 예를 들어 3건이라고 해봐요. 3건인데 거기에서 대학병원까지면 왔다 갔다 하면 3시간이에요. 이 숫자로 나타나지 않는 것이 있다 이거죠. [숫자로만 보면] 거기는 3건이고, 여기 1급서는 15건이지만, OO면에서 예를 들어, 대학병원까지 2건, OO면 시내 1건 이렇게만 하면 그 시간만 해도 차에 있는 시간이 5시간, 6시간이 돼요. 이런 것들이 좀 불합리하죠. 이게 합리적인 평가 방식은 아니죠. 여기 1급서 같은 경우 출동은 많지만 출동력이 강하고. 예를 들어 화재 출동이 나면 인원이 10명이든 차가 5대든 이렇게 다 나가거든요. 그런데 저기 OO지역 같은 데나, 거기보다 더 못한 2인 지역대가 있어요. 거기는 화재 출동 나가면 15분 20분 동안 그 2명이 버텨야 돼요. 어떤 상황이든 둘이 해결해야 돼요. 여기는 10명이든 20명이든 해결할 수 있잖아요. 장비도 사람도 많고. 출동 건수로 비하면 여기가 훨씬 많지만, 난이도가 그 쪽이 쉽다고는 볼 수 없어요. 출동 많고 고생하고, 출동 없고 편하고, 뭐 그렇게 생각할 수도 있죠. 하지만 그런 데는 2명이 다 감당을 해야 하니까 그것도 쉽지가 않아요."

(Jwa소방서 구조대원, 2017년 9월)

## ❸ 재난 및 안전관리에 관련된 국가 등의 책무

### 1) 국가 및 지방자치단체

국가와 지방자치단체는 재난이나 그 밖의 각종 사고로부터 국민의 생명·신체 및 재산을 보호할 책무를 지고, 재난이나 그 밖의 각종 사고를 예방하고 피해를 줄이기 위해 노력해야 하며, 발생한 피해를 신속히 대응·복구하기 위한 계획을 수립·시행해야 한다.

### 2) 재난관리책임기관의 장

재난관리책임기관의 장은 소관 업무와 관련된 안전관리에 관한 계획을 수립하고 시행해야 하며, 그 소재지를 관할하는 특별시·광역시·특별자치 시·도·특별자치도와 시·군·구의 재난 및 안전관리 업무에 협조해야 한다.

### 3) 국민

국민은 국가와 지방자치단체가 재난 및 안전관리 업무를 수행할 때 최대한 협조해야 하고, 자기가 소유하거나 사용하는 건물·시설 등으로부터 재난이나 그 밖의 각종 사고가 발생하지 아니하도록 노력해야 한다.

### 4) 행정안전부 장관

행정안전부 장관은 국가 및 지방자치단체가 행하는 재난 및 안전관리 업무를 총괄·조정한다.

### 5) 다른 법률과의 관계 등

재난 및 안전관리에 관해 다른 법률을 제정하거나 개정하는 경우에는 이 법의 목적과 기본 이념에 맞도록 해야 한다. 재난 및 안전관리에 관해「자연재해대책법」등 다른 법률에 특별한 규정이 있는 경우를 제외하고는 이 법에서 정하는 바에 따른다(법제처, 2023).

## 4 재난 현장에서 소방관의 의사결정과 선택

소방관은 불길이 번지는 화재 현장에서 모두가 매캐한 연기를 피해 달아날 때 불길을 향해 뛰어드는 유일한 사람이다. 자신의 목숨보다 남의 목숨을 먼저 생각하는 용기도 중요하지만, 꼭 갖춰야 하는 자질이 바로 냉철하고 신속한 의사결정 능력이다. 무조건 뛰어들기만 한다고 구조가 이뤄지지는 않기 때문이다.

저자의 수많은 대형 재난 현장 경험과 32년의 소방행정 및 정책, 보건·안전, 재난 심리학 연구 성과를 책 한 권에 담기에는 너무 방대하다. 저자는 재난 현장의 한복판에서 말로는 형언할 수 없는 곳으로 독자들에게 전하고 싶다. 최일선에서, 소방지휘관으로서, 인생의 가장 어두운 시간을 지나는 사람들을 최악의 운명에서 구해 내기 위해 고군분투했으며, 동료들 중 누구를 타오르는 건물 안으로 들여보낼지, 그리고 그들이 불길을 어떤 방식으로 잡아야 할지를 결정한다. 모든 선택지가 소진됐다는 판단이 들거나 상황이 더 이상 희망이 없다는 판단이 들면 대원들을 현장에서 철수시키는 명령도 내린다.

지휘관이 내리는 모든 결정 하나하나가 생명의 무게를 짊어지고 있다. 게다가 정보는 불확실하고 숙고할 시간이 턱없이 부족한데, 모든 이가 지휘관의 결정을 기다리고 있다. 행동심리학적 관점에서 도저히 맑은 정신을 유지하기 힘든 상황에서 감정이나 충격에 사로잡히지 않고 꼭 필요한 판단을 내릴 수 있는 요령은 무엇일까? 저자는 자신의 업무 경험과 연구 결과를 토대로 최선의 의사결정법이 무엇인지 고민하고 제시한다.

예를 들면, 우리는 중요한 의사결정을 내릴 때 직관에 의지하는 경우가 많을까? 아니면 분석적으로 접근하는 경우가 많을까? 저자는 지휘관의 헬멧에 카메라를 부착해 지휘관들이 현장에서 어떤 방법으로 의사결정을 하는지 다양한 연구 결과를 보면, 지휘관들은 직관적 의사결정에 의지하는 경우가 그들 스스로가 생각하는 것보다 훨씬 많았다. 그동안 소방 지휘관들이 대부분의 경우에 분석적으로 의사결정을 한다고 생각하고, 그에 맞는 훈련과 사후평가를 했는데 실상은 달랐던 것이다.

이런 연구 결과에서 그치지 않고 직관적 의사결정에 맞는 훈련법과 현장 매뉴얼, 사후 평가 방법을 고민했다. 연구는 '구조대 임무 수행 지침', '긴급구조기관 간 협업 원칙' 등 소방관들이 사용하는 매뉴얼에 반영함으로써 실질적인 변화를 이끌어 냈다. "오늘날 우리가 살아가는 터전은 계산이 불가능하고 정확한 예측이 불가능한 위험이 도처에 널려 있는 위험사회다." 코로나19(COVID-19) 사태에 대해 전 세계는 팬데믹을 선언하면서 코로나19는 공식적인 '재난'이 됐고, 초유의 위기 상황을 마주한 사람들은 두려움을 느끼면서도 하루빨리 삶이 '정상'으로 돌아가기를 고대하고 있으며, 전 세계를 덮쳤던 코로나 바이러스는 이제 대중의 관심을 잃었지만 여전히 사망자를 내고 있다.

대형 재난사고가 터질 때마다 국가 또는 정부가 새로운 재난관리기관을 통·폐합 또는 설립하며, 어떤 방향으로 나가야 제대로 된 재난관리가 될 것인가? 항상 수많은 재난이 일어날 때마다 우리에게 주는 교훈은 고통과 감당해 내야 할 인내다. 특히, 국가와 지역사회의 재난을 예방하고 대응하는 정부와 대응기관, 그리고 국민들 개개인의 공동체의 의식이 있어야 효율적인 재난관리가 성공할 수 있다는 점을 강조하고 싶다. 재난관리에 적극적으로 참여하고, 정부로 하여금 항상 관심과 움직일 수 있게 하는 힘은 국민들로부터 나온다는 믿음이라고 감히 말할 수 있다.

더욱 중요한 것은 국민들 개개인이 안전불감증으로부터 자유로우며, 또한 누구나 당할 수 있는 재난에 대비하고, 재난이 발생했을 때 어떻게 해야 소중한 재산을 지킬 수 있으며, 나아가 생명을 지킬 수 있는가에 대한 계기가 되기를 바라는 마음이다. 국민의 안전과 소방관 개인의 안전을 위해 현장 활동은 지휘관의 리더십의 육성과 더불어 소방관 스스로가 안전의식을 높일 수 있는 환경을 조성해야 한다. 다시 말해, 소방조직과 조직구성원 간 신뢰를 쌓을 수 있는 환경을 만들어야 할 것이다. 소방환경의 변화는 이해를 높일 수 있도록 모든 조직구성원이 조직의 정보를 비밀 없이 공유하고 공개함으로써 조직의 상황에 대한 이해와 공감대를 형성해야 한다.

이러한 의사소통이 이뤄질 수 있는 환경이라야 안전에 관한 관심과 활동을 유도할 수 있을 것이다. 따라서 소방조직의 조직구성원 전체의 방향성만 제시하는 비전만을 제시하는 것이 아니라 조직구성원 개개인이 해야 할 바를 정확히 제시해 줘야 한다. 지속적인 교육과 훈련은 소방공무원의 현장에서의 대처뿐만 아니라 소방 내부에서 이뤄지는 안전규칙과 규칙의 이해도를 높일 수 있는 교육을 해야 한다.

과거부터 최근까지 대형 재난을 살펴보면, 1994년 성수대교 붕괴사고와 아현동 도시가스 폭발사고, 1995년 삼풍백화점 붕괴사고, 1999년 화성 씨랜드 청소년수련원 화재사고, 2003년 대구지하철 화재참사, 2012년 구미불산 가스 유출사고, 2014년 세월호 침몰사고, 2017년 제천·밀양화재사고, 2019년 강원도 고성-속초 산불 화재, 2020년 이천 물류센터 공사장 화재사고, 2021년 이천쿠팡 물류센터 화재사고, 2022년 이태원 참사 등, 그리고 기후 변화로 인해 점점 거세지는 태풍의 피해, 산사태, 홍수 등 크고 작은 재난사고를 수없이 겪었고, 앞으로 겪을 수도 있다.

안타까운 생명과 재산을 잃어버리고, 상상을 초월하는 국고를 쏟아 넣으면서도 왜 이런 재난을 반복해서 당해야 하는가? 아마도 압축 성장에서 오는 폐단과 인류의 편리함을 위한 물질문명의 급속한 발달로 인한 역기능적인 현상이라고도 할 수 있다. 설마 그런 일이 일어나지는 않겠지 하는 안전의식의 결여, 안전불감증에 연유된 결과이며, 우리가 항상 혹독한 대가를 치르는 결과라고도 할 수 있다. 재난은 어느 나라, 어느 곳에서나 발생할 수 있고, 발생해 왔으며, 그 재난을 어떻게 슬기롭게 대처할 수 있느냐 하는 것이 선진 사회로 가는 가장 기본이 될 것이다. 예를 들면, 세월호의 선장과 지하철 기관사는 정말 긴박한 상황에서 매뉴얼대로 했는가?

재난관리자의 역할과 직업 윤리의식을 찾아볼 수 있었는가? 재난 대비훈련은 몸에 배도록 받았는가? 피해자들은 그 상황에서 자신들의 생명을 보호하기 위해 어떤 조치는 할 수 없었을까? 좀 더 빨리, 좀 더 현명한 구호 조치가 있었으면 그래도 최소한의 생명이라도 구조할 수 있지는 않았을까? 무서운 태풍이 불어와도 최소한의 피해를 위해 대처할 수 있는 방법이 있지는 않았을까? 모든 사람은 여러 가지 형태의 집단 속에서 집단의 구성원이 되며, 가정이든 학교든 기업이든 국가든 간에 모든 집단에는 리더가 있고 구성원이 있기 마련이다.

소방조직도 청장에서부터 본부장, 서장, 과장, 팀장, 센터장, 구조대장, 구급대장까지 크고 작은 부서에서 직원들을 통솔하는 리더들이 많다. 소방조직의 성패는 효과적인 소방 지휘관의 리더십 발휘와 역량 여하에 달려 있다. 리더의 철학은 조직의 문화가 되고, 리더의 말은 조직의 명분이 되며 리더의 목표는 조직 비전이 된다. 방향키를 잡고 있는 소방 지휘관이 굳은 결의와 강한 행동력을 갖추지 못하면 소방조직의 경쟁력은 낙후될 수밖에 없다. 이것은 소방조직의 생산성과 사기를 떨어뜨리고, 인재의 이탈로도 이어진다. 잘 나가는 소방관서에는 특별한 소방 지휘관의 리더십이 있다. 각종 경연대회 우승, 업무 성과 등 탁월한 성과를 올리며 승승장구하는 소방관서에는 절대적인 공통점이 있다. 바로 유능한 소방 지휘관이 있다는 것이다. 구성원들이 확고한 목표를 중심으로 혼연일체가 돼 지속적인 성과를 내도록 진두지휘하는 것이며, 눈앞의 이익을 넘어 소방관서 조직 전체의 목표와 비전을 창출해 내는 것이 소방 지휘관의 역할이다. 아무리 유능한 실무자들이 많아도 훌륭한 소방 지휘관이 없으면 조직은 방향을 잃고 표류할 수밖에 없다. 소방 지휘관은 단순히 조직을 대표하는 사람이 아니라 현장의 치열함을 이해하고, 이를 바탕으로 적재적소에 유능한 인재를 배치해 조직이 일사불란하고 효율적으로 기능할 수 있도록 조정하는 사람이다.

소방은 특정직 공무원으로 재난 현장에서 위계질서로 무장된 조직이어서 군대조직과 유사하다고 볼 수 있다. 따라서 군대조직의 리더십을 살펴보면 『손자병법』의 리더십을 찾아볼 수 있다. 손자(孫子)는 리더의 조건으로 다음의 다섯 가지를 들고 있다. "조직의 지도자는 지(智), 용(勇), 신(信), 엄(嚴), 인(仁)을 골고루 갖춰야 한다"고 했다. 이 다섯 가지 덕목이 소방관에게도 요구된다고 본다.

더불어 소방공무원의 안전 관련해 혁신 주도 그룹과 핵심 인재 양성을 위한 교육·훈련을 병행해야 한다. 향후 이러한 인력들이 현장지휘관으로 성장하게 되고, 이를 통해 소방조직 전체의 안전문화 확산에 도움이 될 수 있기 때문이다.

# 참고 문헌

## [국내 문헌]

강진령(2013). 「상담심리 용어사전」. 양서원.
권석만(2008). 「긍정심리학」. 학지사.
권순달(2000). 「교육연구의 이해」. 양서원.
권승희 옮김(2019). 「트라우마와 기억」. Levine, Peter A. 지음. 학지사.
권일남 외(2014). 지방공무원 공직스트레스 관리를 위한 교육프로그램 구성, 지방행정연수원 최종보고서.
권정혜 · 김정범 · 조용래 · 최혜경 · 최윤경 · 권호인 옮김(2010). 「트라우마의 치유」. Allen, J. G. (2005). *Coping with trauma: Hope through understanding*(2nd ed.). Washington D. C.: American Psychiatric Association. 학지사.
김경호(2015). 「이미지메이킹의 이론과 실제」. 높은오름.
김계현 · 황매향 · 선혜연 · 김영빈(2004). 「상담과 심리검사」. 학지사.
김광석 · 박종 · 박부연 · 김성길 · 황은영(2014). 소방관의 직무스트레스가 우울 및 피로에 미치는 영향. 「한국콘텐츠학회」, 14(3): 223-231.
김규상(2010). 소방공무원의 노출 위험과 건강영향. 「한국산업안전보건공단 산업안전보건연구원」, 30(4): 296-304.
김금순(2005). 스트레스 반응의 생 행동적 접근. 「서울대학교 간호과학연구 논문집」, 2(1): 61-75.
김남일 · 김승애 · 송용선 · 채진(2015). 「심리학개론」. 동화기술.
김득란 · 유효순 · 이영애 · 홍순정(2010). 「인간과 심리」. 한국방송통신대학교출판부.
김미라 · 김동영 · 최진(2018). 「소방인을 위한 심리학」. 동화기술.
김사라 · 김유숙 · 이윤선(2018). 소방공무원 직무스트레스 척도개발 및 타당화. 「한국상담학회 상담학연구」, 19(2): 1-23.
김상철(2019). 우리나라 소방공무원의 외상 후 스트레스 장애(PTSD) 결정 요인에 대한 실증석 연구, 재난헌징의 위험 노출과 직무 스트레스를 중심으로. 한성대학교대학원 박사학위 논문.
김성아(2016). 「직무 스트레스의 현대적 이해」. 고려의학.
김아영(2010). 「학업동기」. 학지사.
김영미 · 이기효 · 김원중 · 박영석(2004). 소진 및 대처 유형이 조직시민행동에 미치는 영향: 적십자 혈액원 직원을 대상으로. 「병원경학회지」, 6(4): 87-110.
김용주(2008). 스트레스 진단 및 처방을 위한 전산프로그램 개발, 육군사관학교 화랑대연구소.
김자경 · 강영심 · 안성우 · 박재국(2006). 특수학교교사의 탈진감에 관한 연구. 「특수교육연구」, 4(3): 321-334.
김정호 · 김선주(2006). 「스트레스의 이해와 관리」. 시그마프레스.
김정휘(1991). 교사의 직무 스트레스와 정신, 신체적 증상 또는 탈진과의 관계: A형 성격과 사회적 지원의 효과를 중심으로. 중앙대학교 박사학위 논문.
김정희 옮김(2001). 「스트레스와 평가 그리고 대처」. R. S. Lazarus 지음 대광문화사.
김정희 · 김남희 · 이경숙 · 이나경 · 장인희 옮김(2017). 「심리학개론: 사람. 마음. 뇌과학」. Daniel Cervone 지음. 시그마프레스.

김춘경 · 김숙희 · 최은주 · 류희서 · 조민규 · 장효은(2018). 「활동을 통한 성격심리학의 이해」. 학지사.
김현주(2002). 「상담 및 생활지도」. 상조사.
김현택 외(2003). 「현대심리학 이해」. 학지사.
김현택 · 신맹식 · 최준식 옮김(2011). 「학습과 기억」, Mark Gluck, Eduardo Mercado, & Catherine Myers 지음. 시그마프레스.
김형석(1996). 소음에 의한 환경스트레스. 「한국심리학회지」, 1(1): 96-104.
김혜선 · 유안진(2007). 「인간발달」. 한국방송통신대학교출판부.
네이버지식백과(1995). 「교육학용어사전」.
문형구 · 최병권 · 고욱(2010). 직무스트레스 연구의 동향과 향후 방향. 「조직과 인사관리 연구」, 34(3): 117-187.
민경화 · 김명선 · 김영진 · 남기덕 · 박창호 · 이옥경 · 이주일 · 이창환 · 정경미 옮김(2013). 「심리학개론」. Daniel L. Schacter, Daniel T. Gilbert, Daniel M. Wegner, & Matthew K. Nock 지음. 시그마프레스.
민윤기 · 전우영 옮김(2012). 「마이어스의 심리학 탐구」(제8판). David G. Myers 지음. 시그마프레스.
박윤수(1994). 「상담과 심리치료」. 라빠.
박정민 · 김대성 · 김행희(2012). 직무환경이 소방공무원의 심리적 탈진에 미치는 영향에 관한 연구. 「한국거버넌스학회보」, 19(1): 25-49.
박종수(2013). 분석심리학과 상담. 양명숙 외(2013). 「상담이론과 실제」. 학지사.
방창훈 · 홍외현(2010). 공상 소방공무원의 직무스트레스에 관한 연구: 경북지역을 중심으로. 「한국화재소방학회논문지」, 24(4): 79-85.
법제처(2023). https://www.law.go.kr/
서울대학교 교육연구소(1994). 「교육학 용어사전」. 도서출판 하우.
서혜석 · 강희양 · 이승혜 · 이난 · 윤영진(2017). 「심리학개론」. 정민사.
석혜민(2016). 재난대응 공무원의 정신건강관리 문제점과 개선 방안에 관한 연구, 소방공무원을 중심으로. 서울시립대학교 대학원 박사학위 논문.
선종욱 · 오병섭 · 황덕수 · 김종윤(2010). 「직무스트레스 개론」. 아담북스.
설영환 옮김(1985). 「프로이트 심리학 해설」. S. 프로이트, C. S. 홀, R. 오스본 지음. 선영사.
성태제 · 시기자(2006). 「연구방법론」. 학지사.
송대영(2009). 「인간관계론」. 한국방송통신대학교출판부.
송대영 · 최현섭(2008). 「인간행동과 사회환경」. 여민사.
신성원(2010). 경찰의 폭력피해 경험이 탈진감 및 직무만족에 미치는 영향. 「한국경찰학회보」, 23: 117-142.
신응섭 · 이재윤 · 남기덕 · 문양호 · 김용주 · 고재원(2004). 「리더십의 이론과 실제」. 학지사.
신현정 · 김비아 옮김(2008). 「심리학개론」(제8판). David C. Myers & C. DeWall 지음. 시그마프레스.
양명숙 외(2013). 「상담이론과 실제」. 학지사.
오세진 · 김용희 · 김청송 · 김형일 · 신맹식 · 양계민 · 양돈규 · 이요행 · 이장한 · 이재일 · 정태연 · 현주석(2010). 「인간행동과 심리학」(3판). 학지사.
옥원호 · 김석용(2001). 지방 공무원의 직무스트레스와 직무만족 및 조직몰입에 관한 연구. 「한국행정학보」, 35(4): 355-373.
윤가현 · 권석만 · 김문수 · 남기덕 · 도경수 · 박권생 · 송현주 · 신민섭 · 유승엽 · 이영순 · 이현진 · 정봉교 · 조한익 · 천성문 · 최준식(2013). 「심리학의 이해」(4판). 학지사.
윤명숙 · 김서현(2012). 대학생 외상 경험이 자살 생각에 미치는 영향과 관계만족도의 매개효과분석. 「정신보건과 사회사업」, 40(2): 5-32.

윤명숙·김성혜(2014). 소방공무원의 직무스트레스와 삶의 질 관계에 미치는 우울과 사회적 지지의 다중매개 효과. 「정신보건사회복지학회」, 42(2): 5-34.
은헌정·권태완·이선미·김태형·최말례·조수진(2005). 한국판 사건충격척도 수정판의 신뢰도 및 타당도 연구, 「신경정신의학」, 44(3): 303-331.
이강훈(2008). 경찰공무원의 탈진에 관한 연구: 직무요구 통제 지지 모델을 중심으로, 「한국경찰학회보」, 10(1): 185-205.
이규환(1997). 「그래서 나는 오늘 정신과로 간다」. 그린비.
이부영(1999). 「우리 마음속의 어두운 반려자: 그림자」. 한길사.
이윤주·문명현·송영희·김미연·김예주·김여흠·지연정(2014). 「알기 쉬운 상담연구방법: 학위논문 작성에서 학술논문 투고까지」. 학지사.
이인숙·하양숙·김기정·김정희·권용희·박진경·이나윤(2003). 일개 지역사회 재해 주민의 외상 후 스트레스 장애 정도와 관련 요인 분석. 「대한간호학회지」, 33(6): 829-838.
이종목(1989). 「직무스트레스의 원인, 결과 및 대책」. 도서출판 성원사.
\_\_\_\_\_(1998). 직장인의 스트레스와 건강을 위한 대처전략 프로그램.
이현수(1997). 「건강과학개론」. 중앙대학교출판부.
임규혁(2001). 「교육심리학」. 학지사.
임재호(2018). 「소방관 마음근육 키우기」. 소방청.
장동환 외 옮김(1994). 「심리학 입문」. Charles G. Morris. *Psychology: An Introduction*(6th ed.). 박영사.
정미경·문은식·박선환·박숙희·이주희·최순영(2017). 「심리학개론」. 양서원.
정영옥 옮김(1995). 「사람과 상징」. Jung, C. G.(1968). *Man and his Symbols*. 도서출판 까치.
정옥분(2004). 「발달심리학 전생애 인간발달」. 학지사.
정용부·고영인·신경일(2001). 「아동생활지도와 상담」. 학지사.
정창훈(2014). 서울특별시 사회복지담당공무원의 감정노동이 직무스트레스와 직무소진에 미치는 영향: 사회적 지원의 조절효과를 중심으로. 서울시립대학교 대학원 박사학위 논문.
조증열 옮김(2008). 「스키너의 심리상자 열기」. Lauren Slater(2004). *Opening Skinner's Box: Great Psychological Experiments of the Twenties Century*. 에코의 서재.
조현춘·조현재(1995). 「심리상담과 치료의 실제」. 시그마프레스.
중앙소방학교(2023). https://www.nfsa.go.kr/nfsa/.
지방행정연수원(2014). 지방공무원 직무스트레스 트라우마 가이드북, 행정자치부.
채정호(2004). 외상 후 스트레스 장애의 약물 치료, 대한불안의학회, 재난과 정신건강, June 01, pp.305-318.
\_\_\_\_\_(2004). 외상 후 스트레스 장애의 진단과 생태병리. 「대한정신약물학지」, 15(1): 14-21.
채준호 외(2017). 소방·교정공무원 노동시간 단축 및 새로운 교대제 개편을 통한 일자리 창출 효과, 고용노동부(한국노동연구원).
최가영·김윤주(2000). 호텔종업원의 소진과 선행 변인에 관한 연구, 「호텔경학연구」, 9(1): 141-161.
최낙순(2012). 소방공무원의 직무 스트레스와 직무만족에 관한 연구, 원광대학교 대학원 박사학위 논문.
최성애·조벽(2015). 「감정코칭1급 매뉴얼」. HD행복연구소.
최영민(2014). 「대상관계이론을 중심으로 쉽게 쓴 정신분석이론」. 학지사.
최정윤(2012). 「심리검사의 이해」(제2판). 시그마프레스.
최한나·김은하·김형수 옮김(2013). 「상담연구방법론」. Carl J. Sheperis, J. Scott Young & M. Harry Daniels 지음. 학지사.

최희철(2018). 소방공무원의 임파워먼트와 가족 기능이 우울에 미치는 영향, 「한국화재소방학회」, 32(1): 116-121.
하미승·권용수(2002). 한국 공무원의 직무스트레스 요인 및 결과에 관한 연구: 중앙부처 공무원을 대상으로, 「한국행정연구」, 11(3): 713-732.
하우동설(1995). 네이버지식백과. 교육학용어사전.
한국심리학회(2014). http://www.koreanpsychology.or.kr
한덕웅 외 옮김(2008). 「건강심리학」(제6판). Brannon, L. & Feist, J. (2007). *Health Psychology: An Introduction to Behavior and Health*(6th ed.). Cengage Learning. 시그마프레스.

## [국외 문헌]

Allen, J. G. (2005). *Coping with Trauma*. Washington DC: American Psychiatric Press.
American Psychiatric Association (2000). *DSM-IV-TR*(4th ed.). Washington, DC: APA.
Atkinson, R. C. & Shiffrin, R. M. (1968). Human memory: A proposed system and its control processes, in K. W. Spence(ed.), *The psychology of learning and motivation: Advances in research and theory* (pp. 89-195). New York: Academic press.
Bandura, A. (1965). Influence of a model's reinforcement contingencies on the acquisition of imitative responses. *Journal of personality and social psychology*, 11: 589-595.
\_\_\_\_\_ (1997). *Self-efficacy: The exercise of control*. Macmillan.
Beck, A. T. (1976). *Cognitive therapy and the emotional disorders*. New York, NY: International Universities Press.
Beck, A. T., Epstein, N., Brown, G., & Steer, R. A. (1988). An inventory for measuring clinical anxiety: Psychometric properties. *Journal of Consulting and Clinical Psychology*, 56(6): 893-897.
Beehr, T. A. & Newman, J. E. (1978), Job Stress, Employee Health, and Organizational Effectiveness: A Facet Analysis, Model and Literature Review, *Personnel Psychology*, 31(4): 665-699.
Berninger, A., Webber, M. P., Cohen, H. W., Gustave, J., Lee, R., Niles, J. K., … & Prezant, D. J. (2010). Trends of elevated PTSD risk in fire-fighters exposed to the World Trade Center disaster: 2001-2005. *Public Health Reports*, 125(4): 556-566.
Berninger, V. W., Abbott, R. D., Nagy, W., & Carlisle, J. (2010). Growth in phonological, orthographic, and morphological awareness in grades 1 to 6. *Journal of Psycholinguistic Research*, 39(2): 141-16.
Blau J. N. (1990). Common headaches; type, turation, frequency and implications. *Headche*, 30(11): 701-4.
Blau, G. (1981). An Empirical Investigation of Job Stress, Service Length and Job Strain, *Oragranizational Behavior and Human Performance*, 27(2): 279-302.
Brannon L, Feist J. (2007). *Health psychology*. An introduction to behavior and health (6th ed.). Los Angeles: Thomson Wadsworth.
Calhoun, J. B. (1956). A comparative study of the social behavior of two inbred strains of the House mice. *Ecol. Monogr.*, 26(1): 8-103.
Cannon, W. (1932). *The Wisdom of the Body*. New York: Norton.
Carl, J. R., Soskin, D. P., Kerns, C., & Barlow, D. H. (2013). Positive emotion regulation in emotional disorders: A theoretical review. *Clinical Psychology Review*, 33: 343-360. doi:10.1016/j.cpr.2013.01.003.

Cherniss, C. (1988). Observed supervisory behavior and teacher burnout in special education. *Exceptional Children*, 54(5): 449–454.

Chrousos, G. P. (1998). Stressors, stress, and neuroendocrine integration of the adaptive response. The 1997 Hans Selye Memorial Lecture. *Annals of the New York Academy of Science*. 851: 311–335.

Clark, D. M. (1986). A cognitive approach to panic. *Behav Res Ther*, 24: 461–470.

Daniel, L. Schacter., Daniel, T. Gilbert., Daniel, M. Wegner., & Matthew K. Nock. (2016). 민경환·김명선·김영진·남기덕·박창호·이옥경·이주일·이창환·정경미 옮김, 「심리학개론」 제3판, 시그마프레스.

Davidson, J. R. T. & Foa, E. B. (1991). Diagnostic issues in post-traumatic stress disorder: Consi-derations for the DSM-IV. *Journal of Abno-rmal Psychology*, 100: 346–355.

Davidson, M. J. Cooper, C. L. & Small, G. W. (1981). House officer stress syndrome, *Psychosomatics*, 22: 860–9.

DeLongis, A., Coyne, J. C., Dakof, G., Folkman, S., & Lazarus, R. S. (1982). Relationship of daily hassles, uplifts, and major life events to health status. *Health Psychology*, 1(2): 119–136.

Ehring, T., Razik, S., & Emmelkamp, P. M. G. (2011). Prevalence and predictors of post-traumatic stress disorder, anxiety, depression, and burnout in Pakistani earthquake recovery workers. *Psychiatry Research*, 185: 161–166.

French, Jr., J. R. & Caplan, R. D. (1970). Psychosocial factors in coronary heart disease. *Industrial Medicine*, 39(9): 31–45.

Galea, S., Nandi A., & Vlahov, D. (2005). The epidemiology of post-traumatic stress disorder after disasters. *Epidemiologic Reviews*, 27: 78–91.

Gibson, E. J. & Walk, R. D. (April 1960). Visual Cliff. *Scientific American*, 202(4): 64–71.

Goodwin, D. W., Schulsinger, F., Knop, J., Mednick, S., & Guze, S. B. (1977). Alcoholism and depression in adopted-out daughters of alcoholics. *Arch Gen Psychiatry*, 34: 751–755.

Goodwin, D. W., Schulsinger, F., Moller, N., Hermansen, L., Winokur, G., & Guze, S. B. (1974). Drinking problems in adopted and nonadopted sons of alcoholics. *Arch Gen Psychiatry*, 31: 164–169.

Gosling, S. D., Rentfrow, P. J., & Swann, W. B., Jr. (2003). A very brief measure of the Big-Five personality domains. *Journal of Research in Personality*, 37(6): 504–528.

Graig, E. (1993). Stress as a consequence of the urban physical environment. In L. Goldberger & S. Breznitz (eds.), *Handbook of stress: Theoretical and clinical aspects* (pp. 316–332). Free Press.

Griggs, R. A. Jackson, S. L. (2022). 신성만·박권생·박승호 옮김, 「심리학과의 만남」, 시그마프레스, *Psychology : A Concise Introduction*(6th edition).

Hatfield, J. & Job, R. F. S. (2001). Optimism bias about environmental degradation: The role of the range of impact of precautions. *Journal of Environmental Psychology*, 21(1): 17–30.

Heinrichs, M. W., Agner, D., Schoch, W., Soravia, M., Hellhammer, D. H., & Ehlert, U. (2005). Predicting Posd-traumatic stress symptoms from pretaumatic risk factors: A 2-year prospective follow-up study in fire-fighters. *American Journal of Psychiatry*, 162: 2276–2286.

Hinkle, L. E. (1973). The Concept of 'Stress' in the Biological and Social Science, *Science, Medicine & Man*, I: 31–48.

Holmes, T. H. & Rahe, R. H. (1967). The social readjustment rating scale. *Journal of Psychosomatic Research*, 11: 213–218.

Horowitz, M. J., Wilner, N., & Alvarez, W. (1979). The impact of event scale: A measure of subjective stress. *Psychosomatic Medicine*, 41: 209-218.

Hussain, A., Weisaeth, L., & Heir, T. (2011). Psychiatric disorders and functional impairment among disaster victims after exposure to natural disaster: A population based study. *Journal of Affective Disorders*, 128: 135-141.

Jonides, J., Lewis, R. L., et al. (2008). The Mind and Brain of Short-Term Memory. *Annual Review of Psychology*, 59: 193-224.

Kahneman, D. (1973). *Attention and effort*. Englewood Cliffs, New Jersey: Prentice-Hall.

Kanner, A. D. (1981). Hassles and uplifts subscales: An analysis of meaning-centered versus cumulative effects. Unpublished doctoral dissertation, University of California, Berkeley.

Kanner, A. D., Coyne, J. C., Schaefer, C., & Lazarus, R. S. (1981). Comparison of two models of stress measurement: Daily hassles and uplifts versus major life events. *Journal of Behavioral medicine*, 4: 1-39.

Kessler, R. C., Sonnega, A., Bromet, E., Hughes, M., & Nelson, C. B. (1995). Posttraumatic Stress Disorder in the National Comorbidity Survey. *JAMA Psychiatry*, 52: 1048-1060.

Kilpatrick, D. G. & Resnick, H. S. (1992). A description of the post-traumatic stress disorder field trial. In J.R.T. Davidson & E. B. Foa (eds.), *Post-traumatic stress disorder: DSM-IV and beyond* (pp.243-250). Washington, D.C: American Psychiatric Press.

Kilpatrick, D. G., Resnick, H. S., Freedy, J. R., Pelcovitz, D., Resick, P. A., Roth, S., & van der Kolk, B. (1998). The posttraumatic stress disorder field trial: Emphasis on Criterion A and overall PTSD diagnosis. In: Widiger T, Frances A, Pincus H, Ross R, First M, Davis W, Kline M, editors. DSM-IV source book. Vol. 4. American Psychiatric Press; Washington, DC: 303-344.

_____ (1998). The post-traumatic stress disorder field trial: Evaluation of the PTSD construct: Criteria A through E. *DSM-IV sourcebook*, 4: 803-844.

Lamprecht, F. & Sack, M. (2002). Posttraumatic stress disorder revisited. *Psychosomatic Medicine*, 64(2): 222-237.

Lazarus, R. S. & Folkman, S. (1984). *Stress, Appraisal, and coping*. New York: Springer Publishing Company.

Lazarus, R. S. (1966). *Psychological stress and the coping process*. New York: McGraw-Hill.

_____ (2001). 스트레스와 평가 그리고 대처(김정희 옮김). 대광문화사.

Lazarus, R. S. & Cohen, J. B. (1977). *Environmental stress*. Plenum, New York.

Leeies, M., Pagura, J., Sareen, J., & Bolton, J. M. (2010). The use of alcohol and drugs to self-medicate symptoms of post-traumatic stress disorder. *Depression and Anxiety*, 27: 731-736.

Loehlin, J. C. (1992). *Genes and environment in personality development*. Newbury Park, CA: sage.

Male, D. B. & May, D. S. (1997). Burnout and workload in teachers of children with severe learning disabilities. *British Journal of Learning Disabilities*, 25(3): 117-121.

Maslach, C. (1982). *Burnout: The Cost of Caring*. Englewood Cliffs, New Jersey: Prentice-Hall.

_____ (1982). Understanding burnout: Definitional issues in analyzing a complex phenomenon. In W. S. Paine(ed.), *Job stress and burnout* (pp.29-40). Beverly Hills, CA: Sage.

Maslach, C., Jackson, S., & Leiter, M. P. (1996). *Maslach Burnout Inventory: Manual* (3rd ed.). Palo Alto, CA: Consulting Psychologists Press.

Matteson, M. T. & Ivancevich, J. M. (1987). *Controlling work stress: Effective human resource and

*management strategies*. San Francisco, CA: Jossey-Bass, 26-28.
Matthies, E., Hoger, R., & Guski, R. (2000). Living on Polluted Soil: Determinants of Stress Symptoms. *Environment and Behavior*, 32(2): 270-86.
Mayer, J. D. & E. Hanson. (1995). Mood-congruent Judgment over Time, *Personality & Social Psychology Bulletin*, 21(3): 237-244.
McGrath, J. E. (1976). Stress and behavior in organizations, in M. D. Munnette, (ed.). *Handbook of Industrial and Organizational Psychology*, 1351-1395, Chicago : Rand McNally.
Miller, W. R. & Seligman, M. E. (1975). Depression and learned helplessness in man. *Journal of Abnormal Psychology*, 84(3): 228-238.
Myers, D. G. (2008). 「마이어스의 심리학」(8판). 신현정 · 김비아 옮김. 시그마프레스.
Myers, I. B., McCaulley, M. H., Quenk, N. L., & Hammer, A. L. (1998). *The MBTI® Manual: A Guide to the Development and Use of the Myers-Briggs Type Indicator*. Palo Alto: Consulting Psychologists Press.
Myers, J. P., Antoniou, M. N., Blumberg, B., Carroll, L., Colborn, T., Everett, L. G., Michael, Hansen., Landrigan, P. J., Lanphear, B. P., Mesnage, R., Vandenberg, L. N., Vom, Saal F. S., Welshons, W. V., & Benbrook, C. M. (2016). Concerns over use of glyphosate-based herbicides and risks associated with exposures: a consensus statement, *Environmental Health*, 15: 19, DOI: 10.1186/s12940-016-0117-0.
Myers, S. B., Sweeney, A. C., Popick, V., Wesley, K., Bordfeld, A., & Fingerhut, R. (2012). Self-care practices and perceived stress levels among psychology graduate students. *Training and Education in Professional Psychology*, 6(1): 55-66.
NAMHC(National Advisory Mental Health Council) (1996). Basic behavioral science research for mental health: Perception, attention, learning, and memory. *American Psychologist*, 51: 133-142.
Neria, Y., Gross, R., Litz, B., Maguen, S., Insel, B., Seirmarco, G., Rosenfeld, H., Suh, E. J., Kishon, R., Cook, J. M., & Marshall, R. D. (2007). Prevalence and psychological correlates of complicated grief among bereaved adults. *Journal of Traumatic Stress*, 20: 251-262.
Neria, Y., Nandi, A., & Galea, S. (2008). Post-traumatic stress disorder following disasters: A systematic review. *Psychological Medicine*, 38: 467-480.
Nivison, M. E. & Endresen, I. M. (1993). An analysis of relationships among environmental noise, annoyance and sensitivity to noise, and the consequences for health and sleep. *Journal of Behavioral Medicine*, 16(3): 257-276.
Norris F. H., Friedman, M. J., Watson, P. J., Byrne, C. M., Diaz, E., & Kaniasty, K. (2002). 60,000 disaster victims speak: Part I. An empirical review of the empirical literature, 1981-2001. *Psychiatry*, 65: 207-239.
Parker, D. F. & DeCotiis, T. A. (1983). Organizational determinant of Job stress, *Organizational Behavior and Human Performance*, 32: 160-177.
Pitrowski, C. (1997). Use of the Millon Clinical Multiaxial Inventory in clinical practice. *Perceptual and Moter Skills*, 84: 1185-1186.
Plutchik, R. (1980). A general psychoevolutionary theory of emotion. In R. Plutchik & H. Kellerman (eds.), *Emotion: Theory, research, and experience: Vol. 1. Theories of emotion* (pp.3-33). New York: Academic.
Rehm, S. (1983). Research on extra-aural effects of noise since 1978, in G. Rossi (ed.), *Proceedings of the Fourth International Congress on Noise as a Public Health Problem*, 572-548.

Sarter, M., Gehring, W. J., & Kozak, R. (2006). More attention must be paid: The neurobiology of attentional effort. *Brain Research Review*, 51: 145-160.

Schell L. M. & Denham M. (2003). Environmental pollution inurban environments and human biology. *Ann Rev Anthropol*, 32: 111-134.

Seligman, M. E. & Maier, S. F. (1967). Failure to escape traumatic shock. *Journal of Experimental Psychology*, 74(1): 1-9.

Selye, H. (1976). *The Stress of Life* (Revised ed.). New York: McGraw Hill.

Siegel D. J. (1999). *The developing Mind: Toward a Neurobiology of Interpersonal Experience*. New York: Guilford Press.

Skogstad M, Skorstad M, & Lie A et ál. (2011). Posttraumatic stress disorder (PTSD) and work, STAMI-report. 12.

Skogstad, M., Skorstad, M., Lie, A., Conradi, H. S., Heir, T., & Weisæth, L. (2013). Work-related post-traumatic stress disorder. *Occupational medicine*, 63(3): 175–182.

Smith, A. P. (1990). Noise, performance efficiency and safety. *International Archives of Occupational and Environmental Health*, 62: 1–5.

Soo, J., Webber, M. P., Gustave, J., Lee, R., Hall, C. B., Cohen, H. W., & Prezant, D. J. (2011). Trends in probable PTSD in firefighters exposed to the World Trade Center disaster, 2001-2010. *Disaster medicine and public health preparedness*, 5(S2): S197–S203.

Stipek, D. J. (1996). Motivation and instruction. In D. C. Berliner & R. C. Calfee (eds.), *Handbook of educational psychology* (pp. 85-113). Macmillan Library Reference Usa; Prentice Hall International.

Stokols, D. (1972). On the distinction between density and crowding: Some implications for future research. *Psychological Review*, 79(3): 275.

Trochim, W. M. (1989). An introduction to concept mapping for planning and evaluation. *Evaluation and Program Planning*, 12(1): 1-16.

Watson, J. B. & Rayner, R. (1920). Conditioned emotional reaction, *Journal of Experimental Psychology*, 3: 1-14.

Waye, K. P., Bengtsson, J., Rylander, R., Hucklebridge, F., Evans, P., & Clow, A. (2002). Low frequency noise enhances cortisol among noise sensitive subjects during work performance. *Life Sciences*, 70: 745–758.

Wayne, S. J., Shore, L. M., & Bommer, W. H., et al. (2002). The Role of Fair Treatment and Rewards in Perceptions of Organizational Support and Leader-Member Exchange. *Journal of Applied Psychology*, 87: 590–598.

Weinberger, D. A., Feldman, S. S., Ford, M. E., & Chastain, R. L. (1987). *Weinberger Adjustment Inventory* [Database record]. APA PsycTests.

Wisniewski, L, & Gargiulo, R. M. (1997). Occupational stress and burnout among special educators: A review of the literature. *The Journal of Special Education*, 31(3): 325-246.

Yasuaki, S. J., Takeji, U. N., & Yoshihiro, H. S. (2008). Twentyfour-hour shift work, depressive symptoms, and job dissatisfaction among Japanese fire-fighters. *American Journal of Industrial Medicine*, 51: 380–391.

# 찾아보기

## [ㄱ]

| | |
|---|---|
| 가현운동 | 128 |
| 각성 | 270 |
| 간뇌 | 97 |
| 간헐적 강화 | 126 |
| 감각기억 | 102 |
| 감각등록기 | 102 |
| 감정둔마 | 171 |
| 감정의 수레바퀴 | 143 |
| 강박행동 | 162 |
| 강화 | 124 |
| 강화계획 | 125 |
| 강화물 | 125 |
| 강화이론 | 124 |
| 개인무의식 | 76 |
| 개인 수준의 스트레스 인자 | 205 |
| 개인적 공간 | 145 |
| 개인적 무의식 | 36 |
| 객관적 검사 | 84 |
| 거울 뉴런 | 272 |
| 건강심리학 | 46 |
| 검사법 | 51 |
| 게슈탈트 규칙 | 110 |
| 게슈탈트 심리학 | 27 |
| 결과의 법칙 | 121 |
| 결의 밀도 | 114 |
| 결정적 단계 | 274 |
| 결정적 시기 | 67 |
| 경고 반응 단계 | 197 |
| 경조증 삽화 | 245, 249 |
| 경직 반응 | 192 |
| 고전적 조건 형성 | 32, 117, 161 |
| 고전적 조건형성이론 | 139 |
| 고정간격계획 | 126 |
| 고정비율계획 | 126 |
| 골렘 효과 | 49 |
| 공변 원리 | 150 |
| 공황발작 | 226 |
| 공황장애 | 223, 226 |
| 과각성 | 264 |
| 과다수면장애 | 268 |
| 과로사 | 277, 278 |
| 관찰법 | 47 |
| 관찰학습 | 129, 163 |
| 광고심리학 | 46 |
| 교감신경 | 98, 193, 195 |
| 교대근무 | 312 |
| 교육심리학 | 45 |
| 구강기 | 68 |
| 구성기법 | 52 |
| 구성주의 | 28 |
| 구심성 신경 | 98 |
| 구조화 면접 | 51 |
| 국가재난 관리기준 | 298 |
| 국민 | 316 |
| 귀인 | 148 |
| 귀인의 오류 | 149 |
| 귀인이론 | 148 |
| 귀인 편향 | 151 |
| 그림자 | 78, 114 |
| 근접성 | 108 |
| 기능주의 | 29 |
| 기대 효과 | 49 |
| 기본 정서 | 142 |
| 기분장애 | 234 |
| 기억 | 100 |
| 기초심리학 | 40 |
| 긴급구조 | 298 |
| 긴급구조기관 | 298 |
| 긴급구조지원기관 | 298 |

깁슨(Eleanor J. Gibson) 111
깊이지각 110

## [ㄴ]

남근기 69
내관법 27
내분비계 93
내성법 28, 30, 32
내성심리학 28
내재적 동기 137
내적 강화 163
내적 귀인 149
내적 좌절 190
노년기 84
뇌지도 90
뉴런(neuron) 91

## [ㄷ]

다면적 인성검사(MMPI) 84
단기기억 103
단수설 138
단안 단서 112
대뇌 96
대리학습 130
대인 거리 146
데카르트(René Descartes) 25, 127
도덕적 불안 71
독립변수 48
동기 132, 135
동기이론 138
동기화 132
동료지원 프로그램 280
드멘트(William Charles Dement) 268

## [ㄹ]

라자루스(Richard S. Lazarus) 209, 211
레빈(Kurt Lewin) 128
레빈(Peter A. Levine) 46
렘(REM) 수면 267
로르샤흐(Hermann Rorschach) 53
로르샤흐 검사 55, 88
로저스(Carl R. Rogers) 37, 164
로젠탈 효과 49

리바인(Peter A. Levine) 194

## [ㅁ]

마음 20
마이어스(Isabel Briggs Myers) 86
마이어스(Peter Myers) 86
마인드 카페 300
만성 단계 275
말초신경계 98
망각 101
매슬로(Abraham Harold Maslow) 37, 139
맥두걸(William McDougall) 138
맥락 효과 108
맥킨리(Jovian Chamley McKinley) 85
메러비언(Albert Mehrabian) 146
면접법 47, 51
명시적 기억 107
모우러(Oval Hobart Mowrer) 162
무의식 36, 65, 155, 161
무의식적 동기 35, 65
무조건반사 119
무조건적 반응 118
무조건적 자극 118
뮐러(Johannes Peter Müller) 26
민방위 사태 293

## [ㅂ]

반동 형성 72
반두라(Albert Bandura) 130, 163
반증성 54
발달심리학 40
방어 기제 71
방어적 귀인 150
배경 110
범불안장애 222
베르트하이머(Max Wertheimer) 30, 127
벡(Aaron T. Beck) 240
변동간격계획 126
변동비율계획 126
변인 47
보편적 무의식 36
복수설 138

| | |
|---|---|
| 복합외상 | 255 |
| 본능이론 | 138 |
| 부교감신경 | 98, 193, 195 |
| 부분적 강화 | 126 |
| 부언어적 표현 | 146 |
| 부적 강화 | 124 |
| 부적 처벌 | 125 |
| 부호화 | 101, 104, 105 |
| 분리불안장애 | 230 |
| 분리의 원리 | 110 |
| 분트(Wilhelm M. Wundt) | 26, 28 |
| 불면장애 | 268 |
| 불면증 | 266 |
| 불안 | 71 |
| 불안장애 | 220 |
| 불안척도(BAI) | 224 |
| 브릭스(Catharine C. Briggs) | 86 |
| 비구조화 면접 | 51 |
| 비대면 심리상담실 | 300 |
| 비언어적 표현 | 146 |

## [ㅅ]

| | |
|---|---|
| 사건충격척도(IES) | 264 |
| 사례연구법 | 52 |
| 사춘기 | 82 |
| 사회불안장애 | 230 |
| 사회심리학 | 27, 41 |
| 사회재난 | 293, 294 |
| 사회재적응 평가척도 | 182 |
| 사회적 이미지 | 57 |
| 사회적 학습 | 130 |
| 사회학습 모형 | 163 |
| 사회학습이론 | 163 |
| 산업 및 조직심리학 | 46 |
| 상담면접 | 51 |
| 상담심리학 | 45 |
| 상대적 크기 | 113 |
| 생리심리학 | 43 |
| 생리적 각성 | 196, 270 |
| 생리적 욕구 | 139 |
| 생리학 | 27 |
| 생물심리학 | 90 |

| | |
|---|---|
| 생물학적 및 의학적 이론 | 164 |
| 생식기 | 70, 82 |
| 성격 | 55, 62 |
| 성격검사 | 84 |
| 성격 구조 | 66 |
| 성격심리학 | 42 |
| 성격유형검사(MBTI) | 85 |
| 성격이론 | 65 |
| 성인 중기 | 83 |
| 성인 초기 | 83 |
| 세포체 | 92 |
| 셀리그먼(Martin Elias Peter Seligman) | 151 |
| 셀리에(Hans Selye) | 197 |
| 소뇌 | 97 |
| 소방심리학 | 45 |
| 소방 지휘관 | 320 |
| 소속과 사랑의 욕구 | 140 |
| 소진 단계 | 198 |
| 손다이크(Edward Lee Thorndike) | 121 |
| 수면발작증 | 268 |
| 수면 시작 불면증 | 269 |
| 수면 유지 불면증 | 270 |
| 수면이상증 | 268 |
| 수면장애 | 266, 268 |
| 수면 종료 불면증 | 270 |
| 수상돌기 | 92 |
| 순직사고 | 307 |
| 스키너 | 139 |
| 스키너(Burrhus Fredrick Skinner) | 33, 122 |
| 스트레스 | 172, 177, 192 |
| 스트레스원 | 182, 189 |
| 스트룹 테스트(Stroop Test) | 49 |
| 스트룹 효과 | 50 |
| 승화 | 73 |
| 시각기억 | 103 |
| 시각벼랑장치 | 111 |
| 시겔(Daniel J. Siegel) | 193 |
| 시냅스 | 94 |
| 시연 | 104, 131 |
| 시행착오 | 163 |
| 시행착오설 | 122 |
| 시행착오 학습 | 122 |

| | |
|---|---|
| 신경계 | 93, 95 |
| 신경전달물질 | 94 |
| 신경증 | 170 |
| 신경증적 불안 | 71 |
| 신뢰성 | 54 |
| 신속동료구조(RIT) | 309 |
| 실재론 | 25 |
| 실험법 | 47, 48 |
| 실험심리학 | 26 |
| 실험집단 | 48 |
| 심리사회적 발달이론 | 81 |
| 심리성적 단계 | 68 |
| 심리장애 | 157, 161 |
| 심리적 결정론 | 161 |
| 심리적 유예기 | 83 |
| 심리적 탈진 | 191 |
| 심리학 | 19, 21, 40, 47, 53 |
| 심리학 실험실 | 26 |
| 심-신 문제 | 25 |
| 심신이원론 | 27 |
| 심신일원론 | 27 |
| 심적 분비 | 119 |

## [ㅇ]

| | |
|---|---|
| 아니마 | 78 |
| 아니무스 | 78 |
| 아동기 중기 | 82 |
| 아동기 초기 | 81 |
| 아들러(Alfred Adler) | 36, 73 |
| 아리스토텔레스(Aristoteles) | 26, 27 |
| 아이젠크(Hans Jürgen Eysenck) | 63 |
| 안전관리 | 294 |
| 안전문화 활동 | 299 |
| 안전불감증 | 319 |
| 안전사고 | 307, 311 |
| 안전의 욕구 | 140 |
| 알코올 관련 장애 | 266, 271 |
| 알코올 사용 장애 | 271, 273 |
| 약호화 | 101 |
| 양극성 우울장애 | 171 |
| 양극성 장애 | 234, 244 |
| 양안 단서 | 112 |

| | |
|---|---|
| 억압 | 72 |
| 언어 연상 테스트 | 76 |
| 언어적 표현 | 146 |
| 업무 재설계 | 200 |
| 에릭슨(Erik Homburger Erikson) | 79 |
| 에크만(Paul Ekman) | 142 |
| 엘렉트라 콤플렉스 | 69 |
| 엘리스(Albert Ellis) | 164, 201 |
| 역충격기 | 197 |
| 연상기법 | 52 |
| 연속 강화 | 126 |
| 연속성 | 108 |
| 연습의 법칙 | 123 |
| 열등 콤플렉스 | 37, 74 |
| 영상기억 | 103 |
| 오이디푸스 콤플렉스 | 69 |
| 올포트(Gordon Allport) | 63 |
| 완결성 | 108 |
| 완성기법 | 52 |
| 왓슨(John Broadus Watson) | 32, 117, 142, 162 |
| 외상 후 스트레스 장애(PTSD) | 253, 255, 259, 283 |
| 외재적 동기 | 137 |
| 외적 귀인 | 149 |
| 외적 좌절 | 190 |
| 요인 | 47 |
| 욕구 | 137 |
| 우울 삽화 | 235, 239, 245 |
| 우울장애 | 233 |
| 우울증 | 234 |
| 우울 척도(BDI) | 240 |
| 운동 뉴런 | 98 |
| 워크(Richard D. Walk) | 111 |
| 원심성 신경 | 98 |
| 원형 | 77 |
| 원형 모형 | 145 |
| 위약 효과 | 49 |
| 유사성 | 109 |
| 유아기 | 81 |
| 유인 | 138 |
| 유인이론 | 138 |
| 유전적 요인 | 63 |

| | | | |
|---|---|---|---|
| 융(Carl Gustav Jung) | 36, 71, 74, 86 | 자율신경계 | 98, 193, 195 |
| 음주기대이론 | 275 | 잔향기억 | 103 |
| 응용심리학 | 40, 43 | 잠복기 | 70, 82 |
| 의미기억 | 106 | 장기기억 | 105 |
| 의식 | 27 | 장소학습 | 39 |
| 의학적 모형 | 164 | 재경험 | 264 |
| 이론심리학 | 40 | 재난 | 292 |
| 정신분석학파 | 71 | 재난관리 | 294 |
| 이상 | 165 | 재난관리정보 | 299 |
| 이상심리학 | 154, 157 | 재난관리주관기관 | 296 |
| 이상행동 | 158, 160, 166 | 재난관리책임기관 | 316 |
| 이차 강화물 | 125 | 재난 안전 기준 | 295 |
| 인격장애 | 170 | 재난안전통신망 | 299 |
| 인본주의 | 37 | 재생 | 131 |
| 인본주의 동기이론 | 139 | 저항 단계 | 198 |
| 인본주의이론 | 164 | 전경 | 110 |
| 인지심리학 | 39, 42 | 전(前)알코올 증상 단계 | 274 |
| 인지이론 | 163 | 전조 단계 | 274 |
| 인지적 각성 | 271 | 전치 | 73 |
| 인지주의 | 39 | 전형적인 변화 | 151 |
| 인지학습 | 128 | 절감 원리 | 150 |
| 인지학습이론 | 127 | 절차기억 | 106 |
| 일반적응증후군 | 186 | 정동정신병 | 246 |
| 일상의 골칫거리 | 183, 185, 188 | 정보처리이론 | 101, 128 |
| 일상의 골칫거리 척도 | 185 | 정상 | 165 |
| 일차 강화물 | 125 | 정서 | 136, 141, 145 |
| 일탈행동 | 159 | 정서장애 | 171 |
| 일화기억 | 106 | 성서석 각성 | 271 |
| 임상심리학 | 44 | 정신결정론 | 35, 65 |
| 잉크반점 검사 | 53 | 정신물리학 | 27 |
| | | 정신분석학 | 34, 57, 155 |
| **[ㅈ]** | | 정신분석학 초기 | 65 |
| 자기 | 79 | 정신역동이론 | 65 |
| 자기고양적 편견 | 149 | 정신장애 | 165, 168 |
| 자기규제 | 163 | 정신적 고양 척도 | 185 |
| 자기지각이론 | 150 | 정신증 | 170 |
| 자살 | 277, 280, 283 | 정신질환 | 172, 218 |
| 자아 | 76 | 정적 강화 | 124 |
| 자아실현의 욕구 | 140 | 정적 처벌 | 125 |
| 자연관찰법 | 47 | 제임스(William James) | 29 |
| 자연재난 | 293 | 젤리넥(Elvin Morton Jellinek) | 274 |
| 자유연상법 | 36 | 조건반사 | 119 |

| | |
|---|---|
| 조건반응 | 119 |
| 조사면접 | 51 |
| 조울증 | 244 |
| 조작적 조건 형성 | 121, 162 |
| 조증 | 246 |
| 조증 삽화 | 234, 245, 249 |
| 조직 내적 스트레스 인자 | 203 |
| 조직 수준의 스트레스 인자 | 204 |
| 조직 외적 스트레스 인자 | 203 |
| 조직화 규칙 | 108 |
| 존중의 욕구 | 140 |
| 종말단추 | 92 |
| 종속변수 | 48 |
| 좌절 | 189 |
| 주요 생활사건 | 181 |
| 주의 | 130 |
| 주의집중 | 104 |
| 주제통각검사(TAT) | 88 |
| 주지화 | 72 |
| 준비의 법칙 | 123 |
| 중립자극 | 121 |
| 중추신경계 | 95 |
| 증상 | 171 |
| 지각 | 107 |
| 지방자치단체 | 316 |
| 지형학적 모델 | 66 |
| 직무 스트레스 | 189, 191, 205, 208 |
| 직무 스트레스 모델 | 207 |
| 직무 스트레스 인자 | 204 |
| 직선조망 | 112 |
| 직업병 | 218 |
| 직접학습 | 163 |
| 질문지법 | 47 |
| 질환 모형 | 164 |
| 집단무의식 | 77 |
| 집단 수준의 스트레스 인자 | 204 |

**[ㅊ]**

| | |
|---|---|
| 착시 | 114 |
| 찾아가는 상담 | 300, 302 |
| 처벌 | 125 |
| 철학 | 25 |

| | |
|---|---|
| 청각기억 | 103 |
| 청년기 | 82 |
| 추동 | 137 |
| 축색 | 92 |
| 충격기 | 197 |
| 취약성-스트레스 모형이론 | 165 |

**[ㅋ]**

| | |
|---|---|
| 칸트(Immanuel Kant) | 127 |
| 캐논(Walter Cannon) | 179 |
| 캘리포니아 성격검사(CPI) | 85 |
| 코프카(Kurt Koffka) | 30 |
| 쾌락의 원리 | 67 |
| 쾰러(Wolfgang Köhler) | 30, 39, 128 |
| 클라이트만(Nathaniel Kleitman) | 267 |

**[ㅌ]**

| | |
|---|---|
| 타당성 | 54 |
| 터미널 드러그(terminal drug) | 273 |
| 톨만(Edward Chace Tolman) | 39, 128 |
| 톰킨스(Silvan Solomon Tomkins) | 141 |
| 통제 | 49 |
| 통제집단 | 48 |
| 통찰학습 | 39, 128 |
| 퇴행 | 72 |
| 투사 | 72 |
| 투사법 | 52 |
| 투사적 검사 | 88 |
| 투쟁-도피 반응 | 198 |
| 특정 신경 에너지설 | 26 |
| 티츠너(Edward Bradford Titchener) | 28, 29 |

**[ㅍ]**

| | |
|---|---|
| 파블로프(Ivan Petrovich Pavlov) | 32, 117 |
| 파블로프 조건화 | 118 |
| 파지 | 131 |
| 페르소나 | 77 |
| 페흐너(Gustav Theodor Fechner) | 27 |
| 펜필드(Wilder Penfield) | 90 |
| 프로이트(Sigmund Freud) | 35, 57, 65, 75, 82, 138, 155, 161, 172 |
| 프롬(Erich Seligmann Fromm) | 138 |

| | | | |
|---|---|---|---|
| 프리즌(Wallace Freisen) | 142 | 행동주의이론 | 39, 161 |
| 플라톤(Platon) | 27 | 행동주의 학습이론 | 117 |
| 플러치크(Robert Plutchik) | 142 | 현실 불안 | 71 |
| 피그말리온 효과 | 49 | 현실 원리 | 67 |
| | | 형태주의 | 30 |
| [ㅎ] | | 호나이(Karen Horney) | 138 |
| 학동기 | 82 | 홀(Edward Twitchell Hal) | 146 |
| 학습 | 116 | 환경 스트레스 | 186 |
| 학습된 무기력 | 151 | 환경적 스트레스 | 62, 165 |
| 학습심리학 | 43 | 회피 | 264 |
| 학습의 법칙 | 123 | 효과의 법칙 | 121, 123 |
| 합리적 · 정서적 치료 | 201 | 히포크라테스(Hippocrates) | 22 |
| 합리화 | 73 | | |
| 항문기 | 69 | | |
| 항상성 | 181 | | |
| 해서웨이(Starke Hathaway) | 85 | MMPI 선호 지표 | 87 |
| 해외재난 | 294 | S-R 이론 | 117 |
| 행동장애 | 162 | 2요인설 | 162 |
| 행동주의 | 27, 32, 156, 163 | 3단계 기억모델 | 101 |

## 저자 소개

### 김상철(金賞哲)

경기대학교 대학원 공공정책학과 석사 졸업
한성대학교 대학원 행정학과 박사 졸업.
전) 서일대학교 겸임교수
현) 한국행정개혁학회 소방특별위원회 부위원장
현) 서울소방재난본부